测量技术基础

（第3版）

主　编　何习平
副主编　陈传胜　卢满堂　张保民

重庆大学出版社

内容提要

本书共5篇18章，分别介绍测量学的任务与作用、地形图及测量误差的基本知识、水准测量、角度测量、距离测量、小地区控制测量、大比例尺地形图的测绘与应用、数字测图技术、GPS测量技术、遥感技术与地理信息系统、施工放样的基本工作、工业与民用建筑施工测量、道路工程测量、水利工程测量、地籍测量与房产测量、测量实验与测量综合实习（实训）指导、常规测量仪器操作技能考核指导等内容。

本书结构新颖、内容丰富、文字流畅、图文并茂，既介绍常规测量仪器与方法，又反映现代测绘新技术。全书理论联系实际，具有高职高专特色。本书可作为高职高专建设类非测绘专业通用教材，也可供中等专业学校和技工学校非测绘类专业使用。

图书在版编目（CIP）数据

测量技术基础/何习平主编.—3版.—重庆：
重庆大学出版社，2012.1（2024.8重印）
ISBN 978-7-5624-3284-5

Ⅰ.①测… Ⅱ.①何… Ⅲ.①测量技术—高等职业教育—教材 Ⅳ.①P2

中国版本图书馆CIP数据核字（2011）第249110号

测量技术基础
（第3版）
主　编　何习平
副主编　陈传胜　卢满堂　张保民
策划编辑　鲁　黎
责任编辑：彭　宁　　版式设计：彭　宁
责任校对：李定群　　责任印制：张　策
*
重庆大学出版社出版发行
出版人：陈晓阳
社址：重庆市沙坪坝区大学城西路21号
邮编：401331
电话：（023）88617190　88617185（中小学）
传真：（023）88617186　88617166
网址：http://www.cqup.com.cn
邮箱：fxk@cqup.com.cn（营销中心）
全国新华书店经销
重庆市正前方彩色印刷有限公司印刷
*
开本：787mm×1092mm　1/16　印张：21　字数：530千　插页：8开2页
2012年1月第3版　2024年8月第19次印刷
印数：34 001—36 000
ISBN 978-7-5624-3284-5　定价：45.00元

前言

随着高职高专教学改革的不断深入,各校非测绘类专业测量学教学改革取得了较大的成绩,而教材建设却相对滞后。目前,不少院校还在使用高等学校本科教材,具有高职高专特色的教材十分匮乏。因此,编写一本能适应高职高专教学需要的测量教材非常必要。

《测量技术基础》是为适应高职高专非测绘类专业测量教学的需要而编写的。编写中本着“理论够用、强化实践、突出应用、注重技术”的原则,体现“三多三少”的特点,即:适当减少传统测量技术内容,增加现代测量技术内容;减少部分公式的推导过程,增加地形图应用内容;减少部分理论阐述,增加实践指导内容。

本书由何习平主编,陈传胜、卢满堂、张保民任副主编。编写人员分工如下:南昌水利水电高等专科学校何习平编写第1篇、第14章14.2节、第5篇及附录;江西应用技术职业学院肖争鸣编写第4章、第7章;陈传胜编写第5章;杨爱萍编写第6章、第8章;广东水利电力职业技术学院张保民编写第9章、第10章与第11章;山西水利职业技术学院卢满堂编写第12章、第13章;江西省交通专科学校肖志云编写第14章14.1节、14.3~14.6节;南昌水利水电高等专科学校陈美兰编写第15章、第16章。全书由何习平统稿,东南大学闻道秋主审,编写过程中,得到了相关学校和重庆大学出版社的大力支持,谨向为本书的出版付出辛勤劳动的人们表示感谢。

本书可作为高职高专建设类非测绘专业通用教材。也可供中等专业学校和技工学校相关专业及工程技术人员使用。

编写高职高专教材是新的尝试,由于编者水平有限,书中不足之处,敬请读者批评指正。

编 者

2003年2月

目录

第1篇　测量技术基础知识

第 2 篇　常规测量技术

第 3 篇　现代测量技术简介

第 4 篇　工程测量技术

第 5 篇　测量实践教学指导

第1篇 测量技术基础知识

第1章 测量学的基本知识

1.1 测量学的任务及作用

1.1.1 测量学的概念与研究对象

测量学是研究地球的形状和大小、确定地球表面点的位置以及如何将地球表面的地形及其他地理信息测绘成图的科学。测量学的研究对象是地球。我们知道,地面物体的几何形状和大小都是由组成该物体的一些特定点的位置所决定的,因此,测量学的实质是如何确定地球表面点的位置。

测量学是随着人们生产和生活需要而发展起来的。最初,人们利用绳子丈量土地,用指南针定向,随着望远镜的发明,最小二乘理论的提出,摄影技术的应用,以及近代航空航天、激光、电子、微处理等技术的飞速发展并在测量中的广泛应用，测量科学正朝着自动化、数字化和高精度化方向发展。

1.1.2 测量学的任务

测量学的任务主要包括地形图的测绘和施工测量两方面。

地形图的测绘是指使用测量仪器，经过测量和计算得到一系列测量数据，或将地球表面的地形按一定的比例缩小绘成地形图，供经济建设、国防建设和科学研究使用。地形图的测绘也叫测定。

施工测量是指将图纸上规划设计好的建筑物、构筑物的位置在实地标定出来，作为工程施工的依据。施工测量也叫测设。

另外，对高层建筑或其他重要建筑物、构筑物进行变形观测已经成为测量学的又一个重要任务。

1.1.3 测量学的分科

测量科学按其研究对象和应用范围的不同可以分为许多分支学科。例如：研究地球表面较小区域内测绘工作的基本理论、技术、方法和应用的科学叫普通测量学，它是测量学的基础；研究地球表面较大范围内的点位测定及整个地球的形状、大小和重力场测量的理论、技术和方法的学科叫大地测量学；利用摄影或遥感技术来测定地球表面物体的形状、大小和空间位置的学科叫摄影测量学；研究工程建设中勘测设计、施工和管理阶段各种测量工作的学科叫工程测量学；研究和测量地球表面水体（海洋、江河、湖泊等）及水下地貌的学科叫海道测量学。本教材主要阐述普通测量学和工程测量学中的部分内容。

随着科学技术的发展和信息高速公路的建设，测量学的各个分支学科开始由细分走向统合，并与制图学、地理学、信息学、管理学、统计学以及城市建设、环境科学等许多学科相互交叉，形成一门新兴的边缘学科——“地球空间信息学（Geomatics）”。

1.1.4 测量在工程建设中的作用

测量科学的应用范围非常广泛，在社会主义建设中起着十分重要的作用。在国防建设方面，必须应用地形图进行战略部署和战役的指挥工作；在经济建设方面，工程的勘测和设计需要测绘和使用地形图、工程施工需要测量工作做指导、工程竣工需要测绘竣工图、工程竣工使用阶段对一些大型或重要建（构）筑物还要进行变形观测；在科学研究方面，诸如空间科学技术、地壳变形、海岸变迁、地震预报等方面的研究都要使用地形图；测量科学既要为房地产、灾情监视与调查、土地管理、环境保护、文化教育等国民经济相关部门提供精确的测绘数据及地图资料，还要满足人民群众日常生活对各种地图的需要。

1.1.5 课程的学习方法与要求

《测量技术基础》是非测绘专业的专业基础课，同时也是一门操作性很强的技术性课程。它的特点是实践性强，因此，本课程的学习，除了要经过预习、听课、思考、作业、复习等环节掌握课程理论知识外，更主要的是要通过课间实验和综合教学实习等实践教学环节加深理解测量理论知识和掌握测量仪器的操作技能，做到理论联系实际。

通过本课程的学习，要求掌握普通测量学的基本理论、基本知识和基本技能，能正确使用测量仪器和工具，初步掌握大比例尺地形图的测图程序和测量方法，能正确分析、处理和应用地形图上的有关测量资料，能灵活运用本课程的有关知识为所学专业的工程建设服务。通过本课程的学习，还要求逐步培养集体主义观念和艰苦奋斗精神，逐步树立严谨求是的治学态度和团结协作的工作作风。

*1.1.6　测量学发展概况

测量学是一门古老的学科，在人类发展史中起着重要的作用，它的发展首先从满足人们划分土地、兴修水利、战争与航海等方面的需要而开始。

(1)我国测量科学的发展概况

我国是世界四大文明古国之一，由于生产和生活的需要，测量工作开始得很早。我国在无文字记载的三皇五帝时代，就有伏羲氏“测北极高下……定南北东西”、“神农氏立地形，甄度四海”、黄帝“置衡量度亩数”、夏禹“行山表木，定高山大川……左准绳，右规矩”等传说，反映了祖先们在征服自然和改造自然过程中，一开始就是通过测量来认识世界的。

在测时方面，我国在春秋战国时期就编制了四分历，一年为365.25日，比罗马人采用的儒略历早四五百年。南北朝时祖冲之所测的朔望月为29.530 588日，与现在采用的数值只差0.3秒。宋代杨忠辅编制的《统天历》，一年为365.242 5日，与现代采用的数值相比只差26秒。这些成就的取得主要是因为在公元前四世纪创制的浑天仪，此外还有圭、表、复矩、漏壶及日晷等天文观测与计时工具的使用。

在地图测绘方面，由于行军作战的需要，我国历代皇帝都十分重视。目前见于记载的最早的古地图是西周初年的洛邑城址附近的地形图。周代地图的使用已很普遍，管理地图的官员分工也很细。战国时管仲所著《管子》第十卷(地图第二十七)专门论述了地图的内容和重要用途。可惜的是，秦代以前的古地图都已失传，现在所能见到的最早的古地图是长沙马王堆三号墓出土的公元前168年陪葬的古长沙国地图和驻军图，图上有山脉、河流、居民地、道路和军事要塞。西晋裴秀编制了《禹贡地域图》和《方丈图》。此后历代都编制过多种地图，其中比较著名的有：南北朝谢庄创制的《木方丈图》；唐代贾耽编制的《关中陇右及山南九州等图》及《海内华夷图》(原图现已失传)；北宋的《淳化天下图》；南宋人参考《海内华夷图》制成的《华夷图》和《禹迹图》刻在石碑上，现存于西安碑林；元代朱思本的《舆地图》；明代罗洪先的《广舆图》(相当于现代分幅绘制的地图集)；明代郑和下西洋绘制的《郑和航海图》；清代康熙年间绘制的《皇舆全图》等，我国历代地图绘制水平都很高。

我国历代能绘制出如此高水平的地图与测量技术的发展有关。在测量仪器制造方面，我国古代测量长度的工具有丈杆、测绳、步车等；测量高程的仪器工具有矩和水平(水准仪)；测量方向的仪器有望筒和指南针(战国时利用天然磁石制成指南工具——司南，宋代出现人工磁铁制成的指南针)。在测量理论建设上，西晋裴秀提出的绘制地图的六条原则，即《制图六体》，是世界最早的地图编制理论；三国时魏人刘徽所著《海岛算经》介绍利用丈杆进行两次、三次甚至四次测量(称重差术)求解山高、河宽的实例等。

此外，公元724年，唐代在僧一行的主持下，实量了从河南白马，经过浚仪、扶沟到上蔡长达300 km的子午线弧长，并用日圭测太阳的阴影来定纬度，这是我国第一次应用弧度测量的方法测定地球的形状和大小，也是世界上最早的一次子午线弧长测量，得出子午线一度弧长为

132.31 km，为人类正确认识地球做出了贡献。北宋沈括在《梦溪笔谈》中记载了磁偏角的发现。元代郭守敬在测绘黄河地形图时，“以海面较京师至汴梁地形高下之差”，是世界测量史上第一个使用“海拔”思想的人。

在日益腐朽的清王朝、北洋军阀和国民党的统治下，我国测绘科学的发展基本处于停滞状态。中华人民共和国成立后，我国的测绘事业有了很大发展，全国已建立了统一的坐标系统和高程系统；建立了遍及全国的大地控制网、国家水准网、基本重力网和卫星多普勒网；完成了国家大地网和水准网的整体平差；完成了珠穆朗玛峰的平面位置和高程的测量；配合国民经济建设进行了大量的测绘工作，例如进行了南京长江大桥、葛洲坝水电站、宝钢、三峡水库等工程的精确放样和设备安装测量，在测绘仪器制造方面，从无到有，现在我国不仅能生产常规测量仪器，测量先进仪器的制造水平也基本上达到国际先进水平。测绘教育规模和水平也不断得到提高。

(2)世界测量科学发展简述

公元前4 000多年前，由于尼罗河河水泛滥，经常需要重新划分土地的边界，即土地测量工作，从而产生了最初的测量技术，古希腊人也在很早就掌握了土地测量方法，希腊文“测量学”的含义就是“土地划分”。公元前3世纪，希腊科学家就利用天文测量方法初步测定了地球的形状和大小，当然，那时使用的仪器和工具非常简单。

随着科学和文化的进步，测量科学日益完善，其应用也日益广泛。1608年荷兰人汉斯发明望远镜，望远镜的发明并应用于天文观测是测量科学史上的一次较大的变革。其后，望远镜广泛应用于各种测量仪器，大大提高了观测成果的精度；1617年荷兰人斯纳尔创立并首次进行了三角测量、1794年德国高斯提出最小二乘法、1859年法国洛斯达开创摄影测量并制成第一台地形摄影机。17～19世纪，传统的测量理论、测量方法和测绘仪器等各个方面都有不少的发明创造。1903年飞机的发明，促进了航空摄影测量学的发展；20世纪40年代自动安平水准仪的问世，标志着测量自动化的开始；1957年第一颗人造地球卫星的上天，推动了人卫大地测量学的发展。

20世纪50年代以来，空间科学技术、电子技术和信息科学技术的迅速发展，推动了现代测量科学技术的发展。目前以GPS(全球定位系统)、RS(遥感技术)和GIS(地理信息系统)的“3S”技术的出现和发展使传统测量科学产生了质的飞跃。1998年美国副总统戈尔提出“数字地球”概念后，一场新的技术革命浪潮正在世界范围内产生，而现代测量科学技术是数字地球的数学基础、空间信息框架和技术支撑，因此，测量科学的发展具有广阔的发展前景。

1.2 地面点位的确定

1.2.1 地球的形状和大小

测量工作是在地球表面上进行的，其实质是测定地面点的位置，点位的确定需要建立坐标系，这与地球的形状和大小密切相关。

地球表面错综复杂、高低起伏很不规则。有高山与低谷，也有平原与海洋。其中珠穆朗玛峰高出海水面8 848.13 m，而位于太平洋的马里亚纳海沟低于海水面达11 022 m。这些起伏相对半径为6 371 km的地球来说还是很小的。就整个地球而言,考虑到海洋占地球表面的71%,因此,可以把地球想象成一个处于静止状态的海水面延伸穿过陆地所包围的形体,这个处于静止状态的水面就是水准面,这个形体基本上代表了地球的形状。由于水准面有无数个,测量上把通过平均海水面的水准面称为大地水准面,如图1.1(a)所示,大地水准面所包围的体形称为大地体。

水准面的特点是处处与铅垂线方向正交。测量工作是通过安置测量仪器观测数据,并沿铅垂线方向将这些数据投影到大地水准面上的,因此,大地水准面是测量工作的基准面。

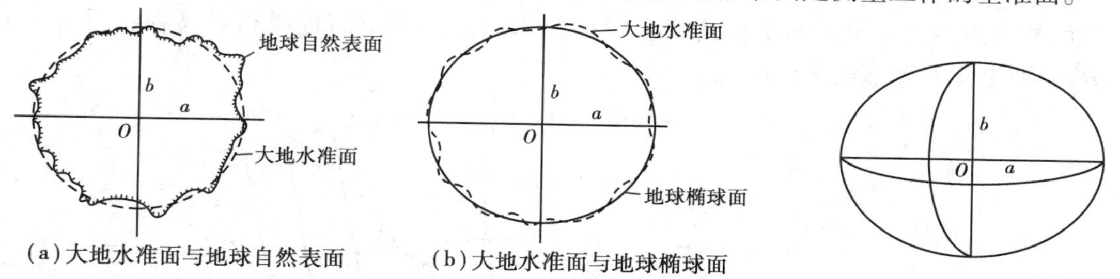

图1.1　大地水准面与地球椭球面

图1.2　地球椭球体

由于地球表面起伏不平和内部物质结构分布不匀,引起铅垂线方向不规则变动,因此大地水准面实际上是一个略有起伏的不规则曲面,不便于计算和建立坐标系。为此,人们就用一个可以用数学公式表示又很接近大地水准面的地球椭球面来代替它,如图1.1(b)所示。地球椭球面所包围的体形叫地球椭球体。地球椭球体是由椭圆NWSE绕其短轴NS旋转而成,其形状和大小由椭圆长半轴a和短半轴b(或扁率$\alpha = \frac{a-b}{a}$)决定,如图1.2所示。

建立坐标系的地球椭球面与大地水准面不完全一致。对精密测量工作来说,必须考虑两者的差异,要通过计算进行数据转换;对普通测量来说,由于精度要求不高,当测量范围不大时可不考虑两者之间的差异,同时,由于地球扁率很小,为方便计算,可以将地球看成圆球,其半径R约为6 371 km。

为确定地面点的位置,我国在陕西省泾阳县永乐镇境内选择并埋设了国家大地原点,建立全国统一的坐标系,叫“1980年国家大地坐标系”,所采用的地球椭球数据是1975年第16届国际大地测量与地球物理协会联合推荐的数据,即

$a = 6\ 378\ 140$ m, $\alpha = 1:298.257$。

建国初期,我国曾建立并使用“1954年北京坐标系”,作为临时过渡性的坐标系。

1.2.2　地面点位置的表示方法

地面点的位置通常由该点投影到地球椭球面的位置(坐标)和点到大地水准面的铅垂距离(高程)来确定。

(1)地面点高程

1)绝对高程

地面点到大地水准面的铅垂距离称为该点的绝对高程,简称高程或海拔,用符号H表示。图1.3中H_A、H_B分别为A、B两点的高程。

我国的高程起算面是与黄海平均海水面相吻合的大地水准面,该面上各点高程为零。建

国初期,我国曾利用青岛验潮站 1950—1956 年的观测资料,求出黄海平均海水面作为大地水准面,建立了“1956 年黄海高程系”,并在青岛建立国家水准原点,其高程为 72. 289 m。目前我国采用的是“1985 年国家高程基准”,它是根据青岛验潮站 1953—1977 年的观测资料,经过计算建立的,并测算出国家水准原点的高程为 72. 260 m。从该水准原点出发,以不同的精度用水准测量的方法测定了许多水准点(参见第 4 章),供高程测量使用。

2)假定高程

当测区内没有已知水准点或引用已知高程有困难时,可以任意假定一个水准面作为高程起算面,地面点到这个假定水准面的铅垂距离称为该点的假定高程或相对高程。图 1. 3 中 H'_A、H'_B 分别为 A、B 两点的假定高程。

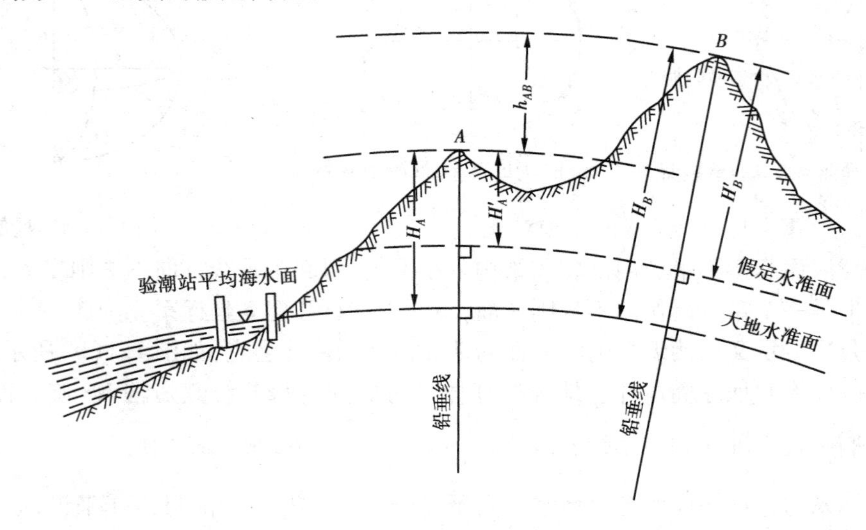

图 1. 3　地面点的高程

3)高差

地面两点间的高程或相对高程之差称为高差,用 h 表示。图 1. 3 中从 A 点至 B 点的高差为

$$h_{AB} = H_B - H_A = H'_B - H'_A \tag{1.1}$$

可见,两点间高差与高程起算面无关。

另外,从 B 点至 A 点的高差为

$$h_{BA} = H_A - H_B = H'_A - H'_B$$

因此

$$h_{AB} = - h_{BA} \tag{1.2}$$

(2)地面点的坐标

1)地理坐标

地面点投影到地球椭球面的位置一般用地理坐标(大地经度 λ 和大地纬度 φ)表示。如图 1. 4 所示,N、S 分别为地球的北极和南极,NS 为地球的自转轴(地轴)。过地面上任一点 M 和地轴所构成的平面叫子午面,子午面与地球表面的交线称为子午线,也叫经线。通过地心且垂直于地轴的平面称为赤道面,赤道面与地球表面的交线叫赤道。通过原英国格林尼治天文台的子午面(线)叫首子午面(线)。

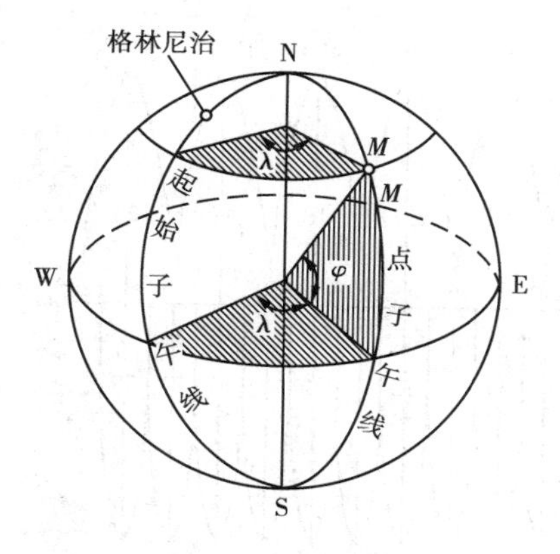

图1.4　地理坐标

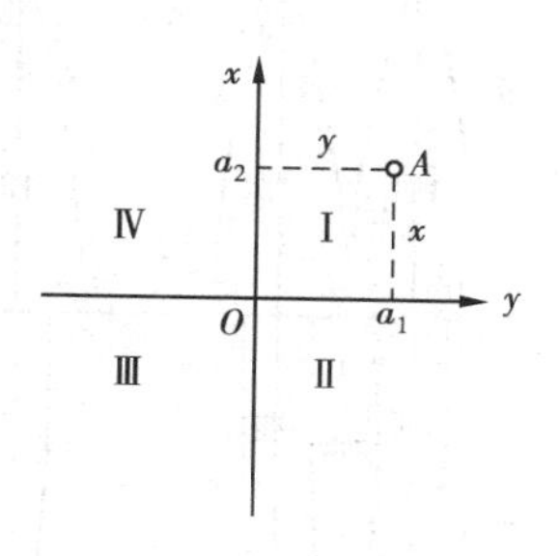

图1.5　平面直角坐标系

M 点的子午面与首子午面的夹角 λ 就是 M 点的经度。以首子午面作为计算经度的起点，向东 0°～180°为东经，向西 0°～180°为西经。过 M 点的铅垂线与赤道面的夹角，称为 M 点的纬度 φ。纬度以赤道面为起点，向北 0°～90°为北纬，向南 0°～90°为南纬。

地面上任何一点都对应着一对地理坐标，例如北京的地理坐标是东经 116°28′、北纬 39°54′。

2）独立平面直角坐标系

地理坐标是球面坐标，不便于直接进行各种计算，且其精度不高。在工程建设的规划、设计和施工中，宜在平面上进行各种计算，为此，须将球面上的点投影并绘到平面上。

当测区范围较小时，可以近似地把球面看成平面，将地面点直接沿铅垂线方向投影到水平面上，用平面直角坐标系确定地面点的位置十分方便。如图 1.5 所示，平面直角坐标系规定南北方向为坐标纵轴 x 轴（向北为正），东西方向为坐标横轴 y 轴（向东为正），坐标原点一般选在测区西南角以外，以使测区内各点坐标均为正值。

与数学上的平面直角坐标系不同，为了定向方便，测量上平面直角坐标系的象限是按顺时针方向编号的，其 x 轴与 y 轴互换，目的是将数学中的公式直接用到测量计算中。

3）高斯平面直角坐标系

当测区范围较大时，不能把球面看成平面。此时，为将球面点投影并绘到平面上，必须采用适当的投影方法来实现，我国采用的是高斯投影法。

①高斯投影的分带　高斯投影是将地球分成若干带，然后将每带投影到平面上。如图1.6所示，投影带从首子午线起，按 6°经度自西向东将整个地球划分成经差相等的 60 个带（称为 6°带）。带号从首子午线起自西向东用阿拉伯数字 1、2、3……60 编号表示。位于各带中央的子午线称为该带的中央子午线，第一个 6°带的中央子午线经度为 3°，任意一个 6°带中央子午线的经度 λ_0 可按下式计算

$$\lambda_0 = 6° N - 3° \tag{1.3}$$

式中　N——6°带的带号数。

高斯投影时，不在中央子午线上的线段都会变长，离中央子午线近的线段变形小，离中央子午线愈远的线段变形愈大，且两侧对称。6°带的高斯投影只能满足 1∶2.5 万及以上比例尺测图的精度要求，对于需要 1∶1 万或更大比例尺图的测量来说，必须采用 3°或 1.5°分带投影。3°带是从东经 1°30′起，每经差 3°划带，将整个地球分成 120 个带（图 1.6），每一个 3°带中央子

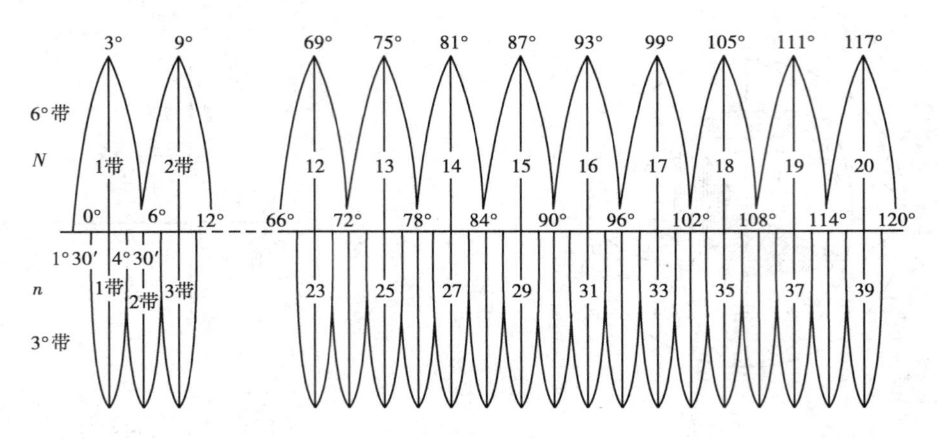

图 1.6　高斯投影分带

午线的经度 λ_0'可按下式计算

$$\lambda_0' = 3^\circ n \tag{1.4}$$

式中　n——3°带的带号数。

对于已知任意一地的经度 λ 时,可按下列公式计算其所在 6°带及 3°带的带号,带号计算出来后,可再按式(1.3)及式(1.4)分别计算其中央子午线的经度。

$$N = \mathrm{INT}(\lambda/6^\circ + 1) \tag{1.5}$$

$$n = \mathrm{INT}(\lambda/3^\circ + 0.5) \tag{1.6}$$

式中　INT 为取整函数。

例 1.1　某地经度为东经 119°24′,求其所在的高斯投影 6°带和 3°带的带号及其中央子午线的经度。

解　该地 6°带带号及其中央子午线的经度分别是

$$N = \mathrm{INT}(119^\circ 24'/6^\circ + 1) = \mathrm{INT}20.9 = 20$$

$$\lambda_0 = 6^\circ N - 3^\circ = 6^\circ \times 20 - 3^\circ = 117^\circ$$

该地 3°带带号及其中央子午线的经度分别是

$$n = \mathrm{INT}(119^\circ 24'/3^\circ + 0.5) = \mathrm{INT}40.3 = 40$$

$$\lambda_0' = 3^\circ \times 40 = 120^\circ$$

②高斯投影与高斯平面直角坐标系的建立　如图 1.7 所示,高斯投影是设想用一个平面卷成一个空心椭圆柱,把它横着套在地球表面,使椭圆柱的轴心线通过地球中心,并使地球表面上某个 6°带的中央子午线与椭圆柱面相切,在椭球面上的图形与椭圆柱面上的图形保持等角的条件下,将整个 6°带投影到椭圆柱面上。然后,将椭圆柱沿通过南北极的母线切开并展开成平面,便得到 6°带在平面上的投影。中央子午线经投影展开后是一条直线,以此直线作为纵轴即 x 轴,赤道经投影后是一条与中央子午线相垂直的直线,将它作为横轴即 y 轴;两直线的交点作为原点,即组成高斯平面直角坐标系统。

我国位于北半球,x 坐标均为正值,而 y 坐标值有正有负。如图 1.8(a)所示,A、B 两点的横坐标分别为:y_A = 137 680 m,y_B = −274 240 m。为避免横坐标 y 出现负值,规定把坐标纵轴向西平移 500 km,如图 1.8(b)所示。此时 y_A = 137 680 + 500 000 = 637 680 m,y_B = −274 240 + 500 000 = 225 760 m。

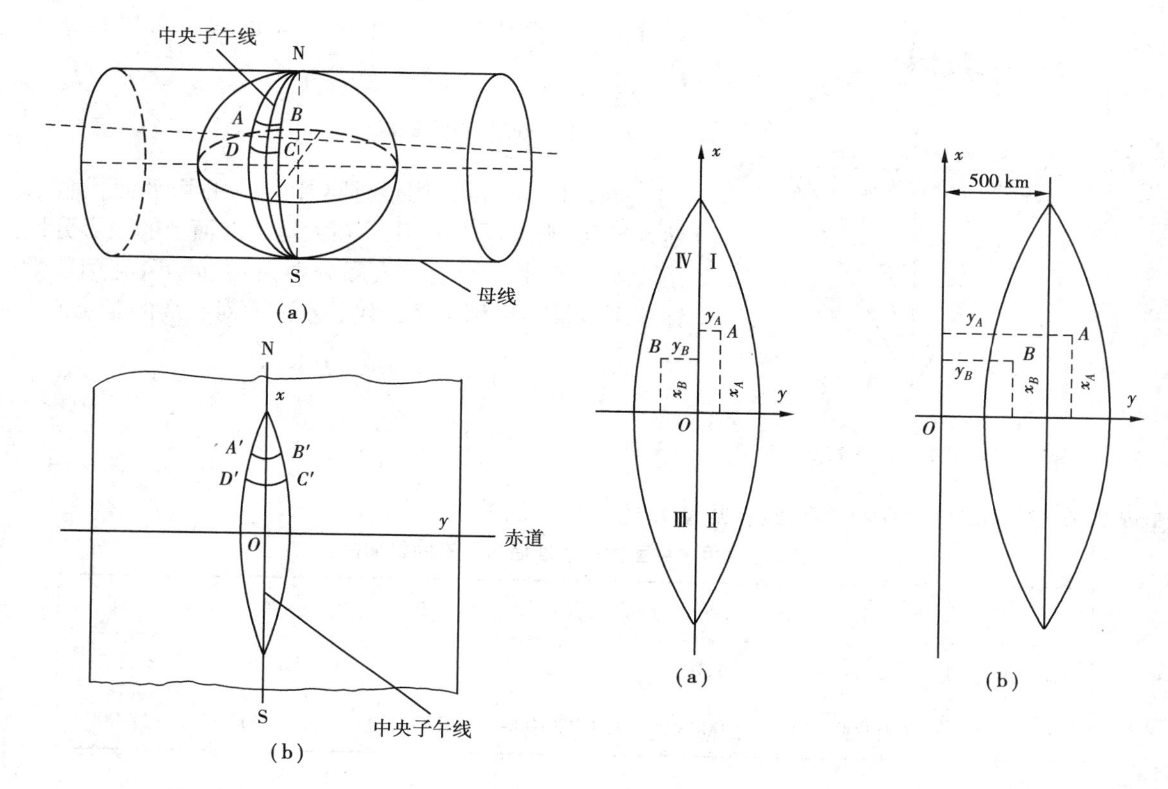

图1.7　高斯投影示意图

图1.8　高斯平面直角坐标系

由于不同投影带内相同位置点的投影坐标值都相同,无法使得地面点与其坐标值一一对应。因此,还应在其横坐标值前冠以带号,以便根据点的横坐标值就能区别该点位于哪个6°带内。例如,A点位于6°带的第20带内,则其横坐标为y_A = 20 637 680 m。

***(3)空间直角坐标系**

随着卫星定位技术的发展,采用空间直角坐标系表示空间任意一点的位置已经得到广泛的应用。空间直角坐标系是以地球的质心为原点O,z轴指向地球北极,x轴指向格林尼治子午面与地球赤道的交点,过O点与xOz面垂直的轴线为y轴,y轴正方向按右手法则确定,如图1.9所示。

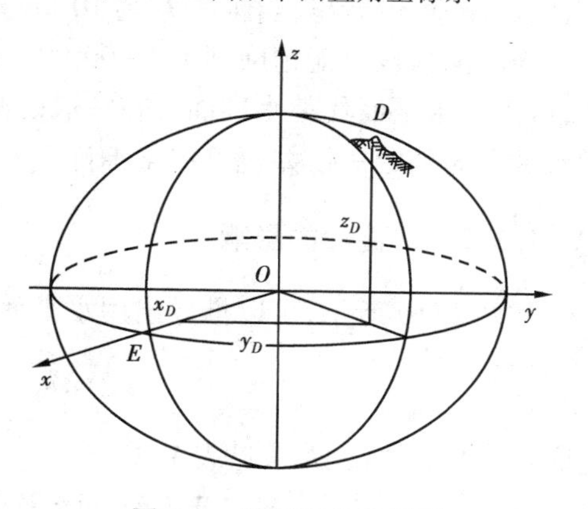

图1.9　空间直角坐标系

1.3　用水平面代替水准面的限度

如前所述,将地面点投影到球面后,再按一定的法则描绘在水平面上,这个过程比较复杂。实际测量工作中,如能直接用水平面代替水准面,则计算和绘图工作量都会大大简便。用水平面代替水准面必然会产生误差,影响高程和距离测量的精度。因此,必须知道在多大范围内测

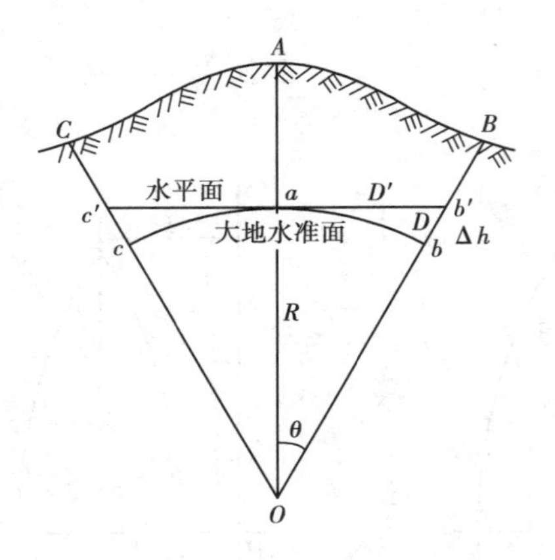

图 1.10　用水平面代替水准面

量时用水平面代替水准面，其产生的误差可以忽略不计。

1.3.1　对距离的影响

如图 1.10 所示，用该地区中心点的切平面代替大地水准面，则地面点 A、B、C 在大地水准面上的投影分别是 a、b、c，在水平面上的投影分别为 a'、b'、c'，利用数学知识可以推导出用水平面代替水准面对距离的影响值

$$\Delta D = D' - D \approx \frac{D^3}{3R^2}$$

$$\frac{\Delta D}{D} = \frac{D^2}{3R^2} \tag{1.7}$$

R 取 6 371 km 时，ΔD 及 $\Delta D/D$ 值见表 1.1。

表 1.1　用水平面代替水准面对距离的影响值

D/km	1	5	10	25	50	100
ΔD/mm	0.01	1.0	8.2	128	1 026	8 212
$\Delta D/D$	1/100 000 000	1/5 000 000	1/1 220 000	1/195 000	1/48 000	1/12 000

从上表可以看出，当距离 D 为 10 km 时，其对距离测量的影响为 1/1 220 000，而目前最精密的距离测量也只能精确到 1/1 000 000，因此，在半径为 10 km 的范围内进行距离测量工作时，可以用水平面代替水准面。在一般的测量工作中，即使半径在 25 km 范围内，用水平面代替水准面时的距离误差也可忽略不计。

1.3.2　对高程的影响

如图 1.10 所示，可以推导出用水平面代替水准面对高程的影响值

$$\Delta h = bB - b'B \approx \frac{D^2}{2R} \tag{1.8}$$

R 取 6 371 km 时，Δh 值见表 1.2。

表 1.2　用水平面代替水准面对高差的影响值

D/km	0.1	0.2	0.4	0.6	0.8	1	5	10
Δh/mm	0.8	3.1	13	28	50	80	1 960	7 850

Δh 是随距离平方的增加而增加的，R 取 6 371 km 时，Δh 值见表 1.2 所示。当距离为 200 m时，就有 3.1 mm 的高程误差，这是不允许的，因此，进行高程测量时，即使距离很近，也要考虑地球是曲面（俗称地球曲率）对高程的影响，采取相应的技术措施或计算改正加以削弱。

1.4　测量工作的原则与程序

1.4.1　测量的基本工作

实际测量工作中，一般不能直接测出地面点的坐标和高程，而是通过间接观测求出待定点坐标与已知点坐标间的几何位置关系，利用已知点坐标就可推算出待定点的坐标和高程。

如图1.11所示，地面点Ⅰ、Ⅱ的坐标及高程均已知，A、B为待定点，其在投影平面上的投影分别为Ⅰ、Ⅱ、a、b。为了确定A点和B点的坐标，只要观测水平角β_1、β_2和水平距离D_1、D_2，再根据已知点Ⅰ的坐标和Ⅰ-Ⅱ的方向值，就可推算出A点和B点的坐标值。可见测定地面点坐标的主要工作是测量水平角和水平距离；为了确定A点和B点的高程，只要观测高差$h_{ⅠA}$和h_{AB}，再根据已知点Ⅰ的高程，就可推算出A点和B点的高程。可见测定地面点高程的主要工作是测量高差。

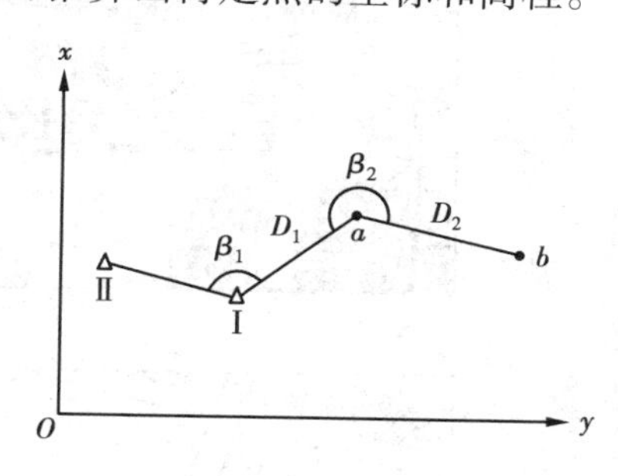

图1.11　确定地面点位的测量工作

综上所述，距离、角度和高差是确定地面点位置的三个基本要素，距离测量、角度测量和高程测量是测量的三项基本工作。

1.4.2　测量工作的程序与原则

地球表面错综复杂的各种形态称为地形，地形可以分为地物与地貌两大类。地面上固定性的自然和人工物体称为地物，地物一般可分为两大类：一类是自然地物，如河流、湖泊、森林、草地、独立岩石等。另一类是经过改造的人工地物，如房屋、高压输电线、铁路、公路、水渠、桥梁等；地面上高低起伏的形态称为地貌，如山岭、谷地、悬崖与陡壁等。

图1.12(a)的中前部有两幢并排的房屋，其平面位置由房屋的轮廓线组成，如能测定1～8个屋角点的平面位置，这两幢房屋的位置也就确定了；对于地貌，其地势起伏变化虽然复杂，仍可看成是由许多不同方向、不同坡度的平面相交而成的几何体，相邻平面的交线就是方向变化线和坡度变化线，只要测定这些方向变化线和坡度变化线交点的平面坐标，则地貌的形状和大小也基本反映出来了。因此，不论地物或地貌，它们的形状和大小都是由一些特征点的位置所决定的。这些特征点也叫碎部点。地形测图就是通过测定这些碎部点的平面坐标和高程来绘制地形图的。

测量工作不可避免地会产生误差，为防止误差的传递与积累，保证测区内地面点位置的测量精度，测量工作必须按一定的程序和原则进行。如图1.12所示，下面以如何将地物与地貌测绘到图纸上为例，介绍测定工作的原则和程序。

测定碎部点的位置，其工作程序通常可分为两步：首先作控制测量。先在测区内选择若干个具有控制意义的点A、B、C、D、E、F作为控制点，用比较精确的方法测定其位置；这些控制点就可以控制误差传递的范围和大小。其次进行碎部测量。即在控制点基础上，用稍低一些精度的测量方法（即碎部测量）测定地面各碎部点的位置（坐标及高程），例如在控制点A上测定

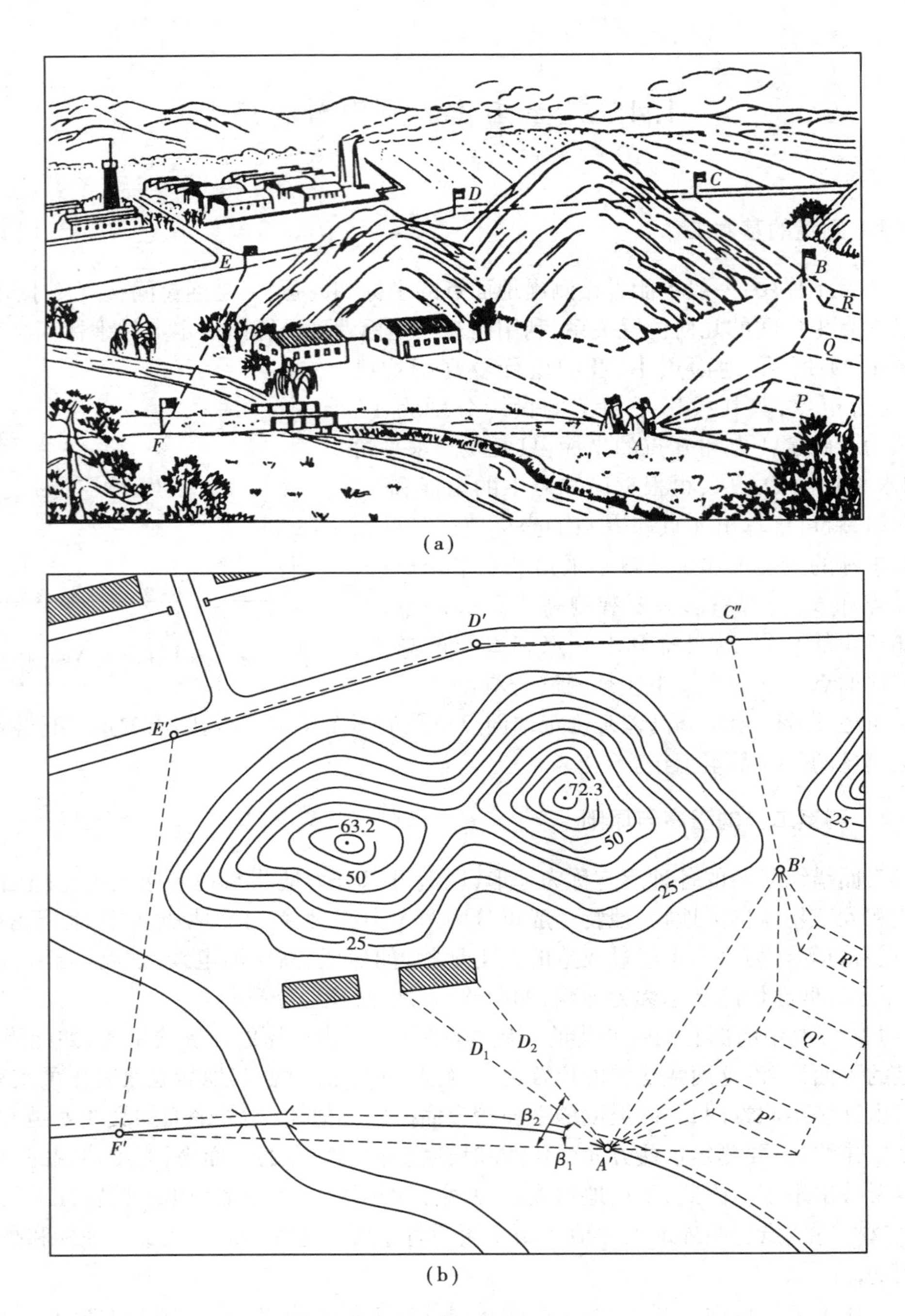

图 1.12　地形图测量示意图

其周围的碎部点 1、2、3 等。最后根据这些碎部点的坐标与高程按一定的比例尺将整个测区缩小绘制成地形图,如图 1.12(b)所示。

从上述分析可知,测量工作必须遵循的原则是:布局上"从整体到局部"、精度上"先高级后低级"、程序上"先控制后碎部"。测量工作的这些重要原则,不但可以保证减少测量误差的积累,还可使测量工作同时在几个控制点上进行,从而加快测量工作的进度。另外,为防止和检查测量工作中出现的错误,提高测量工作效果,测量工作必须重视检核工作,“边工作边检核”也是测量工作的又一个原则。

上述测量工作的原则和程序,不仅适用于测定工作,也适用于测设工作。如图1.12(b)所示,欲将图纸上设计好的建筑物P'、Q'、R'测设于实地,作为施工的依据,必须先在实地进行控制测量,然后安置仪器于控制点A和B上,进行建筑物的测设。在测设工作中也要步步进行检验,以防出错。

1.5　直线定向

确定一条直线方向的工作叫直线定向。直线定向必须先选定一个标准方向线作为定向的依据。

1.5.1　标准方向

测量工作中常用的标准方向有真子午线方向、磁子午线方向和平面直角坐标纵轴方向三种。

(1)真子午线方向

经过地面一点指向地球南北极的方向称为该点的真子午线方向。真子午线方向可用天文测量方法或用陀螺经纬仪测定。

(2)磁子午线方向

经过地面一点指向地球磁南北极的方向称为该点的磁子午线方向。磁子午线方向可用罗盘仪测定。

(3)平面直角坐标纵轴方向

采用高斯平面直角坐标系时,取平行于投影带中央子午线的方向作为平面直角坐标纵轴方向;采用独立平面直角坐标系时,则取平行于其坐标纵轴方向作为基准方向。

以上三个标准方向常称为三北方向,如图1.13所示。由于地球南北极与地球磁南北极并不重合,地面某点的真子午线方向与磁子午线方向不重合,两者之间的夹角称为磁偏角,用符号δ表示,磁子午线偏于真子午线东边叫东偏,偏于西边的叫西偏,东偏时δ取正值,西偏时δ取负值;在高斯投影带内,作为坐标纵轴的中央子午线投影后是一条直线,而处在中央子午线以外的点,其子午线投影后是收敛于地球两极的曲线,因此,高斯平面直角坐标系中,地面某点的真子午线方向与中央子午线方向不一致,两者之间的夹角称为子午线收敛角,用符号γ表示,γ有正有负,当坐标纵轴方向偏于子午线方向东边时,γ取正值;当坐标纵轴方向偏于子午线方向西边时,γ取负值。

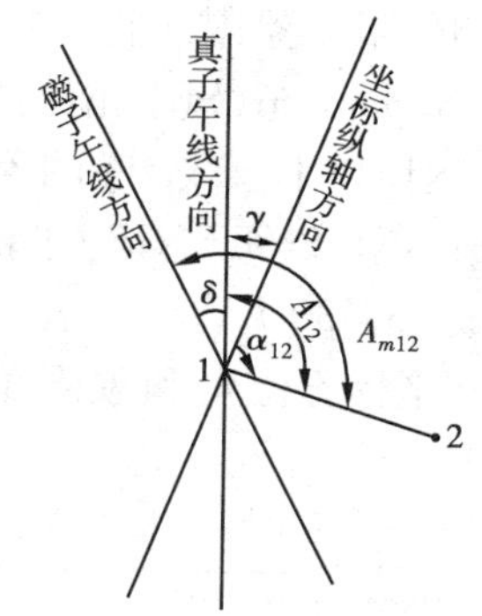

图1.13　三北方向

1.5.2　直线方向的表示方法

直线的方向一般用方位角表示。直线的方位角是指从标准方向北端起,顺时针量到直线间的夹角，其角值范围为0°~360°。由于标准方向的不同，直线的方位角有真方位角、磁方位角和坐标方位角三种。

(1)真方位角

称以真子午线的北端为标准方向计算的方位角为真方位角，用符号 A 表示。

(2)磁方位角

称以磁子午线的北端为标准方向计算的方位角为磁方位角，用符号 A_m 表示。

(3)坐标方位角

称以平面直角坐标纵轴的北端为标准方向计算的方位角为坐标方位角，用符号 α 表示。

从图1.13可以看出，几种方位角之间的关系为

$$A = A_m + \delta \tag{1.9}$$

$$\alpha = A + \gamma = A_m + \delta + \gamma \tag{1.10}$$

一条直线有两个方向，如果测量从 A 向 B 进行，我们把 AB 方向叫正方向，此时，直线 AB 的坐标方位角 α_{AB} 就是正坐标方位角；同时 BA 方向为反方向，α_{BA} 就是反坐标方位角，如图1.14所示，正、反坐标方位角相差180°。即

$$\alpha_{正} = \alpha_{反} \pm 180° \tag{1.11}$$

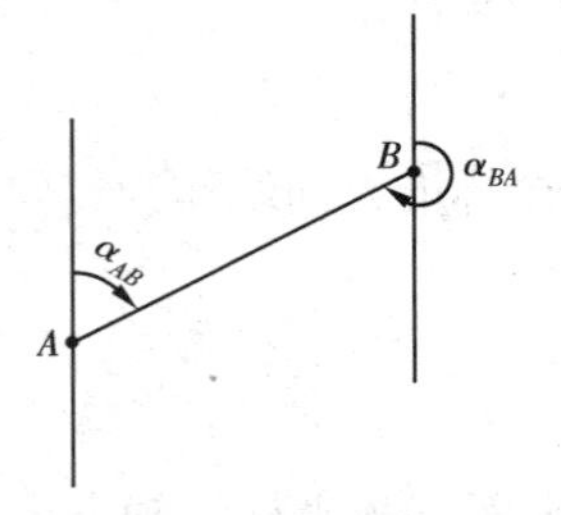

图1.14　正坐标方位角与反坐标方位角

1.5.3　坐标方位角与象限角的关系

测量工作中，有时也用象限角来表示直线的方向。象限角是指从标准方向的一端（北端或南端）起量到直线间的锐角，用符号 R 表示。其角值范围为0°~90°，如图1.15所示。由于象限角可以从标准方向北端起向东或向西量，也可从南端起向东或向西量，因此，用象限角定向时，不但要注明角度大小，同时还要注明它所在的象限。象限名称从第一象限起分别用“北东(NE)、南东(SE)、南西(SW)、北西(NW)”表示，图1.15中直线 OA 的象限角为NE54°21′（或记成N54°21′E），OB 的象限角为SE34°30′（或记成S34°30′E）。

坐标方位角和象限角可以互相换算，详见表1.3。

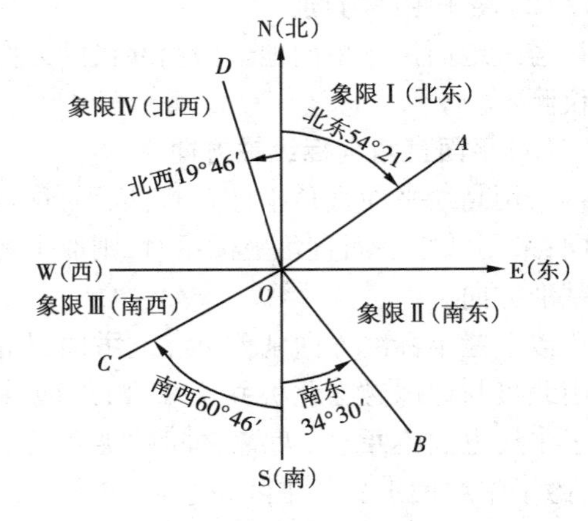

图1.15　象限角

表1.3　坐标方位角和象限角的换算关系

象　　限	α 与 R 的换算关系
第一象限　北东(NE)	$\alpha = R$
第二象限　南东(SE)	$\alpha = 180° - R$
第三象限　南西(SW)	$\alpha = 180° + R$
第四象限　北西(NW)	$\alpha = 360° - R$

1.5.4　坐标方位角的推算

为了整个测区坐标的统一，测量工作中并不直接测定每条边的方向，而是通过与已知点（坐标已知）进行连测，以推算出各边的坐标方位角。如图1.16所示，A为已知点，通过测量得$A1$边的方位角α_{A1}和左（或右）夹角β_A、β_1、β_2和β_3，所谓左（或右）夹角是指位于以编号顺序为前进方向左（或右）边的夹角。下面推算1-2、2-3、3-A各边的坐标方位角。

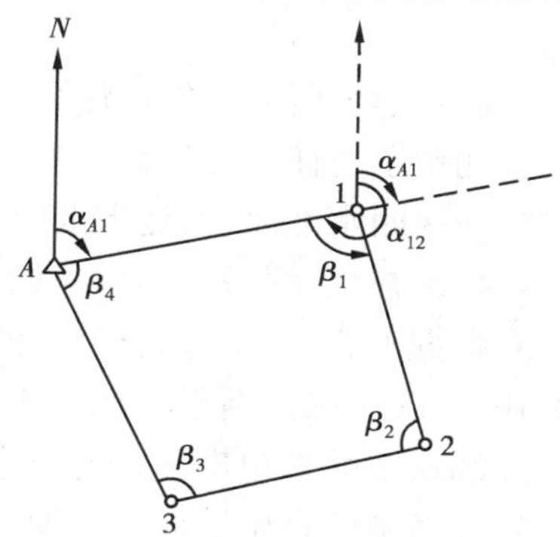

图1.16　坐标方位角的推算

从图1.16可以看出

$$\alpha_{12} = \alpha_{A1} - \beta_1 + 180°$$

$$\alpha_{23} = \alpha_{12} - \beta_2 + 180°$$

$$\alpha_{3A} = \alpha_{23} - \beta_3 + 180°$$

最后计算$\alpha_{A1} = \alpha_{3A} - \beta_A + 180°$，与已知值进行比较，以检核计算有无错误。

从上述计算可知，用右角计算坐标方位角的一般计算公式为

$$\alpha_{前} = \alpha_{后} - \beta_{右} + 180° \tag{1.12}$$

即：前一边的坐标方位角等于后一边的坐标方位角减右夹角再加180°。计算中，如果$\alpha_{后} - \beta_{右}$大于180°，即$\alpha_{前}$大于360°时应减去360°；若$\alpha_{前}$小于0°时应加360°。

用左角推算坐标方位角的一般公式为

$$\alpha_{前} = \alpha_{后} + \beta_{左} - 180° \tag{1.13}$$

即：前一边的坐标方位角等于后一边的坐标方位角加左夹角减去180°。计算中，如果$\alpha_{后} + \beta_{左}$小于180°，即$\alpha_{前}$小于0°时应加上360°；若$\alpha_{前}$大于360°时应减去360°。

*1.5.5　用罗盘仪测定直线的磁方位角

罗盘仪主要由望远镜（瞄准器）、刻度盘和磁针三部分组成。磁针支承在刻度盘中心的顶针上，可自由转动，磁针静止时所指的方向为磁南北方向。刻度盘为铜质或铝质圆环，一般按逆时针方向从0°到360°刻画，最小分划为1°或30′，每10°有注记，如图1.17所示。

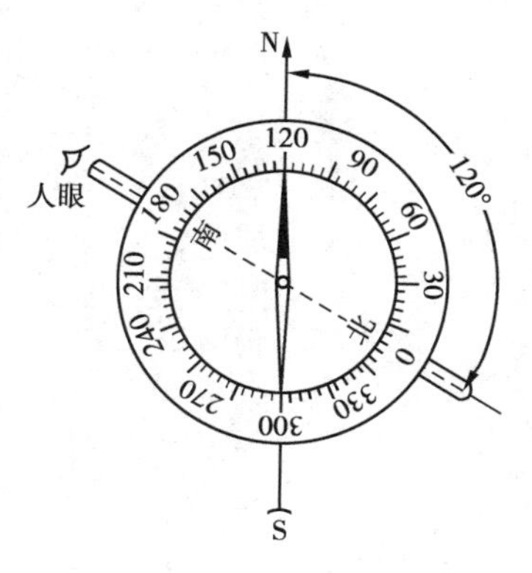

图1.17　罗盘仪的刻度盘

用罗盘仪测定直线磁方位角的方法是：安置仪器于直线AB的起始点A上，挂上垂球进行对中、整平（罗盘仪一般有水准器指示仪器是否水平），旋松螺旋放下磁针，转动仪器瞄准直线终点B的标杆，此时刻度盘随之转动而磁针不动，由于方位角是按逆时针从北端起算的。而罗盘仪刻度盘是自北端逆时针注记的，因此，磁针静止时，其北端所指读数就是直线AB的磁方位角。

罗盘仪在使用过程中，要避开高压线、铁路等铁质物体，用完后必须旋紧螺旋将磁针升起，以保护磁针的灵敏度。

复习思考题

1. 测量学的研究对象是什么？

2. 测量学的任务是什么？测定和测设有何区别？

3. 什么叫水准面、大地水准面？水准面有何特性？

4. 什么是绝对高程、相对高程？

5. 根据1956年黄海高程系，测算得A点高程为213.464 m，B点高程为214.529 m，试计算改用1985年国家高程基准后A、B两点的高程。

6. 测量中的直角坐标系与数学上的直角坐标系有何区别？

7. 高斯平面直角坐标系是如何建立的？

8. 某点的经度为118°50′，试计算它所处的6°带和3°带的带号，相应6°带和3°带的中央子午线的经度是多少？

9. 试推导用水平面代替水准面对距离和高程的影响公式。

10. 什么是地物、地貌？

11. 测量的基本工作是什么？测量工作应遵循哪些原则？

12. 什么叫直线定向？直线定向中有哪几种标准方向？

13. 什么是方位角、坐标方位角、正坐标方位角、反坐标方位角和象限角？

14. 如图1.18所示，已知AD边坐标方位角α_{AD} = 224°32′，各顶点观测角值标在图上，试求DC、CB和BA各边的坐标方位角。

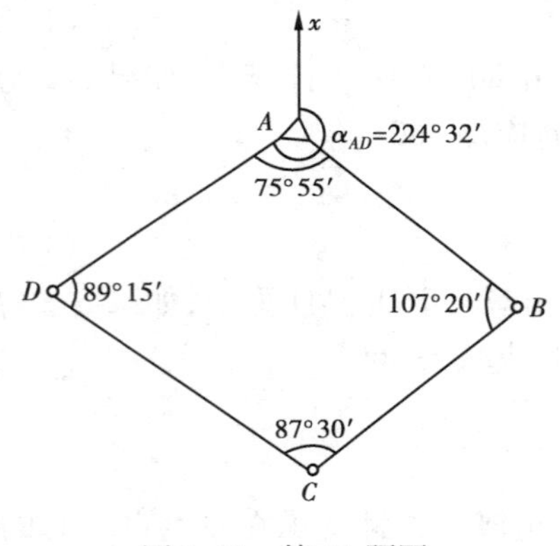

图1.18　第14题图

第2章 地形图的基本知识

根据工程建设的需要，将地球表面上的各种地物沿铅垂线方向投影，并按一定的比例缩小绘制到平面图纸上，这种图纸称为平面图；如果在图纸上不仅要表示地物的位置，而且还要用特定的符号表示地貌，这种图纸称为地形图。如果测区范围较大，顾及地球曲率的影响，采用专门的投影方法编制而成的图纸称为地图。

地形图是经过实地测绘或根据实测，配合有关调查资料编制而成的。它是地球表面形态的客观反映，在地形图上处理和研究问题往往要比在实地更方便、更迅速。因此，各项经济建设和国防建设，都需要用地形图进行规划和设计。

为便于测图和读图，地形图上需要按一定的格式和符号来表示地物和地貌的形状与大小，这些符号统称为地形图图式。《地形图图式》是由国家测绘局制订，经国家标准局批准并颁布实施的国家标准，供测图、出版和用图时使用。本章主要介绍地形图及1:500、1:1 000、1:2 000比例尺地形图图式的基本知识。

2.1 地形图的基本要素

2.1.1 比例尺

地形图上任意一段直线的长度与其相应的地面实际长度之比，称为地形图的比例尺。

(1)比例尺的分类

地形图比例尺主要有数字比例尺和直线比例尺两种。

1)数字比例尺

数字比例尺一般用分子为1的分数形式表示。设图上某直线的长度为d，地面上相应的水平长度为D，则该图的比例尺为

$$\frac{d}{D}=\frac{1}{M} \tag{2.1}$$

式中　M——比例尺分母。

比例尺的大小是以比例尺的比值来衡量的，比例尺分母愈大，比例尺愈小；反之，比例尺分

母愈小,则比例尺愈大。国民经济建设和国防建设都需要测绘各种不同比例尺的地形图。通常把1∶100万、1∶50万、1∶20万称为小比例尺地形图;1∶10万、1∶5万、1∶2.5万称为中比例尺地形图,1∶1万、1∶5千、1∶2千、1∶1千、1∶5百称为大比例尺地形图,工程建设中大都采用大比例尺地形图。地形图图式规定,比例尺应书写在图幅下方正中处,如图2.1所示,本图的比例尺为1∶1 000。

根据数字比例尺,可以将图上线段长度与其相应的实地水平距离进行相互换算。

2)直线比例尺

为了应用方便,同时减少由于图纸伸缩而引起的误差,通常在地形图上绘制直线比例尺,用于直接在图上量取直线段的水平距离。

直线比例尺的绘法是:先在图纸上绘一条10 cm长的直线,分成2 cm长的5小段,一个小段就是一个基本单位;然后将左边的那个基本单位再分成10等分(或20等分),每等分长2 mm(或1 mm);最后,以第一个基本单位右端为0,在其他基本单位上注明与0点的实地水平距离值。图2.2(a)为1∶5 000的直线比例尺,直线比例尺上基本单位2 cm代表实地水平距离100 m,基本单位的1/10即2 mm代表实地水平距离10 m;图2.2(b)为1∶2 500的直线比例尺,直线比例尺上基本单位2 cm代表实地水平距离50 m,基本单位的1/10即2 mm代表实地水平距离5 m,其基本单位和基本单位的1/10是可以在直线比例尺上直接读出来的,同时还可估读到基本单位的1/100。

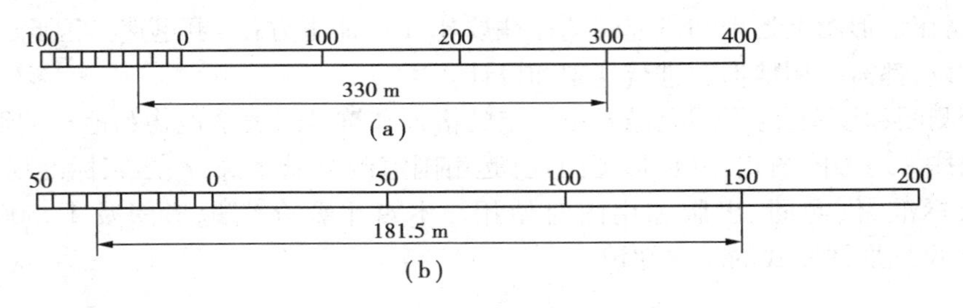

图2.2 直线比例尺

应用时,用分规的两脚尖对准待量距离的两点,然后将分规移至直线比例尺上,使一个脚尖对准"0"分划右侧的某个整分划线上,另一个脚尖落在"0"分划线左端的小分划段中,则两个脚尖读数之和就等于待量两点的距离,不足一个小分划的部分可以目估。图2.2(a)所示读数为330 m,图2.2(b)所示读数为181.5 m。

(2)比例尺的精度

由于正常人眼能分辨图纸上的最短距离是0.1 mm,因此,在描绘地形图或在图上量取距离时就只能精确到0.1 mm,所以,把地形图上0.1 mm所表示的实地水平长度称为比例尺的精度。表2.1是不同比例尺的比例尺精度。可以看出,比例尺越大,表示地表的情况越详细,精度就越高;反之,比例尺越小,表示地表情况越简略,精度就越低。

表2.1 比例尺精度

比　例　尺	1∶500	1∶1 000	1∶2 000	1∶5 000	1∶10 000
比例尺精度/m	0.05	0.10	0.20	0.50	1.00

比例尺的精度可以解决以下两个问题：一是确定量距精度问题。对于测绘某种比例尺地形图时，其实地量距的精度只需达到该图比例尺的精度即可。二是合理选择测图比例尺问题。比例尺越大，要求实地量距的精度越高，测绘工作量很大；比例尺越小，虽然测绘工作量较小，但实地量距的精度也较低。因此，当要求在图上应表示出的实地水平距离精度时，可按上表合理选择测图的比例尺。

2.1.2　地形图的图名、图号、图廓与接图表

(1)图名

图名即本幅图纸的名称，通常用本幅图纸内最主要的地名或山名来命名。图2.1的图名为"王家庄"。

(2)图号

为便于管理和使用，每幅地形图都有一定的编号，图号是根据地形图分幅和编号方法确定的，并将它标注在图幅的上方中间处。

1)图纸分幅方法

大比例尺地形图一般采用正方形分幅法或矩形分幅法，它是按直角坐标的纵、横坐标格网进行划分的。中、小比例尺地形图一般按经纬度来划分，即左、右以经度为界，上、下以纬度为界，其图幅的形状近似梯形，故称为梯形分幅法(本书不作介绍)。各种大比例尺地形图的图幅大小及图廓坐标值见表2.2所示。

表2.2　正方形、矩形分幅图的图廓与图幅大小

比例尺	图幅尺寸/(cm×cm)	实地面积/km^2	一幅1:5 000所含图幅数	1 km^2 测区的图幅数	图廓坐标值
1:5 000	40×40	4	1	0.25	1 000的整数倍
1:2 000	50×50	1	4	1	1 000的整数倍
	40×50	0.8	5	1.25	纵坐标800的整数倍;横坐标1 000的整数倍
1:1 000	50×50	0.25	16	4	500的整数倍
	40×50	0.20	20	5	纵坐标400的整数倍;横坐标500的整数倍
1:500	50×50	0.062 5	64	16	50的整数倍
	40×50	0.05	80	20	纵坐标20的整数倍;横坐标50的整数倍

2)图纸编号方法

大比例尺地形图的编号方法比较灵活，主要有以下几种。

①图幅西南角坐标编号法　用图幅西南角坐标的公里数作为本幅图纸的编号，记成"x—y"形式。1:5 000地形图的图号取至整公里数；1:2 000和1:1 000地形图的图号取至0.1 km；1:500地形图的图号取至0.01 km。例如，图2.1的图号是64.0—54.0，表示该图幅西南角点的坐标为$x=64.0$ km，$y=54.0$ km。

②流水编号法　对于带状测区或测区范围较小时，可根据具体情况，按从上到下、从左到

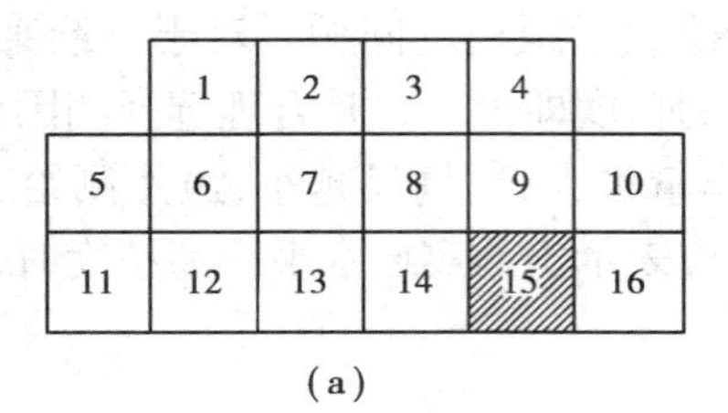

(a)

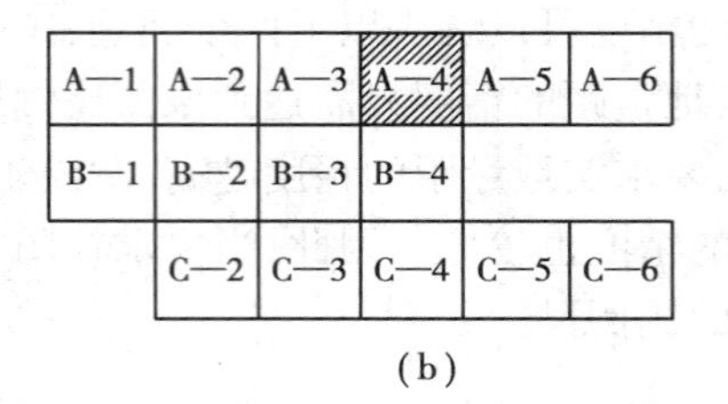

(b)

图 2.3　流水编号法与行列编号法

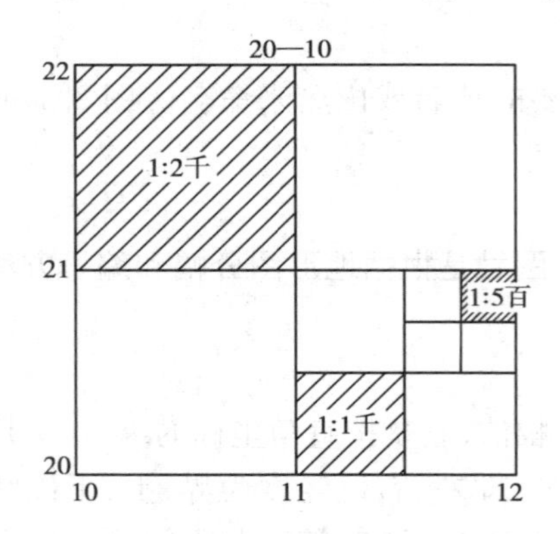

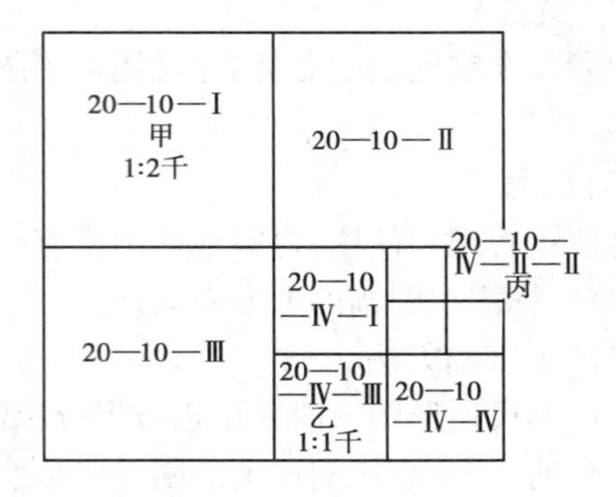

图 2.4　1:5 000 ~ 1:500 地形图的分幅与编号

右的顺序进行数字流水编号。也可采用其他方法如行列编号法编号，目的是要便于管理和使用。如图 2.3 所示。

某些面积较大的测区，往往绘有几种不同的大比例尺地形图，各种比例尺地形图的分幅与编号一般是以 1:5 000 地形图为基础，按正方形分幅法进行的，如图 2.4 所示。某 1:5 000 地形图的编号为“20—10”，将这个图号作为该地区更大比例尺地形图所有图幅的基本图号。1:2 000地形图的编号是在 1:5 000 图幅编号的末尾分别加上罗马字 Ⅰ、Ⅱ、Ⅲ、Ⅳ而成，如图 2.4 中的图幅甲，其编号为“20-10-Ⅰ”。同样，在 1:2 000 图幅编号的末尾分别加上罗马字Ⅰ、Ⅱ、Ⅲ、Ⅳ就是 1:1 000 地形图的编号，如图 2.4 中的图幅乙，其编号为“20-10-Ⅳ-Ⅲ”。而图 2.4中的 1:500 地形图图幅丙，其编号为“20-10-Ⅳ-Ⅱ-Ⅱ”，同样是在 1:1 000 图幅编号的末尾分别加上罗马字Ⅰ、Ⅱ、Ⅲ、Ⅳ而成的。

(3)接图表

接图表表明本幅图与相邻图纸的位置关系，以方便查索相邻图纸。接图表应绘制在图幅的左上方，如图 2.1 所示。

(4)图廓

图廓是本幅图四周的界线。正方形图幅只有内图廓和外图廓之分，如图 2.1 所示。外图廓是用粗实线绘制的，对地形图起保护和装饰作用。内图廓是图幅的边界，每隔 10 cm 绘有坐标格网线，并注明坐标值。规划设计中的中小比例尺图幅一般由经纬线构成。在经线和纬线的各交点(即四个图廓点)上，注写其相应的经纬度，如图 2.5 所示。另外在图廓内绘上表示经差 1′的纬线弧长和纬差 1′的子午线弧长的黑白相间线，叫做分度线或分度带。利用分度线能够确定图中点的地理坐标，如图 2.5 中 M 点的地理坐标约为：东经 122°16′.4，北纬 39°51′.5。

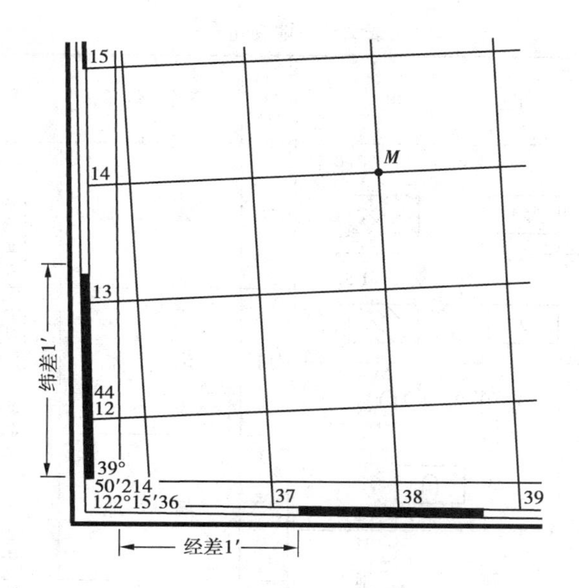

图 2.5　图廓及坐标

中大比例尺地形图的图幅上还绘有坡度尺(如图 2.6 所示),用于在地形图上根据等高线直接量取地面坡度。坡度尺通常绘在图幅左下方。

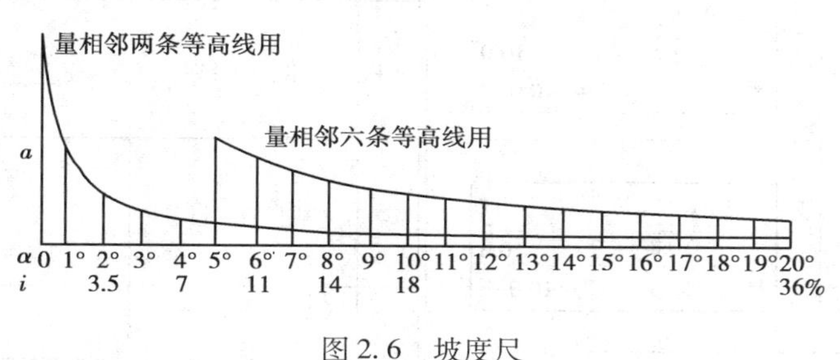

图 2.6　坡度尺

2.2　地物符号

国家测绘局制订的《地形图图式》对地形图的规格要求、地物符号、地貌符号和地物注记作了统一的规定。表 2.3 是《1∶500、1∶1 000、1∶2 000 地形图图式》中的部分符号。根据地物的类别、形状和大小的不同,表示地物的符号可分为比例符号、半比例符号、非比例符号和注记符号。

2.2.1　比例符号

轮廓较大的地物,它们的形状和大小可以直接按规定的比例缩小绘制在图纸上,称为比例符号,如房屋、道路、湖泊等,参见表 2.3 中 1 ~ 12 号及 22 ~ 25 号。比例符号可以正确地表示地物的形状和大小。

表 2.3　地物符号

编号	符号名称	图例	编号	符号名称	图例
1	坚固房屋 4-房屋层数	竖4　1.5	10	旱　地	1.0　2.0　10.0　10.0
2	普通房屋 2-房屋层数	2　1.5	11	灌木林	0.5　1.0
3	窑　洞 1. 住人的 2. 不住人的 3. 地面下的	1　2.5　2　2.0　3	12	菜　地	2.0　2.0　10.0　10.0
4	台　阶	0.5　0.5　0.5	13	高压线	4.0
5	花　圃	1.5　1.5　10.0　10.0	14	低压线	4.0
6	草　地	1.5　0.8　10.0　10.0	15	电　杆	1.0
7	经济作物地	0.8　3.0　蔗　10.0　10.0	16	电线架	
8	水生经济 作物地	3.0　藕　0.5	17	砖、石及混凝土围墙	10.0　0.5　0.3　10.0
			18	土围墙	10.0　0.5
9	水稻田	0.2　2.0　10.0　10.0	19	栅栏、栏杆	1.0　10.0
			20	篱　笆	1.0　10.0

续表

编号	符号名称	图例	编号	符号名称	图例
21	活树篱笆	3.5 0.5 10.0 1.0 0.8	31	水　塔	2.0 3.0 1.0 1.2
22	沟　渠 1. 有堤岸的 2. 一般的 3. 有沟堑的	1 2 0.3 3	32	烟　囱	3.5 1.0
			33	气象站(台)	3.0 4.0 1.2
			34	消火栓	1.5 1.5 2.0
23	公　路	0.3 沥：砾 0.3	35	阀　门	1.5 1.5 2.0
24	简易公路	8.0 2.0	36	水龙头	3.5 2.0 1.2
25	大车路	0.15 0.3 碎石	37	钻　孔	3.0 1.0
26	小　路	0.3 4.0 1.0	38	路　灯	1.5 1.0
27	三角点 凤凰山-点名 394.468-高程	凤凰山 394.468 3.0	39	独立树 1. 阔　叶 2. 针　叶	1.5 1 3.0 0.7 2 3.0 0.7
28	图根点 1. 埋石的 2. 不埋石的	1 2.0 N16 84.46 2 1.5 25 62.74 2.5	40	岗亭、岗楼	90° 3.0 1.5
29	水准点	2.0 Ⅱ京石5 32.804	41	等高线 1. 首曲线 2. 计曲线 3. 间曲线	0.15 87 1 0.3 85 2 0.15 6.0 1.0 3
30	旗　杆	1.5 4.0 1.0 1.0			

续表

编号	符号名称	图例	编号	符号名称	图例
42	示坡线	0.8	45	陡崖 1. 土质的 2. 石质的	1 2
43	高程点及其注记	0.5 163.2 75.4	46	冲沟	
44	滑坡				

2.2.2 半比例符号

对于线状地物,如铁路、公路、围墙、通信线等。其长度可按比例缩绘,但其宽度不能按比例缩绘,而需用一定的符号表示,这种符号叫半比例符号,也叫线状符号,参见表2.3中13~21号及26号。半比例符号只能表示地物的位置(符号中心线)和长度,不能表示地物的宽度。

2.2.3 非比例符号

有些地物的轮廓较小却具有一定的特殊意义,如水准点、独立树、电杆等,它们的形状和大小无法按规定的比例缩小绘制在图纸上,此时,可不考虑其实际大小,在图纸上用规定的符号表示,这种符号称为非比例符号,参见表2.3中27~40号。非比例符号只能表示地物的中心位置,不能表示地物的形状和大小。

用非比例符号表示地物的中心位置时,通常应注意以下几点:

1)具有规则几何图形的地物符号　如三角点、导线点、水准点、钻孔等,其符号中心位置代表该地物的中心位置。

2)具有宽底形状的地物符号　如烟囱、水塔、碑等,其符号底线中心位置就是该地物的中心位置。

3)底部为直角形的地物符号　如独立树、汽车站等,以符号的直角顶点为该地物的中心位置。

4)几何图形组合的地物符号　如路灯、消火栓等,以该符号下方的几何图形中心为该地物的中心位置。

5)下方无底线的几何图形符号　如山洞、窑、亭等,以该符号下方两端点间的中心点为该地物的中心位置。

除图式有规定外,非比例符号一般应按直立方向(上北下南)描绘。

2.2.4 注记符号

有些地物除用前述符号进行表达外,还必须用文字、数字或特定的符号对其性质、名称等进行注记和补充说明，参见表2.3。文字注记一般是对行政单位、村镇、公路、铁路、河流、控制点等的名称进行注记说明；数字注记通常是对房屋的层数、河流的流速与深度、控制点的高程等进行注记说明；特殊符号用于对水的流向、地面植被的种类（如草地、耕地、林地）等的识别。

必须指出的是：同一地物在不同比例尺图上表示的符号不尽相同。一般说来，测图比例尺越大，用比例符号描绘的地物越多；比例尺越小，用非比例符号和半比例符号表示的地物越多。如公路、铁路等地物在1∶500～1∶2 000比例尺地形图上用比例符号表示，而在1∶5 000比例尺及以上地形图上是按半比例符号表示的。

2.3　地貌符号

2.3.1　地貌的表示方法

地貌的形态多种多样，根据其起伏变化的程度可分成高山、丘陵、平原、洼地等。对大、中比例尺地形图，一般都采用等高线表示地貌。对一些不能用等高线表示的特殊地貌，如冲沟、陡崖等则用规定的符号来表示。

(1)等高线

等高线是地面上高程相等的点连成的闭合曲线。如图2.7所示，设想有一座高出水平面的小山，当水面高程为100 m时，水面与小山相交形成的水涯线是一个闭合曲线，该曲线就是高程为100 m的等高线，等高线的形状随小山的形状以及小山与水面相交的位置而定。当水面下降到95 m时，又形成一个高程为95 m的等高线，以后，水位每下降5 m，就形成一条等高线，将这些等高线垂直投影到水平面上，并按一定的比例尺缩绘到图纸上，形成的一簇等高线就将小山的空间形状表示出来了。

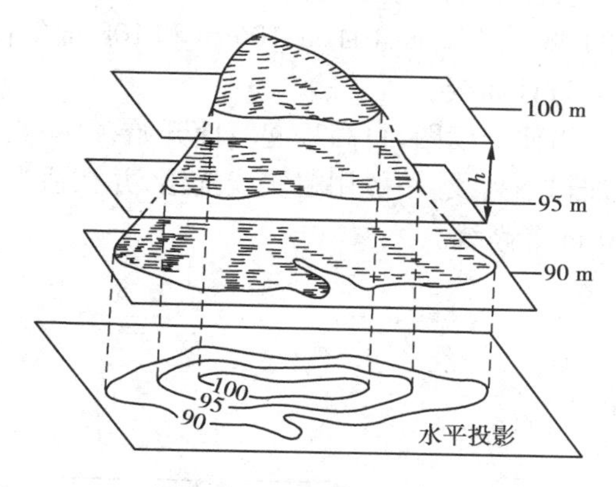

图2.7　等高线表示地貌

(2)等高距与等高线平距

相邻两条等高线之间的高差称为等高距或等高线间隔，常用符号h表示，相邻等高线间的水平距离称为等高线平距，常用符号d表示。则地面坡度i为

$$i = \frac{h}{d \cdot M} \tag{2.2}$$

式中　M——比例尺分母

同一幅地形图上等高距是相同的。因此，等高线平距d的大小与地面坡度有关。等高线平距越小，地面坡度越大；平距越大，坡度越小。因此，可根据地形图上等高线的疏与密来判定地面坡度的缓与陡。

用等高线表示地貌时，等高距的选择应根据规范，综合比例尺大小、测区的地形类型、用图要求等因素确定，一般可按表2.4中数值选用。

表 2.4　大比例尺地形图基本等高距(单位为 m)

比例尺	地貌类型			
	平地 0°~2°	丘陵 2°~6°	山地	高山
1:500	0.5	0.5	1	1
1:1 000	0.5	1	1	2
1:2 000	1	2	2	2
1:5 000	2	5	5	5

按表 2.4 选定的等高距称为基本等高距。等高距选定后,等高线的高程必须是基本等高距的整数倍,不能用任意高程。如某图选用 1 m 作为基本等高距,则所有等高线的高程应为 1 m的倍数。

(3)等高线的种类

等高线一般分为首曲线、计曲线、间曲线和助曲线 4 种。

1)首曲线

首曲线也叫基本等高线,是指按基本等高距绘成的等高线,一般用细实线描绘,如图 2.8 中的 98 m、102 m、104 m、106 m 和 108 m 等高线。

2)计曲线

为便于读图,自高程起算面开始,每隔四条首曲线加粗描绘的等高线叫计曲线,计曲线也叫加粗等高线,一般用粗实线描绘,并在适当位置断开注记高程,字头指向高处,如图 2.8 中的 100 m 等高线。

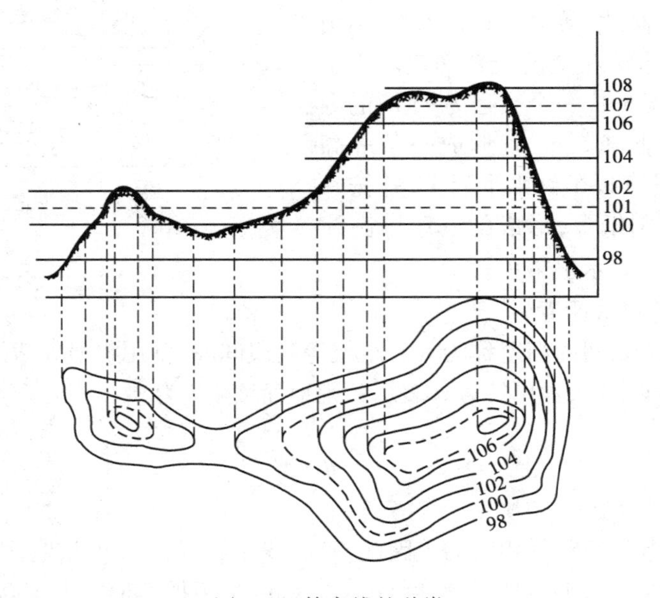

图 2.8　等高线的种类

3)间曲线

当首曲线不能显示某些局部地貌时,按二分之一基本等高距绘成的等高线叫间曲线,间曲线也叫半距等高线，一般用长虚线表示，仅在局部地区使用，可不闭合，但应对称，如图2.8中的101 m和107 m等高线。

4）助曲线

当用间曲线仍不能表示局部地貌时，用四分之一基本等高距描绘的等高线叫助曲线，助曲线也叫辅助等高线，一般用短虚线表示（在1:500～1:2 000地形图上不表示）。

2.3.2　典型地貌的等高线表示

地貌的形态虽然复杂，但都是由几种典型地貌如山头、洼地、山脊、山谷和鞍部等组成。了解和熟悉典型地貌的等高线特征，对提高识读、应用和测绘地形图有很大的帮助。

（1）山头与洼地

山头与洼地的等高线都是一组闭合曲线，如图2.9（a）、（b）所示。其区别在于内圈等高线高程高于外圈者为山头；内圈等高线高程小于外圈者为洼地。没有高程注记时，可在等高线上加绘示坡线来表示。示坡线是垂直于等高线的短线，它指示的方向就是坡度下降的方向。

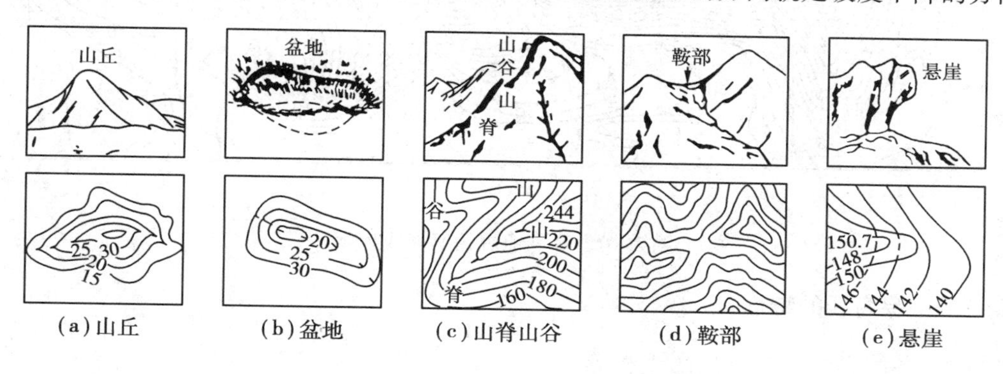

图2.9　几种典型地貌的等高线表示

（2）山脊与山谷

山的最高部为山顶，从山顶向某个方向延伸的高地称为山脊，相邻山脊之间的凹地称为山谷，山脊最高点的连线叫山脊线或分水线，山谷最低点的连线叫山谷线或集水线，山脊线和山谷线合称为地性线。如图2.9（c）所示，山脊线和山谷线均为一组凸形曲线，其区别在于山脊等高线凸向低处，而山谷等高线凸向高处，可根据等高线注记或示坡线加以区别。

（3）鞍部

鞍部是指两相邻山头之间形似马鞍状的低凹处，是山区道路通过的地方，如图2.9（d）所示，鞍部等高线是由两组相对的山脊和山谷等高线组成。

（4）悬崖

悬崖是上部突出，下部凹进的陡崖（坡度大于70°），如图2.9（e）所示，当其上部等高线投影到水平面时，与下部的等高线必然相交，此时，下部凹进的等高线应用虚线表示。

地面上不同的土质和岩石经过长期风化、雨水浸蚀、地震破坏以及人为作用失去了原来的形态，表现出各种不同的特殊地貌，如陡崖、冲沟等。它们不能用等高线来表示其特征，在地形图上只能用特定的符号来表示，参见表2.3中45、46。

掌握了等高线表示的典型地貌后，就可以根据地形图上的等高线识别复杂的地貌。图2.10为某一地区的综合地貌及其等高线图。

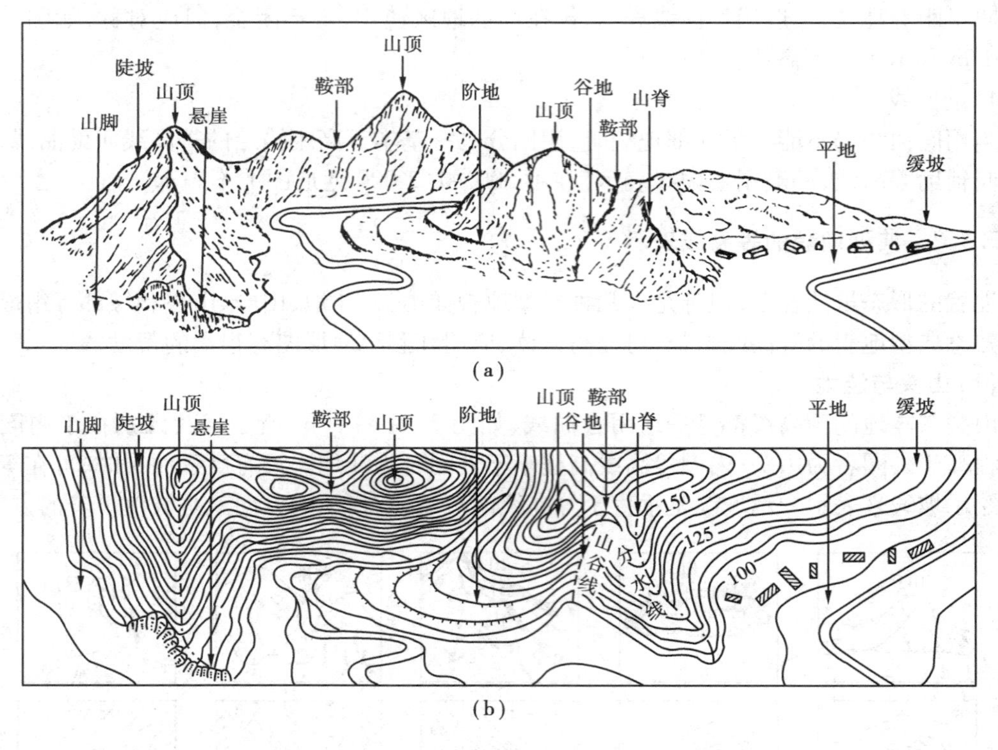

图 2.10 各种地貌的等高线表示

2.3.3 等高线的特性

1)同一条等高线上各点的高程相等。

2)等高线是一条闭合曲线,不能中断,如不能在同一幅图内闭合,则必在相邻或其他图幅内闭合。

3)除陡崖或悬崖外,等高线不能相交或重合。

4)等高线经过山脊或山谷时改变方向,因此,山脊线或山谷线应垂直于等高线转折点处的切线,即等高线与山脊线或山谷线正交。

5)等高平距的大小与地面坡度成反比。同一幅图内,等高平距越小,地面坡度越大;平距越大,坡度越小。

复习思考题

1. 什么叫比例尺？它有几种类型？
2. 什么是比例尺精度？它对测图和用图有什么作用？
3. 地物符号有哪几种？
4. 什么是等高线？它有哪些特性？试用等高线绘出山头、山脊、山谷和鞍部等典型地貌。
5. 等高距、等高平距与地面坡度之间有什么关系？

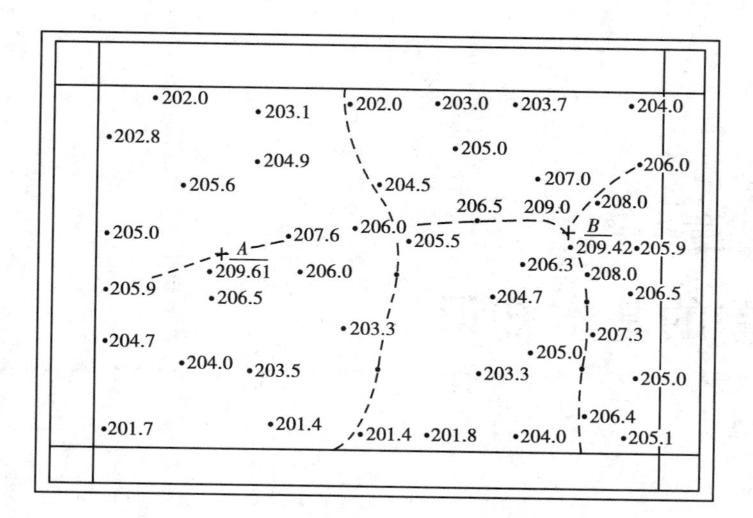

图 2. 11　第 6 题图

6. 用规定符号，将图 2. 11 中的山头(△)、鞍部(□)、山脊线(—·—)、山谷线(—··—)标定出来。

第3章 测量误差的基本知识

3.1 测量误差的来源与分类

测量工作是由观测者使用一定的测量仪器和工具，采用一定的测量方法和程序，在一定的观测环境中进行的。对某个未知量进行测定的过程称为观测，观测有直接观测和间接观测之分：对未知量进行直接测定的观测叫直接观测；通过对某个未知量进行直接观测，按一定的函数关系推算出另一个未知量值的工作叫间接观测。

通过大量测量实践可以发现，对某个未知量进行多次观测，不论测量仪器多么精密、观测多么仔细，各个观测值之间总会存在着差异。例如，对一段距离进行多次丈量，所得结果往往不一致，这种差异的产生就是因为观测结果中存在测量误差。

3.1.1 测量误差的来源

产生测量误差的原因是多方面的，主要有以下三个方面：

(1) 测量仪器

由于仪器制造和仪器校正不完善，用这种仪器观测必然会产生误差，从而导致观测值的精度受到一定的影响。

(2) 观测者

由于观测者自身感觉器官鉴别能力的限制，在观测过程中，无论观测者多么认真操作，也会不可避免地产生误差。

(3) 外界条件

由于观测过程中的外界条件（如风力、温度、亮度等）是不断变化的，因此，观测值也就不可避免地存在着误差。

任何测量工作都离不开上述三个客观条件，此外，测量方法和测量程序也会对测量结果产生一定的影响，但只要测量人员严格按国家有关规定进行测量，这方面的影响是比较小的。从上述分析可知，测量误差的产生是不可避免的，通常把测量仪器、观测者和外界条件三个方面综合起来，称为观测条件。

观测条件的好坏决定着观测成果的精度高低。因此，把在相同的观测条件下进行的一系列观测叫等精度观测；在不同的观测条件下进行的一系列观测叫不等精度观测。

观测过程中也会出现错误。如读错、记错或测错数据等，统称为粗差。粗差在测量结果中是不允许存在的，它会严重影响观测成果的质量，因此，要求测量人员要具有高度的责任心和良好的工作作风，严格执行国家规范，坚持"边工作边检验"的原则，尽量避免粗差的发生，测量中，凡含有粗差的观测值应舍去不用。为了杜绝粗差，除认真仔细地进行观测外，还要采取必要的检验措施。如，对距离进行往返观测、对角度进行重复观测等，对未知量进行多余观测以便用一定的几何条件检验或用统计方法进行检验。

3.1.2　测量误差的分类

观测误差根据其对测量结果影响的性质不同，可分为系统误差和偶然误差两大类。

(1)系统误差

在相同观测条件下，对某量进行一系列观测，如误差出现的符号和大小均相同或按一定的规律变化，这种误差称为系统误差。如将某 30 m 的钢尺与标准尺进行比较得其实际长度为 30.005 m，则用该尺丈量 150 m 的距离就存在 0.025 m 的误差，丈量 300 m 的距离就存在 0.050 m的误差。就某一尺段的测量而言，误差为一个常数(0.005 m)；对全长来说，误差与所量距离的长度成正比。

系统误差具有积累性，对测量结果的影响很大，但因为其符号和大小都有一定的规律，因此，可按照这些规律进行改正。如上述丈量距离的误差可用计算的方法从观测值中减去；有的系统误差可用一定的观测方法加以消除，具体内容详见后述各章。

(2)偶然误差

在相同观测条件下，对某量进行一系列观测，如误差出现的符号时正时负、数值或大或小，从表面上看没有任何规律，这种误差称为偶然误差。如，用望远镜瞄准目标的误差、观测时的读数误差等，偶然误差是由于观测者、观测仪器和外界条件等多方面因素引起的，是不可避免的，不能用计算改正或用一定的观测方法简单地加以消除，只能通过提高仪器的精度、选择良好的外界条件观测、改进观测方法、合理处理观测数据等措施来减少偶然误差对测量成果的影响。

在观测值中，系统误差和偶然误差同时存在，用适当的观测方法和计算改正来减少或消除系统误差后，偶然误差就成为影响观测结果精度的主要因素，也就是说，观测成果的误差主要体现为偶然误差的性质，因此，误差理论必须探讨偶然误差的规律，以便处理观测数据，从一组带有偶然误差的观测值中求出未知量的最可靠值，并评定观测精度。

3.1.3　偶然误差的统计规律

从单个误差看，偶然误差是随机的，但就大量的偶然误差来看，则具有一定的统计规律。如，对一个三角形的3个内角进行观测，由于观测存在误差，三角形三内角之和 L 与其真值 X (180°)不符，这个差值就叫真误差 Δ，即

$$\Delta = L - X \tag{3.1}$$

现观测 96 个三角形，根据上式可得 96 个真误差，按误差大小和一定的区间统计如表 3.1。

表 3.1　偶然误差的统计

误差所在区间	正误差个数	负误差个数	小　计
0.0″~0.5″	19	20	39
0.5″~1.0″	13	12	25
1.0″~1.5″	8	9	17
1.5″~2.0″	5	4	9
2.0″~2.5″	2	2	4
2.5″~3.0″	1	1	2
3.0″以上	0	0	0
$\sum$	48	48	96

从上表可以看出:小误差出现的个数比大误差多;绝对值相同的正、负误差出现的个数大致相等;最大误差不会超过 3.0″。通过大量统计实践结果发现,当观测次数很多时,偶然误差具有以下统计规律:

1)偶然误差的绝对值不会超过某一限度。

2)绝对值小的误差比绝对值大的误差出现的机会多。

3)绝对值相等的正误差和负误差出现的机会相等。

4)偶然误差的算术平均值随观测次数的增加而趋近于零。即

$$\lim_{n \to \infty} \frac{[\Delta]}{n} = 0 \tag{3.2}$$

式中　$[\Delta] = \Delta_1 + \Delta_2 + \cdots + \Delta_n$

3.2　评定精度的标准

为了确保观测成果的精度,检验其是否满足规范要求,必须对观测值的精度进行评定。精度是衡量观测成果精确程度的指标,它表明对某一量的多次观测值之间的离散程度。若观测值非常集中,精度就高;反之,精度就低。由于精度主要取决于偶然误差,于是就可把在相同观测条件下得到的一组观测误差排列比较,以确定观测精度的高低。例如,两组观测人员分别对某个三角形的内角观测 10 次,其真误差见表 3.2。从表中数据可以看出,第一组偶然误差的分布比第二组偶然误差分布较为集中,因此,第一组观测精度较高。但在实际工作中,这样做很麻烦,有时也会很困难,为了正确地比较各观测值的精度,通常用以下几种指标作为衡量精度的标准。

表3.2

第一组				第二组			
次数	观测值 ° ′ ″	真误差Δ ″	Δ^2 ″²	次数	观测值 ° ′ ″	真误差Δ ″	Δ^2 ″²
1	180 00 03	-3	9	1	180 00 00	0	0
2	180 00 02	-2	4	2	179 59 59	+1	1
3	179 59 58	+2	4	3	180 00 07	-7	49
4	179 59 56	+4	16	4	180 00 02	-2	4
5	180 00 01	-1	1	5	180 00 01	-1	1
6	180 00 00	0	0	6	179 59 59	1	1
7	180 00 04	-4	16	7	179 59 52	+8	64
8	179 59 57	+3	9	8	180 00 00	0	0
9	179 59 58	+2	4	9	179 59 57	+3	9
10	180 00 03	-3	9	10	180 00 01	-1	1
小计			72	小计			130

3.2.1 中误差

在相同观测条件下，对某量进行 n 次观测，其观测值分别为 $L_1, L_2, \cdots, L_n$，设该观测值的真值为 X，由式(3.1)得相应的真误差为 $\Delta_1, \Delta_2, \cdots, \Delta_n$。则

$$m = \pm \sqrt{\frac{[\Delta\Delta]}{n}} \tag{3.3}$$

式中 $[\Delta\Delta] = \Delta_1^2 + \Delta_2^2 + \cdots + \Delta_n^2$

$\Delta_i = L_i - X$

例3.1 根据表3.2中的数据，分别计算各组观测值的中误差 m_1 和 m_2。

解 第一组观测值中误差

$$m_1 = \pm \sqrt{\frac{3^2 + 2^2 + 2^2 + 4^2 + 1^2 + 4^2 + 3^2 + 2^2 + 3^2}{10}} = \pm \sqrt{\frac{72}{10}} = \pm 2''.7$$

第二组观测值中误差

$$m_2 = \pm \sqrt{\frac{1^2 + 7^2 + 2^2 + 1^2 + 1^2 + 8^2 + 3^2 + 1^2}{10}} = \pm \sqrt{\frac{130}{10}} = \pm 3''.6$$

由于 $m_1 < m_2$，说明第一组观测值的精度高于第二组观测值的精度。

中误差并不等于真误差，它只是衡量一组观测值精度高低的代表值，中误差值愈小，则观测值的精度就愈高；中误差值愈大，观测值的精度就愈低。在等精度观测条件下，中误差是指该组每一个观测值都具有这个值的精度，因此，中误差也称为观测值的中误差。

3.2.2 容许误差

根据偶然误差的第一个特性，偶然误差的绝对值不会超过某一限度。如果某个观测值超

过了这个限度,就认为不符合要求,应舍去重测,这个限度称为容许误差或限差。

表3.3中的数据是观测40个三角形的内角根据内角和计算出的真误差,由式(3.3)可算得观测值的中误差

$$m = \pm 9.0''$$

表3.3

三角形号数	真误差Δ ″	三角形号数	真误差Δ ″	三角形号数	真误差Δ ″	三角形号数	真误差Δ ″
1	+1.5	11	-13.0	21	-1.5	31	-5.8
2	-0.2	12	-5.6	22	-5.0	32	+9.5
3	-11.5	13	+5.0	23	+0.2	33	-15.5
4	-6.6	14	-5.0	24	-2.5	34	+11.2
5	+11.8	15	+8.2	25	-7.2	35	-6.6
6	+6.7	16	-12.9	26	-12.8	36	+2.5
7	-2.8	17	+1.5	27	+14.5	37	+6.5
8	-1.7	18	-9.1	28	-0.5	38	-2.2
9	-5.2	19	+7.1	29	-24.2	39	+16.5
10	-8.3	20	-12.7	30	+9.8	40	+1.7

从表3.3可以看出,绝对值大于中误差(9″)的偶然误差有14个,占总数的35%;绝对值大于两倍中误差(18″)的只有一个,占2.5%;绝对值大于三倍中误差(27″)的没有。由于上表的观测次数毕竟还是比较少,经过大量的观测实践,就可得到如下规律:绝对值大于中误差的偶然误差出现的个数约占总数的32%;绝对值大于两倍中误差的个数约占总数的5%;绝对值大于三倍中误差的个数约占总数的0.3%。因此,通常取三倍中误差作为偶然误差的容许误差,即

$$m_{容} = 3m \tag{3.4}$$

现行规范中,往往提出更严格的要求,以两倍中误差作为容许误差,即

$$m_{容} = 2m \tag{3.5}$$

3.2.3 相对误差

上述真误差、中误差和容许误差统称为绝对误差。绝对误差只能表示误差本身的大小,在有些情况下,仅用绝对误差是不能完全衡量观测值的精度的。例如,丈量100 m和200 m两段距离,其中误差均为0.01 m,但两者的观测精度并不相同,显然,后者精度高于前者。因此,当观测值与误差本身大小有关时,引用相对误差来评定精度。相对误差是绝对误差的绝对值与观测值之比,它是一个无名数,通常以分子为1的分数形式表示。即

$$K = \frac{|m|}{D} = \frac{1}{D/|m|} \tag{3.6}$$

用相对误差评定观测值精度的标准是:K值越小或分母的数值越大,观测值精度越高。上例中

$K_1 = \frac{0.01}{100} = \frac{1}{10\ 000}$，$K_2 = \frac{0.01}{200} = \frac{1}{20\ 000}$，表明后者精度高于前者。

在距离观测时，也经常采用往、返观测值的较差来进行检验，并用较差与往、返观测值的平均值之比来衡量观测精度，称为相对误差。即

$$K = \frac{|D_{往} - D_{返}|}{\frac{D_{往} + D_{返}}{2}} = \frac{\Delta D}{D_{平均}} = \frac{1}{\frac{D_{平均}}{\Delta D}} \tag{3.7}$$

3.3　误差传播定律

从上述讨论可知，对未知量直接进行多次等精度观测，通过观测值的偶然误差计算其中误差，并以此衡量观测值的精度。实际工作中，有些未知量不能直接观测得到，而只能通过与直接观测构成一定的函数关系间接计算出来。由于直接观测值存在误差，由此计算的函数值也必然含有误差。描述直接观测值中误差与观测值函数中误差之间关系的公式称为误差传播定律。下面就常见的几种函数关系进行分析，找出直接观测值中误差对函数值的影响规律，从而评价函数值的精度。

3.3.1　线性函数的误差传播定律

(1)倍数函数的中误差

设有函数

$$Z = KL$$

式中 Z 为观测值函数，K 为常数，L 为直接观测值。设 L 的中误差为 m_L，求 Z 的中误差 m_Z。用 Δ_L 和 Δ_Z 分别表示 L 和 Z 的真误差，则由上式可得

$$Z + \Delta_Z = K(L + \Delta_L)$$

用该式减去上式得

$$\Delta_Z = K\Delta_L$$

即函数真误差与观测值真误差之间的关系式。若对 L 进行 n 次观测，则有

$$\Delta_{Zi} = K\Delta_{Li} \quad (i = 1,2,\cdots,n)$$

将上式平方后求和并除以 n 得

$$\frac{[\Delta_Z\Delta_Z]}{n} = \frac{K^2[\Delta_L\Delta_L]}{n}$$

根据中误差的定义，上式可写成

$$m_Z^2 = K^2 m_L^2$$

或

$$m_Z = Km_L \tag{3.8}$$

例3.2　在1∶500比例尺地形图上，量得两点间距离 $d = 39.2$ mm，其中误差 $m_d = \pm 0.2$ mm，试求两点间的实地长度及其中误差。

解　实地长度　　$D = 500 \times d = 19.6$ m

　　中误差为　　$m_D = 500 \times m_d = \pm 0.1$ m

则 $D=19.6\ \text{m}\pm0.1\ \text{m}$

(2)和差函数的中误差

设有函数

$$Z = x \pm y$$

式中 Z 为观测值函数,x、y 为直接观测值。设 x 和 y 的中误差分别为 m_x 和 m_y,求 Z 的中误差 m_Z。用 Δ_x、Δ_y 和 Δ_Z 分别表示 x、y 和 Z 的真误差,则有

$$Z + \Delta_Z = (x + \Delta_x) \pm (y + \Delta_y)$$

用该式减去上式得

$$\Delta_Z = \Delta_x \pm \Delta_y$$

若对 x 和 y 分别进行 n 次观测,则有

$$\Delta_{Zi} = \Delta_{xi} \pm \Delta_{yi} \quad (i = 1,2,\cdots,n)$$

将上式平方后求和并除以 n 得

$$\frac{[\Delta_Z\Delta_Z]}{n} = \frac{[\Delta_x\Delta_x]}{n} + \frac{[\Delta_y\Delta_y]}{n} + \frac{2[\Delta_x\Delta_y]}{n}$$

由于 Δ_x 和 Δ_y 均为偶然误差,其积 $\Delta_x\Delta_y$ 仍属偶然误差。根据偶然误差的第四个特性,上式最后一项随 n 的增大而趋近于零。根据中误差的定义,上式可写成

$$m_Z^2 = m_x^2 + m_y^2$$

或

$$m_Z = \pm\sqrt{m_x^2 + m_y^2} \tag{3.9}$$

当 Z 是 n 个观测值的和或差的函数时,即

$$Z = x_1 \pm x_2 \pm \cdots \pm x_n$$

根据上述推导方法,容易得到和差函数的中误差

$$m_Z^2 = m_{x_1}^2 + m_{x_2}^2 + \cdots + m_{x_n}^2$$

或

$$m_Z = \pm\sqrt{m_{x_1}^2 + m_{x_2}^2 + \cdots + m_{x_n}^2} \tag{3.10}$$

即和差函数的中误差等于各观测值中误差的平方和的平方根。

当各观测值为等精度观测时,设各观测值的中误差都等于 m,上式可写成

$$m_Z = \pm m\sqrt{n} \tag{3.11}$$

也就是说,同精度观测时,和差函数的中误差与观测值个数 n 的平方根成正比。

例 3.3 对某三角形观测了其中两个内角 α 和 β,测角中误差分别为 $m_\alpha = \pm3.5''$,$m_\beta = \pm5.8''$,试求第三个内角 γ 的中误差 m_γ。

解 因为 $\gamma=180^\circ-\alpha-\beta$

由式(3.9)得

$$m_\gamma = \pm\sqrt{m_\alpha^2 + m_\beta^2} = \pm\sqrt{3.5^2 + 5.8^2} = \pm6.8''$$

(3)线性函数的中误差

设有函数

$$Z = K_1x_1 \pm K_2x_2 \pm \cdots \pm K_nx_n$$

式中 Z 为观测值函数,K_i 为常数,x_i 为独立观测值。设 x_i 的中误差为 m_i,求 Z 的中误差 m_Z。设 $Z_1=K_1x_1$;$Z_2=K_2x_2$;$\cdots$;$Z_n=K_nx_n$,则有

$$Z = Z_1 \pm Z_2 \pm \cdots \pm Z_n$$

根据倍数及和差函数中误差公式可得

$$m_Z^2 = (K_1m_1)^2 + (K_2m_2)^2 + \cdots + (K_nm_n)^2 \tag{3.12}$$

即线性函数中误差的平方等于各观测值中误差与相应系数乘积的平方和。

例 3.4　设函数 $Z = 2x_1 + 3x_2 - 0.5x_3$，相应观测值中误差分别为：$m_1 = \pm 1.05$ mm，$m_2 = \pm 0.83$ mm，$m_3 = \pm 0.52$ mm，求 Z 的中误差。

解　$m_Z^2 = (2 \times m_1)^2 + (3 \times m_2)^2 + \cdots + (-0.5 \times m_3)^2 =$

$(2 \times 1.05)^2 + (3 \times 0.83)^2 + (-0.5 \times 0.52)^2 =$

$10.678\ \text{mm}^2$

$m_Z = \pm 3.27$ mm

3.3.2　一般函数的中误差

设有一般函数

$$Z = f(x_1, x_2, \cdots, x_i, \cdots, x_n)$$

式中 x_i 为独立的直接观测值，相应的中误差分别为 m_i，为了确定观测值与函数值之间的真误差关系，对上式全微分得

$$dz = \frac{\partial f}{\partial x_1}dx_1 + \frac{\partial f}{\partial x_2}dx_2 + \cdots + \frac{\partial f}{\partial x_n}dx_n$$

由于测量中的真误差很小，故可用真误差代替式中相应的微分，得

$$\Delta z = \frac{\partial f}{\partial x_1}\Delta_1 + \frac{\partial f}{\partial x_2}\Delta_2 + \cdots + \frac{\partial f}{\partial x_n}\Delta_n$$

式中$\frac{\partial f}{\partial x_i}$为函数对各观测值 x_i 的偏导数，将其中的变量用观测值代之，则$\frac{\partial f}{\partial x_i}$就是一个确定的常数，因此，上式就是线性函数关系式了，根据式(3.12)，得

$$m_Z = \pm\sqrt{\left(\frac{\partial f}{\partial x_1}\right)^2 m_1^2 + \left(\frac{\partial f}{\partial x_2}\right)^2 m_2^2 + \cdots + \left(\frac{\partial f}{\partial x_n}\right)^2 m_n^2} \tag{3.13}$$

即一般函数中误差的平方等于该函数对每个观测值所求的偏导数与相应观测值中误差乘积的平方和。

例 3.5　设有函数 $h = D\tan\alpha$，已知 $D = 120.25\ \text{m} \pm 0.05\ \text{m}$，$\alpha = 12°47' \pm 0.5'$，求 h 值及其中误差 m_h。

解　$h = D\tan\alpha = 120.25 \times \tan 12°47' = 27.28$ m

又　$\frac{\partial h}{\partial D} = \tan\alpha = \tan 12°47' = 0.2269$

$\frac{\partial h}{\partial \alpha} = D\sec^2\alpha = 120.25\sec^2 12°47' = 126.44$

根据误差传播定律，有

$$m_h^2 = \left(\frac{\partial h}{\partial D}\right)^2 m_D^2 + \left(\frac{\partial h}{\partial \alpha}\right)^2 \left(\frac{m_\alpha}{\rho'}\right)^2 =$$

$$0.2269^2 \times (0.05)^2 + 126.44^2 \times \left(\frac{0.5'}{3438'}\right)^2 = 4.67 \times 10^{-4}\ \text{m}^2$$

即　$m_h = \pm 0.02$ m

最后结果应写为　　$h = 27.28\ \text{m} \pm 0.02\ \text{m}$

注意，为使式中两边各个量的单位一致，必须将中误差 m_α（单位为"′"）化成弧度，详见附录2。

3.3.3　运用误差传播定律计算函数值中误差的步骤与注意事项

(1)运用误差传播定律计算函数值中误差的步骤

根据上述算例可以归纳出应用误差传播定律求观测值函数中误差的步骤：

1)根据题意列出函数关系式　$Z = f(x_1, x_2, \cdots, x_i, \cdots, x_n)$

2)对函数式全微分，求得函数的真误差与观测值真误差之间的关系式，即

$$\Delta z = \frac{\partial f}{\partial x_1}\Delta_1 + \frac{\partial f}{\partial x_2}\Delta_2 + \cdots + \frac{\partial f}{\partial x_n}\Delta_n$$

3)将真误差关系式转换为中误差关系式，即

$$m_z = \pm \sqrt{\left(\frac{\partial f}{\partial x_1}\right)^2 m_1^2 + \left(\frac{\partial f}{\partial x_2}\right)^2 m_2^2 + \cdots + \left(\frac{\partial f}{\partial x_n}\right)^2 m_n^2}$$

(2)运用误差传播定律计算函数值中误差的注意事项

1)公式中 $\frac{\partial f}{\partial x_i}$ 是用观测值代入后计算出的偏导数函数值。

2)要注意公式中各个观测值及函数值的单位统一问题。一般说来，角度中误差应除以 ρ（$\rho' = 3\ 438'$，$\rho'' = 206\ 265''$）化成弧度。

3)各观测值之间必须互相独立。

3.4　算术平均值及其精度评定

3.4.1　求算术平均值

在相同观测条件下，对某量进行 n 次观测，其观测值分别是 $L_1, L_2, \cdots, L_n$，则该量的算术平均值为

$$x = \frac{L_1 + L_2 + \cdots + L_n}{n} = \frac{[L]}{n} \tag{3.14}$$

设该未知量的真值为 X，则按式(3.1)可得各观测值的真误差分别为

$$\left.\begin{aligned} \Delta_1 &= L_1 - X \\ \Delta_2 &= L_2 - X \\ &\vdots \\ \Delta_n &= L_n - X \end{aligned}\right\}$$

将上述等式两端分别求和并除以 n 得

$$\frac{[\Delta]}{n} = \frac{[L]}{n} - X$$

由式(3.14)可知 $\frac{[L]}{n} = x$，则

$$x = X + \frac{[\Delta]}{n}$$

根据偶然误差的第四个特性

$$\lim_{n\to\infty}\frac{[\Delta]}{n} = 0$$

所以

$$\lim_{n\to\infty} x = X \tag{3.15}$$

也就是说，当 $n\to\infty$ 时，算术平均值趋近于该量的真值。然而，在实际工件中，观测次数不可能无限增加，因此，算术平均值也就不可能等于真值，但是可以认为：根据有限次观测求得的算术平均值应该是最接近真值的，该值称为观测值的最或是值，也称为最可靠值。测量工作中，一般都将算术平均值（最或是值）作为观测值的最后结果。

3.4.2　精度评定

在测量成果整理中，由于要将算术平均值作为观测量的最后结果，所以必须求出算术平均值的中误差，以评定观测精度。由式(3.14)可知

$$x = \frac{L_1 + L_2 + \cdots + L_n}{n} = \frac{L_1}{n} + \frac{L_2}{n} + \cdots + \frac{L_n}{n}$$

根据线性函数误差传播定律，可得算术平均值的中误差 m_x 为

$$m_x^2 = \left(\frac{m_1}{n}\right)^2 + \left(\frac{m_2}{n}\right)^2 + \cdots + \left(\frac{m_n}{n}\right)^2$$

由于各观测值是等精度观测，因此，各观测值的中误差相等均为 m，则上式可写成

$$m_x^2 = n\frac{m^2}{n^2} = \frac{m^2}{n}$$

即

$$m_x = \pm\frac{m}{\sqrt{n}} \tag{3.16}$$

从上式可知，算术平均（观测成果）的中误差与观测次数的平方根成反比，因此，增加观测次数可以提高算术平均值的精度。设观测值中误差 $m=1$，则算术平均值中误差 m_x 与观测次数 n 的关系如图3.1所示。从图中可以看出，随着观测次数的增加，算术平均值的精确随之提高，但当观测次数达到一定值（例如 $n=10$）时，再增加观测次数，测量工作量增加了，但算术平均值精度提高的速度很慢。因此，不能单靠增加观测次数来提高观测成果的精度，还应设法提高观测值本身的精度，例如，提高观测者的操作技能、采用较高精度的仪器、在良好的外界条件下进行观测等。

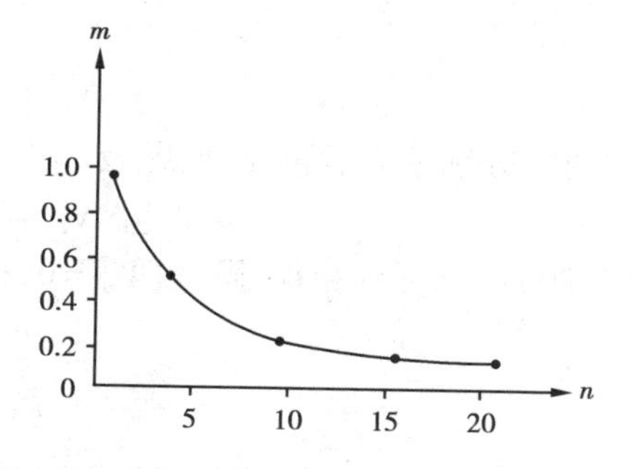

图3.1　算术平均值精度与观测次数的关系

3.4.3　由改正数计算观测值中误差

等精度观测值中误差是用真误差按式(3.3)计算出来的。由于未知量的真值往往是不知道的，因此，观测值的真误差也就不能计算出来，故一般不能直接利用式(3.3)计算观测值的

中误差。而在等精度观测情况下，未知量的最或是值是很容易计算出来的，因此，一组观测值的最或是值与每个观测值之差（即改正数）也可以求得，用符号 V 表示，即

$$\left.\begin{aligned} V_1 &= x - L_1 \\ V_2 &= x - L_2 \\ &\vdots \\ V_n &= x - L_n \end{aligned}\right\} \tag{3.17}$$

上式两端分别相加得

$$[V] = nx - [L]$$

将(3.14)代入上式得

$$[V] = n\frac{[L]}{n} - [L] = 0 \tag{3.18}$$

可见，在相同观测条件下，一组观测值的改正数之和恒等于零。这一结论可作为计算工作的检核。

由于改正数容易求得，在真误差无法求出（真值未知）时，为了评定最或是值的精度，必须导出由改正数 V 计算观测值中误差的公式。

观测值的真误差为

$$\left.\begin{aligned} \Delta_1 &= L_1 - X \\ \Delta_2 &= L_2 - X \\ &\vdots \\ \Delta_n &= L_n - X \end{aligned}\right\} \tag{3.19}$$

将式(3.17)和式(3.19)的相应行分别相加并整理得

$$\left.\begin{aligned} \Delta_1 &= -V_1 + (x - X) \\ \Delta_2 &= -V_2 + (x - X) \\ &\vdots \\ \Delta_n &= -V_n + (x - X) \end{aligned}\right\} \tag{3.20}$$

将上式两端分别平方后再相加，顾及$[V]=0$，得

$$[\Delta\Delta] = [VV] + n(x - X)^2 \tag{3.21}$$

将式(3.20)两端分别相加，顾及$[V]=0$，得

$$[\Delta] = n(x - X)$$

即

$$(x - X) = \frac{[\Delta]}{n}$$

所以

$$n(x - X)^2 = n\frac{[\Delta]^2}{n^2} = \frac{[\Delta\Delta]}{n} + 2\frac{\Delta_1\Delta_2 + \cdots + \Delta_1\Delta_n + \Delta_2\Delta_3 + \cdots + \Delta_{n-1}\Delta_n}{n}$$

上式右边第二项为任意两个（非相同）偶然误差的积，其仍具有偶然误差的特性，故上式可近似地写成

$$n(x - X)^2 = \frac{[\Delta\Delta]}{n}$$

将其代入式(3.21)得

$$[\Delta\Delta] = [VV] + \frac{[\Delta\Delta]}{n}$$

整理后得

$$\frac{[\Delta\Delta]}{n} = \frac{[VV]}{n-1}$$

所以,观测值中误差的计算公式为

$$m = \pm\sqrt{\frac{[\Delta\Delta]}{n}} = \pm\sqrt{\frac{[VV]}{n-1}} \tag{3.22}$$

上式就是用改正数计算观测值中误差的公式,称为白塞尔公式。将上式代入式(3.16)得

$$m_x = \pm\frac{m}{\sqrt{n}} = \pm\sqrt{\frac{[VV]}{n(n-1)}} \tag{3.23}$$

上式为用改正数计算算术平均值中误差的计算公式。

例3.6　用钢尺对某段距离丈量6次,观测值见表3.4,试计算观测值中误差及算术平均值中误差。

解　有关数据及计算结果列于表3.4中。

表3.4

观测次数	观测值/m	V/cm	VV	计　　算
1	120.30	−5	25	
2	120.20	+5	25	$m = \pm\sqrt{\frac{[VV]}{n-1}} = \pm\sqrt{\frac{140}{6-1}} = \pm 5.3$ cm
3	120.23	+2	4	
4	120.26	−1	1	$m_x = \pm\sqrt{\frac{[VV]}{n(n-1)}} = \pm\sqrt{\frac{140}{6(6-1)}} = 2.2$ cm
5	120.19	+6	36	
6	120.32	−7	49	
	120.25	[V]=0	140	

表中 $m = \pm 5.3$ cm 是观测值中误差,$m_x = \pm 2.2$ cm 是算术平均值中误差。最后观测结果及其精度可写成

$$D = 120.25 \text{ m} \pm 0.02 \text{ m}$$

一般带函数的袖珍计算器都具有统计功能(STAT),可以方便地进行上述计算(具体计算方法可参考计算器说明书)。

复习思考题

1. 什么是系统误差和偶然误差?两者有什么区别?
2. 偶然误差有哪些特性?

3. 什么叫中误差、容许误差、相对误差?

4. 已知圆的半径 = 15.02 m ± 0.01 m,试计算圆的周长及其中误差。

5. 已知四边形四个内角的测角中误差均为 ± 20″,容许误差取两倍中误差,试求该四边形角度闭合差的容许误差。

6. 丈量两段距离 D_1 = 224.18 m ± 0.08 m 和 D_2 = 250.32 m ± 0.10 m,问哪段距离丈量的精度高?两段距离之和的中误差及其相对误差各是多少?

7. 对某段距离进行了五次等精度观测,观测值分别为 148.64 m,148.58 m,148.61 m,148.62 m,148.60 m。计算这段距离的最或是值及其中误差。

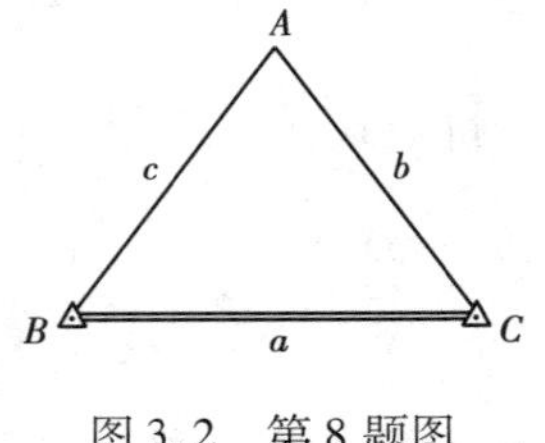

图 3.2　第 8 题图

8. 如图 3.2,测得 a = 150.11 m ± 0.05 m,$\angle A = 60°24' \pm 1'$,$\angle B = 45°10' \pm 2'$,试计算三角形边长 c 及其中误差。

9. 用仪器测量角度一次的中误差为 $\pm 6\sqrt{2}''$,现用该仪器测量三角形的三个内角,要求三角形闭合差不超过 ± 18″(取 2 倍中误差为容许误差),问需要测几次内角?

第2篇 常规测量技术

第4章 水准测量

高程是确定地面点位的要素之一。测定地面点高程的工作称为高程测量,高程测量主要有水准测量和三角高程测量两种,此外还可用气压测定高程。本章主要介绍水准测量。

4.1 水准测量原理

水准测量的原理是利用水准仪所提供的水平视线,测定两点间的高差,从而推算出地面点的高程。

如图4.1(a)所示,A、B为地面上两点,A为已知高程点,B为待测高程点,若能测出A点到B点的高差h_{AB},则B点的高程为

$$H_B = H_A + h_{AB} \tag{4.1}$$

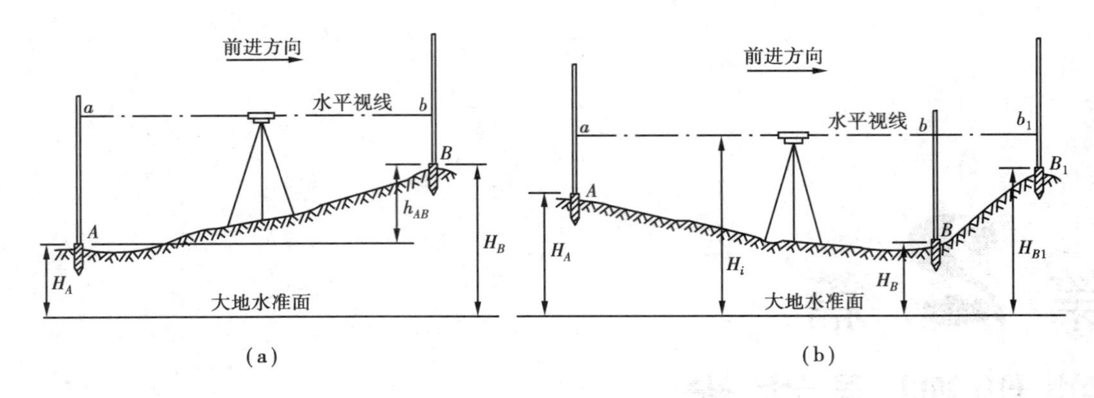

图 4.1　水准测量原理

为了测定 h_{AB}，可在 A、B 两点间安置一台可以得到水平视线的仪器——水准仪，在 A、B 点上各立一水准尺，设水准仪的水平视线截取尺子上的读数分别为 a、b，则 A、B 两点间的高差为

$$h_{AB} = a - b \tag{4.2}$$

由于 A 点是已知高程点，而测量工作通常是从已知点向未知进行的，因此，称 A 为后视点，a 为后视读数；B 为前视点，b 为前视读数。即

$$h_{AB} = \text{后视读数} - \text{前视读数}$$

高差 h_{AB} 本身可正、可负。当 a 大于 b 时，h_{AB} 为正，表明前视点高于后视点；反之，当 a 小于 b 时，h_{AB} 为负，表明前视点低于后视点。

从图 4.1(b) 中可以看出，A 点高程 H_A 加上后视读数 a 就是仪器高程（视线高程），用 H_i 表示，则 B 点高程也可用 H_i 减前视读数求得，即

$$H_B = H_A + a - b = H_i - b \tag{4.3}$$

当仪器安置一次，需要测定若干个前视点高程时，利用式(4.3)计算比较方便。

4.2　水准测量仪器与工具

4.2.1　水准仪的构造

我国水准仪系列按精度分为 DS_{05}、DS_1、DS_3、DS_{10} 四个等级，其中“D”和“S”分别代表“大地测量”和“水准仪”，下标是指仪器每公里往返测高差中数的中误差（以 mm 为单位）。DS_3 型微倾水准仪是工程中常用的仪器，如图 4.2 所示，微倾式水准仪主要是由望远镜、水准器和基座三部分组成。

(1) 望远镜

望远镜主要由物镜、目镜、调焦透镜和十字丝分划板等组成。其作用是使观测者能看清远处目标（将目标的成像放大），同时提供读数用的水平视线。

图 4.3 为望远镜成像原理图，物体经过物镜形成一个倒立的实像，转动调焦螺旋改变调焦透镜的位置，可使远近不同的物体的像都能清晰地落在十字丝分划板上。目镜的作用是将物体像和十字丝一起放大成虚像。十字丝的作用是提供精确瞄准目标的标准。

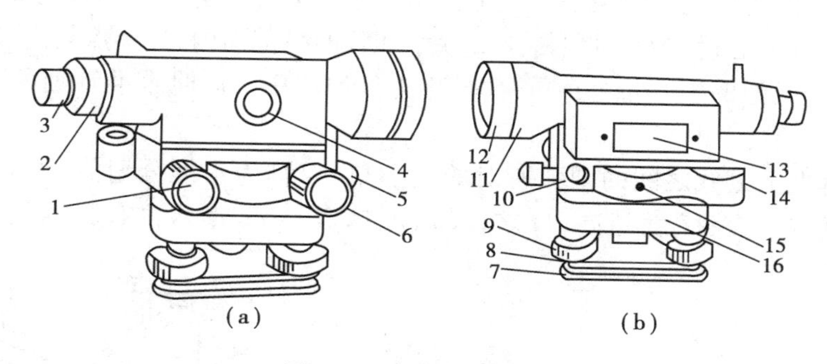

图4.2　水准仪的构造

1—微倾螺旋;2—分划板护罩;3—目镜;4—物镜调焦螺旋;5—制动螺旋;
6—微动螺旋;7—底板;8—三角压板;9—脚螺旋;10—弹簧帽;11—望远镜;
12—物镜;13—管水准器;14—圆水准器;15—连接小螺钉;16—轴座

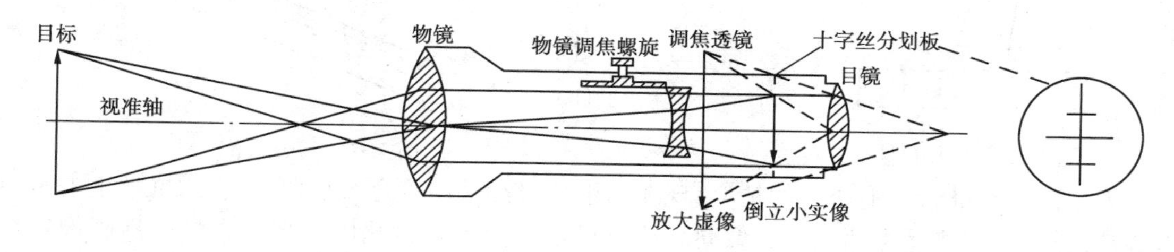

图4.3　望远镜成像原理图

十字丝分划板是安装在物镜焦面上的一块平板玻璃,上面刻有两条互相垂直的长线,称为十字丝,用来瞄准目标和读数。竖直的为竖丝,水平为横丝(又称中丝),竖丝与横丝的交点称为十字丝中心,在竖丝上以中丝为界上下分别有两根对称的短丝,称为视距丝。十字丝中心和物镜光心的连线称为望远镜视准轴,又称视线。

人眼通过望远镜看到的物体像的视角与直接观察目标的视角之比,称为望远镜的放大率,它是鉴别望远镜质量的主要指标。DS_3水准仪望远镜的放大率一般在30倍左右。

(2)水准器

水准器是标志水平线(面)和铅垂线(面)的一种设备,是测量仪器的重要组成部分。它配合其他部件可把测量仪器调整成水平或铅垂位置。水准器通常分为管水准器和圆水准器两种。

1)圆水准器

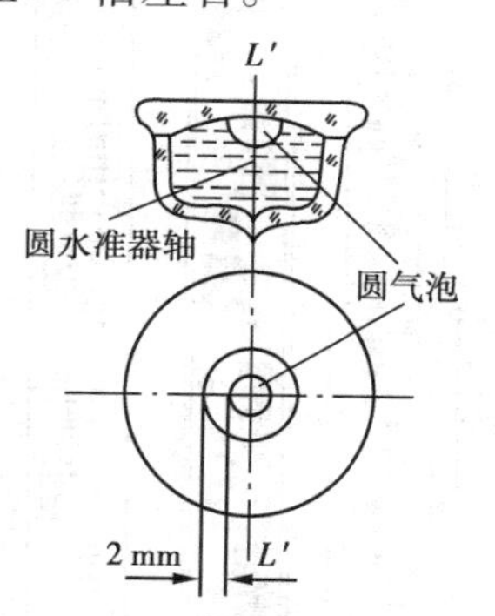

图4.4　圆水准器

圆水准器的外形如小圆盒状,内表面磨成球面,中央刻有5~8 mm的圆圈,其圆心即为圆水准器的零点,连接零点与球心的直线为圆水准器水准轴。当气泡中心和零点重合时,圆水准器处于铅垂位置。如图4.4所示,当气泡由零点向任一方向偏移2 mm时,所对应的圆心角称为圆水准轴的分划值,圆水准器的分划值一般为8′,精度较低,所以仅用于粗略整平仪器。

2)管水准器

管水准器用内表面磨成圆弧形的玻璃管制成。管内盛满酒精和乙醚的混合液,将管水准器加热后密封冷却,管内就会形成一个气泡。水准管两端各刻有数条间隔为 2 mm 的分划线,这些分划线的对称中心,称为水准管零点。在水准管的纵剖面内,过零点与内表面相切的直线称为水准管轴,当气泡的中心与零点重合时,称为气泡居中。此时水准管轴处于水平位置,如图 4.5 所示。

水准管相邻两分划线之间的圆弧所对的圆心角 τ'',称为水准分划值,水准管内壁圆弧半径愈大,分划值愈小,灵敏度越高;反之,灵敏度越低。DS_3 型水准仪的水准管分划值不大于 20″。

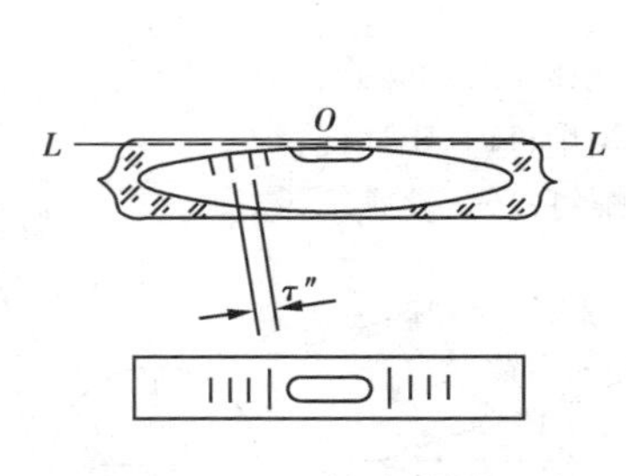

图 4.5　管水准器

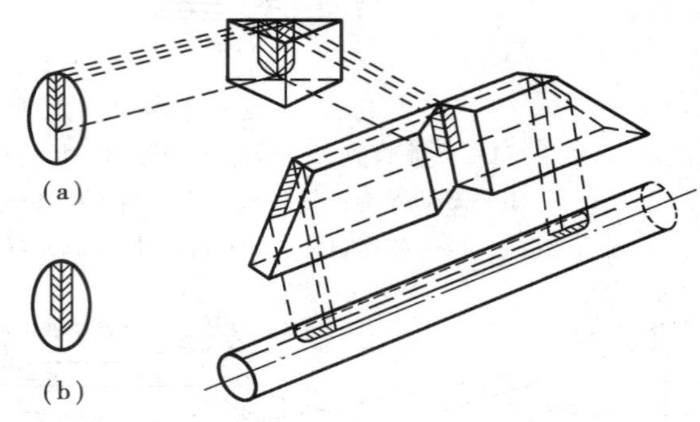

图 4.6　符合气泡

为了提高水准管气泡居中的精度,现在的水准仪都采用符合水准器,即在水准器上安装一组棱镜,通过棱镜将气泡两端的影像同时映射在目镜旁的观察孔内。当两个半气泡影像符合一个抛物线时,表明气泡居中,如图 4.6(a)所示;若两个半气泡影像错开,表明气泡不居中,如图 4.6(b)所示。符合水准器不仅观察方便,而且能提高气泡居中的精度(将气泡偏离零点的距离放大)。

(3)基座

基座由轴座、脚螺旋和连接板组成,仪器上部通过竖轴插入轴座内,由基座承托。脚螺旋用来调节圆水准器使气泡居中,整台仪器通过连接板、连接螺旋与三角架相连。

水准仪除上述部件外,水准仪还安置有一套制动螺旋和微动螺旋。拧紧制动螺旋,仪器固定不动,再转动微动螺旋,可使照准部在水平方向作微小的转动以便精确瞄准目标。微倾螺旋的作用是在圆水准气泡居中后(水准仪接近水平),通过抬高或降低望远镜一端,使符合气泡居中。

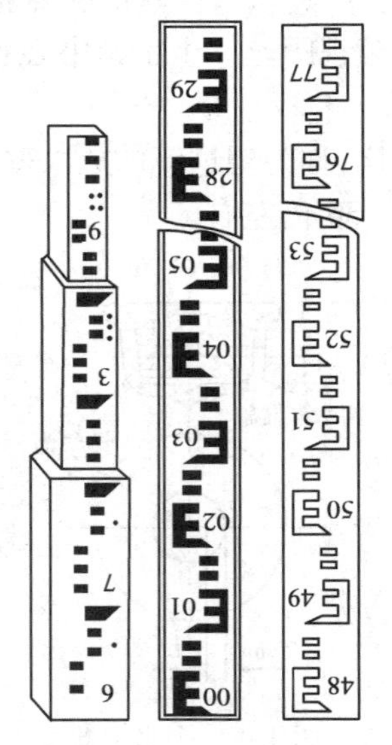

图 4.7　水准尺

4.2.2　水准尺

水准尺是水准测量的主要工具,其质量好坏直接影响水准测量的精度。普通水准尺采用干燥优质木材制成或玻璃钢制成,精密水准尺用铟钢制成。普通水准尺尺长一般为 3 m 或 5 m,尺上每格 1 cm或 0.5 cm 涂有黑白或红白相间的分格,每分米注记数字。为方便读数,尺上数字注记是倒写的。

水准尺一般为双面尺,如图 4.7 所示,双面水准尺的一面为黑面尺(主尺),分划为黑白相间,起始读数从零开始;另一面为红面尺(辅尺),为红白相间,起始读数是4 687或4 787(起始读数不为零而是一个大数是为了校核读数)。

4.2.3 尺垫

如图4.8(a)所示,尺垫一般由铸铁制成,中央有一隆起的半球形圆顶,下部有3个尖部,使用时将尺垫踩入地下,踏实,然后将水准尺立于半球形圆顶上。当地面土质松软不易踏稳尺垫时,可用尺桩,如图4.8(b)所示,尺桩一般长约30 cm,粗约2~3 cm,使用时将尺桩打入土中,它比尺垫稳固,但使用不太方便。尺垫(尺桩)用于防止点位移动和水准尺下沉。

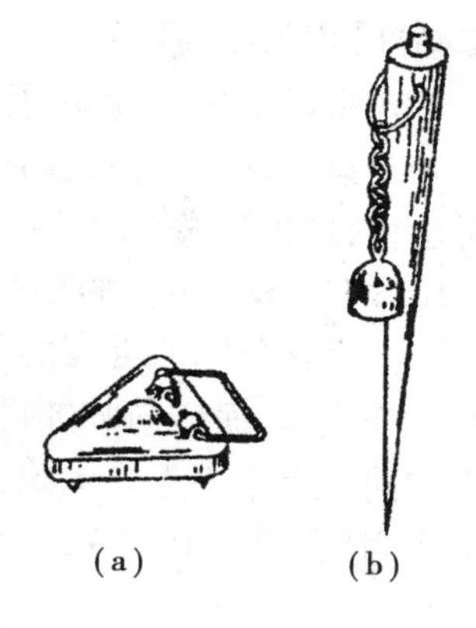

图4.8 尺垫和尺桩

4.3 水准仪的使用

水准仪的使用包括安置仪器、粗略整平、瞄准、精确整平和读数等操作步骤。

4.3.1 安置水准仪

在选好的测站上安置三脚架,根据观测者的身高调整好高度,并使架头大致水平,踩定脚架;取出仪器,将仪器用连接螺旋与三脚架连好,仪器的各种螺旋都调整到适中位置,以使螺旋向两个方向均能转动。

4.3.2 粗略整平

粗略整平是调节脚螺旋使圆水准气泡居中,仪器竖轴大致铅垂。具体操作方法是:先用两手分别以等速相向同时转动两个脚螺旋,如图4.9(a)所示,使气泡由a处顺箭头方向移动到b处,然后转动第三个脚螺旋使气泡由b处移到居中位置,如图4.9(b)、(c)。整平时,气泡移动的方向与左手大拇指的转动方向一致。

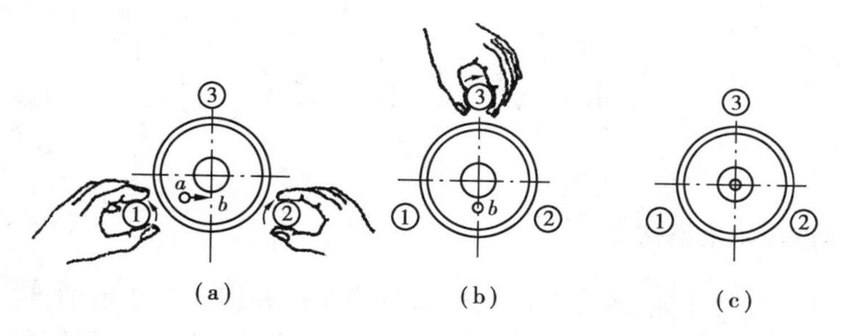

图4.9 整平示意图

4.3.3 瞄准

①目镜调焦 将望远镜对准明亮的背景,转动目镜调焦螺旋,使十字丝成像清晰。
②初步瞄准 松开望远镜的制动螺旋,转动望远镜瞄准水准尺,用望远镜上的缺口准星初

步瞄准,拧紧制动螺旋。

③物镜调焦 转动物镜调焦螺旋使水准尺影像清晰,转动微动螺旋使目标位于视场中央。

④消除视差 物镜调焦后,眼睛在目镜处上下微微移动,发现十字丝影像与目标影像有相对位移,这种现象称为视差。产生视差的原因是目标影像没有落在十字丝分划板上,如图4.10(a)所示。视差的存在会影响读数精度,因此,测量作业中不允许存在视差。

产生视差的原因可能是没有按正确的操作程序调整,也可能在目镜调焦看十字丝时眼睛有一个焦距,而转向瞄准目标看目标像时,眼睛自身调焦用了另一个焦距,因而使像和十字丝不在同一个平面上。消除视差的方法,首先必须按操作程序依次调整,其次是要控制眼睛本身不作调焦,图4.10(b)是消除了视差后的情形。

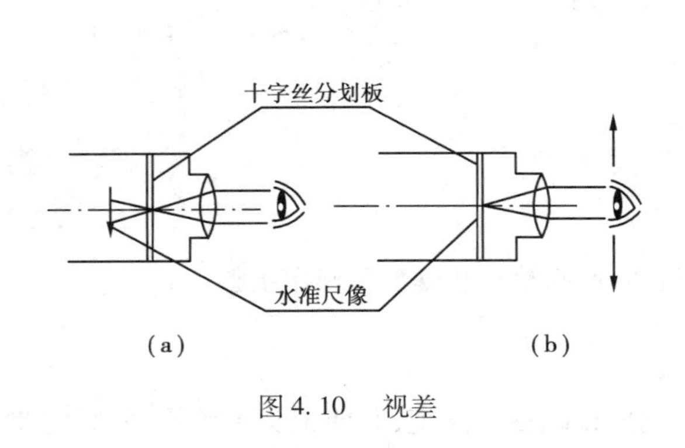

图4.10 视差

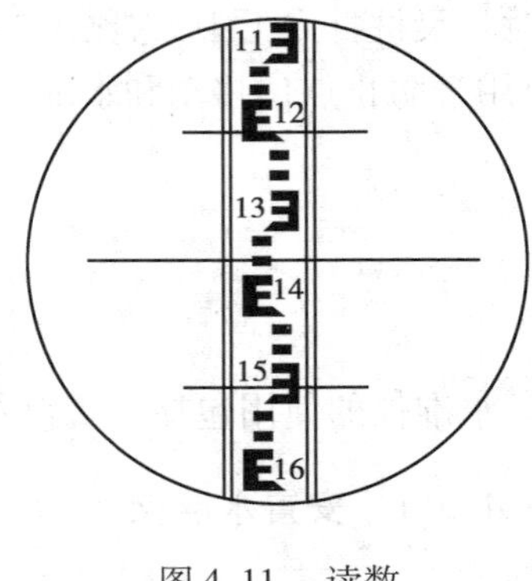

图4.11 读数

4.3.4 精确整平

瞄准目标后,调节微倾螺旋使符合水准气泡符合,此时,视线处于水平状态。

4.3.5 读数

精平后,应立即、迅速读出十字丝横丝在水准尺上截取的读数。读数时,应从小到大,即由上到下读取,依次直读出尺上米、分米和厘米数,并估读出毫米。读数时应一次读出四位数,图4.11的读数为1 337。

4.4 等外水准测量

4.4.1 水准点与水准路线

为了统一全国的高程系统,测绘部门在全国各地埋设和用水准测量的方法测定了许多的高程点,这些高程点称为水准点,简记为BM。水准点按等级和保留时间不同,可分为永久性水准点和临时性水准点两种。永久性水准点一般用混凝土和石料制成,如图4.12所示,标石中间均嵌有水准标志。在城镇、厂矿区也可将水准点标志凿埋在坚固稳定的建筑物墙脚适当高度处,如图4.13所示。临时水准点一般选择地面突出处或用木桩打入地下并在桩顶用红漆或钉一小钉作标志。

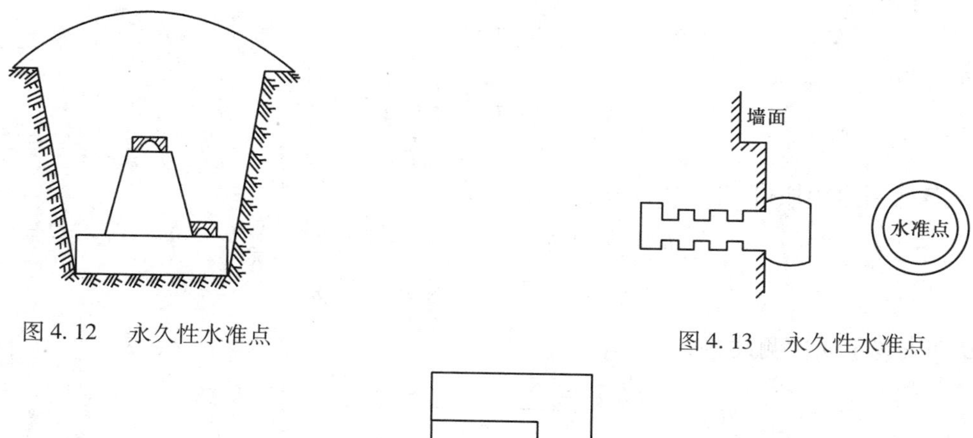

图4.12　永久性水准点

图4.13　永久性水准点

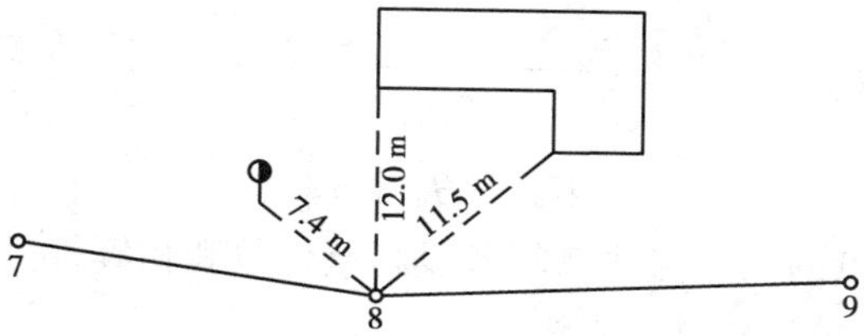

图4.14　水准点点之记

为方便使用时寻找，应在埋石之后立即绘制点之记，图4.14为一个点的点之记示例。水准点点之记应作为水准测量成果妥善保管。

当待测高程点与水准点相距较近或高差较小时，在两点间安置一次水准仪就可测出两点高差，并根据已知点高程推算出待测点高程。实际工作中，往往两点相距较远或高差太大，如图4.15所示。此时，需在两点间加若干临时立尺点作为传递高程的过渡点（转点），用TP表示，然后依次分段测定相邻点间高差，从而推算待测点高程。

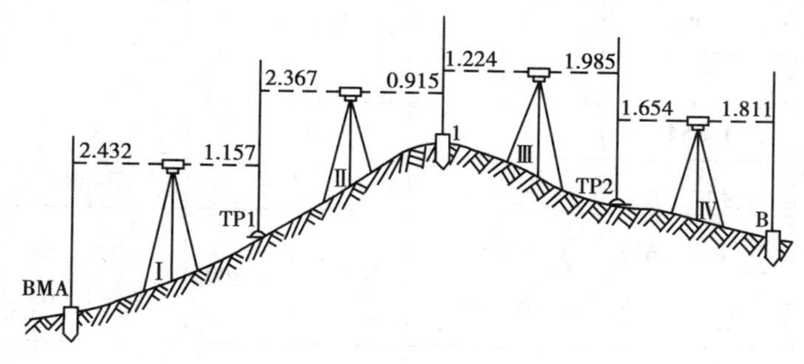

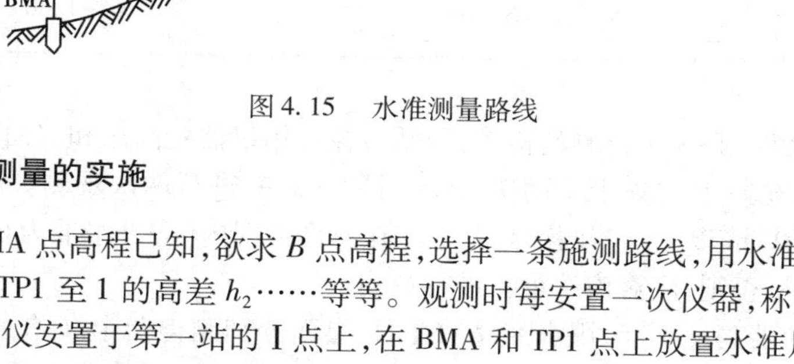

图4.15　水准测量路线

4.4.2　水准测量的实施

图4.15中BMA点高程已知，欲求B点高程，选择一条施测路线，用水准仪依次测出BMA至TP1的高差h_1、TP1至1的高差h_2……等等。观测时每安置一次仪器，称为一个测站，具体作法是首先将水准仪安置于第一站的Ⅰ点上，在BMA和TP1点上放置水准尺，得后视读数a_1和前视读数b_1，则BMA至TP1的高差为

$$h_1 = a_1 - b_1$$

再将水准仪移置到Ⅱ点上，此时TP1上的水准尺不动，A点的水准尺移至1点上，分别读出水准尺上的读数a_2、b_2，则TP1至1的高差为

$$h_2 = a_2 - b_2$$

同法依次得

$$h_3 = a_3 - b_3$$

$$h_4 = a_4 - b_4$$

将以上各式两边相加得

$$\sum h = h_1 + h_2 + h_3 + h_4 = \sum a - \sum b$$

$$h_{AB} = \sum h = \sum a - \sum b$$

若 AB 间安置了 n 次测站,则

$$h_{AB} = \sum h = \sum a - \sum b \tag{4.4}$$

则 B 的高程为

$$H_B = H_A + h_{AB}$$

水准测量中,任意两点的高差与两点间各段高差代数和相等,可用这一关系来校核计算有无错误。水准测量观测记录与计算见表 4.1。

表 4.1　水准测量手簿

测站	点号	后视读数	前视读数	高差/m	高程/m	备　注
Ⅰ	BMA	2.432		+1.275	372.254	
	TP1		1.157			
Ⅱ	TP1	2.367		+1.452		
	1		0.915		374.981	
Ⅲ	1	1.224		−0.761		
	TP2		1.985			
Ⅳ	TP2	1.654		−0.157		
	B		1.811		374.063	
校核计算		$\sum a = 7.677$　$\sum b = 5.868$ $\sum a - \sum b = +1.809$		$\sum h = +1.809$	−372.254 = +1.809	

为保证观测精度,必须进行测站检核,测站检核可用仪器变高法和双面尺法。

仪器变高法是在一个测站上架两次仪器,对同一高差进行两次观测。前后两次仪器的高度变动必须超过 10 cm 以上。若两次高差之差在容许范围内(等外水准为 6 mm),取两次高差均值作为观测结果;否则,应对该站重新进行观测。

双尺面法是仪器高度不变,用水准尺的红面、黑面分别测得两个高差,其高差之差的检核方法同仪器变高法。

4.4.3　水准测量的成果计算

水准测量常将已知点和待定点组成一条水准路线来进行,其基本布设形式有闭合水准路

线如图4.16(a)、附合水准路线如图4.16(b)、支水准路线如图4.16(d)和具有结点的水准路线如图4.16(c)等。虽然各测站均进行了校核,但由于各种误差的积累(测站或测量路线长度),将会影响到整个路线的超限,所以还须对成果进行校核,校核方法及成果计算按水准路线分述如下:

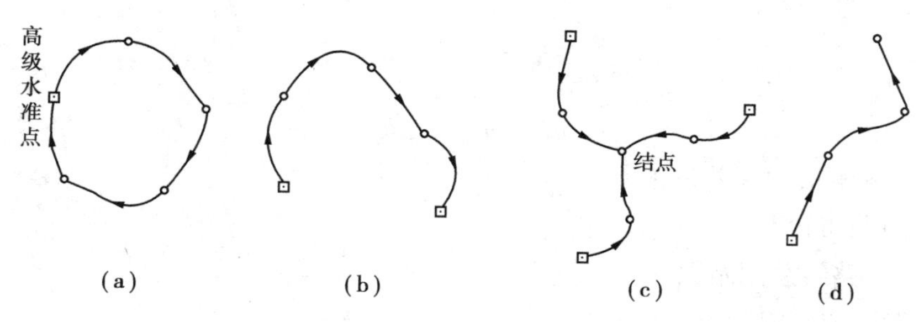

图4.16　水准路线布设形式

(1)附合水准路线

附合水准路线是从一个已知水准点出发,经若干待求点后,附合到另一个已知水准点上的路线。附合水准路线高差代数和的理论值应等于两端点的高差。即

$$\sum h_{理} = H_{终} - H_{始}(终点高程 - 起点高程) \tag{4.5}$$

因为观测值带有误差,所以由观测值计算所得的路线高差代数和总会与理论高差不一致,其差值称为高差闭合差,以f_h表示。即

$$f_h = 高差观测值 - 高差理论值 = \sum h_{测} - \sum h_{理} = \sum h_{测} - (H_{终} - H_{始}) \tag{4.6}$$

产生高差闭合差的原因很多,当高差闭合差在容许误差范围内时,认为观测精度合格,可以进行闭合差的调整和计算;超过容许值时,则应检查原因,返工重测,直到符合要求为止。普通水准测量高差闭合差的容许值为

平地　$f_{h容} = \pm 40\sqrt{L}$ mm

山地　$f_{h容} = \pm 12\sqrt{n}$ mm

其中　L——水准路线总长度,以公里为单位

n——水准路线测站总数

图4.17是某附合水准路线的略图,A、B为已知点,高程分别为$H_A = 72.286$ m、$H_B = 74.980$ m,各段观测高差及测站数均标注在略图上,计算结果列于表4.2中。

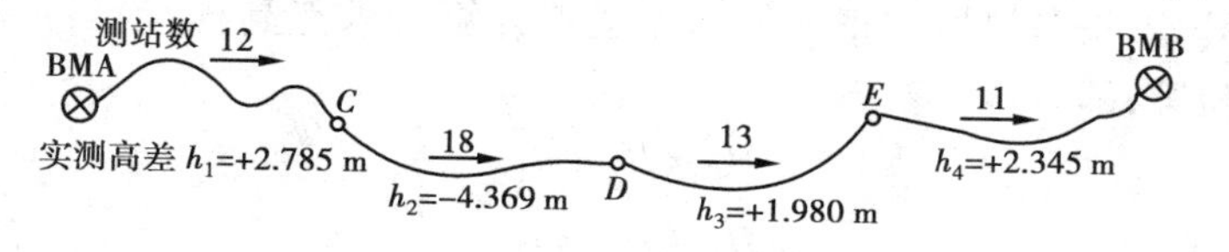

图4.17　各测段距离及测站数示意图

1)闭合差计算

$$f_h = \sum h_{测} - (H_B - H_A) = 2.741 - (74.980 - 72.286) = 0.047 \text{ m}$$

$$f_{h容} = \pm 12\sqrt{n} = \pm 88 \text{ mm}$$

因 $|f_h| < |f_{h容}|$，故闭合差符合限差要求。

2）高差闭合差整理

高差闭合差调整的方法是将闭合差反符号按测站数（或距离）成比例地分配到各段高差上，得到改正后的高差，即

$$\Delta h_i = -\frac{f_h}{\sum n} n_i \tag{4.7}$$

$$h_i = h_{i测} + \Delta h_i \tag{4.8}$$

式中 Δh_i——各测段的高差改正数

f_h——高差闭合差

$\sum n$——路线总测站数

n_i——第 i 测段测站数

h_i——改正后高差

各测段高差改正数的总和应与高差闭合差数值相等符合相反；改正后高差的代数和应与理论高差一致，即

$$\sum \Delta h_i = -f_h \tag{4.9}$$

$$\sum h_i = h_{理} = H_B - H_A \tag{4.10}$$

表 4.2 水准测量成果整理

测站	点号	距离 /km	测站数	实测高差 /m	改正数 /mm	改正后高差 /m	高程 /m	备注
1	2	3	4	5	6	7	8	9
	BMA						72. 286	
1			12	+2. 785	-10	+2. 775		
	C						75. 061	
2			18	-4. 369	-16	-4. 385		
	D						70. 676	
3			13	+1. 980	-11	+1. 969		
	E						72. 645	
4			11	+2. 345	-10	+2. 335		
	BMB						74. 980	
∑			54	+2. 741	-47	+2. 694		

3）各点高程推算

从起始点 A 开始，按各测段改正后的高差逐点计算待求点高程，最后推算至 B 点的高程应与其已知高程相等，即

$$H_C = H_A + h_1$$

$$H_D = H_1 + h_2$$

$$\vdots$$

$$H_{BMB(算)} = H_{BMB(已知)}$$

若 H_{BMB} 的计算值不等于其已知值，说明高程推算有误。须从头进行检查修正。

(2) 闭合水准路线

理论上闭合水准路线高程总和的理论值应该等于零，即

$$\sum h_{理} = 0$$

则

$$f_h = \sum h_{测} \tag{4.11}$$

其闭合差的调整计算步骤及方法和附合水准路线相同。

(3)支水准路线

支水准路线往往需进行往返测量，理论上往、返测的高差应数值相等，符号相反，其闭合差为

$$f_h = h_{往} + h_{返} \tag{4.12}$$

闭合差的调整方法，是将往返测的高差取均值，符号以往测为准。

4.5　水准仪的检验与校正

根据水准测量的基本原理，要求水准仪必须具有一条水平视线，这是水准仪构造的一个极为重要的条件。为此，在正式作业前，必须对水准仪加以检验，以考察其是否满足要求，对不符合要求的应加以必要的校正。

4.5.1　水准仪应满足的条件

水准仪的主要轴线如图4.18所示。

水准仪应满足的主要条件为：一是水准管轴应与视准轴平行；二是望远镜的视准轴不因调焦而变动位置。

水准仪应满足的次要条件为：一是圆水准器的水准轴应与水准仪的旋转轴平行；二是十字丝的横丝应垂直于仪器的旋转轴。

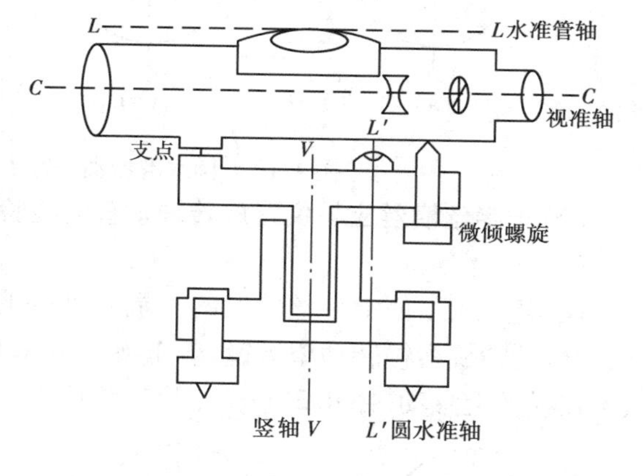

图4.18　水准仪的轴线

4.5.2　水准仪的检验与校正

水准仪在出厂时都已检校，满足上述四个条件。受长期使用或运输震动等影响，上述条件会发生变化，为此，必须对水准仪进行检验，对检验结果不符合要求的要进行校正。第二个主要条件一般由工厂保证，在此只讲述其他条件的检校方法，检校的顺序应遵循前面的检校项目不受后面的检校项目影响。

(1)圆水准器轴平行于仪器旋转轴的检验与校正

1)检验

先将圆水准器气泡调到居中，然后将仪器旋转180°，若气泡保持居中，则说明圆水准器水准轴平行于仪器旋转轴。否则，说明本项条件不满足，需对仪器进行校正。

2)校正

该条件不满足的原因是：当圆水准气泡居中时，仪器旋转轴并不与处于竖直状态的圆水准器轴平行，而是有一个倾角α，如图4.19(a)所示。当旋转仪器180°后，圆水准器轴与铅垂线的偏角为2α，如图4.19(b)所示，此时气泡是不居中的。校正时，松开圆水准器的紧固螺丝，

用校正针调节三个校正螺丝,使气泡向居中方向移动气泡偏离量的一半,此时圆水准器轴与旋转轴平行,如图4.19(c)所示。再用脚螺旋调平,使气泡居中,此时旋转轴处于铅垂状态,如图4.19(d)所示。校正一般需反复进行,直至仪器不论旋转到任何位置,气泡都居中为止。最后需注意拧紧紧固螺丝。

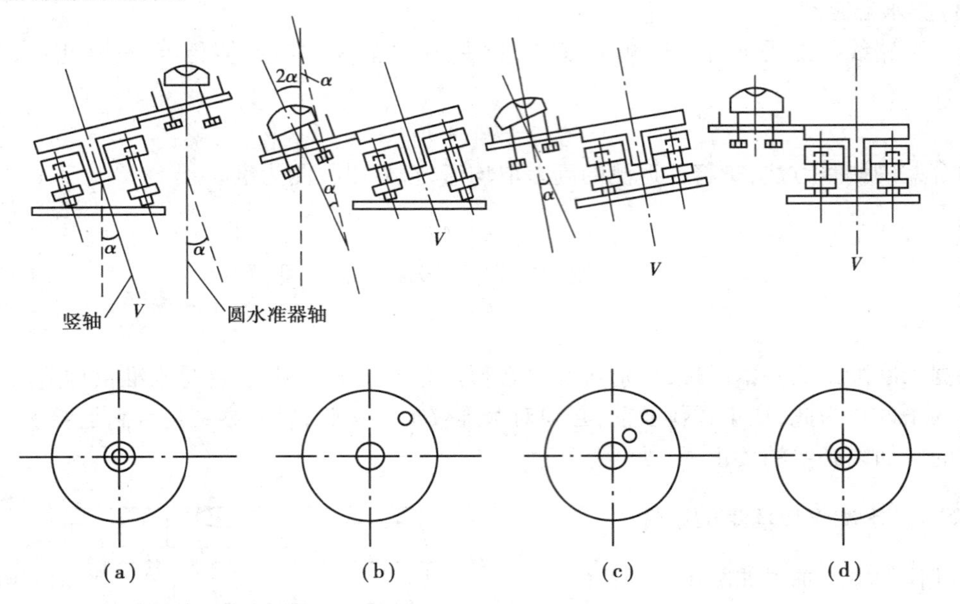

图4.19　圆水准器轴平行于仪器旋转轴的检验与校正

(2)十字丝横丝应与仪器旋转轴垂直的检验与校正

1)检验

仪器整平后,使十字丝横丝的一端对准一明显点状目标 M,如图4.20(a)所示。固定仪器,用微动螺旋缓慢转动望远镜,若 M 始终在横丝上移动(图4.20(b)),说明条件满足;如 M 点不在横丝上移动(图4.20(c)、(d)),说明条件不满足,需校正。

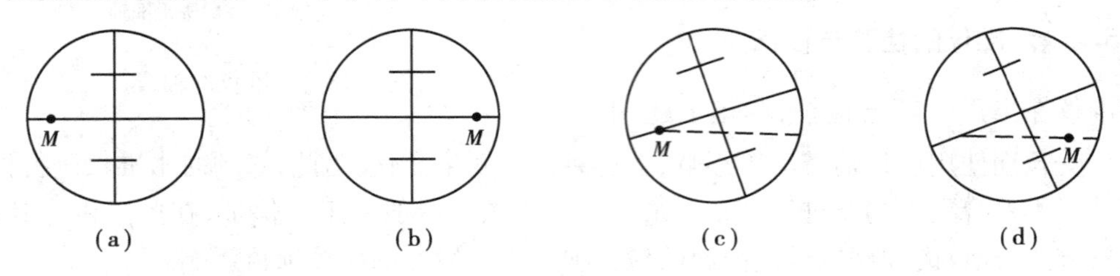

图4.20　十字丝横丝的检验

2)校正

松开十字丝分划板的固定螺丝,转动十字丝分划板,并使十字丝横丝满足条件,此项条件校正也需反复进行,最后拧紧十字丝分划板固定螺丝。

(3)望远镜视准轴应与水准管的水准轴平行的检验与校正

视准轴和水准管轴都是空间直线,如果它们互相平行,那么无论是在包含视准轴的垂直面上的投影,还是在水平面上的投影,都应该是平行的。对竖直面上投影是否平行的检验称为 i 角检验,水准测量最重要的是 i 角检验。如果 $i=0$,则水准轴水平后视准轴也是水平的,从而满足水准测量的要求。

如图4.21，设视准轴不平行于水准管轴存在 i 角。此时，无论水准管气泡是否居中，视准轴不是水平线而倾斜了 i 角，则水准仪在 A 点标尺上的读数就会较水平视线的读数增大一个 x 值，若 A 点距仪器距离为 S，则

$$x = S \cdot \tan i$$

图4.21　i 角示意图

一般 i 角很小，故上式可写成

$$x = S \cdot i'' / \rho'' \tag{4.13}$$

当仪器有 i 角误差时，其检验原理如下：

选定固定点 A、B，分别在两个测站用仪器对 A、B 高差进行两次观测得 h'_{AB}、h''_{AB}，则

$$h'_{AB} = a' - b' = (a + \frac{S'_A \cdot i''}{\rho''}) - (b + \frac{S'_B \cdot i''}{\rho''}) = h_{AB} + \frac{S'_A - S'_B}{\rho''} i''$$

同理

$$h''_{AB} = a'' - b'' = (a + \frac{S''_A \cdot i''}{\rho''}) - (b + \frac{S''_B \cdot i''}{\rho''}) = h_{AB} + \frac{S''_A - S''_B}{\rho''} i''$$

上述两式相减并整理得

$$i'' = \frac{h'_{AB} - h''_{AB}}{\{(S'_A - S'_B) - (S''_A - S''_B)\}} \rho'' \tag{4.14}$$

检验时，在平坦地面上选择相距80 m左右的 A、B 两点，置仪器在 A、B 的中点上，使仪器严格居于 S_{AB} 的中点，使仪器此时的 i 对于高差值没有影响，如图4.22(a)。因而可得正确高差 h_{AB}，然后将仪器置于 B 点附近，测得 h''_{AB}，则

因为

$$S'_A = S'_B, h'_{AB} = h_{AB}$$

所以

$$i'' = \frac{h''_{AB} - h_{AB}}{S''_A - S''_B} \rho'' \tag{4.15}$$

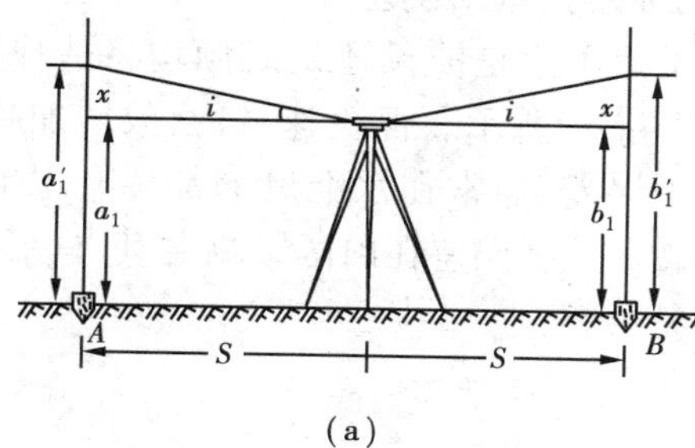

(a)

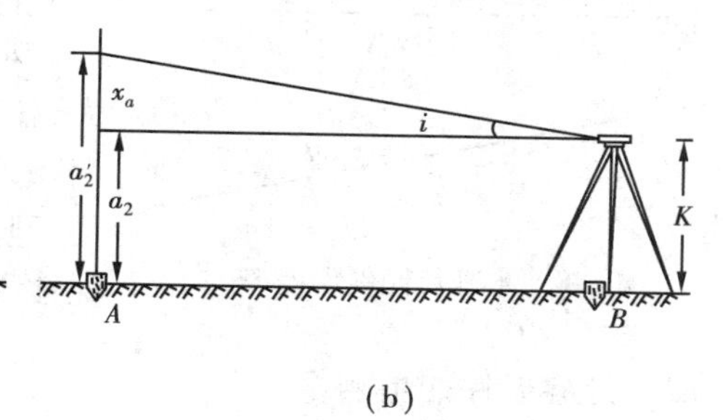

(b)

图4.22　i 角的检校

因仪器在 B 点附近，此时，i 角对 B 尺读数的影响极小，可忽略不计，如图4.22(b)，则此时的 i 角影响反映在 A 尺的读数上，即

$$x''_a = i'' \cdot S''_{AB} / \rho''$$

校正时，有了 x''_a 值，即可对水准仪进行校正。校正紧接着检验工作进行，即不必搬动 B 点附近的仪器，先算出 A 尺上的正确读数 $a(=a'' - x''_a)$，然后用微倾螺旋使读数对整 a，此时气泡不居中，松开左右面的螺钉，再校正上下两个螺丝，使气泡居中。校正结束后将左右面的螺钉上紧。检验校正需反复进行，直至 i 角小于20″为止。

4.6 水准测量误差来源与观测注意事项

水准测量误差来源主要有三个方面，即仪器构造上的不完善（仪器误差）、操作中作业人员的感官灵敏度的限制（观测误差）、作业环境的影响（外界条件误差）。

4.6.1 仪器误差

(1) 仪器的残余误差

虽然仪器出厂前已经过严格检验，在工作之前也进行了检验与校正，但是，仪器仍会存在一定的残余误差，而这部分误差通常可以在作业中采用一定的操作方法和手段加以减弱或消除，如 i 角误差，可以通过安置仪器于两尺的中点等方法加以消除。

(2) 水准尺误差

水准尺误差包括零点差、尺长误差、尺弯曲、尺刻画不准等，这些误差会影响测量精度，所以，水准尺在作业前应进行检验。不合格的水准尺不能用于作业。

4.6.2 观测误差

(1) 估读误差

读数时，毫米位是估读的，这项误差与望远镜放大倍率及视线长度有关。所以水准测量中常对仪器的放大率及视线长作出规定。

(2) 水准管气泡居中误差

采用符合水准管能比用普通水准管使气泡居中的精度提高一倍，操作中，应使符合水准管气泡严格居中，并在气泡居中后立即读数。

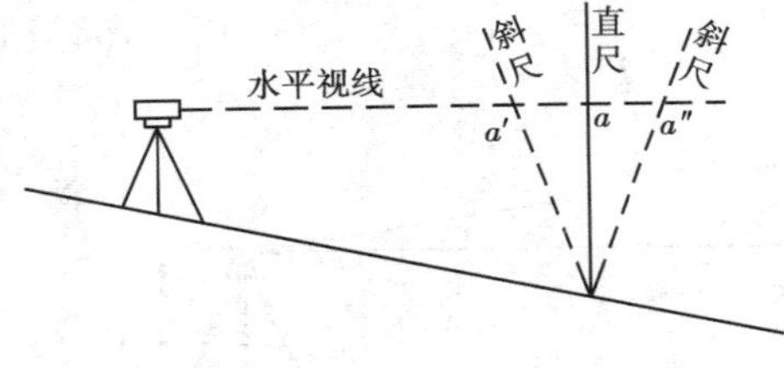

图 4.23 水准尺倾斜误差

(3) 水准尺倾斜误差

水准尺不论是前倾还是后倾均将造成读数增大，如图 4.23 所示。视线越高，读数增加越大，为消除此项误差，通常在水准尺上都装有水准器，以便于竖直。此项误差在山区影响尤其大，而扶尺员往往不易察觉。

4.6.3 外界条件的影响

(1) 仪器及水准尺升沉的误差

仪器的下沉或水准尺的上升会造成读数的减小；而仪器的上升或水准尺的下降又会导致读数的增大。作业时，应选择土质较为坚硬处设站或立尺、采取一定的观测程序、提高操作技能、尽可能缩短一个测站的观测时间以及采用往返测取中数等方法消除或减小该项误差。

(2) 地球曲率及大气折光的影响

受大气折光影响，仪器观测时的视线是一条曲线，并不水平。在前面叙述原理时是把大地水准面当作水平面的，但大地水准面并不是水平面，折光后的视线也不平行于大地水准面（图 4.24）。地球曲率与大气折光的影响之和为

$$f = C - \gamma = 0.43\frac{D^2}{R} \tag{4.16}$$

在水准测量中，若使前后视距相等，则前后视由地球曲率与大气折光带来的影响将得到消除；同时，在观测时，应尽量使视线离开地面一定高度。

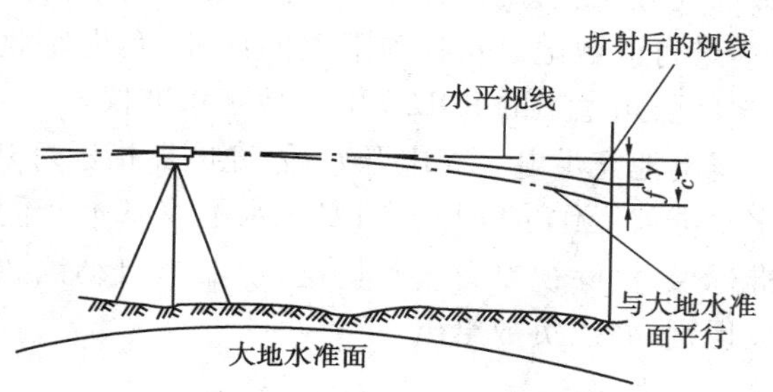

图 4.24　地球曲率与折光对视线的影响

(3) 温度影响

温度的变化会引起大气折光的变化以及水准管内气泡居中的不稳定，所以应尽可能避免在烈日或高温下观测，必要时，应给仪器撑伞以遮挡阳光。

实际上，上述各项误差对观测结果的影响是综合的。只要注意严格按照规范要求，采取正确有效措施进行观测，其综合影响很小，完全能满足施测精度的要求。

4.7　自动安平水准仪

4.7.1　自动安平水准仪简介

由于气泡居中的影响因素很多，通过管水准器居中而获得水平视线，需在调整气泡居中上花大量的时间，且容易造成疲劳影响观测精度。为提高速度和精度，设计生产了一种能自动安平的水准仪。

自动安平水准仪种类很多，原理基本相同，都是去掉管水准器，另装一个补偿器，如图4.25所示。粗平后，照准轴仅有微小倾斜，过物镜的水平光线，通过补偿装置使其仍能到达十字丝中心，从而得到照准轴水平时的读数，提高速度和精度。

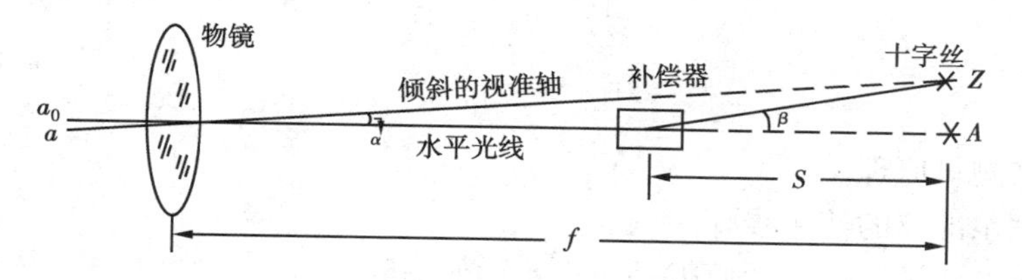

图 4.25　自动安平原理示意图

图 4.26 为日本索尼公司生产的一种自动安平水准仪，对剧烈震动，0.5 秒左右即能保证自动安平读数。仪器的使用和微倾式水准仪相似，只是省略了精平工作。该仪器同时带有一个水平度盘，可以读取精度不高的水平方位，一般不设制动螺旋。

4.7.2 电子数字水准仪简介

电子数字水准仪是能进行几何水准测量的数据采集与处理的新一代水准仪,这类仪器采用条纹编码标尺和电子影像处理原理,用 CCD 行阵代替人的肉眼,将望远镜像片上的标尺呈像转换成数字信息,可自动进行读数记录及各项限差的计算,实现作业的一体化、自动化和数字化。如图 4.27 为日本索佳公司生产的 SDL30 电子数字水准仪。

电子水准仪使用前应将电池充足电。充电开始后,充电器指示灯开始闪烁,当指示灯不闪烁时完成充电。电子数字水准仪操作步骤与自动安平水准仪基本相同,只是电子数字水准仪使用的是条码尺。当瞄准标尺,消除视差后按测量键,仪器即自动读数。此外,仪器能将倒立在房间或隧道顶部的标尺识别,并以负数给出。

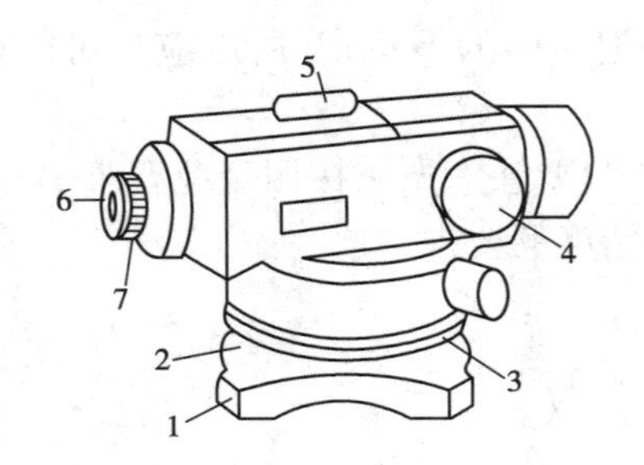

图 4.26 B2C 自动安平水准仪

1—基座;2—脚螺旋;3—水平度盘;
4—调焦螺旋;5—瞄准器;6—目镜;
7—目镜对光螺旋

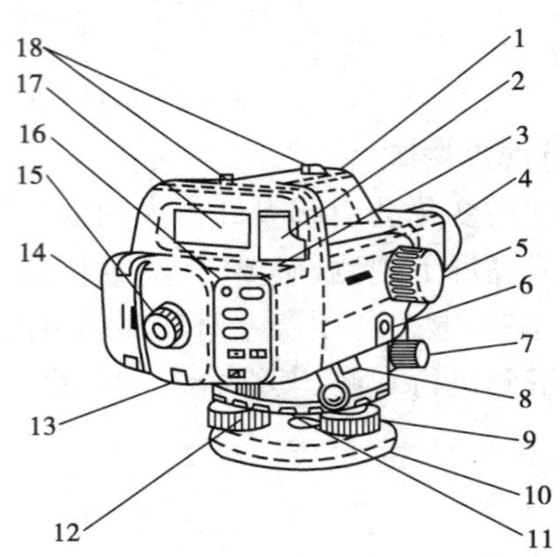

图 4.27 SDL30 电子水准仪

1—提柄;2—水准器观测窗;3—圆水准器;4—物镜;
5—对光螺旋;6—测量键; 7—水平微动螺旋;
8—数据输出插口;9—脚螺旋;10—底板;
11—水平度盘设置环; 12—水平度盘;
13—分划板校正螺丝及护盖;14—电池盒;
15—目镜;16—键盘;17—显示屏;18—粗瞄器

复习思考题

1. 试述水准测量原理。
2. 试述微倾水准仪的使用步骤。
3. 什么叫视差? 视差产生的原因是什么? 如何消除?
4. 试述 DS_3 型微倾水准仪各组成部分及作用。
5. 简述自动安平水准仪与微倾水准仪的操作异同点。
6. 常见的水准路线敷设形式有哪些?
7. 试对图 4.28 所示的水准测量观测数据进行成果整理。已知 H_{BM3} = 21.126 m, H_{BM4} =

12.856 m。

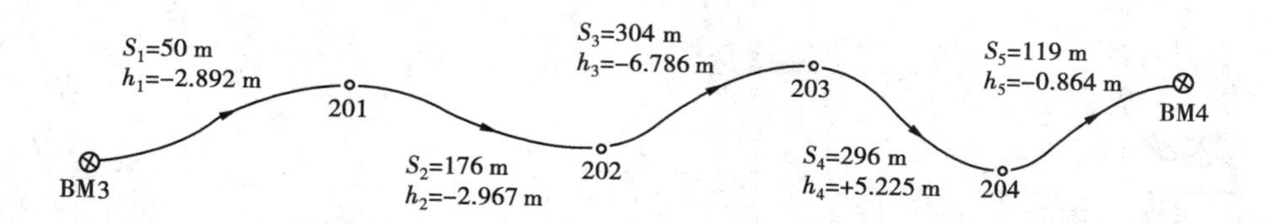

图4.28　第7题图

8. 有一水准路线，已知 $H_{BM1}=27.361$ m，观测结果如图4.29所示，试求101、102、103点的高程。

9. 试述水准仪 i 角的检核过程。

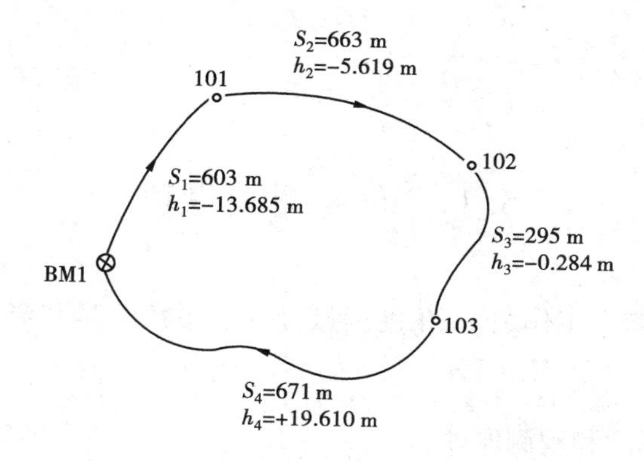

图4.29　第8题图

第 5 章 角度测量

5.1 角度测量原理

角度测量是测量的基本工作之一,角度测量分为水平角测量和竖角测量两种。经纬仪是角度测量的主要仪器。

5.1.1 水平角的概念和观测原理

空间两相交直线在水平面上投影的夹角,称为水平角。如图 5.1 所示,直线 OA 和 OB 的水平角是它们在水平面 H 上的投影 $O'A'$、$O'B'$所构成的夹角 β。β 亦即包含 OA 和 OB 的两个竖面间的二面角 $\angle A'OB'$。两竖面的交线为铅垂线,在此交线上任选一点 O'',水平地放置一个顺时针刻划的圆度盘($0° \sim 360°$),O''为度盘中心。在度盘上方,过度盘直径方向装置一个可上下、左右转动的望远镜,当望远镜作上下转动时,其视线划出一个竖面,在同一竖面内视线无论处在什么位置,度盘上的读数不变;若保持度盘不动,使望远镜作左右转动,先后照准 A、B 两点,可得度盘的相应读数分别为 a 和 b,则水平夹角为:

$$\beta = b - a \tag{5.1a}$$

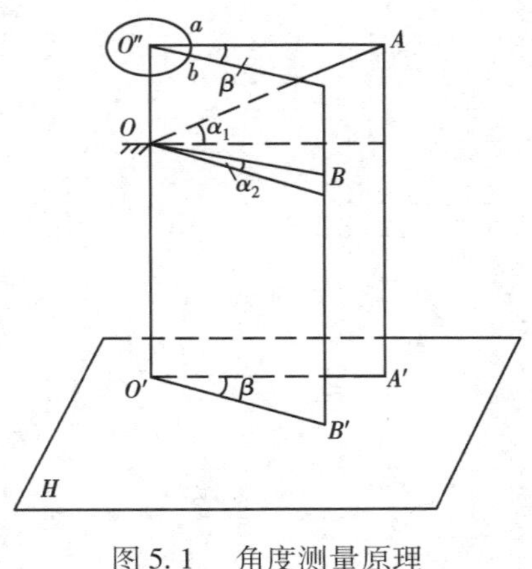

图 5.1 角度测量原理

5.1.2 竖直角的概念和观测原理

某直线与同一竖直面内的水平线的夹角,称为该直线的竖直角。在图 5.1 中,直线 OA 在水平线之上,则其竖直角 α_1 为仰角,规定符号为正;直线 OB 在水平线之下,其竖直角 α_2 为俯角,规定符号为负。

若在望远镜的一侧装置一个可随望远镜一起转动的竖直度盘(简称竖盘)。望远镜安装在竖盘的直径方向上,当望远镜照准某目标时,借助一个固定不动的读数指标,可读得竖盘上的一个读数,此读数与望远镜水平时的竖盘读数之差,即为该直线的竖直角。可以写成

分为水平度盘分划和其分微尺，下面部分为竖直度盘分划和其分微尺。两个度盘读数窗具有相同的结构，每1°有一分划线，小于1°的读数在分微尺上读取。分微尺全长为1°，分为60小格，每小格为1′，因此可直读1′，估读到0.1′（即6″）。

读数方法是：先读取整度数，即被分微尺盖住的度盘分划的注记数，再以该度盘分划为指标，在分微尺上读取不足度盘分划值的分数，二者相加即得度盘读数。如图5.4所示，水平度盘读数为215°06.1′，即215°06′06″；竖盘读数为78°48.6′，即78°48′36″。

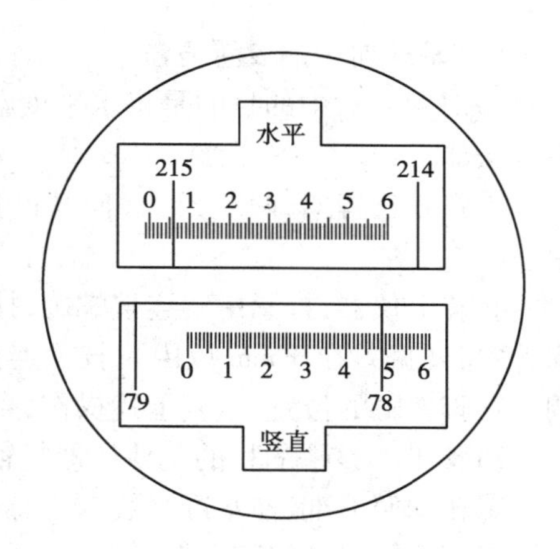

图5.4　分微尺读数

(2) 单平板玻璃测微器读数装置与读数方法

光线以一定角度射过平板玻璃后，会发生平行移动现象，平板玻璃测微器则正是利用这一原理设计的。如图5.5所示，在读数显微镜中可同时看到三个读数窗口：上为测微尺分划影像，并有单指标线；中为竖直度盘影像、下为水平度盘影像，均有双指标线。度盘分划从0°～360°，每度分2格，每格30′，测微尺共分30大格，每大格又分3小格，每小格为20″，可以估读至2″。由于单平行玻璃板、测微尺与测微手轮固连，转动测微手轮，度盘分划影像将随之转动，测微尺也同时转动。

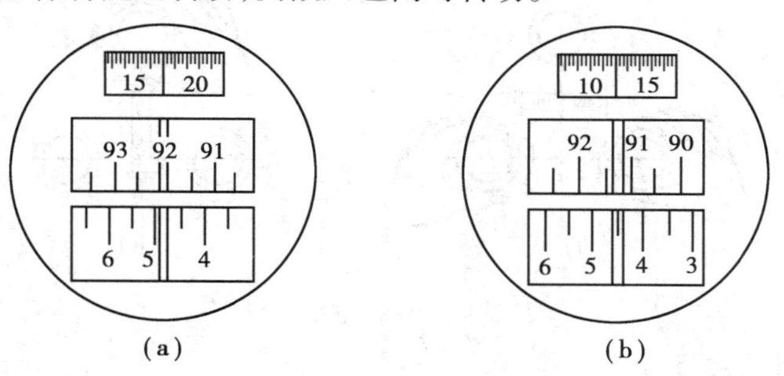

图5.5　单平板玻璃测微器读数

根据上述特点，单平板玻璃测微器的读数方法是：望远镜照准目标，转动测微手轮，使某一度盘分划精确移至双指标线中央，读出这条度盘分划注记的整度数或整30′数，再在测微尺上根据单指标线读取不足30′的分、秒数，两者相加，即为度盘读数。图5.5（a）的竖盘读数为92° + 17′04″ = 92°17′04″；图5.5（b）的水平度盘读数为4°30′ + 12′00″ = 4°42′00″。

5.3　经纬仪的使用

经纬仪的使用，包括经纬仪的安置、瞄准及读数三项内容。

5.3.1　经纬仪的安置

经纬仪的安置（或称整置），包括对中和整平两项工作。根据对中设备的不同，其安置方法也不同，分别介绍如下：

(1)垂球对中的安置方法

1)对中　对中的目的是将水平度盘中心置于过测站点(所测角的顶点)的铅垂线上。对中方法如下:

①张开三脚架,调节架头,使其高度适中,目估架头水平,使架头大致对准测站点标志中心;

②装上仪器,拧紧中心连接螺旋,挂上垂球,然后稍松连接螺旋、滑动仪器,使垂球尖对准标志中心(偏差在3 mm以内),拧紧连接螺旋。注意,如果在架头上滑动仪器仍不能对中,则调整三脚架腿的位置,重复上述操作,直到对中为止。

2)整平　整平的目的是使仪器竖轴处于竖直位置和水平度盘处于水平位置。方法如下:

①转动照准部,使水准管线与任意两个脚螺旋连线平行,如图5.6(a)所示;

②两手同时等速相向转动这两个脚螺旋使气泡居中,左手大拇指运动的方向就是气泡的移动方向,如图5.6(a)所示;

③转动照准部90°,如图5.6(b)所示,转动第三个脚螺旋使气泡居中。按上述方法重复操作,直至仪器旋转到任何位置,气泡偏离零点不超过一格为止。

经纬仪整平后,应检查对中情况,若对中超限,应继续重复上述对中与整平工作,直到两者都满足为止。

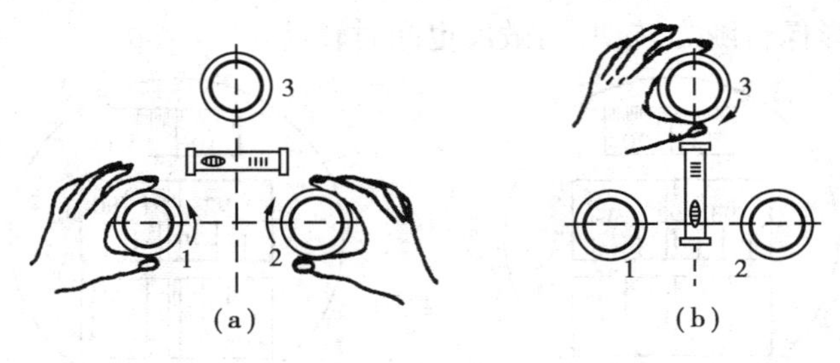

图5.6　整平

(2)光学对中的安置方法

采用光学对中器安置仪器,对中和整平工作要交替进行。

①张开三脚架,架头大致水平,并使架头中心大致对准测站标志中心;

②装上仪器,拧紧中心连接螺旋。调节光学对中器的目镜焦距,使其能清晰地看清测站附近地面;

③固定仪器操作者对面的架腿,左手握左架腿,右手握右架腿,缓慢移动左、右两架腿,使标志中心位于对中器的小圆圈中心。将三架腿踩实,并调节脚螺旋,使标志中心移至对中器圆圈中心;

④伸缩脚架架腿,使圆水准器的气泡居中,粗略整平;

⑤调节脚螺旋使照准部水准管气泡在任何位置都严格居中,精确整平;

⑥观察对中情况,若标志中心位于圆圈中心,仪器安置完毕;若标志中心偏离圆圈中心,可松开中心连接螺旋,平移基座,使其准确对中,再重新整平(重复⑤、⑥即可);

⑦如果标志中心偏离圆圈中心较大,则需重复③、④、⑤、⑥等4项操作。

5.3.2　瞄准

瞄准是指转动望远镜,使十字丝的交点瞄准目标的标志中心。方法如下:

1)目镜调焦　松开水平制动螺旋和望远镜制动螺旋,将望远镜对向明亮背景,调节目镜调焦螺旋,使十字丝清晰;

2)粗略瞄准目标　利用望远镜的照门或准星瞄准目标,然后拧紧水平制动螺旋和望远镜制动螺旋;

3)物镜调焦　调节物镜调焦螺旋,在望远镜内看清目标,并注意消除视差,如图5.7(a)所示。

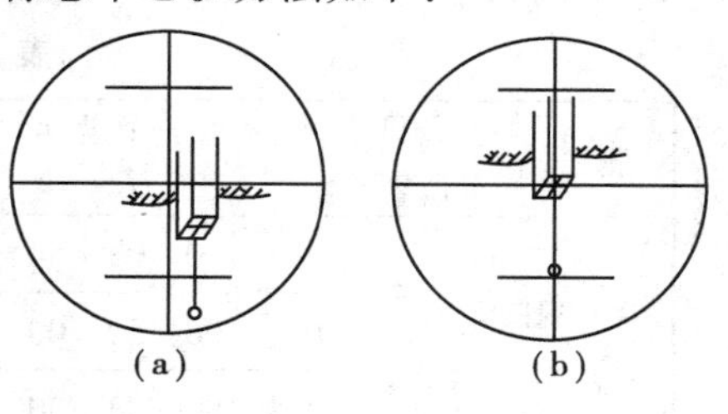

图5.7　瞄准目标

4)精确瞄准目标　利用两个微动螺旋使十字丝交点精确对准目标,如图5.7(b)所示。

5.3.3　读数

打开反光镜,调节读数显微镜调焦螺旋,使读数分划清晰,然后按本章第二节介绍的读数方法进行读数。

5.4　水平角测量

常用的水平角测量方法有测回法和方向观测法两种。为了抵消仪器的某些误差和校核,通常采用盘左和盘右两位置进行观测。

5.4.1　测回法

测回法只适用于观测两个方向的单角。如图5.8所示,在"O"点安置仪器,观测目标为A、B,测定$\angle AOB$角的步骤如下:

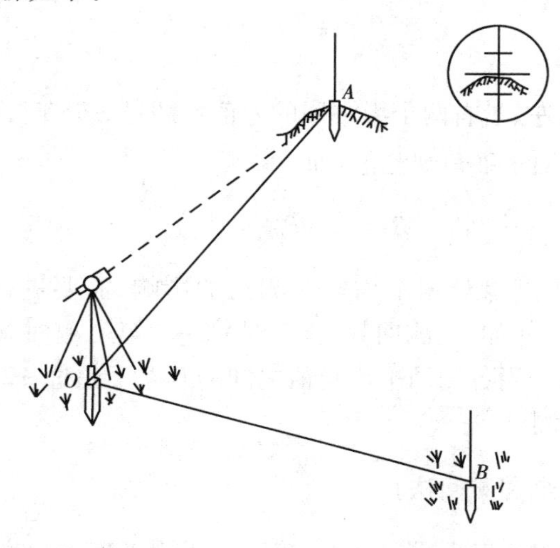

图5.8　测回法

(1)**盘左位置的观测(上半测回)**

盘左也称正镜,即观测者面对望远镜目镜时,竖盘在望远镜左侧。

1)精确瞄准目标 A,读取水平度盘读数 $a_{左}$,记入观测手簿中(表5.1)。

表5.1　测回法观测手簿

测　站	竖盘位置	目标	水平度盘读数 ° ′ ″	半测回角值 ° ′ ″	一测回角值 ° ′ ″	各测回平均角值 ° ′ ″	备注
第1测回 O	左	A	0 03 54	96 48 06	96 48 00	96 48 04	
		B	96 52 00				
	右	A	180 03 30	96 47 54			
		B	276 51 24				
第2测回 O	左	A	90 02 30	96 48 12	96 48 09		
		B	186 50 42				
	右	A	270 02 12	96 48 06			
		B	6 50 18				

2)顺时针匀速转动照准部,精确瞄准目标 B,读取水平度盘读数 $b_{左}$,记入手簿中。

3)盘左位置观测得水平角为

$$\beta_{左} = b_{左} - a_{左} \tag{5.2}$$

式中 $\beta_{左}$ 为上半测回水平角的观测值。

(2)**盘右位置的观测(下半测回)**

盘右,也称倒镜,即观测者面对望远镜目镜时,竖盘在望远镜的右侧。

盘右位置观测顺序正好与盘左时相反,即先瞄准目标 B,读取读数 $b_{右}$;逆时针旋转仪器,再瞄准目标 A,读取读数 $a_{右}$。得下半测回水平角观测值为

$$\beta_{右} = b_{右} - a_{右} \tag{5.3}$$

(3)**测回法水平角计算**

对于 DJ_6 经纬仪,当盘左、盘右两个半测回的差值不超过 ±35″时,取其盘左、盘右两个半测回角值的平均值作为一测回水平角观测值,即

$$\beta = \frac{1}{2}(\beta_{左} + \beta_{右}) \tag{5.4}$$

为提高观测精度、减少度盘分划不均匀对测角的影响,需要进行多次观测,每测回应按 $180°/n$ 变换度盘起始读数,例如,当测回数 $n=2$ 时,第一、第二测回盘左第一方向的读数应分别置于0°、90°或略大的数。当各测回平均角值之间的互差不超过 ±24″时,取其平均值作为角度最后观测值。否则应重测。

5.4.2　方向观测法(全圆测回法)

当一个测站的观测方向为三个或三个以上时,需要测量多个角度,此时,一般采用方向观测法观测。

(1)盘左位置的观测(上半测回)

如图5.9所示,将水平度盘读数配置在0°或稍大于0°处,选择距离适中的明显目标作起始方向(或称零方向),例如,以C为起始方向,按顺时针方向依次瞄准D、A、B各方向,分别读取各方向水平度盘读数记入观测手簿(表5.2)。继续按顺时针方向旋转回到起始方向C,再一次读取C方向水平度盘读数,并记入手簿,这次观测称为"归零"。归零的目的是检查观测过程中水平度盘有无移动。进行归零观测的方向法也叫全圆测回法。上述观测称为上半测回。

(2)盘右位置观测(下半测回)

纵转望远镜变成盘右位置,逆时针依次照准C、B、A、D、C读数并记入手簿,进行下半测回工作。

至此,完成了一个测回的观测工作。如果需要观测多个测回,则须变换度盘,方法与测回法相同。另外,当方向数不超过三个方向时,可以不进行"归零"观测。

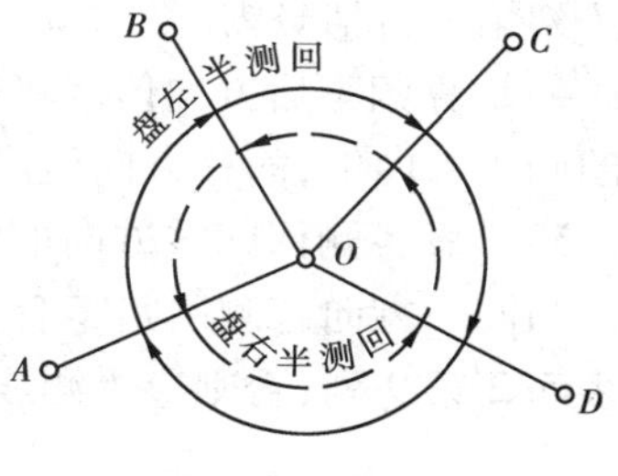

图5.9　方向观测法

(3)外业手簿计算

表5.2为两个测回的方向观测手簿的记录和计算实例。

1)计算半测回归零差。

半测回归零差即起始方向后、前两次读数之差,用$\Delta_{左}$、$\Delta_{右}$表示,规范规定Δ不应超过±18″,否则应重测。

表5.2　方向观测法观测手簿

测站	测回数	目标	水平度盘读数 盘左	水平度盘读数 盘右	2C	平均读数	一测回归零方向值	各测回平均方向值	角值
			° ′ ″	° ′ ″	″	° ′ ″	° ′ ″	° ′ ″	° ′ ″
1	2	3	4	5	6	7	8	9	10
O	第1测回					(0 00 34)			
		C	0 00 54	180 00 30	+30	0 00 39	0 00 00	0 00 00	79 26 59
		D	79 27 48	259 27 30	+18	79 27 39	79 27 05	79 26 59	63 03 30
		A	142 31 18	322 31 00	+18	142 31 09	142 30 35	142 30 29	146 15 18
		B	288 46 30	108 46 06	+24	288 46 18	288 45 44	288 45 47	71 14 13
		C	0 00 42	180 00 18	+24	0 00 30			
		Δ	−12	−6					
O	第2测回					(90 00 52)			
		C	90 01 06	270 00 48	+18	90 00 57	0 00 00		
		D	169 27 54	349 27 36	+18	169 27 45	79 26 53		
		A	232 31 30	52 31 00	+30	232 31 15	142 30 23		
		B	18 46 48	198 46 36	+12	18 46 42	288 45 50		
		C	90 01 00	270 00 36	+24	90 00 48			
		Δ	−6	−12					

2)计算两倍照准误差 $2C$。

$$2C = 盘左读数 - (盘右读数 \pm 180°)$$

即表 5.2 第 6 列,规范对 DJ_6 经纬仪 $2C$ 值没有规定,故也可不计算。

3)计算平均读数。

$$一测回平均读数 = \frac{\{盘左读数 + (盘右读数 \pm 180°)\}}{2}$$

将计算结果填入在第 6 列;另外,起始方向 C 有两个平均读数,先取平均值,再将其填入第 7 列第一行括号内。

4)计算归零后方向值。将各方向的平均读数分别减去起始方向的最后平均值,得到各方向的归零方向值,简称方向值。填入表 5.2 第 8 列。

5)计算各测回归零方向值的平均值。

当同一方向各测回归零后方向值的互差不超过 ±24″时,取其平均值作为最后观测结果,见表 5.2 第 9 列;否则应重测或补测。

5.5 竖直角测量

5.5.1 竖盘与竖直角的计算公式

(1)竖盘结构

经纬仪竖盘装在望远镜旋转轴(即横轴)的一侧,与横轴垂直,且二者中心重合。度盘刻划按顺时针(或逆时针)方向从 0°到 360°进行注记;指标为可动式。图 5.10 是竖盘的部分结构示意图,具有如下特点:

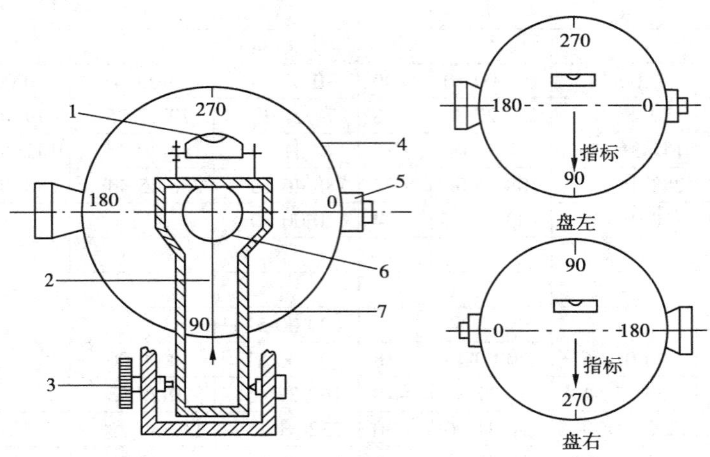

图 5.10 竖盘结构

1—指标水准管;2—读数指标;3—指标水准管微动螺旋;
4—竖盘;5—望远镜;6—水平轴;7—框架

1)竖盘、望远镜、横轴三者连成一体,望远镜纵转时竖盘随着转动。

2)读数指标与指标水准管固连,不随望远镜转动,指标方向与水准管轴相垂直,调节指标水准管微动螺旋可使读数指标和指标水准管一起作微小转动。当指标水准管气泡居中时，指标水准管轴水平，指标居于正确位置。

3）当视线水平，指标水准管气泡居中时，指标所指的竖直度盘读数应为90°或270°。

（2）竖盘指标差

当望远镜视线水平，竖盘指标水准管气泡居中时，读数指标没有对准90°或270°，而是存在一个小角度的偏差，这个小角值称为竖盘指标差，或称指标差，常以 x 表示，如图5.11所示。竖直角计算时必须消除它的影响。

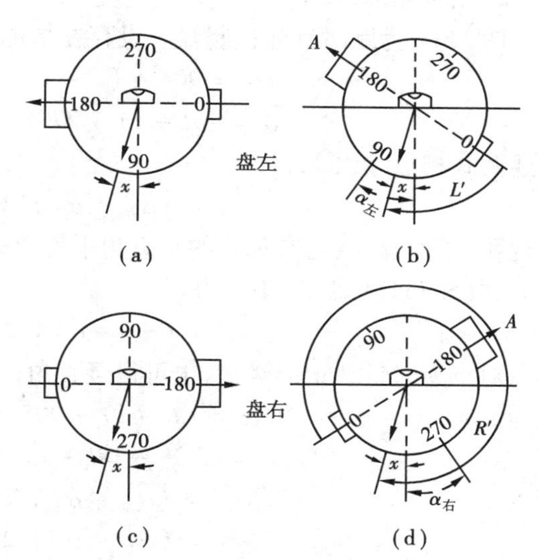

图5.11　竖盘指标差及其计算

（3）竖直角及指标差的计算

由于竖盘刻划与注记不同，依竖直角读数计算竖直角和指标差的公式也各不相同。下面详细说明竖直角和指标差的计算方法。

1）竖直角计算公式

如图5.12所示，顺时针注记竖盘的特点是：盘左位置，将望远镜上仰，竖盘读数减小，在没有指标差的情况下，竖角计算公式为

$$\alpha_{左} = 90° - L \tag{5.5a}$$

$$\alpha_{右} = R - 270° \tag{5.5b}$$

$$\alpha = (\alpha_{左} + \alpha_{右})/2 = (R - L - 180°)/2 \tag{5.5c}$$

式中　L、R——分别为盘左和盘右的竖盘读数；

$\alpha_{左}$、$\alpha_{右}$——分别为盘左和盘右的竖直角半测回角值。正值为仰角；负值为俯角。

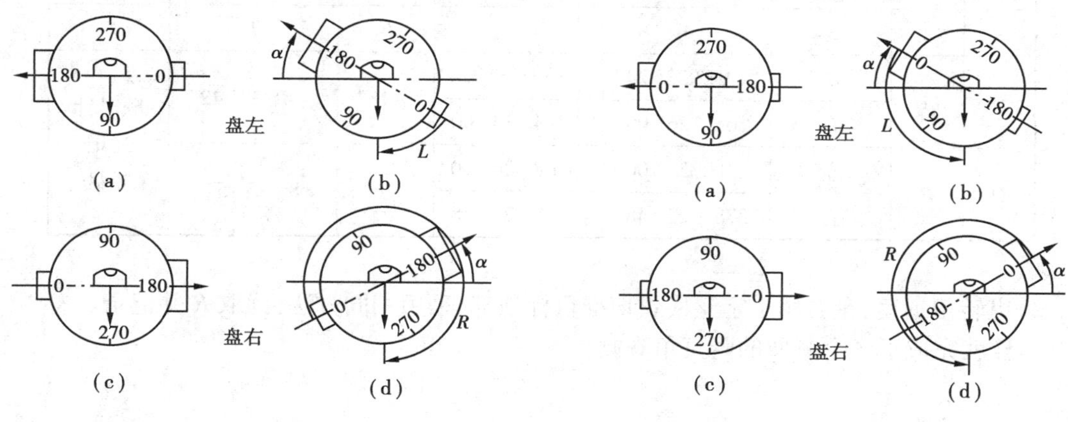

图5.12　顺时针注记竖盘

图5.13　逆时针注记竖盘

图5.13为逆时针注记的竖盘，其特点是：盘左位置上仰望远镜，读数增加，其竖角计算公式为

$$\alpha_{左} = L - 90° \tag{5.6a}$$

$$\alpha_{右} = 270° - R \tag{5.6b}$$

$$\alpha = (\alpha_{左} + \alpha_{右})/2 = (L - R + 180°)/2 \qquad (5.6c)$$

2)指标差的计算

图5.11为顺时针注记竖盘。设存在指标差 x,竖盘读数受到影响,竖直角应为

$$\alpha = 90° - (L - x) = 90° - L + x = \alpha_{左} + x \qquad (5.7a)$$

或

$$\alpha = (R - x) - 270° = R - 270° - x = \alpha_{右} - x \qquad (5.7b)$$

上述两式相加除以2,得

$$\alpha = (\alpha_{左} + \alpha_{右})/2 = (R - L - 180°)/2 \qquad (5.7c)$$

这说明:采用盘左、盘右观测的竖直角平均值,能够消除竖盘指标差的影响。

式(5.7a)减式(5.7b),得

$$x = (\alpha_{右} - \alpha_{左})/2 = (L + R - 360°)/2 \qquad (5.8)$$

对于逆时针注记的竖盘,也可得竖直角计算公式

因为

$$\alpha = (L - x) - 90° = L - 90° - x = \alpha_{左} - x \qquad (5.9a)$$

$$\alpha = 270° - (R - x) = 270° - R + x = \alpha_{右} + x \qquad (5.9b)$$

所以

$$\alpha = (\alpha_{左} + \alpha_{右})/2 = (L - R + 180°)/2 \qquad (5.9c)$$

$$x = (\alpha_{左} - \alpha_{右})/2 = (L + R - 360°)/2 \qquad (5.10)$$

综上所述,无论竖盘如何注记,指标差的计算公式均为

$$x = (L + R - 360°)/2 \qquad (5.11)$$

5.5.2 竖直角观测

1)将经纬仪安置在测站上,盘左用十字丝横丝切准目标顶部,调节指标水准管,使气泡居中,读取竖盘读数 L,记入手簿中(表5.3)。

表5.3 竖直角观测手簿

测站	目标	竖盘位置	竖盘读数	半测回竖直角	指标差	一测回竖直角	备注
1	2	3	4	5	6	7	8
O	*A*	左	94° 33′ 24″	−4° 33′ 24″	−18″	−4° 33′ 42″	顺时针注记竖盘
		右	265 26 00	−4 34 00			
O	*B*	左	81 34 00	+8 26 00	−6″	+8 25 54	
		右	278 25 48	+8 25 48			

2)纵转望远镜,盘右用十字丝横丝切准目标顶部,采用相同方法,读取 R 并记录。这样就完成了一个测回的竖直角观测。

5.6 经纬仪的检验与校正

5.6.1 经纬仪应满足的几何条件

为保证角度观测的精度,经纬仪的主要轴线应满足下述几何条件:水准管轴垂直于竖轴

$(LL \perp VV)$；十字丝竖丝垂直于横轴 HH；视准轴垂直于横轴$(CC \perp HH)$；横轴垂直于竖轴$(HH \perp VV)$；竖盘读数指标应处于正确位置，即竖盘指标差应为零。如图5.14所示。

5.6.2　经纬仪的检验与校正

(1)水准管轴应垂直于竖轴的检验与校正

1)检验

粗略整平仪器后，转动照准部使水准管平行于任意两个脚螺旋的连线，固定照准部，调节这两个脚螺旋，使水准管气泡居中，旋转照准部180°，若气泡居中，则满足本条件，否则，需要校正。

2)校正

如图5.15(a)所示，竖轴与水准管轴不垂直，偏离了 α 角，当仪器绕竖轴旋转180°后，竖轴位置不变，水准管轴与水平方向的夹角为 2α，如图5.15(b)所示，2α 角的大小由气泡偏离零点的格数显示出来。

校正时，用校正针拨动水准管一端的校正螺丝，使气泡返回偏离格数的一半，则水准管轴竖直于竖轴，如图5.15(c)所示。再转动脚螺旋，使气泡居中，如图5.15(d)所示。

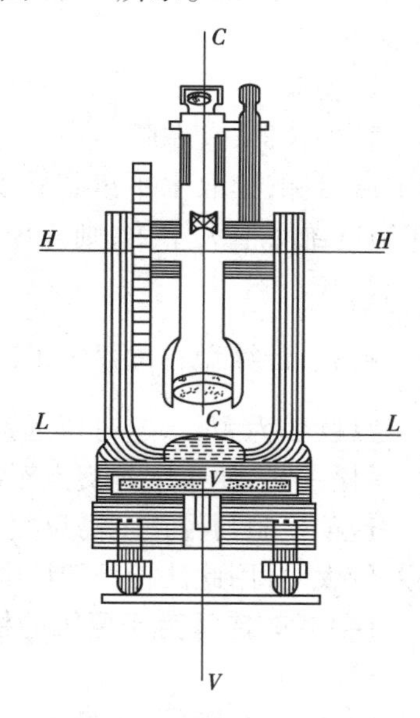

图5.14　经纬仪轴线关系

上述检校需反复进行，直至气泡偏离零点不超过半格为止。

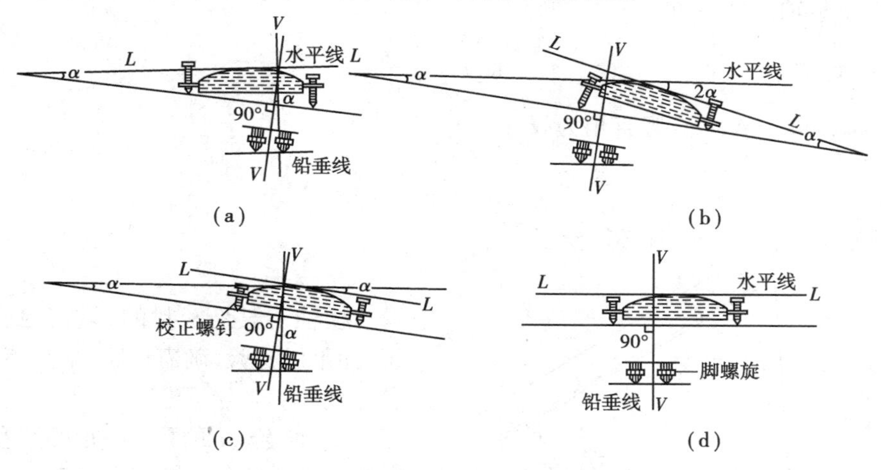

图5.15　水准管轴垂直于竖轴的检验与校正

(2)十字丝竖丝垂直于横轴的检验与校正

1)检验

整平仪器，用十字丝竖丝上端(或下端)精确对准远处一明显目标点，固定水平和望远镜制动螺旋，徐徐转动望远镜微动螺旋，若目标点始终不离开竖丝，表明条件满足，否则应校正。

2)校正

与水准仪十字横丝垂直于竖轴的校正方法类同，不过，此处是校正竖丝。

(3)视准轴应垂直于横轴的检验与校正

如果望远镜十字丝交点不正确,则会引起视准轴不垂直于横轴,从而给水平角观测带来误差。

1)检验

整平仪器,盘左瞄准一个与仪器同高的远方明显目标 A,读取水平度盘读数 $M_{左}$;再用盘右瞄准原目标,读取水平度盘读数 $M_{右}$。若 $M_{右}=M_{左}\pm 180°$,说明条件满足。当 $M_{右}-(M_{左}\pm 180°)$ 的绝对值大于 2′,则应校正。

2)校正

首先,计算盘右位置的正确读数 $M'_{右}=\dfrac{M_{右}+(M_{左}\pm 180°)}{2}$,盘右调节水平微动螺旋,使水平度盘读数为 $M'_{右}$,这时望远镜十字丝必偏离目标。然后,拨动十字丝环的左、右两个校正螺丝,一松一紧,使十字丝交点对准原目标。

这项检验与校正也需反复进行,直到满足要求为止。对于单指标的 DJ_6 型仪器,当度盘偏心差较大时,用此法检校,$2C$ 中包含较大的偏心差影响,将得不到正确结果。

(4)横轴应垂直于竖轴的检验与校正

1)检验

如图 5.16 所示,在距墙壁 10 ~ 20 m 处安置经纬仪。盘左先瞄准墙壁高处一明显目标点 A,固定照准部,将望远镜放置水平,在墙上标出一点 a_1;盘右重新瞄准 A 点,固定照准部,再放平望远镜,在墙上标出 a_2。如果 a_1、a_2 两点重合,说明条件满足;如果 a_1、a_2 两点不重合,说明横轴不垂直于竖轴,需要校正。

由图 5.16 知

$$\tan i=\frac{a_1a_2}{2Aa} \tag{5.12}$$

设 $S=oa$,$a_1a_2=\Delta$,A 点竖直角为 α,

则

$$\tan i=\frac{\Delta}{2S\cdot\tan\alpha}=\frac{\Delta}{2S}\cot\alpha \tag{5.13}$$

DJ_6 型经纬仪的 i 角大于 30″时必须校正。

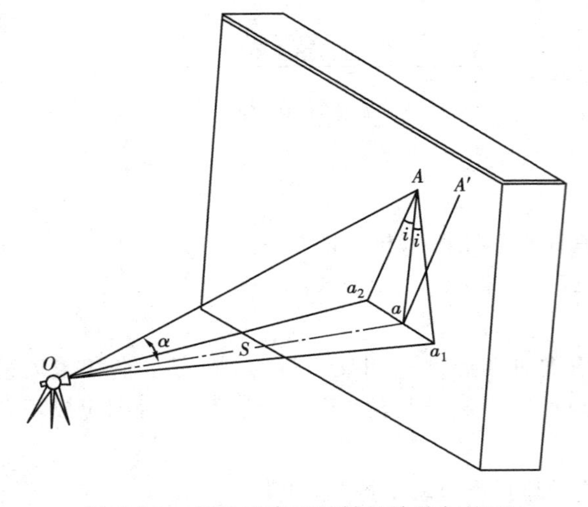

图 5.16 横轴垂直于竖轴的检验与校正

2)校正

横轴一般是密封的,只需检验,不需校正,如果经检验,确需校正,应交专业维修人员完成。

横轴误差 i 的影响,亦可用盘左、盘右观测取平均值的方法予以消除。

(5)竖盘指标差应为零的检验与校正

1)检验

安置经纬仪,瞄准远方一明显目标,用前述竖直角观测的方法,测量竖直角一测回,算出指标差 x。DJ_6 经纬仪,其 x 值的绝对值大于 1′时,则需校正。

2)校正

经纬仪此时的正确读数应为 $L-x$(盘左)或 $R-x$(盘右),以盘右(或盘左)位置,瞄准原目标,转动竖盘指标水准管微动螺旋,使指标对准正确读数。此时,指标水准管气泡必然偏离中心,用校正针拨动指标水准管的上、下校正螺丝,使气泡居中。

本项检验与校正也要反复进行,直至指标差 x 不超过规定为止。

(6)光学对中器的检验与校正

1)原理

光学对中器由物镜、分划板和目镜组成。分划板刻划中心与物镜光学中心的连线是对中器的视准轴。光学对中器的视准轴由转向棱镜折射90°后,应与仪器的竖轴重合,否则,将产生对中误差,影响测角精度。

2)检验

如图5.17所示,安置仪器于平坦地面,严格整平仪器,在脚架中央的地面上固定一张白纸,标出分划圆圈中心在白纸上的位置 A_1 点,转动照准部180°,标出此时分划圆圈中心在纸上的位置 A_2 点。若 A_1、A_2 点不重合,应进行校正。

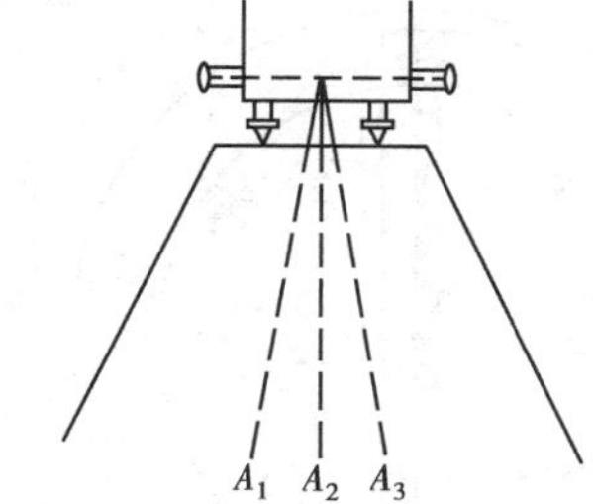

图5.17　光学对中器的检验与校正

3)校正

定出 A_1A_2 连线的中点,调整转向棱镜的位置,使分划圆圈中心对准 A 点。

5.7　水平角测量误差来源与观测注意事项

水平角测量的误差来源很多,主要有仪器误差、观测误差及外界条件的影响。

5.7.1　仪器误差

根据仪器误差的来源,可以分成两大类:一类是仪器检校不完善引起的残余误差,另一类是仪器制造工艺不精密引起的仪器误差。

1)视准轴不垂直于横轴的误差

由于视准轴应垂直于横轴的检校不够完善,存在一定的残余误差,通过盘左、盘右观测并取平均值的方法,可以消除此项误差的影响。

2)横轴不垂直于竖轴的影响

本项误差对水平角的影响,也可以通过盘左、盘右观测取平均值的方法加以消除。

3)竖轴倾斜误差

本项误差是由于水准管轴垂直于竖轴的检校不完善而引起的残余误差,采用盘左、盘右观测取平均值的方法不能消除它的影响。这种残余误差的影响与视线的竖直角成正比,因此,在山区进行测量时,应特别注意水准管轴垂直于竖轴的检校。在观测过程中,还应特别注意仪器的整平。

4)度盘偏心差

照准部旋转中心与水平度盘分划中心不重合,使读数指标所指的读数含有误差,称为度盘偏心差。对于单指标的 DJ_6 型仪器,可以通过盘左、盘右观测取平均值的方法消除此项误差的影响。

如图 5.18 所示,由于 O 与 O' 不重合,当盘左瞄准目标时,水平度盘读数 Ⅰ′(实线箭头读数)比无偏心时读数 Ⅰ(虚线箭头读数)大一个小角度 x;盘右仍瞄准该目标,读数 Ⅱ′比无偏心时的读数 Ⅱ 同样小一个角度 x。可见,若盘左盘右观测同一目标;读数的差值不等于 180°,则可能存在度盘偏心差。取盘左、盘右的平均值,可消除其影响。

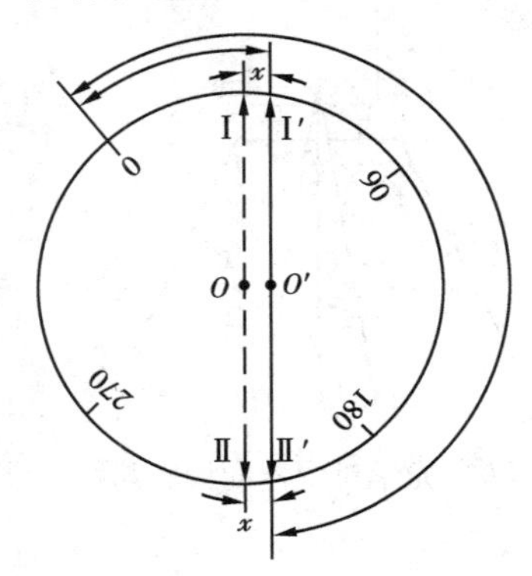

图 5.18　水平度盘偏心差

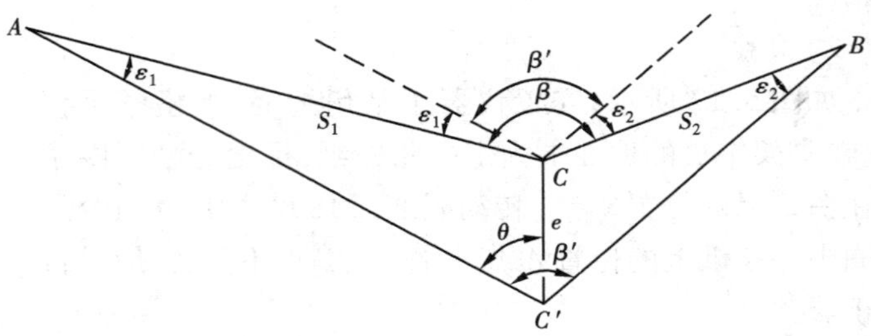

图 5.19　仪器对中误差

5.7.2　安置误差

(1)仪器对中误差

如图 5.19 所示,设 C 为测站点,A、B 为两目标点。由于仪器存在对中误差,仪器中心偏离至 C',产生偏离差 $CC'=e$,β 为无对中误差时的正确角度,β' 为有对中误差时的实测角度。

设 $\angle AC'C$ 为 θ,测站 C 至 A、B 的距离分别为 S_1、S_2,由于对中误差所引起的角度偏差为

$$\Delta\beta = \beta - \beta' = \varepsilon_1 + \varepsilon_2$$

其中

$$\varepsilon_1 = \frac{e \cdot \sin\theta}{S_1} \cdot \rho''$$

$$\varepsilon_2 = \frac{e \cdot \sin(\beta' - \theta)}{S_2} \rho''$$

则有

$$\Delta\beta = e \cdot \rho'' \left[\frac{\sin\theta}{S_1} + \frac{\sin(\beta' - \theta)}{S_2} \right] \tag{5.14}$$

由上式知,仪器对中误差对水平角观测的影响与下列因素有关:

①与偏心距 e 成正比,e 愈大,$\Delta\beta$ 愈大;

②与边长成反比,边愈短,误差愈大;

③与水平角的大小有关,θ、$\beta'-\theta$ 愈接近 90°,误差愈大。

例 5.1　当 $e=3$ mm,$\theta=90°$,$\beta'=180°$,$S_1=S_2=100$ m 时,由对中误差引起的角度偏差是多少?

解　$\Delta\beta = \dfrac{3 \times 206\ 265''}{100\ 000} \times 2 = 12.4''$

因此，在观测目标较近或水平角接近180°时，应特别注意仪器的对中。

(2)目标偏心误差

如图5.20，O为测站点，A、B为目标点。若立在A点的标杆是倾斜的，在水平角观测中，因瞄准标杆的顶部，设其在水平面上的投影为A'，这样就产生了偏心距e引起的角度误差为

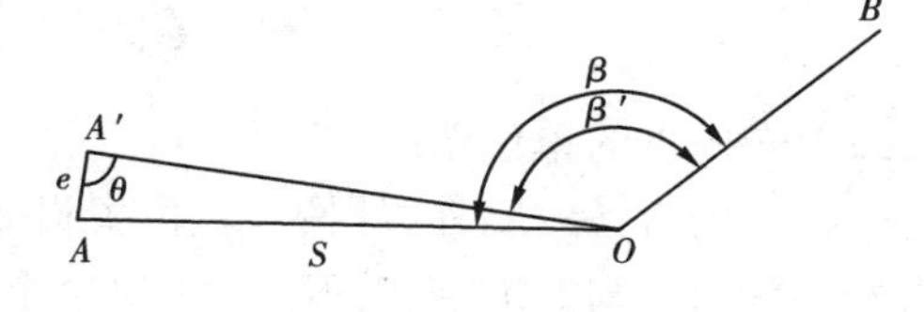

图5.20　目标偏心误差

$$\Delta\beta = \beta - \beta' = \frac{e \cdot \rho''}{S} \cdot \sin\theta \qquad (5.15)$$

由上式知，目标偏心引起的水平误差$\Delta\beta$与偏心距e成正比，与距离S成反比。偏心距的方向直接影响$\Delta\beta$的大小，当$\theta=90°$时，$\Delta\beta$最大。

5.7.3　观测误差

(1)瞄准误差

影响瞄准精度的因素较多，如望远镜的放大倍数，人眼的分辨能力，目标的形状、亮度等等。根据实验得知，当亮度适宜、目标影像稳定时，望远镜瞄准误差为

$$m_v = \pm \frac{30''}{V} \qquad (5.16)$$

式中　V——望远镜放大倍数。

对DJ_6型光学经纬仪，望远镜放大倍数为28倍，瞄准误差一般为±1″。

(2)读数误差

读数误差的大小，主要取决于仪器的读数设备。一般用测微尺读数时，将最小分划的1/10作为读数差。对于DJ_6型经纬仪，读数误差为±6″。

5.7.4　外界条件的影响

外界条件对测角影响的因素很多，其中影响最大的是大气折光，另外还有温度的变化、风力、雾气等都会影响角度测量的精度。因此，应选择成像清晰、温度变化小、风力小的天气观测，同时，应使视线高出地面1.5 m以上，并尽量远离其他障碍物。

5.8　电子经纬仪

电子经纬仪是一种自动化程度很高的角度测量仪器，它的出现标志着经纬仪发展到了一个崭新的阶段。电子经纬仪采用光电测角的方法，将角度这个模拟量转换成数字，在观测现场，将角值以数字形式显示、存储。具有精度高、速度快、操作方便等优点。

光电测角的基本原理是通过度盘取得光电信号，再由光电信号转换成角值。电子经纬仪测角系统有编码度盘测角系统、光栅度盘测角系统和动态测角系统三种。其中动态测角系统是近年出现的一种先进的测角系统。本节简要介绍动态测角系统的基本原理。

5.8.1　动态测角系统基本原理

动态测角系统也称作光电扫描测量系统，如图5.21所示，度盘刻有1 024个分划，两条分

划条纹的角距为 φ_0,则

$$\varphi_0 = \frac{360°}{1\ 024} = 21'05.625'' \tag{5.17}$$

φ_0即为光栅盘的单位角度。

在光栅盘条纹圈外缘,按对径位置设置一对与基座相固联的固定检测光栅 L_S;在靠近内缘处设置一对与照准部相固联的活动检测光栅 L_R(图 5.21 中仅画出其中一个)。对径设置的检测光栅可用来消除光栅盘的偏心差。φ 表示望远镜照准某方向后 L_S和 L_R之间的角度。由图 5.21 所示可以看出

$$\varphi = n\varphi_0 + \Delta\varphi \tag{5.18}$$

式中 n——φ 角内所包含的条纹间隔数(单位角度数);

$\Delta\varphi$——不足一个单位角度 φ_0的余数。

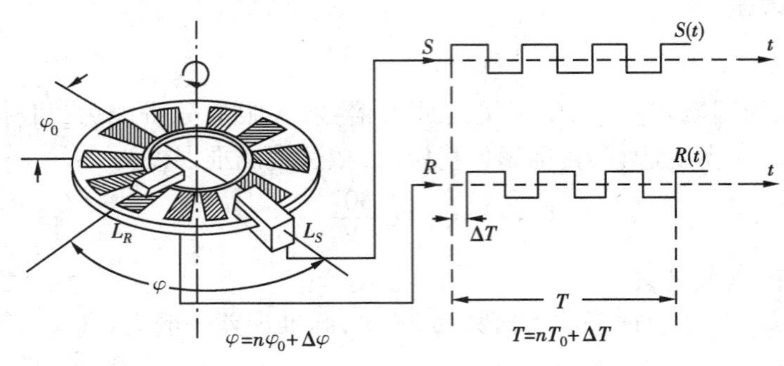

图 5.21　动态测角系统测角原理

仪器在测角时,光栅盘由马达驱动绕中心轴作匀速旋转,计取通过两个指标光栅间的分划信息,通过粗测和精测获得角值。

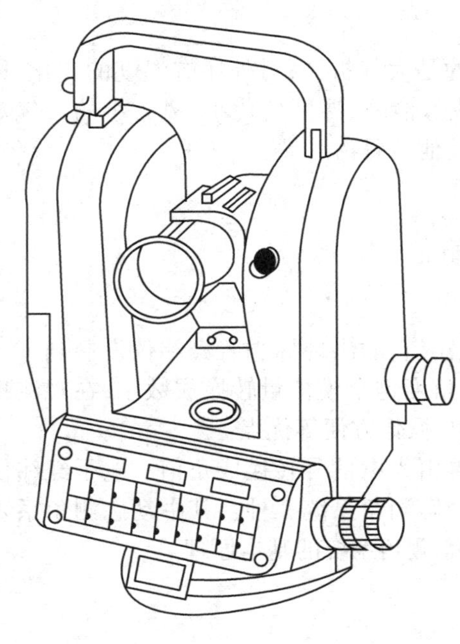

图 5.22　TC2002 型电子经纬仪

(1)粗测

粗测只求 φ_0的个数 n。在度盘的同一径向的外内缘上设有两个标记 a 和 b,度盘旋转时,从标记 a 通过 L_S时起,计数器开始记取整数间隙 φ_0的个数,当另一个标记 b 通过 L_R时计数器停止计数,此时计数器所得到的数值即为 φ_0的个数 n。

(2)精测

精测是 $\Delta\varphi$ 的测量。通过光栅 L_S和 L_R分别产生两个信号 S 和 R,$\Delta\varphi$ 可由 S 和 R 的相位差求得。精测开始后,当某一分划通过 L_S时开始精测计数,计取通过的计数脉冲的个数,一个脉冲代表一定的角度值(例如 2″),当另一个分划继而通过 L_R时停止计数。由计数器中所计得的数值即可求得 $\Delta\varphi$,度盘一周有 1 024 个间隔,每一个间隔计一次 $\Delta\varphi$ 的数,则度盘转一周可测得 1 024 个 $\Delta\varphi$,取平均值可得最后的 $\Delta\varphi$。测角精度完全取决于精测的精度。

粗测、精测数据由微机处理器后自动显示。

5.8.2　电子经纬仪

图 5.22 为瑞士威特生产的 TC2002 型电子经纬仪。

电子经纬仪由精密光学器件、机械器件、传感器和微处理器等组成。由于支架、轴系、望远镜的构造与传统光学经纬仪相同，其操作方法与普通经纬仪类同。

最主要的不同在于读数系统，电子经纬仪采用光电扫描度盘和自动显示系统（角一码转换系统），作业员（或观测员）对某一方向进行观测时，只需使用制动螺旋和微动螺旋瞄准目标后，读数窗会直接显示水平角或竖直角的角值。

复习思考题

1. 试述经纬仪光学对中、整平及瞄准的操作步骤。
2. DJ_6型经纬仪的读数设备有几种？如何进行读数？
3. 用盘左、盘右读数取平均值的测量方法，能消除哪些误差对水平角的影响？
4. 试分述用测回法与方向观测法测量水平角的操作步骤？
5. 经纬仪有哪些主要轴线？各轴线之间应满足什么几何条件？为什么？
6. 怎样确定经纬仪测竖直角的计算公式？
7. 何谓指标差？如何进行检验和校正？
8. 整理表 5.4 中测回法观测水平角的记录。
9. 整理表 5.5 中方向观测法观测水平角的记录。
10. 整理表 5.6 中竖直角观测的记录。

表 5.4　测回法观测手簿

测站	竖盘位置	目标	水平度盘读数 ° ′ ″	半测回角值 ° ′ ″	一测回角值 ° ′ ″	各测回平均角值 ° ′ ″	备注
第 1 测回 O	左	A	0 01 12				
		B	200 08 54				
	右	A	180 02 00				
		B	20 09 30				
第 2 测回 O	左	A	90 00 36				
		B	290 08 06				
	右	A	270 01 06				
		B	110 08 42				

表5.5　方向观测法观测手簿

测站	测回数	目标	水平度盘读数		2C	平均读数	一测回归零方向值	各测回平均方向值	角值	备注
			盘左	盘右	″	° ′ ″	° ′ ″	° ′ ″	° ′ ″	
			° ′ ″	° ′ ″						
O	1	A	0 00 30	180 01 24						
		B	76 25 36	256 26 30						
		C	128 48 06	308 48 54						
		D	290 56 24	110 57 00						
		A	0 00 48	180 01 30						
		Δ =								
O	2	A	90 01 30	270 02 06						
		B	166 26 30	346 27 12						
		C	218 49 00	38 49 42						
		D	20 57 06	200 57 54						
		A	90 01 30	270 02 12						
		Δ =								

表5.6　竖直角观测手簿

测站	目标	竖盘位置	竖盘读数 ° ′ ″	半测回角值 ° ′ ″	指标差 ′ ″	一测回角值 ° ′ ″	各测回平均角值 ° ′ ″	备注
O	A	左	98 43 18					竖盘为天顶式顺时针注记
		右	261 15 30					
	B	左	75 36 00					
		右	284 22 36					

第6章 距离测量

距离测量是测量的基本工作之一,如果实测的是倾斜距离,应改算成水平距离。常见的距离测量方法有钢尺量距、视距测量和光电测距。

6.1 钢尺量距

6.1.1 量距工具

钢尺又称钢卷尺,如图 6.1 所示,长度有 20 m、30 m、50 m 等,基本分划有厘米和毫米两种。厘米分划的钢尺起始的 10 cm 内刻有毫米分划。根据尺上零点位置的不同,钢尺有端点尺和刻线尺之分,如图 6.2 所示。钢尺伸缩性小,可用于较高精度的量距。

钢尺量距的辅助工具有测钎、标杆、锤球等。

图 6.1 钢卷尺

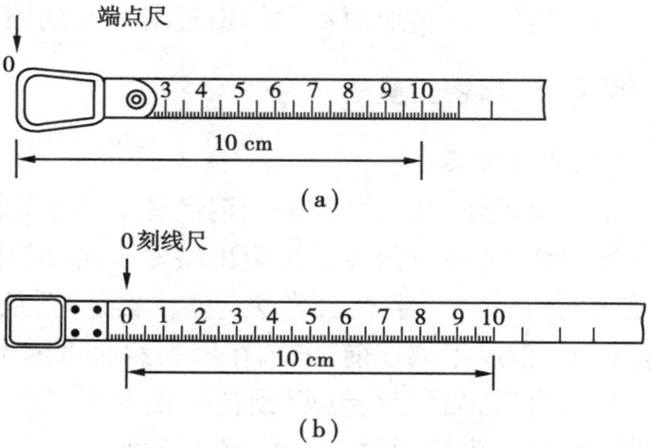

端点尺

0 3 4 5 6 7 8 9 10

10 cm

(a)

0刻线尺

0 1 2 3 4 5 6 7 8 9 10

10 cm

(b)

图 6.2 端点尺和刻线尺

6.1.2 普通丈量方法

(1) 平坦地区的丈量方法

平坦地区可沿地面直接丈量,两人司尺,一人记录。后司尺员持钢尺零端,前司尺员持钢尺末端,沿定线方向,先丈量第一尺段,钢尺应平整、拉紧,后司员将尺的零点对准起始点,前司尺员读数并报给记录员,由记录员复诵并检核。用同样的方法依次丈量余下各尺段,丈量完毕后,将各尺段丈量结果相加,即得两点间的水平距离。

为了检核并提高丈量精度,距离要往返各丈量一次,取两者的平均值作为最后结果。

量距的精度用相对误差(第3章式3.7)表示,如果丈量精度超过了规定限差要求,则须重新丈量。在平坦地区钢尺丈量的相对误差的限差为1/3 000。

(2)倾斜地面的丈量方法

1)平量法

当倾斜坡度较小,可将尺子拉平丈量,丈量工作仍由三人完成,记录员还须负责目估钢尺水平。一般使尺子一端靠地,另一端将垂球线拴在钢尺的某分划线上,使垂球自由下坠,作出标志。各测段丈量结果总和即为 A、B 间的水平距离,如图6.3(a)所示。

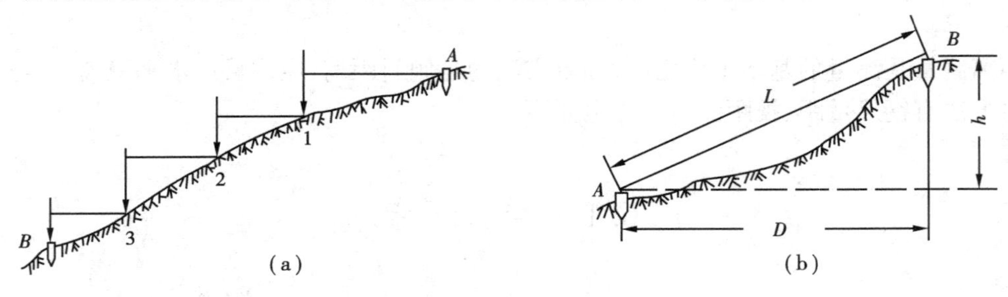

图6.3

(a)平量法;(b)斜量法

2)斜量法

当地面坡度较大时,可以直接量出 AB 的斜距 L,测定 AB 的高差 h(可用水准测量方法求得),如图6.3(b)所示。然后按下列公式计算 AB 的水平距离 D。

$$D = \sqrt{L^2 - h^2} \tag{6.1}$$

困难地区,倾斜地面量距的相对误差 K 的限差为1/1 000。

6.1.3 精密丈量法

(1)野外丈量

精度要求较高时,可以采用钢尺悬空并在尺段两端同时读数的方法进行丈量。丈量前,先用仪器定线,并在方向线上标定出略短于测尺长度的若干线段。各线段的端点用大木桩标志,桩顶面刻划一"+"字表示端点点位。丈量时,从直线一端开始,将钢尺两端(或一端)连接在弹簧秤上,钢尺零端在前,末端在后。然后将钢尺两端置于木桩上,两司尺员用检定时的拉力把钢尺拉直后,后司尺员喊"预备",前司尺员喊"好"的瞬间,由前、后司尺员按桩顶"+"字标志进行读数。先读后端,再读前端(读到毫米)。记录员随即将读数记入手簿。以同样方法逐段丈量(应往、返丈量)。

这种丈量方法要求每段应进行3次读数,每次读数前,稍许移动钢尺,使尺上不同分划对准端点,每次移动量可在10 cm范围内变动。以3次读数算得的尺段长度的较差限度,按不同要求而定,一般要求不超过2~5 mm。若较差在规定限度内,可取3次的平均值作为该尺段的最后结果。若其中一次读数超限,应再进行一次读数。

(2)改正计算

经过检定的钢尺,其长度可用尺长方程式表示

$$l = l_0 + \Delta l + \alpha l_0(t - t_0) \tag{6.2}$$

式中 l——钢尺在丈量时的实际长度;

l_0——钢尺名义长度;

Δl——尺长改正数,即钢尺在检定时的全长改正数;

α——钢尺的膨胀系数,一般取 1.25×10^{-5};

t——钢尺丈量时的温度;

t_0——钢尺检定时的温度。

当所量距离为 L 时,需对其进行尺长、温度和倾斜三项改正,得出最后结果。

1)尺长改正

$$\Delta D_l = \frac{L}{l_o}\Delta l \tag{6.3}$$

2)温度改正

$$\Delta D_t = \alpha(t - t_0)L \tag{6.4}$$

3)倾斜改正

$$\Delta D_h = D - L = \sqrt{L^2 - h^2} - L \approx -\frac{h^2}{2L} \tag{6.5}$$

经过各项改正后的水平距离为

$$D = L + \Delta D_l + \Delta D_t + \Delta D_h \tag{6.6}$$

6.2 视距测量

视距测量是根据几何光学原理,利用测量仪器望远镜内的视距装置,配合视距尺,同时测定两点间水平距离和高差的方法。

经纬仪、水准仪等测量仪器的十字丝分划板上,都有与横丝平行等距对称的两根短丝,称为视距丝,视距尺可用水准尺代替。

视距测量的精度不高,但由于操作简便迅速,不受地形起伏限制,成为地形碎部测量的主要方法。

6.2.1 视距测量计算公式

(1)视准轴水平时的距离与高差公式

如图6.4所示,在 A 点安置仪器,在1、2两点竖标尺,视准轴水平时1号标尺上的下、上丝读数分别为 a_1、b_1,尺间隔 $l_1 = a_1 - b_1$;2号标尺上的下、上丝读数分别为 a_2、b_2,尺间隔 $l_2 = a_2 - b_2$。由于上、下两根视距丝引出的视线在竖直面内的夹角 φ 是固定的,因此

$$\frac{D_1}{l_1} = \frac{D_2}{l_2} = K$$

由于比例系数 K 是由上、下丝间距确定的一个常数,因而视准轴水平的平距计算公式为

$$D = K \cdot l \tag{6.7}$$

式中　K——视距乘常数,其值 $K=100$;

l——视距间隔,$l=a-b$,即下、上丝读数之差。

同时由图6.4可知,测站点到立尺点的高差为

$$h = i - v \tag{6.8}$$

式中　i——仪器高(或称水平视线高);

v——中丝在标尺上的读数。

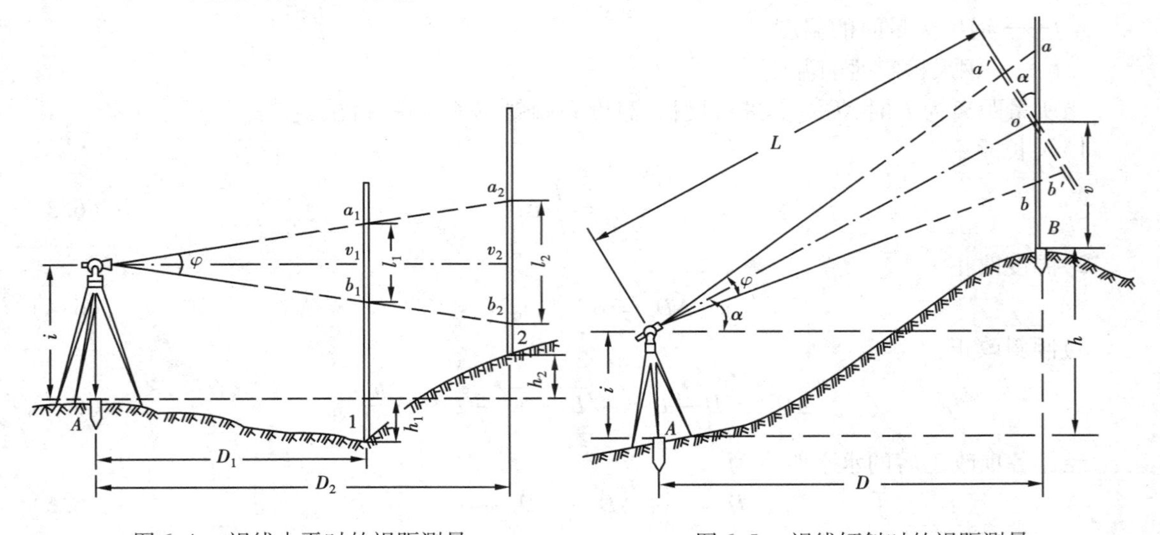

图6.4　视线水平时的视距测量　　　图6.5　视线倾斜时的视距测量

(2)视准轴倾斜时的平距与高差公式

视准轴倾斜观测是一种普遍情况,如图6.5所示,由于地面起伏较大,必须使视准轴倾斜才能读取视距间隔,由于视准轴不垂直标尺,故不能直接应用式(6.7)及式(6.8)。

这时,可以将视距间隔 ab 转换成与视准轴垂直的间隔 $a'b'$,先按式(6.7)计算斜距 L,再根据斜距 L 和倾角 α 算出水平距离 D 和高差 h。图6.5中,$\angle aoa' = \angle bob' = \alpha$,由于 α 角很小,可近似认为 $\angle aa'o \approx \angle bb'o \approx 90°$,设 $l'=a'b'$,$l=ab$,则

$$l' = a'o + ob' = ao\cos\alpha + ob\cos\alpha = l\cos\alpha$$

根据式(6.7)求算斜距为

$$L = K \cdot l' = K \cdot l \cdot \cos\alpha$$

由此视准轴倾斜时的平距为

$$D = L \cdot \cos\alpha = K \cdot l \cdot \cos^2\alpha \tag{6.9}$$

由图6.5可知,测站 A 到立尺点 B 的高差为

$$h = D\tan\alpha + i - v \tag{6.10}$$

上式 D 用式(6.9)代换,则可写成

$$h = \frac{1}{2}Kl\sin2\alpha + i - v \tag{6.11}$$

6.2.2　视距测量

施测步骤如下:

1)在 A 点安置经纬仪(平坦地区可用水准仪),量出仪器高 i。

2)盘左位置瞄准目标点上的视距尺,分别读取下、上、中三丝读数 b、a、v;记入手簿并计算视距间隔 l。

3)调整竖盘读数指标水准管气泡居中,读取竖盘读数记入手簿并计算倾角 α。

4)按式(6.9)及(6.10)计算平距 D 和高差 h。

实际测量时,为了提高施测速度和简化计算,常采用一种实用方法:首先用下丝(如果为倒镜则为上丝)切准标尺上与仪器高接近的整数读数(如 1 m、2 m 等),用上丝直接读取视距间隔 l;然后纵转望远镜,使中丝瞄准仪器同高位置,读取竖盘读数。

这种实用施测方法,虽然与前述正规操作相比误差稍大,但能满足精度要求。

6.3 光电测距

光电测距是以光波(可见光或红外光)作为载波,通过测定光波在测线两端点间往返传播的时间来测量距离。与钢尺量距及视距法测距相比,光电测距具有测程远、精度高、操作简捷、效率高、受地形限制小等优点。

光电测距按测程可分为短程测距仪、中程测距仪、远程测距仪三类。短程测距仪测程小于 3 km,用于普通工程测量和城市测量;中程测距仪测程为 3 ~ 15 km,可用于一般等级的控制测量;远程测距仪测程大于 15 km,通常用于国家三角网及特级导线测量。

短程红外测距仪采用半导体砷化镓(GaAs)发光二极管作光源,具有注入电流小、耗电省、寿命长、体积小、抗震等优点,在工程建设中最为常用。本节主要介绍短程红外测距仪的测距原理、测距方法。

测距仪的精度常用下式表示

$$m_D = \pm (a + b \times 10^{-6} \cdot D) \tag{6.12}$$

式中 m_D——测距中误差(标称精度);

a——固定误差;

b——比例误差;

D——两点间距离。

6.3.1 测距原理

(1)基本原理

如图 6.6 所示,欲测定地面两点 A、B 间的距离 D,在 A 点安置测距仪,在 B 点设置反射棱镜,测距仪发出的红外光波经反射棱镜反射后,又返回测距仪并被测距仪接受。如果已知光在大气中的传播速度 C,测定出光波在 AB 之间传播的时间 t,则距离为

$$D = \frac{1}{2}Ct \tag{6.13}$$

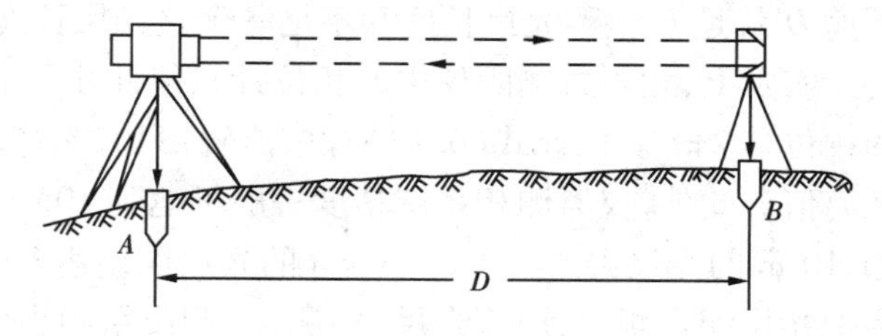

图 6.6 光电测距原理

目前测定时间 t 的方法有直接测定

法（脉冲式）和间接测定法（相位式）两种。脉冲法测定光波传播时间最小只能达到 10^{-8} s，化成距离为 1.5 m 左右，因此，脉冲式测距仪测距精度较低，误差较大。目前的红外测距仪都是相位式。

（2）相位式测距原理

相位式测距是把距离和时间的关系改化为距离和电磁波相位的关系，通过测定仪器本身发出的一种连续调制光波在待测距离上往返传播所产生的相位的变化来解算距离。

以红外测距仪为例，若给 GaAs 发光二极管注入一定的恒定电流，它会发出光强恒定的红外光，若注入频率为 f 的交变电流，则发出的红外光也随频率 f 的变化而变化，这种光称为调制光。相位式测距仪发出的正是这种连续的调制光。将调制光的往程和返程展开，如图 6.7 所示，调制光的波长为 λ，光强变化一周期的相位移（或称相位差）为 2π，每秒钟光强变化的周期数为频率 f，角频率为 ω。

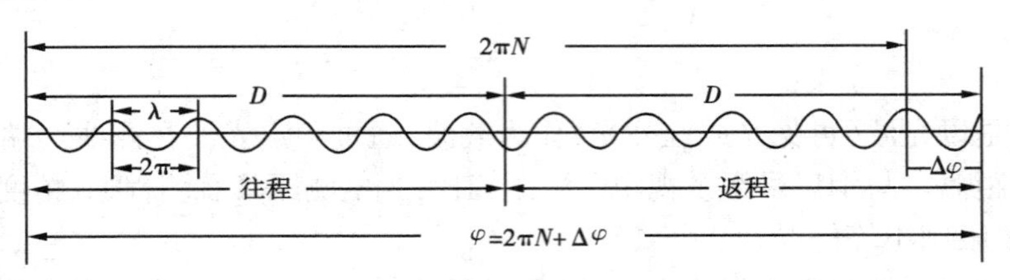

图 6.7　相位式测距原理

由物理学知，调制光波在传播过程中产生的相位移为

$$\varphi = \omega t = 2\pi f t$$

$$t = \varphi/(2\pi f) \tag{6.14}$$

将式（6.14）代入式（6.13）中得

$$D = \frac{C}{2f} \cdot \frac{\varphi}{2\pi} \tag{6.15}$$

由图 6.7 可看出，相位移 φ 又可表示为

$$\varphi = 2\pi N + \Delta\varphi = 2\pi(N + \Delta N) \tag{6.16}$$

式中　N——φ 的整周期数；

ΔN——φ 的不足整周期的比例数（<1）；

$\Delta\varphi$——不足整周期的相位移。

将上式代入式（6.15）；并考虑 $\lambda = C/f$，得

$$D = \lambda/2 \times (N + \Delta N) \tag{6.17}$$

式（6.17）就是相位式测距仪的测距基本公式。式中的 $\lambda/2$ 可以看做是一把“光尺”的长度，则距离 D 就是 N 个整光尺长度和不足一个整光尺长度的余长之和。

实际上，相位式测距仪中的相位计只能测出不足 2π 的相位移尾数 $\Delta\varphi$，无法测定整周期的相位移 $2\pi N$。因此式（6.13）有多值解，只有当待测距离小于光尺长度 $\lambda/2$ 时，才有确定的距离值。此外，仪器测相系统精度一般可达到 $10^{-3} \sim 10^{-4}$，光尺长度越长，测距误差越大。例如，10 m 的光尺误差为 1 cm；1 km 的光尺误差达 1 m。为兼顾测程与精度，相位式测距仪采用多把光尺配合测距，用短光尺（精测尺）测出精确小数，用长光尺（粗测尺）测出距离的大数。

例如，欲测定地面不足 2 km 的一段距离，选用测程为 2 km 的红外测距仪，仪器有两种调

制频率,短光尺 $\lambda_1/2=10$ m,测距精度为1 cm,精测时 $\Delta N_1=0.689$;长光尺 $\lambda_2/2=2\ 000$ m,测距精度 ±2 m,粗测时 $\Delta N_2=0.812$。则所得距离为:

精测距离(0.689×10 m)	6.89 m
粗测距离(0.812×2 000 m)	1 624 m
最后距离	1 626.89 m

(3)距离改正

测距仪测得的距离值,一般还必须经过气象改正和倾斜改正,才能得到水平距离的最终成果。

1)气象改正

$$\Delta D = [1.0\times(t^{\circ}-20^{\circ})-0.4\times(p-760)]\cdot D \tag{6.18}$$

式中　ΔD——气象改正值,以mm为单位;

t——测距时的温度,以℃为单位;

p——测距时的气压,以mmHg为单位;

D——待测距离,以km为单位。

2)棱镜常数

如果测距棱镜存在棱镜常数,则须在所测距离中加上棱镜常数改正。

新式的红外测距仪,在测距前可以人工预置(按键)温度、气压、棱镜常数等参数,由仪器自动改正。

3)倾斜改正

按式(6.2)将斜距 L 改正为平距,或根据竖角 α 按下式将斜距 L 改正为平距

$$D = L\cdot\cos\alpha \tag{6.19}$$

6.3.2　国产D2000型短程红外测距仪

D2000型红外测距是我国常州大地测距仪厂生产的一种短程红外测距仪。

(1)仪器主要技术指标

①最大测程:2.5 km(三棱镜)

②标称精度:$\pm(5\text{ mm}+3\times10^{-6}\cdot D)$

③分辨力:1 mm

④最大显示:9 999.999 m

⑤测量时间:连续3秒,跟踪0.8秒

⑥工作温度:-20 ℃ ~ +50 ℃

⑦预置参数:温度、气压、棱镜常数

(2)仪器构造

红外测距仪包括主机(图6.8(b))、电池、光电器、V型机架及反射棱镜。主机架在经纬仪上,通过连接器连接,安置在测站上。反射棱镜与觇牌连接对中器,安置在目标点(图6.9)。图6.8(a)为主机控制面板。

6.3.3　红外测距仪测距方法

1)安置仪器　在测站上安置经纬仪,将测距仪主机安装在经纬仪照准部支架的连接器

上,拧紧连接螺旋;在目标点上安置棱镜、觇牌,安置方法同光学经纬仪的安置。

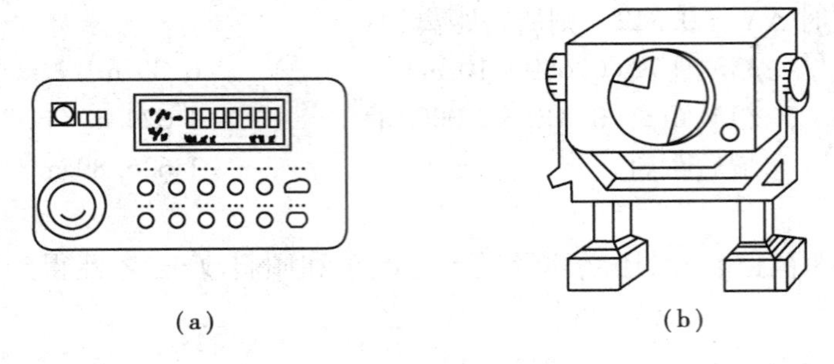

图 6.8　D2000 型红外测距仪

(a)控制面板;(b)测距头(主机)

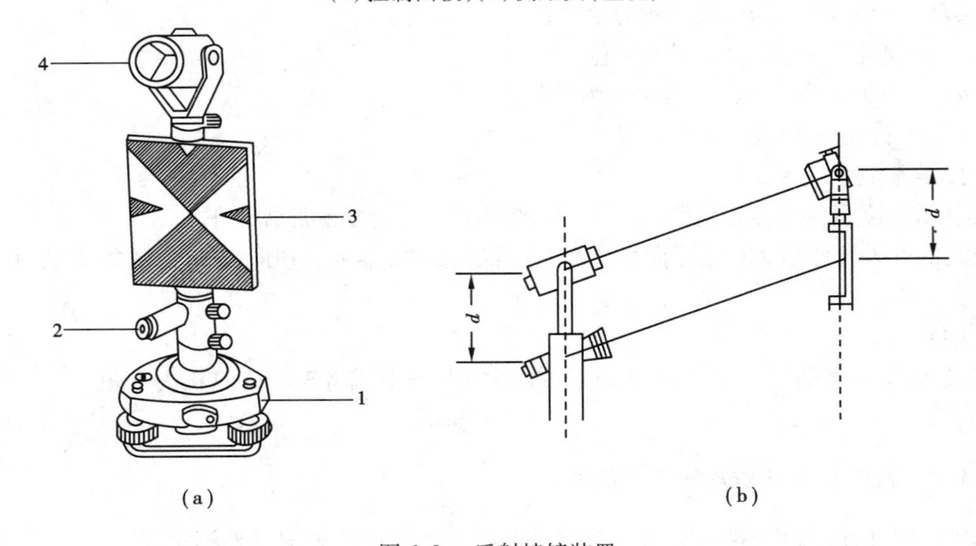

图 6.9　反射棱镜装置

1—基座;2—光学对中器目镜;3—照准觇牌; 4—反射棱镜

2)用气压表、温度计测定气压、温度。

3)用经纬仪瞄准觇牌中心,测竖直角。

4)开机自检,依次显示温度、气压、棱镜常数和自检符号 SELF-C,然后分别预置温度、气压与棱镜常数。

5)用测距仪瞄准棱镜中心,等待出现" * "号,如无" * "应分析原因,及时排除故障,一切正常后开始测距。测距方式可根据需要求选择连续测量、跟踪测量等。

6)距离计算,由于仪器对气压、温度、棱镜常数自动进行改正,所以,一般只需进行倾斜改正。

6.4 距离测量误差来源及注意事项

6.4.1 视距测量误差来源

视距测量的误差来源主要有:

1)标尺读数误差 标尺读数误差直接影响视距间隔 l,而平距 D 的误差将是 l 误差的100倍。如 l 的误差为1 mm,则 D 的误差达到0.1 m。因此,读数时应注意消除视差。

2)竖盘指标差的影响 指标差主要是通过竖直角 α 来影响平距和高程,用盘左盘右观测取其平均值可消除指标差 x 的影响。仅用盘左观测时,可先测定指标差 x,若 x 较大,可用公式 $\alpha=90^{\circ}-(L-x)$ 计算竖角以消除 x 的影响。

3)标尺不竖直误差 标尺倾斜,对距离和高差影响较大,为减小标尺不竖直误差的影响,应选用装有圆水准器的标尺。

4)外界条件的影响 外界条件影响主要有大气折光、空气对流(使标尺成像不稳定)、风力(使尺子抖动)等。因此,应尽可能使仪器视线高出地面1 m,并选择合适的天气作业。

6.4.2 钢尺量距误差来源及注意事项

1)尺长误差 钢尺的名义长度与实际长度不符,产生尺长误差。尺长误差是累积的,所量距离越长,误差越大。因此,钢尺使用前应经过检验,以便进行尺长改正。

2)温度误差 钢尺丈量时温度和标准温度不一致,或测定的空气温度与钢尺温度相差较大,都会产生温度误差。精度要求较高的丈量,应尽可能用点温计测定尺温并进行温度改正。

3)拉力误差 拉力的大小会影响钢尺的长度。一般丈量时保持拉力均匀即可。对精度要求较高的量距,则需要使用弹簧秤,以保证丈量时的拉力与检定时的拉力相同。

4)钢尺垂曲与不水平误差 钢尺悬空丈量时中间下垂,或用平量法丈量时尺子不水平,都会导致量得的长度大于实际长度。因此,悬空丈量时中间应有人托一下尺子,用平量法丈量时应注意尺子水平。

5)定线误差 丈量时钢尺偏离定线方向,将使测线成为一折线,导致丈量结果偏大。当待测线段较长或精度要求较高时,可利用经纬仪定线。

6)丈量误差 钢尺端点对不准、测钎插不准、尺子读数等引起的误差都属于丈量误差,这种误差对丈量结果的影响有正有负,大小不定。丈量时应认真操作以减小丈量误差。

6.4.3 光电测距误差来源及注意事项

(1)光电测距误差来源

1)大气群折射率误差

大气群折射率是温度 t 、气压 p 和湿度 e 的函数,当测定的气象元素值有误差 Δt、Δp 和 Δe 时,虽然距离观测值加入了气象改正数,但它仍含有气象元素测定误差。

2)仪器本身的误差

①频率误差 由于频率设置不正确和受晶体管老化影响以及测距时环境温度变化,使精

测频率产生漂移,将引起精测尺长变化,从而产生测距误差。

②测相误差　测相误差主要有:测相设备本身的误差,幅相误差,照准误差和周期误差、仪器加常数的测定误差,测距作业中的对中误差,反射棱镜的倾斜误差等。

(2)光电测距的注意事项

①气象条件对光电测距的影响较大,应选温差变化小,大气比较稳定的气象条件测距(如成像清晰的阴天)。

②视线应离开地面障碍物1.3 m以上,避免通过发热体和宽水面的上空。

③视线应避开强电磁场的干扰,不宜距变压器、高压线太近。

④尽量避免逆光观测。

⑤在强光下测距仪应撑伞遮阳,并且要防止雨淋。

⑥测站、镜站安置仪器或棱镜,要注意严格对中。

复习思考题

1. 用钢尺丈量两段距离,一段往测为124.78 m,返测为124.65 m;另一段往测为367.48 m,返测为367.22 m,问这两段距离丈量的精度是否相同?

2. 试述视距测量的基本原理,其主要优缺点有哪些?

3. 根据下列记录表中采集的数据,计算水平距离及高程。

测站A,仪器高$i=1.45$ m,测站高程$H_A=378.50$ m

测点	视距间隔/m	中丝读数/m	竖盘读数 ° ′	垂直角 ° ′	平距/m	高差/m	测点高程/m
1	0.580	1.45	84 04				
2	0.621	1.45	94 06				
3	0.736	2.45	88 08				

4. 简述相位式测距仪的测距原理。

5. 短程相位式测距仪使用两个频率,今测得一段距离为691.97 m,问此时粗测尺和精测尺应各为多少(设测相系统精度为10^{-3})。

第7章 小地区控制测量

7.1 控制测量概述

为防止测量误差积累,提高测量精度,测量工作应按照“从整体到局部,先高级后低级,先控制后碎部”的原则,在测区范围内选定若干个控制点构成控制网。控制网分为平面控制和高程控制两种。测定控制点平面位置的工作称为平面控制测量;测定控制点高程的工作称为高程控制测量。

国家平面控制网通常采用三角测量方法建立。将地面上所选控制点组成相互连接的若干个三角形构成三角网,这些控制点称为三角点。我国三角网采用分级布网、逐级控制的原则。按精度划分为一、二、三、四等四个等级。如图7.1所示,一等三角锁是国家平面控制网的骨干,沿经纬线方向布成纵横交叉的锁系。二等三角网布设于一等三角锁环内,构成全面三角网。三、四等三角网是在一、二等网基础上的加密。

目前国家控制点还比较稀少,以四等三角点来说,其平均边长约4 km,因此在进行小区域测图时,还必须在各级控制点基础上,进一步加密精度较低且能满足地形测图需要的图根控制点,简称图根点。测定图根点位置的工作称为图根控制测量。

工程测量的范围一般较小,可根据面积大小采用小三角或导线方式分级建立测区首级控制和图根控制,见表7.1所示。

表7.1 测区面积与控制等级

测区面积/km^2	首级控制	图根控制
1~1.5	5″小三角或一级导线	两级图根
0.5~2	10″小三角或二级导线	两级图根
0.5以下	图根控制	

如图7.2所示,一等水准网是国家高程控制网的骨干。二等水准网布设于一等水准网环

内,是国家高程控制网的全面基础。三、四等水准网为国家高程控制网的加密。小区域高程控制网也按测区面积和工程要求采用分级的方法建立。一般以国家等级水准点为基础,在全区建立三、四等水准路线或水准网,再以三、四等水准点为基础,建立图根高程控制,测定图根点的高程。

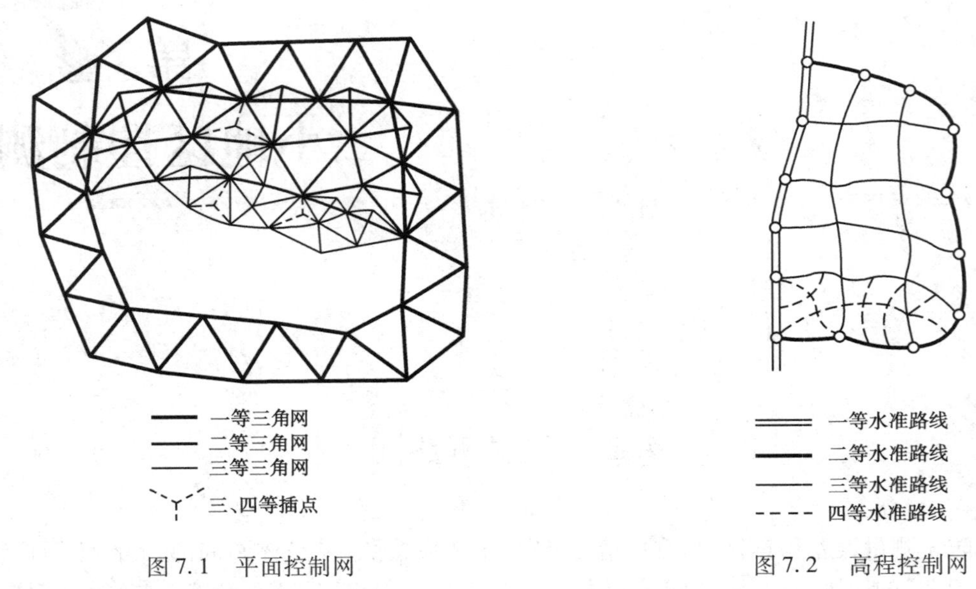

图 7.1　平面控制网　　图 7.2　高程控制网

7.2　导线测量

7.2.1　导线的形式与等级

(1)导线的布置形式

根据不同的技术和测区具体情况,导线可布设成下列三种形式。

1)闭合导线　如图 7.3(a)所示,由某高级控制点出发,经过若干个待定点,最后又回到原点,组成一个闭合多边形。

2)附合导线　如图 7.3(b)所示,自某一高级控制点出发,经过若干个待定点,最后附合到另一高级控制点上的导线。

3)支导线　如图 7.3(c)所示,从一个已知点出发,既不闭合也不附合的导线。这种导线没有已知点进行校核,错误不易发现,所以导线点数不得超过 3 点。

(2)导线的等级

用导线测量方法建立小区域平面控制,通常分为一级、二级、三级和图根导线四个等级。各级导线测量的技术要求如表 7.2 所示。

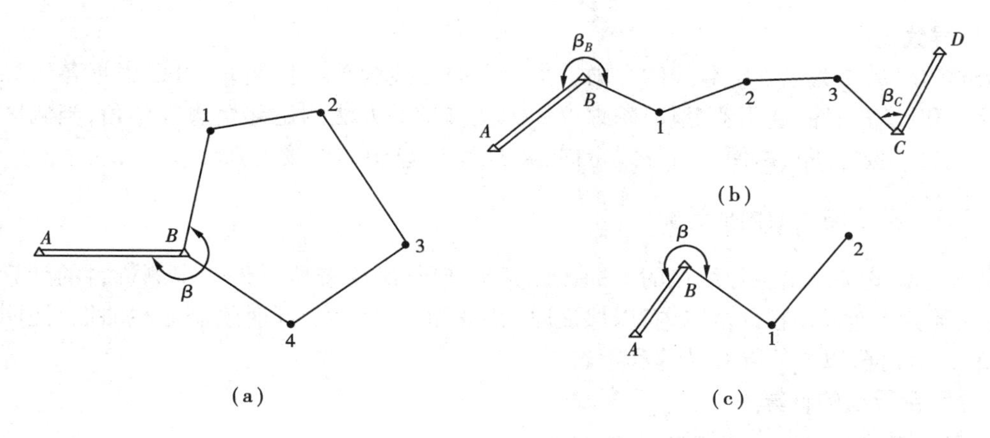

图7.3　导线的布置形式

表7.2　导线测量的主要技术要求

等级	导线长度/m	平均边长/m	测角中误差/″	测回数		角度闭合差/″	相对闭合差
				DJ_6	DJ_2		
一级	4 000	500	±5	4	2	$\pm 10\sqrt{n}$	1/15 000
二级	2 400	250	±8	3	1	$\pm 16\sqrt{n}$	1/10 000
三级	1 200	100	±12	2	1	$\pm 24\sqrt{n}$	1/5 000
图根	≤1.0M	≤1.5倍测图最大视距	±20	1		$\pm 40\sqrt{n}$	1/2 000

注：表中M为测图比例尺分母，n为导线转折角的个数。

7.2.2　导线测量的外业工作

首先踏勘现场，了解测区范围、地形条件以及测图要求等内容，搜集测区有关资料，根据已有控制点初步编制导线网布设方案，然后到实地选定导线点位置。

(1)选点与标定

1)导线点应选在地势较高，视野开阔的地点，以便于施测周围地形。

2)导线点应选在土质坚实处，便于保存标志和安置仪器。

3)相邻两导线点间要通视良好，地面平坦，便于测角和量距。

4)导线点应有足够的密度而且分布要均匀。导线边长要大致相等，相邻边长不应悬殊过大。

5)公路测量中，导线应尽可能接近线路位置。在桥位和隧道口要设置导线点。

导线点选定后，要用标志固定下来，一般用木桩在桩顶钉入小钉以表示点位。若需要长期保存，就要埋设混凝土桩或石桩，桩顶刻“十”字，作为永久性标志。导线点要进行编号并绘草图。

(2)测角

导线水平角一般用经纬仪按测回法观测。附合导线按测量前进方向可测左角或右角，闭合导线只测内角。

(3)量边

导线边长用全站仪或光电测距仪或检定过的钢尺直接丈量。

(4)导线定向

定向的目的是为了确定导线的方向。当布设的导线为独立控制时,可以根据各级导线的精度要求和设备条件,选用罗盘仪、陀螺仪和天文测量的方法测定起始边方位角;当测区有高级点时,须测出连接角,以便进行导线定向,如图 7.3(a)中的连接角 β。

7.2.3 导线测量的内业计算

导线计算就是算出各导线点的坐标。计算前,要仔细检查所有外业观测资料的计算是否正确、各项误差是否在容许范围内,以保证原始资料的正确性。同时绘制导线略图,注明已知数据及观测数据,以方便导线计算和检查。

(1)闭合导线的计算

1)角度闭合差的计算和调整

如图 7.4 所示,对于 n 条边的闭合导线,多边形内角和的理论值应为

$$\sum \beta_{理} = (n-2) \cdot 180° \tag{7.1}$$

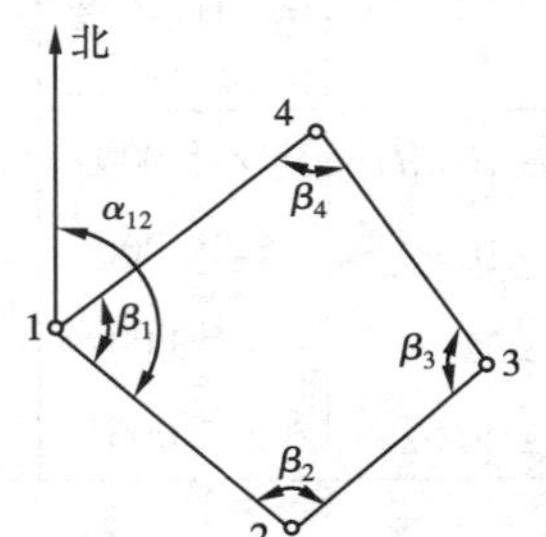

图 7.4 闭合导线

由于角度观测存在误差,使得实测内角之和不等于其理论值,产生角度闭合差 f_β,即

$$f_\beta = \sum \beta_{测} - \sum \beta_{理} = \sum \beta_{测} - (n-2) \cdot 180° \tag{7.2}$$

根据表 7.2 的技术要求,若 $f_\beta > f_{\beta容}$,应重新检测角度。若 $f_\beta \leqslant f_{\beta容}$,可将角度闭合差调整,使调整后的角值满足理论上的要求。由于导线各个角度是采用相同仪器和方法、在相同的条件下观测的,所以每个角的误差大致相同,在调整角度时,可将闭合差反符号平均分配到各观测角内。若分配有余数,将剩余部分分给长短边相交的相邻角上。设观测角为 β',各观测角的改正数为 V_β,改正后的观测角值 β 为

$$\beta = \beta' + V_\beta = \beta' - \frac{f_\beta}{n} \tag{7.3}$$

2)导线边坐标方位角的推算

闭合导线如按逆时针编号,则所测内角为导线左角;按顺时针编号为右角。根据第 1 章式(1.12)或式(1.13)用调整后的内角推算其他各边的坐标方位角。

3)坐标增量计算

设导线边长为 D,坐标方位角为 α。则纵坐标增量 Δx、横坐标增量 Δy 分别为

$$\Delta x = D \cdot \cos\alpha \qquad \Delta y = D \cdot \sin\alpha \tag{7.4}$$

坐标增量的正负号由方位角所在的象限确定。过去常用对数表或用坐标增量表计算坐标增量,现在可用电子计算器直接计算。

4)坐标增量闭合差计算和调整

如图 7.5(a)所示,闭合导线纵、横坐标增量代数和的理论值应分别等于零,即

$$\sum \Delta x_{理} = 0 \qquad \sum \Delta y_{理} = 0 \tag{7.5}$$

由于测角和量边有误差,计算出的坐标增量通常是一个不为零的数,这个数值称为坐标增量闭合差。

$$f_x = \sum \Delta x_{测} \qquad f_y = \sum \Delta y_{测} \tag{7.6}$$

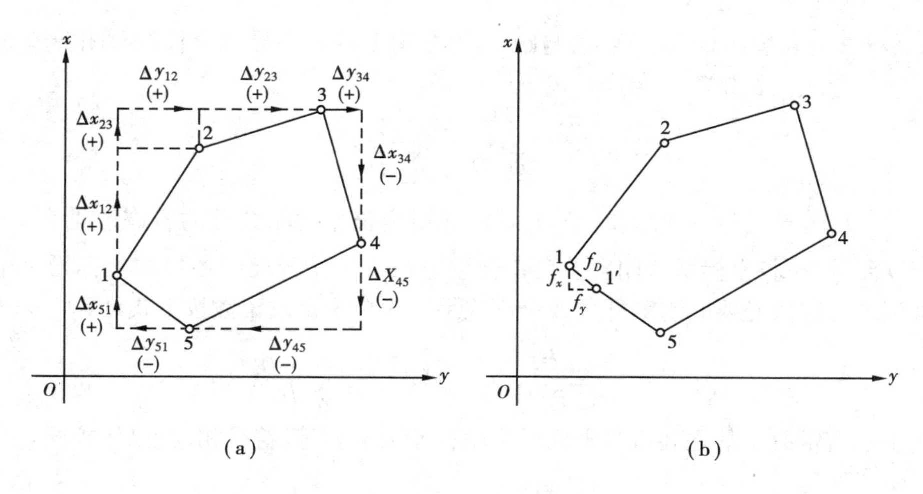

图7.5 坐标增量及其闭合差

由于坐标增量闭合差的存在,实际计算的闭合导线并不闭合,而是存在一个缺口,如图7.5(b)所示,此缺口的距离称为导线全长闭合差,以f_D表示。从图可知

$$f_D = \sqrt{f_x^2 + f_y^2} \tag{7.7}$$

表7.3 闭合导线计算表

点号	观测角(左)	改正数	改正后角值	坐标方位角	边长/m	坐标增量 Δx	坐标增量 Δy	改正后坐标增量 Δx	改正后坐标增量 Δy	坐标 x	坐标 y	点号
1	2	3	4	5	6	7	8	9	10	11	12	13
1	° ′ ″	″	° ′ ″	° ′ ″						500.00	800.00	1
				124 59 43	105.22	−3 −60.34	+2 +86.20	−60.37	+86.22			
2	107 48 30	+13	107 48 43							439.63	886.22	2
				52 48 26	80.18	−2 +48.47	+2 +63.87	+48.46	+63.89			
3	73 00 20	+12	73 00 32							488.08	950.11	3
				305 48 58	129.34	−3 +75.69	+2 −104.88	+75.66	−104.86			
4	89 33 50	+12	89 34 02							563.74	845.25	4
				215 23 00	78.16	−2 −63.72	+1 −45.26	−63.74	−45.25			
1	89 36 30	+13	89 36 43							500.00	800.00	1
				124 59 43								
2												
$\sum$	359 59 10	+50	360 00 00		392.90	+0.10	−0.07	0.00	0.00			

辅助计算		略图	见图7.4
	$\sum \beta_{测} = 359°59'10''$　$f_x = \sum \Delta x_{测} = +0.10$ $\sum \beta_{理} = 360°00'00''$　$f_y = \sum \Delta y_{测} = -0.07$ $f_\beta = -50''$　导线全长闭合差 $f_D = \sqrt{f_x^2 + f_y^2} = 0.12$ m $f_{\beta容} = \pm 40''\sqrt{4} = \pm 80''$　相对闭合差 $K = 0.12/392.90 \approx 1/3\ 200$ 容许相对闭合差 $K_{容} = 1/2\ 000$		

f_D随着导线总长度的增大而增大，与距离测量相似，通常用导线全长相对闭合差 K 来衡量精度的标准。导线全长相对闭合差 K 按下式计算

$$K = \frac{f_D}{\sum D} = \frac{1}{\sum D/f_D} \tag{7.8}$$

式中 $\sum D$ 为导线边长的总和。不同等级导线全长相对闭合差的容许值见表 7.2。若 K 值符合精度要求，可将坐标增量闭合差反符合按边长成正比分配到各边的坐标增量中；否则，应先检查记录、计算，必要时重测部分或全部成果。坐标增量改正数按下式计算

$$V_{xi} = -\frac{f_x}{\sum D}D_i \qquad V_{yi} = -\frac{f_y}{\sum D}D_i \tag{7.9}$$

各边坐标增量改正数之和应与坐标增量闭合差数值相等、符号相反，以作校核。

$$\sum V_{xi} = -f_x \qquad \sum V_{yi} = -f_y \tag{7.10}$$

5）导线点坐标计算

根据起始点坐标和改正后的坐标增量，按下式依次推算各点坐标。详见表 7.3。

$$x_i = x_{i-1} + \Delta x_{i-1,i} \qquad y_i = y_{i-1} + \Delta y_{i-1,i} \tag{7.11}$$

（2）附合导线的计算

图 7.6 为一附合导线，A、B、C、D 为高级控制点，其坐标和起始边方位角 α_{AB}及终边方位角 α_{CD}均已知，β_i和 D_i为观测值，附合导线计算步骤与闭合导线基本相同，现介绍不同之处：

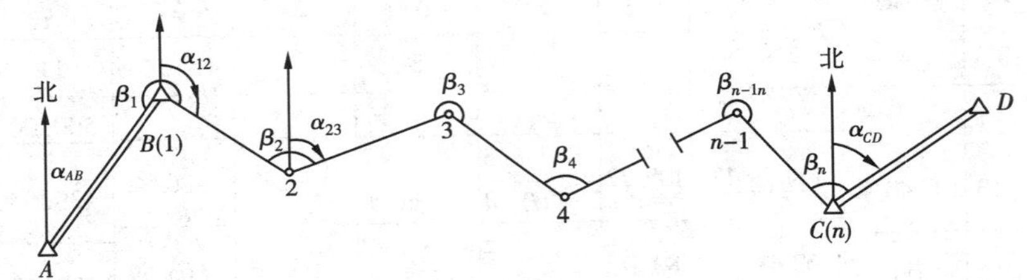

图 7.6 附合导线

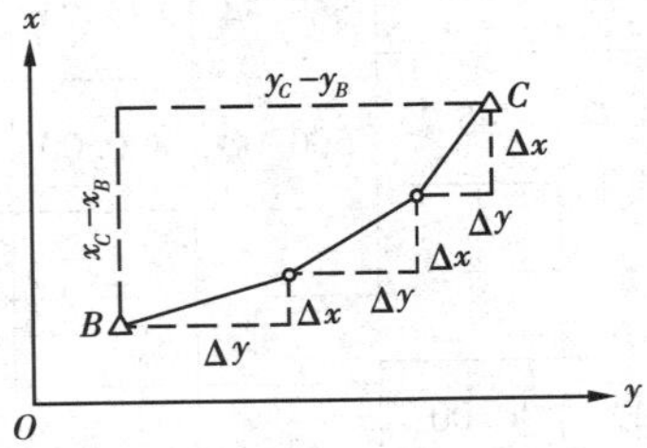

1）角度闭合差计算

由于观测角度存在误差，用观测角推算的 CD 边方位角 α'_{CD}与其已知值 α_{CD}不相等，它们之间的差值称为附合导线角度闭合差f_β，根据第一章知识，可以推导出

$$f_\beta = \alpha'_{CD} - \alpha_{CD} = \alpha_{AB} - \alpha_{CD} + \sum \beta_{左} - n \cdot 180°$$

或 $$f_\beta = \alpha'_{CD} - \alpha_{CD} = \alpha_{AB} - \alpha_{CD} - \sum \beta_{右} + n \cdot 180° \tag{7.12}$$

图 7.7 坐标增量

附合导线角度闭合差容许值及闭合差的调整方法与闭合导线相同。

表 7.4　附合导线计算表

点号	观测角（左）	改正数	改正后角值	坐标方位角	边长/m	坐标增量		改正后坐标增量		坐　标	
						Δx	Δy	Δx	Δy	x	y
1	2	3	4	5	6	7	8	9	10	11	12
B	° ′ ″	″	° ′ ″	° ′ ″							
				237 59 30							
A	99 01 00	+6	99 01 06							2 507.69	1 215.63
				157 00 36	225.85	+5 −207 91	−4 +88 21	−207.86	+88.17		
1	167 45 36	+6	167 45 42							2 299.83	1 303.80
				144 46 18	139.03	+3 −113.57	−3 +80.20	−113.54	+80.17		
2	123 11 24	+6	123 11 30							2 186.29	1 383.97
				87 57 48	172.57	+3 +6.13	−3 +172.46	+6.16	+172.43		
3	189 20 36	+6	189 20 42							2 192.45	1 556.40
				97 18 30	100.07	+2 −12.73	−2 +99.26	−12.71	+99.24		
4	179 59 18	+6	179 59 24							2 179.74	1 655.64
				97 17 54	102.48	+2 −13.02	−2 +101.65	−13.00	+101.63		
C	129 27 24	+6	129 27 30							2 166.74	1 757.27
				46 45 24							
D											
$\sum$	888 45 18	+36	888 45 54		740.00	−341.10	+541.78	−340.95	+541.64		

辅助计算：

$\alpha_{BA}=237°59'30''$　　$\sum\Delta x=-341.10$　　$\sum\Delta y=+541.78$

$+\sum\beta_{测}=888°45'18''$　　$-)\ x_C-x_A=-340.95$　　$-)\ y_C-y_A=+541.64$

$1\ 126°44'48''$　　$f_x=-0.15$　　$f_y=+0.14$

$-6\times180=1\ 080°$　　导线全长闭合差 $f_D=\sqrt{f_x^2+f_y^2}=0.20$

$\alpha'_{CD}=46°44'48''$

$-\alpha_{CD}=46°45'24''$　　相对闭合差 $K=0.20/740.00\approx1/3\ 700$

$f_\beta=-36''$

$f_{\beta容}=\pm40''\sqrt{6}=\pm97''$　　容许相对闭合差 $K_{容}=1/2\ 000$

2）坐标增量闭合差的计算

如图 7.7 所示，附合导线坐标增量代数和的理论值应为起终两已知点坐标之差，即

$$\sum\Delta x_{理}=x_C-x_B \qquad \sum\Delta y_{理}=y_C-y_B \tag{7.13}$$

由于测角和量边存在误差，计算出的坐标增量代数和并不等于其理论值，产生纵、横坐标增量闭误差。

$$\left.\begin{aligned} f_x &= \sum \Delta x_{测} - (x_C - x_B) \\ f_y &= \sum \Delta y_{测} - (y_C - y_B) \end{aligned}\right\} \tag{7.14}$$

其他计算与闭合导线相同。计算结果见表7.4。

7.3 小三角测量

小三角测量是在测区内布置边长较短的小三角网，观测所有三角形的各内角，丈量1~2条边的长度（作为基线边），根据已知边的坐标方位角和已知点坐标，用近似方法求出各点的坐标。与导线测量相比，具有量距工作少、测角任务重的特点，适用于山区和丘陵地带的测图控制和工程控制测量。

7.3.1 布设形式与测量技术要求

(1)布设形式

小三角测量具有多种多样的图形结构形式，由若干单三角形连接组成的带状三角锁，图7.8(a)为双基线锁，图7.8(b)为单基线锁，三角锁适合带状测区的独立控制，如河道、道路工程等；图7.8(c)为若干单三角形共一个顶点的中点多边形，其中*AB*为基线，多用于宽阔测区的独立首级控制；图7.8(d)为大地四边形，其中*AB*为基线，这种形式多用于跨跃河流工程，如桥梁、水坝的轴线控制；图7.8(e)为连接在两个已知点的线形三角锁，其最大特点是不需丈量基线，只要观测定向角和三角形内角，即可解算各点坐标，多用于加密控制测量。

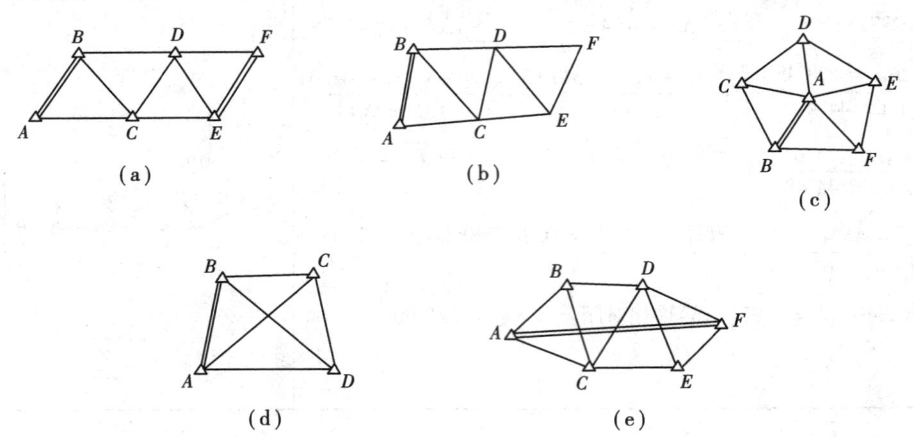

图7.8 小三角测量几种图形

(2)小三角测量的技术要求

根据测区面积、精度要求不同，小三角测量可分为一级小三角与二级小三角两个级别。它们可作为三、四等三角网的加密控制，在独立测区又可作为首级控制。小三角测量的主要技术要求见表7.5。

表7.5 小三角测量技术指标

等级	平均边长/m	测角中误差/″	起始边边长相对中误差	最弱边边长相对中误差	测回数		三角形最大闭合差/″	方位角闭合差/″
					DJ_6	DJ_2		
一级	1 000	±5	1/40 000	1/20 000	4	2	±15	$\pm 10\sqrt{n}$
二级	500	±8	1/20 000	1/10 000	3	1	±30	$\pm 16\sqrt{n}$
图根	≤1.5倍测图最大视距	±20	1/10 000		1		±60	$\pm 40\sqrt{n}$

注:1. 表中 M 为测图比例尺分母,n 为导线转折角的个数。
2. 当测区最大比例尺为1∶1 000时,一、二级小三角边长可适当放长,但不得超过上表规定值的2倍。

7.3.2 小三角测量外业工作

小三角测量外业工作包括踏勘、选点、埋石、立标、基线丈量、角度测量。

(1)踏勘选点

小三角点点位的好坏将直接影响测量效果和精度。有条件时,可根据测区内已有控制点的分布情况,结合规范要求,在已有小比例尺地形图上初步拟定小三角网的布设方案,然后到实地踏勘、对照现场作必要修改,最后选定点位及基线场地。如没有地形图,可直接到测区踏勘,根据实际情况选择布网方案并确定点位。选点时应注意:

1)点位应选在视线开阔、便于观测、地势较高、具有较大控制范围的地方;

2)三角形内角应尽可能相等。困难情况下,也应保持在30°~150°范围内;

3)各三角形边长应尽可能相等,可根据测量任务要求和现场实际情况确定,边长一般应在200 m~500 m范围内;

4)基线应选在土质较硬、地面平坦、方便量距的地方。用测距仪测定基线受地形限制较少。

(2)埋石、立标

点位选定后,需在实地进行埋石、编号、立标等工作。一般图根小三角点,可根据工作需要,用大木桩并在桩顶钉一铁钉表示点位;也可选择一定的三角点埋设石桩或混凝土桩。点的编号以数字、文字或地名均可,但不能相同(或重复)。为便于识别,将点号用红漆标写于木桩侧面,并画一草图作观测、计算参考用。为方便观测水平角,有时还要在点上树立标杆作目标。标杆以铁丝或细麻绳拉紧拉直固定。

(3)基线丈量

对于独立测区的小三角锁,一般要至少丈量一条基线作为起始边。由于基线长度的精度将直接影响三角点点位精度,所以要求按精密的测距方法丈量基线,基线测量的相对误差应不大于1/1 000,一般采用测距仪测量基线。

(4)角度测量

图根小三角测量的测角中误差应不大于±20″,用 DJ_6 经纬仪观测一个测回,若测站观测方向超过3 h,要用全圆方向法进行观测。测角时,记录者应及时计算三角形闭合差。以便检查观测角是否符合要求,否则要查明原因,重新观测。

对于独立地区的小三角锁(网),还要测定一条边的方位角,以便进行小三角锁(网)的定向,一般用罗盘仪来测定其磁方位角。

7.3.3 小三角测量的内业计算

由于角度观测存在误差,导致三角形内角和与其理论值 180°不符,产生三角形闭合差。所以内业计算时,必须对角度观测值进行改正,消除闭合差,使改正后观测值符合数学条件,这项计算工作称为平差。

等级三角测量应采用严密平差计算。作为图根控制的小三角测量一般可用近似方法平差,略去或简化某些复杂条件,使平差计算简单易行。

计算开始前,应对外业观测手簿进行全面检查,以确保外业观测记录、计算结果无误,再绘制一张计算草图,如图 7.9 所示。为方便计算,要对三角形的各个内角统一编号。一般规定一个三角形中已知边所对的角编号为 b_i,待求边所对的角编号为 a_i,a_i、b_i统称为传距角,它们所对的边称为传距边,第三个角(推算方位角时使用)编号为 C_i,其所对的边称间隔边。如第一个三角形中,基线 D_0为已知边,所对的角为 b_1,D_1为待求边,所对的角为 a_1,c_i所对的边 1-3 为间隔边。

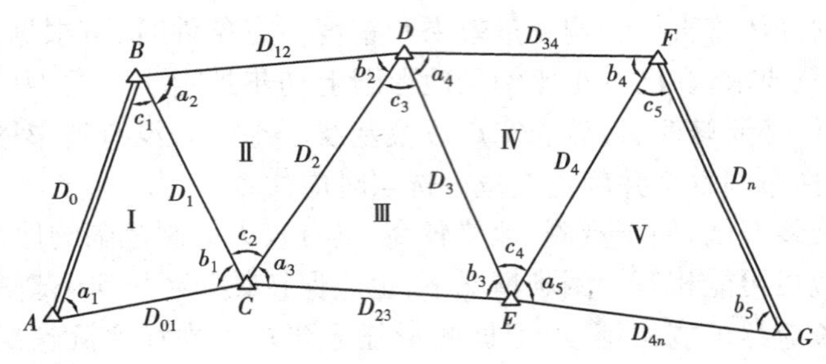

图 7.9 单三角锁计算草图

小三角测量的图形可布成多种形式,不同的图形具有不同的几何条件,其平差计算也各有差异,近似平差计算时,只考虑角度闭合差和边长闭合差,并在调整时将这两项闭合差分开计算。下面介绍单三角锁的近似平差计算。

(1)计算准备

如图 7.9 所示,从起始边 D_0开始依次将传距边编为 D_1、D_2、…、D_n,间隔边编为 D_{01}、D_{12}、…、D_{4n},传距边所对的传距角分别编号为 a_i、b_i,间隔边所对的间隔角编为 c_i。将整理检查过的外业观测数据及已知数据填入"单三角锁平差计算表",计算结果见表 7.6。

(2)角度闭合差的计算与调整

三角形内角和闭合差 f_i 由下式计算

$$f_i = a_i + b_i + c_i - 180° \tag{7.15}$$

若 f_i 不超过限差,可将 f_i 反符号平均分配到三个内角,得第一次改正后的角值:即

$$\left.\begin{aligned} a_i' &= a_i - f_i/3 \\ b_i' &= b_i - f_i/3 \\ c_i' &= c_i - f_i/3 \end{aligned}\right\} \tag{7.16}$$

各三角形第一次改正的角值之和应为 180°,以此作为检核。

(3)边长闭合差的计算与调整

用起始边 D_0 及第一次改正后的传距角 a'_i、b'_i，按正弦定理计算各传距边边长

$$D'_i = D_0 \frac{\sin a'_1 \sin a'_2 \cdots \sin a'_i}{\sin b'_1 \sin b'_2 \cdots \sin b'_i}$$

由于边长丈量误差和第一次改正后的内角还残存误差，致使推算出的 $D_n{}'$ 与直接丈量的结果 D_n 不相等，从而产生边长闭合差，即

$$W_D = D'_n - D_n = D_0 \frac{\sin a'_1 \sin a'_2 \cdots \sin a'_n}{\sin b'_1 \sin b'_2 \cdots \sin b'_n} - D_n \tag{7.17}$$

D_0、D_n 的丈量精度较高，其误差可忽略不计，因此，边长闭合差 W_D 主要是由 a'_i、b'_i 的误差所对应的正弦函数引起的，其相对误差 $K = W_D/D_n$ 符合要求后，可对每条传距边进行改正，改正数为 ν_{D_i} 为

$$\nu_{D_i} = -\frac{W_D}{n-2} \tag{7.18}$$

改正后边长

$$D_i = D'_i + \nu_{D_i} \tag{7.19}$$

式中　n——传距边总数。

间隔边边长用改正后的角度和边长按正弦定律计算。具体计算见表7.6。

(4)三角点坐标计算

各三角点的坐标计算，可采用闭合(或附合)导线的方法进行。如图7.9中 B—A—C—D—E—F—G，计算过程中应注意导线转角是左角还是右角。

表7.6　单三角锁平差计算表

三角形号	点号	角度观测值 ° ′ ″	改正数 ″	改正后角值 ° ′ ″	传距边长 /m	计算边长 /m	边长改正数/m	改正后边长/m	修正后边长/m
1	2	3	4	5	6	7	8	9	10
Ⅰ	a_1	79 01 46	-4	79 01 42		269.932	-8	269.924	269.924
	b_1	58 28 30	-4	58 28 26	234.375			234.375	234.375
	c_1	42 29 56	-4	42 29 52		185.751		185.751	185.751
	$\sum$	180 00 12	-12	180 00 00					
	W_1	+12							
Ⅱ	a_2	59 44 18	+2	59 44 20		291.320	-8	291.312	291.313
	b_2	53 09 30	+2	53 09 32	269.924			269.924	269.924
	c_2	67 06 06	+2	67 06 08		310.701		310.701	310.701
	$\sum$	179 59 54	+6	180 00 00					
	W_2	-6							
Ⅲ	a_3	51 35 50	-6	51 35 44		249.651	-8	249.643	249.645
	b_3	66 07 30	-6	66 07 24	291.312			291.312	291.312
	c_3	62 16 58	-6	62 16 52		282.016		282.016	282.016
	$\sum$	180 00 18	-18	180 00 00					
	W_3	+18							

续表

三角形号	点号	角度观测值 ° ′ ″	改正数 ″	改正后角值 ° ′ ″	传距边长 /m	计算边长 /m	边长改正数/m	改正后边长/m	修正后边长/m
Ⅳ	a_4	87 54 15	+5	87 54 20		314.857	−8	314.849	314.852
	b_4	52 24 15	+5	52 24 20	249.643			249.643	249.643
	c_4	39 41 15	+5	39 41 20		201.208		201.208	201.208
	$\sum$	179 59 45	+15	180 00 00					
	W_4	−15							
Ⅴ	a_5	64 16 11	−9	64 16 02	310.529	310.526		310.526	310.529
	b_5	65 58 40	−9	65 58 31	314.849			314.849	314.849
	c_5	49 45 36	−9	49 45 27		263.124		263.124	263.124
	$\sum$	180 00 27	−27	180 00 00					
	W_5	+27							
辅助计算	$D'_n = D_0 \dfrac{\sin a'_1 \sin a'_2 \cdots \sin a'_n}{\sin b'_1 \sin b'_2 \cdots \sin b'_n} = 310.561$ m；$W_D = D'_n - D_n = 32$ mm				$K = \dfrac{W_D}{D_n} = \dfrac{0.032}{310.529} = \dfrac{1}{9\ 700}$；$\nu = \dfrac{W_D}{n-2} = \dfrac{-32}{6-2} = -8$ mm				

注：表中第10列为第一次边长改正后不符值3 mm(310.529 − 310.526)经过修正后的边长值。

7.4 交会测量

当用导线和小三角布设的图根点密度不够时，还可用交会法进行加密。交会法是利用已知控制点，通过观测水平角或测定边长来确定未知点坐标的方法。交会法有测角交会和测边交会两种，测角交会包括前方交会(图7.10(a))、侧方交会(图7.10(b))和后方交会(图7.10(c))。测边交会如图7.10(d)所示。

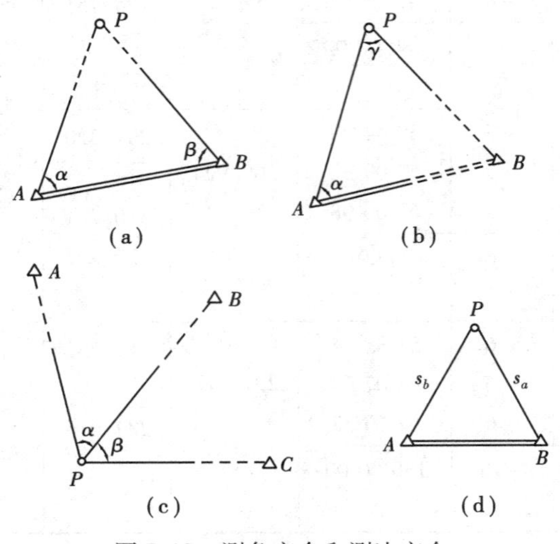

图7.10　测角交会和测边交会

7.4.1　前方交会

如图7.10(a)所示，已知A、B的坐标分别为(x_A,y_A)和(x_B,y_B)，在A、B两点设站测得α、β两角，则未知点P的坐标计算公式(证明从略)如下

$$\left.\begin{aligned} x_P &= \frac{x_A\cot\beta + x_B\cot\alpha + (y_B - y_A)}{\cot\alpha + \cot\beta} \\ y_P &= \frac{y_A\cot\beta + y_B\cot\alpha + (x_A - x_B)}{\cot\alpha + \cot\beta} \end{aligned}\right\} \tag{7.20}$$

上式中除已知点坐标外，就是观测角余切，故称余切公式。

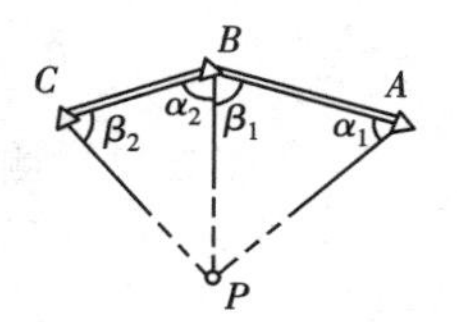

图7.11　前方交会

用计算器计算前方交会点时要注意：三角形A、B、P是逆时针方向编号的，A、B为已知点，P为未知点。若α、β角值大于90°时其余切为负值，小数取位要正确，角的余切一般取六位，坐标值取二位。

为防止外业观测的错误，提高未知点P的精度，测量规范要求布设有3个已知点的前方交会，如图7.11所示，这时在A、B、C三个已知点上向P点观测，测出四个角值α_1,β_1,α_2,β_2，分两组计算P点坐标，若两组P点坐标的较差在容许范围内，则取它们的平均值作为P点的最后坐标，一般其较差的容许值以下式表示

$$\Delta\varepsilon_{容} = \sqrt{\delta_x^2 + \delta_y^2} \leqslant 2 \times 0.1M \text{ mm} \tag{7.21}$$

式中　δ_x——P点x坐标值的较差；

δ_y——P点y坐标值的较差；

M——测图比例尺分母。

计算实例见表7.7。

表7.7　前方交会计算表

计算者：　　　　检查者：

点名	x		观测角		y	
A	x_A	37 477.54	α_1	40°41′57″	y_A	16 307.24
B	x_B	37 327.20	β_1	75°19′02″	y_B	16 078.90
P	x'_P	37 194.57			y''_P	16 226.42
B	x_B	37 327.20	α_2	59°11′35″	y_B	16 078.90
C	x_C	37 163.69	β_2	69°06′23″	y_C	16 046.65
P	x'_P	37 194.54			y''_P	16 226.42
中数	x_P	37 194.56			y_P	16 226.42
略图	见图7.11		辅助计算	$\delta_x=0.03$ $\delta_y=0$ $\Delta\varepsilon=0.03$　$\Delta\varepsilon_{容}=0.2\times10^{-3}M=0.2$ $M=1\ 000$		

7.4.2　侧方交会

如图7.12所示，分别在已知点A(或B)和未知点P上设站，则得α(或β)和γ，计算P点

坐标时，先求出$\beta = 180° - \alpha - \gamma$，这样就和前方交会的情况相同，可应用前方交会的计算公式进行计算。

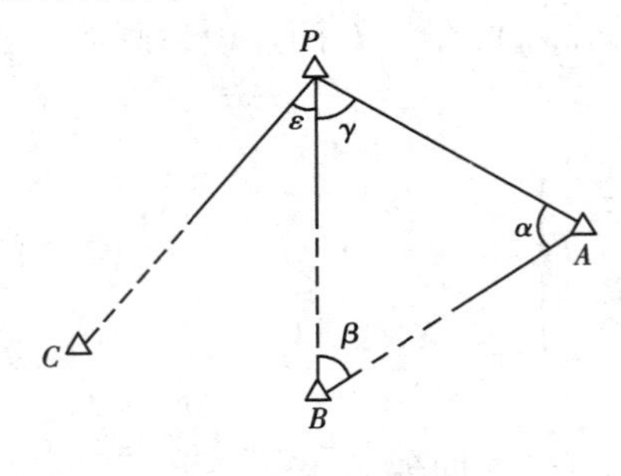

图 7.12　侧方交会

为了检核，侧方交会要多观测一个检查角ε，利用检查角的计算值和观测值相比较达到检核的目的。在图 7.12 中，当计算出P点坐标后，根据坐标反算公式求得PC、PB的坐标方位角α_{PC}、α_{PB}和边长S_{PC}，则检查角计算值为

$$\varepsilon_{算} = \alpha_{PC} - \alpha_{PB}$$

与检查角的观测值$\varepsilon_{测}$的较差为

$$\Delta\varepsilon = \varepsilon_{算} - \varepsilon_{测}$$

一般要求其较差的容许值

$$\Delta\varepsilon''_{容} \leqslant \frac{0.2M}{S_{PC}}\rho'' \tag{7.22}$$

式中：S_{PC}以 mm 为单位，M为测图比例尺分母；$\rho'' = 206\ 265$，$\Delta\varepsilon_{容}$的单位为秒。

7.4.3　后方交会

后方交会是加密控制点的又一种方法，它具有布点灵活，设站少等特点，如图 7.13 所示。要测定未知点P的坐标，只要将仪器置于P上，观测P到已知点A、B、C间的夹角α、β，就可以算出P点坐标。为了校核，后方交会必须观测 4 个已知点，如图 7.13 所示，可分成A、B、C和B、C、D两组，分别计算P点坐标，其较差的限差与前方交会相同。在限差范围内，取两组坐标平均值作为P点最后坐标值。

解算后方交会的方法很多，这里介绍一种直接计算坐标的公式（证明从略）。在图 7.13 中，P为待求点，A、B、C为已知点，α、β、γ为观测角，则P点坐标为

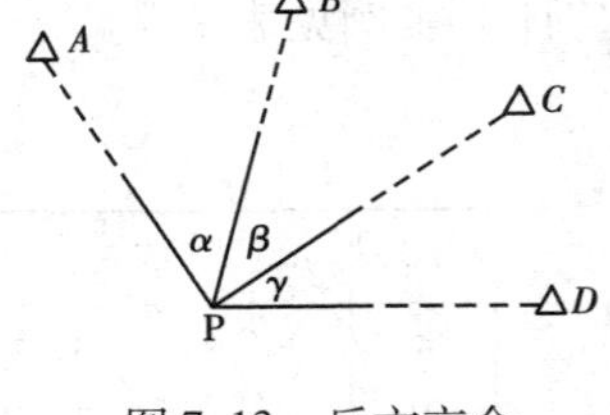

图 7.13　后方交会

$$\left.\begin{aligned} x_p &= \frac{P_A x_A + P_B x_B + P_C x_C}{P_A + P_B + P_C} \\ y_p &= \frac{P_A y_A + P_B y_B + P_C y_C}{P_A + P_B + P_C} \end{aligned}\right\} \tag{7.23}$$

式中

$$P_A = \frac{1}{\cot A \mp \cot\alpha}$$

$$P_B = \frac{1}{\cot B \mp \cot\beta}$$

$$P_C = \frac{1}{\cot C \mp \cot\gamma}$$

公式要求观测角与因定角组成对应的关系而与点的代号顺序无关。P_A、P_B、P_C分母中的“∓”号的决定方法：若待定点P位于已知点A、B、C组成的三角形内，或三角形 3 条边的外侧区域，则取“－”；若待定点P位于已知点A、B、C组成的三角形三顶角的延长线内则取“＋”号；若待定点P与 3 个已知点共圆，则不论采用何种后方交会公式均无解，此圆称为危险圆，作业中应用尽量避免。

7.4.4　测边交会

由于全站仪的普及,测边交会也非常容易。如图 7.10(d)所示,已知 A、B 两点的坐标为 (x_A,y_A)、(x_B,y_B),则可反算出 A、B 两点间的水平距离 S_{AB} 及直线 AB 的坐标方位角为 α_{AB},测定 S_a、S_b 后,就可算出 P 点坐标 (x_P,y_P)。

因为

$$\angle A = \arccos \frac{S_b^2 + S_{AB}^2 - S_a^2}{2S_b S_{AB}}$$

所以

$$\alpha_{AP} = \alpha_{AB} - \angle A$$

则 P 点的坐标为

$$\left.\begin{aligned} x_p &= x_A + S_b \cos\alpha_{AP} \\ y_p &= y_A + S_b \sin\alpha_{AP} \end{aligned}\right\} \tag{7.24}$$

为检查观测错误,需测定 3 条边(需 3 个已知点),组成两个距离交会图形,解出两组 P 点坐标,当两组坐标差满足式(7.21)要求时,取其平均值作为 P 点坐标。具体算例如表 7.8。

表 7.8　测边交会计算表

三角形编号	边名	边长	点名	坐标		略图
				x	y	
Ⅰ	$AP(D_b)$	321.180	$A(A)$	524.767	919.750	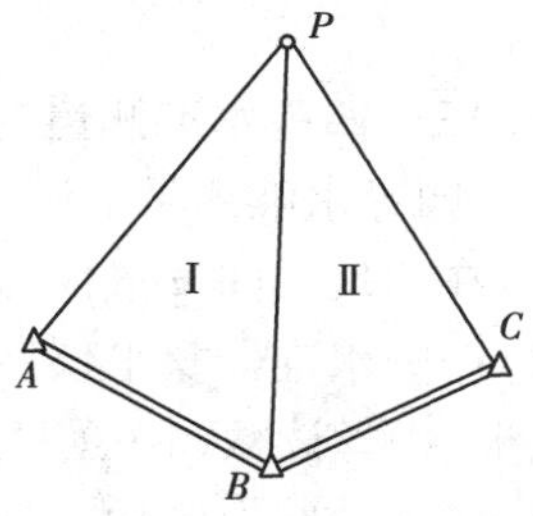
	$AB(D_{AB})$	301.065	$B(B)$	479.593	1 217.407	
	$BP(D_a)$	312.266	$P(P)$	776.161	1 119.644	
Ⅱ	$BP(D_b)$	312.266	$B(A)$	479.593	1 217.407	
	$BC(D_{AB})$	260.722	$C(B)$	566.558	1 355.991	
	$CP(D_a)$	248.177	$P(P)$	776.163	1 119.650	
	P 点最后坐标			776.162	1 119.647	
辅助计算	$\alpha'_{AB}=98°37'47''$ $-\angle A'=60°08'24''$ $\alpha'_{AP}=38°29'23''$	$\alpha'_{AB}=32°06'34''$ $-\angle A''=50°21'11''$ $\alpha'_{AP}=341°45'23''$	$\delta_x=-0.002$ $\Delta\varepsilon=0.006$	$\delta_y=-0.006$ $M=1\ 000$	$\Delta\varepsilon_{容}=\pm0.2\times10^{-3}M=\pm0.2$	

7.5　高程控制测量

为满足地形测绘和工程建设需要,除进行平面控制测量外,还要进行高程控制测量。首级高程控制主要用三、四等水准测量完成,再以三、四等水准点为起始点,进行图根水准测量,测出各图根控制点的高程。当测区地形起伏较大时,水准测量的工作量太大,不便操作,此时,可用三角高程测量方法测定控制点的高程。

7.5.1 三、四等水准测量

(1)主要技术要求

三、四等水准测量的精度要求高于普通水准测量,其技术指标见表7.9。

表7.9 三、四水准测量的技术要求

等级	水准仪	水准尺	附合路线长度/km	视线长度/m	视线离地面最低高度/m	前后视距差/m	前后视距累计差/m	基本分划、辅助分划(黑红面)读数差/mm	一测站所测高差之差/mm	观测次数		往返较差、附合或环形闭合差	
										与已知点联测	附合成环形	平地/mm	山地/mm
三	DS_1	因瓦	45	≤80	三丝能读数	≤3.0	≤6.0	1.0	1.5	往返各一次	往一次	$\pm 12\sqrt{L}$	$\pm 4\sqrt{n}$
	DS_3	双面		≤65				2.0	3		往返各一次		
四	DS_1	因瓦	15	≤100	三丝能读数	≤5.0	≤10.0	3.0	5	往返各一次	往一次	$\pm 20\sqrt{L}$	$\pm 6\sqrt{n}$
	DS_3	双面		≤80									
图根	DS_{10}	单面	8	≤100						往返各一次	往一次	$\pm 40\sqrt{L}$	$\pm 12\sqrt{n}$

(2)三、四等水准测量的观测方法

三、四等水准测量的测站操作方法是:

1)在两尺中间安置仪器,使前后视距大致相等,其差以不超过3 m为准。

2)用圆水准器整平仪器,照准后视尺黑面,转动微倾螺旋使水准管气泡严格居中,分别读取下、上、中丝读数(1)、(2)、(3)。

3)照准前视尺黑面,符合气泡居中后分别读下、上、中丝读数(4)、(5)、(6)。

4)照准前视尺红面,符合气泡居中后读中丝读数(7)。

5)照准后视尺红面,符合气泡居中后读中丝读数(8)。

上述(1)、(2)…(8)表示观测与记录次序,记入表7.10的相应栏中。

这样的观测顺序称为"后—前—前—后",即"黑—黑—红—红"。若在土质坚硬地区施测,也可采用"后—后—前—前",即"黑—红—黑—红"的观测步骤。

(3)三、四等水准测量记录的计算与检核

为及时发现错误,每个测站都要随时进行如下计算和检核:

1)同一标尺黑、红面读数之差

$$(9)=(6)+K-(7)$$

$$(10)=(3)+K-(8)$$

(9)和(10)的理论值应为0,实际值最大不得超过±3 mm。表7.10中,1号尺$K_1=4\ 787$,2号尺$K_2=4\ 687$。

2)黑面高差和红面高差的计算与检核

$$(11)=(3)-(6)$$

$$(12)=(8)-(7)$$

$$(13)=(11)-(12)\pm 0.1\ \text{m}=(10)-(9)$$

表7.10　四等水准观测手簿

仪器型号：　　　记录者：　　　观测者：

测站编号	点号	后尺 下丝 / 上丝 / 后视距 / 视距差 d/m	前尺 下丝 / 上丝 / 前视距 / $\sum d$/m	方向及尺号	水准尺读数/m 黑面	红面	K+黑−红/mm	平均高差/m	备注
		(1)	(4)	后	(3)	(8)	(10)		K_1 =4 787
		(2)	(5)	前	(6)	(7)	(9)		K_2 =4 687
		(15)	(16)	后—前	(11)	(12)	(13)	(14)	
		(17)	(18)						
1	A	1.536	1.030	后1	1.242	6.030	−1		
	↓	0.947	0.442	前2	0.736	5.422	+1		
		58.9	58.8	后—前	+0.506	+0.608	−2	+0.507 0	
	TP1	+0.1	+0.1						
2	TP1	1.954	1.276	后2	1.664	6.350	+1		
	↓	1.373	0.694	前1	0.985	5.773	−1		
		58.1	58.3	后—前	+0.679	+0.577	+2	+0.678 0	
	TP2	−0.2	−0.1						
3	TP2	1.146	1.744	后1	1.024	5.811	0		
	↓	0.903	1.499	前2	1.622	6.308	+1		
		48.6	49.0	后—前	−0.598	−0.497	−1	−0.597 5	
	TP3	−0.4	−0.5						
4	TP3	1.479	0.982	后2	1.171	5.859	−1		
	↓	0.864	0.373	前1	0.678	5.465	0		
		61.5	60.9	后—前	+0.493	+0.394	−1	+0.493 5	
	B	+0.6	+0.1						
				后					
				前					
				后—前					

辅助计算：

$\sum(15)=227.1$　　$\sum[(3)+(8)]=29.151$　　$\sum[(11)+(12)]$　　$\sum(14)=+1.081$

$-)\sum(16)=227.0$　　$-)\sum[(6)+(7)]=26.989$　　$=+2.162$　　$2\sum(14)=+2.162$

$=+0.1$　　$=+2.162$

=4站(18)

总视距 $\sum(15)+\sum(16)=454.1$ m

式中0.1是一对双面尺红面起始分划值之差。如后视标尺的K为4 787(或4 687),则按红面读数所得的高差应减去(或加上)0.1 m才是实际高差,(13)按规定应小于±5 mm。

3)黑、红面高差平均值的计算

(14)=[(11)+(12)±100]

4)视距的计算

(15)=(1)-(2)

(16)=(4)-(5)

5)本站的前、后视距差及本站的视距累积差的计算

(17)=(15)-(16)

本站(18)=前站的(18)+本站的(17)

(17)应小于±3 m,(18)应小于±10 m

(4)每页计算的校核

1)高差总和的检核

$\sum(11)=\sum(3)-\sum(6)$

$\sum(12)=\sum(8)-\sum(7)$

2)高差总和的检核

当测站为偶数时: $\sum(14)=[\sum(11)+\sum(12)]$

当测站为奇数时: $\sum(14)=[\sum(11)+\sum(12)\pm 0.1]$

3)视距累积差的检核

末站的(18) $=\sum(15)-\sum(16)$

总视距 $=\sum(15)+\sum(16)$

(5)成果计算

计算步骤和方法与普通水准测量相同。

当四等水准测量采用单面水准尺时,可用仪器变高法观测两次。两次高差之差按规定不得超过±5 mm,符合要求,则取两次高差的平均值数作本站的实测高差。

7.5.2 图根水准量

图根水准测量属于等外水准测量,具体观测、记录、计算方法详见第四章。

7.5.3 三角高程测量

(1)三角高程测量的原理

如图7.14所示,已知A、B两点间的水平距离为D,A点高程H_A已知,观测竖角α和目标高ν,量得仪器高i,则B点高程H_B为

$$\left.\begin{aligned} H_B &= H_A + h_{AB} \\ h_{AB} &= D\tan\alpha + i - \nu \end{aligned}\right\} \tag{7.25}$$

式中 $D\tan\alpha$ 称为高差主值，以 h' 表示。

用三角高程测量方法测定控制点高程，必须进行对向观测，两次测得高差之差不超过 0.4D m（D 以百米为单位），取其平均值作为最后结果。当 A、B 两点的距离超过 400 m 时，还需考虑地球曲率及大气折光的影响，其改正数计算公式为

$$f = C - \gamma = \frac{D^2}{2R} - 0.14\frac{D^2}{2R} = 0.43\frac{D^2}{R} \tag{7.26}$$

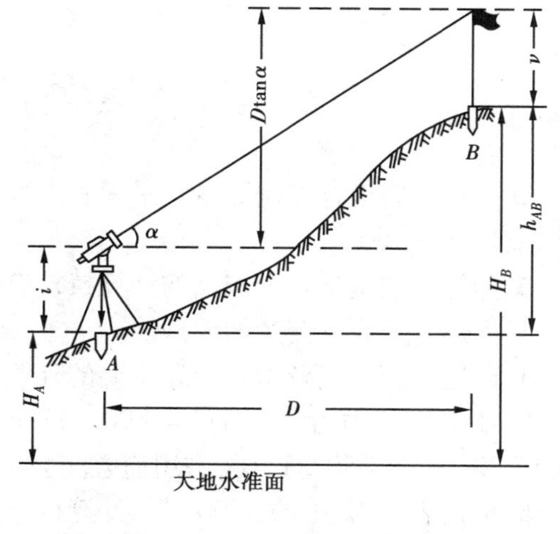

图 7.14　三角高程测量原理

式中　f——地球曲率及大气折光对高差的改正数；

C——地球曲率改正；

γ——大气折光改正；

R——地球半径。

注意：采用对向观测能抵消地球曲率及大气折光的影响。

（2）三角高程测量步骤

1）在测站点安置仪器，量取仪器高 i 和目标高 ν。

2）测量竖角 α 一至二个测回，再将仪器搬至目标点进行对向观测。

3）计算高差和高程，注意计算检核。具体计算见表 7.11。

表 7.11　三角高程测量计算表

所求点	B	起算点	A
觇　标	直		反
平距 D/m	286.36		286.36
竖角 α	+10°32′26″		−9°58′41″
$D\tan\alpha$/m	+53.28		−50.38
仪器高 i/m	+1.52		+1.48
觇标高 ν/m	−2.76		−3.20
高差改正数 f/m			
高差 h/m	+52.04		−52.10
平均高差/m	+52.07		
起算点高程/m	105.72		
所求点高程/m	157.79		

复习思考题

1. 为什么要进行控制测量？平面和高程控制测量各有哪几种形式，它们分别适用于哪些地形或地区？

2. 四等水准测量一个测站的计算校核有哪几项？

3. 简述三角高程测量的原理。

4. 试述闭合导线及附合导线主要的外业工作和内业计算步骤。

5. 如图 7.10 所示，已知 $x_A = 3\ 001.23$ m，$y_A = 740.54$ m，$x_B = 3\ 216.95$ m，$y_B = 1\ 628.11$ m，$\alpha = 50°23'10''$，$\beta = 50°28'50''$，试用前方交会法计算 P 点坐标。

6. 根据表 7.12 中的观测数据，计算待求点 B 的高程。

表 7.12　三角高程计算

所求点	B	起算点	A
觇　标	直	反	
平距 D/m	290.68	290.68	
竖角 α	$+10°38'30''$	$-10°24'00''$	
$D\tan\alpha$/m			
仪器高 i/m	1.44	1.50	
觇标高 ν/m	2.50	1.80	
高差改正数 f/m			
高差 h/m			
平均高差/m			
起算点高程/m	21.39		
所求点高程/m			

7. 某一闭合导线有关数据如表 7.13 所示，试计算各导线点坐标值。

表7.13 闭合导线坐标计算

点号	观测角（左）	改正数	改正后角值	坐标方位角	边长/m	坐标增量		改正后坐标增量		坐标		点号
						Δx	Δy	Δx	Δy	x	y	
1	2	3	4	5	6	7	8	9	10	11	12	13
A	° ′ ″	″	° ′ ″	° ′ ″						569.26	713.38	A
1	98 39 49			150 48 12	125.82							1
2	88 36 19				162.92							2
3	87 25 43				136.85							3
A	85 18 13				178.77							A
1												
∑												
辅助计算								略图				

8. 计算并校核表7.14中四等水准测量成果。

表7.14 四等水准测量观测手簿

仪器型号： 记录者： 观测者：

测站编号	点号	后尺 下丝 / 上丝	前尺 下丝 / 上丝	方向及尺号	水准尺读数/m		K+黑−红/mm	平均高差/m	备注
		后视距	前视距		黑面	红面			
		视距差 d/m	$\sum d$/m						
		(1)	(4)	后	(3)	(8)	(10)		
		(2)	(5)	前	(6)	(7)	(9)		
		(15)	(16)	后—前	(11)	(12)	(13)	(14)	
		(17)	(18)						
1	A→转$_1$	2 171	1 939	后K	1 924	6 611			K=4 687
		1 697	1 463	前K	1 698	6 486			K=4 787
				后—前					

续表

测站编号	点号	后尺 下丝	前尺 下丝	方向及尺号	水准尺读数/m		K+黑-红/mm	平均高差/m	备注
		后尺 上丝	前尺 上丝		黑面	红面			
		后视距	前视距						
		视距差 d/m	$\sum d$/m						
2	转$_1$→转$_2$	1 916	2 057	后	1 728	6 515			
		1 541	1 686	前	1 868	6 556			
				后一前					
3	转$_2$→B	1 945	2 121	后	1 812	6 499			
		1 680	1 854	前	1 987	6 773			
				后一前					
辅助计算									

第 8 章 大比例尺地形图的测绘与应用

大比例尺地形图的测绘,是在图根控制网建立后,以图根控制点为测站,测出各测站周围的地物、地貌特征点的平面位置和高程,根据测图比例尺缩绘到图纸上,并加绘图式符号,经整饰即成地形图。地形图测量是各种基本测量方法(如量距、测角、测高等)和各种测量仪器(如皮尺、经纬仪、水准仪等)的综合应用,是平面和高程的综合性测量。

小区域内的大比例尺地形图常采用经纬仪、经纬仪配合小平板仪等常规方法测绘以及全站仪数字化测图方法成图,中比例地形图由国家测绘部门采用航空摄影测量方法成图,小比例尺地形图一般根据大比例尺地形图和其他测量资料编绘而成。

8.1 测图前的准备工作

测图前应整理本测区的控制点成果及测区内可利用的成图资料,勾绘测区范围。按坐标以一定比例尺绘制测区的展开网图,并在网图上注明测区中图的分幅和编号,然后制定出本测区的施测方案和技术要求。对测图的仪器应进行检验与校正,并准备必要的测量工具。

为保证测图质量,应选择质地较好的图纸。目前各测绘部门已广泛采用打毛的无色透明的聚酯薄膜代替图纸。聚酯薄膜厚度为 0.07 ~ 0.1 mm,它具有透明度好、伸缩性小、不怕潮湿、经久耐用等特点,如果表面不清洁,还可用清水或淡肥皂水洗涤,并可直接在底图上着墨复晒蓝图。但它有易燃、怕折等缺点,故使用和保管中应注意防火、防折。

8.1.1 图纸的准备

测图前,将绘图纸直接固定在图板上,并将控制点展绘到图纸上。为保证展点精度,应先在图纸上精确绘制 10 cm × 10 cm 的直角坐标格网,然后根据坐标格网展绘控制点。下面介绍对角线法绘坐标格网。

如图 8.1 所示,按图示的四角,用直尺先绘出两条对角线,以交点 M 为圆心,取适当长度为半径画弧,在对角线上分别画 A、B、C、D 四点,连线得矩形 $ABCD$。再从 A、B 两点起分别沿 AD、BC 向上每隔 10 cm 截取一点,再从 A、D 两点起分别沿 AB、DC 向右每隔 10 cm 截取一点,用 0.1 mm 粗的线条连接对边相应各点,得坐标格网。

为保证坐标格网精度，所用的直尺和三棱尺必须是经过检验合格的。坐标格网画好后，应进行检查，各方格网实际长度与名义长度之差应≤0.2 mm，图廓对角线长度与理论长度之差应≤0.3 mm。如超过限差，应重新绘制。坐标格网也可用坐标格网尺绘制。

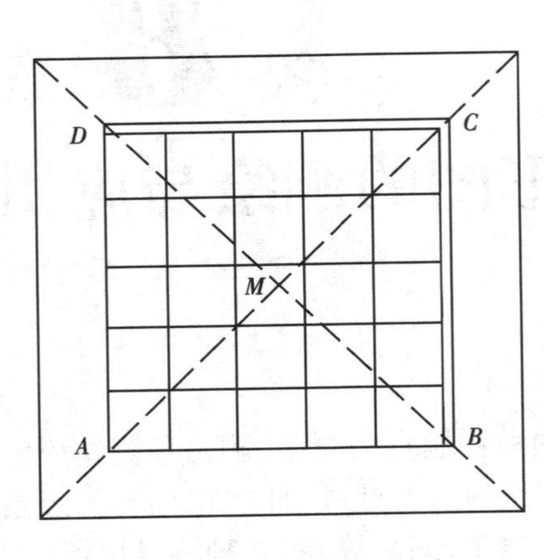

图 8.1　对角线法

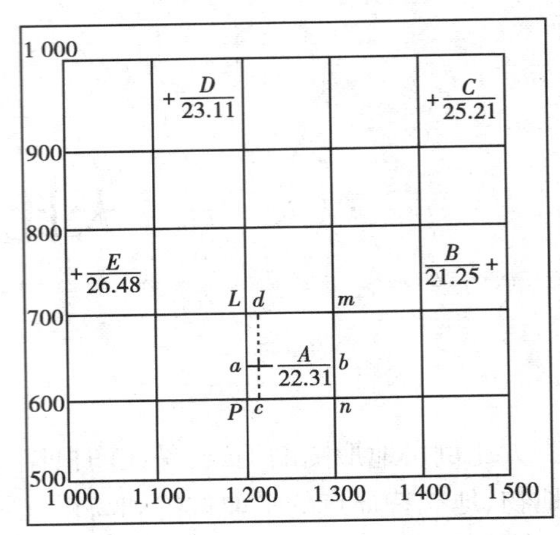

图 8.2　控制点的展绘

8.1.2　控制点展绘

根据图号、比例尺，将坐标格网线的坐标值注在相应格网线的外侧，如图 8.2 所示。

展绘时，先根据控制点的坐标，确定其所在的方格。如 A 点(641.43 m，1 224.52 m)位于 $PLmn$ 方格内，根据比例尺从 P 和 n 点沿 PL、nm 向上量 41.43 m(641.43 − 600)得 ab 线，从 P 和 L 点各沿 Pn、Lm 向右量 24.52 m(1 224.52 − 1 200)得 cd 线，其交点即为 A 点在图上的位置；再在点的右侧画一横线，横线上方注点名，下方注高程。同法展绘其余控制点，如图 8.2 中 B、C、D、E 点。

控制点展绘后，应进行检核，用比例尺量出各相邻控制点之间的长度与坐标反算长度之差，图上不应超过 0.3 mm。

8.2　经纬仪测图

8.2.1　图根点及其加密

地形测量的目的是测定地貌点和地物点的平面位置和高程。为使各点的量测精度一致，首先应根据测区大小和地形条件选用适当的方法进行平面和高程控制测量，然后在此基础上进行地形测量。

由于国家控制点数量有限，其密度不能满足测图的需要，所以必须在国家基本控制点的基础上加密必要数量的控制点，这些点称为图根点。加密控制点常采用经纬仪导线、小三角测量以及测角交会方法进行。图根点的高程，在平坦地区可应用水准测量，在山区可使用三角高程的方法测定。

在测图过程中，当遇地形隐蔽或测区较宽感到图根点还不够应用时，还可在图根点的基础上用图解法增设临时性的测站点。控制点的密度如表 8.1 所示。

表 8.1　图根点密度表

测图比例尺	每幅图控制点数	每平方公里控制点数	测图比例尺	每幅图控制点数	每平方公里控制点数
1：5 000	20	5	1：1 000	10	40
1：2 000	14	14	1：500	8	128

8.2.2　测绘地形图的方法

反映地物轮廓和几何位置的点称为地物特征点，简称地物点，如房屋的角点、道路中线或边线、河岸线、各种地物的转折、变向点等。地貌可近似地看做由许多形状、大小、坡度方向不同的斜面所组成，这些斜面的交线称为地貌特征线(也叫地性线)，如山脊线、山谷线。山脊线或山谷线上变换方向之点为方向变换点，方向变换点之间的边线称为方向变换线；由两个倾斜度不同坡面的交线叫倾斜变换线。地面坡度变化点和方向变换点、峰顶、鞍部的中心、盆地的最低点等都是地貌特征点。地物点和地貌点合称碎部点，测绘地形图就是测出必要的碎部点，并将地物、地貌用规定的符号描绘出来，所以地形测量也称碎部测量。

(1) 选择碎部点

测绘地形图的精度和速度与司尺员能否正确合理地选择碎部点有着密切的关系，司尺员必须了解测绘地形图有关的技术要求，能掌握地形的变化规律，并能根据测图比例尺的大小和用图目的等方面对碎部进行综合取舍，图 8.3 为选点示意图。

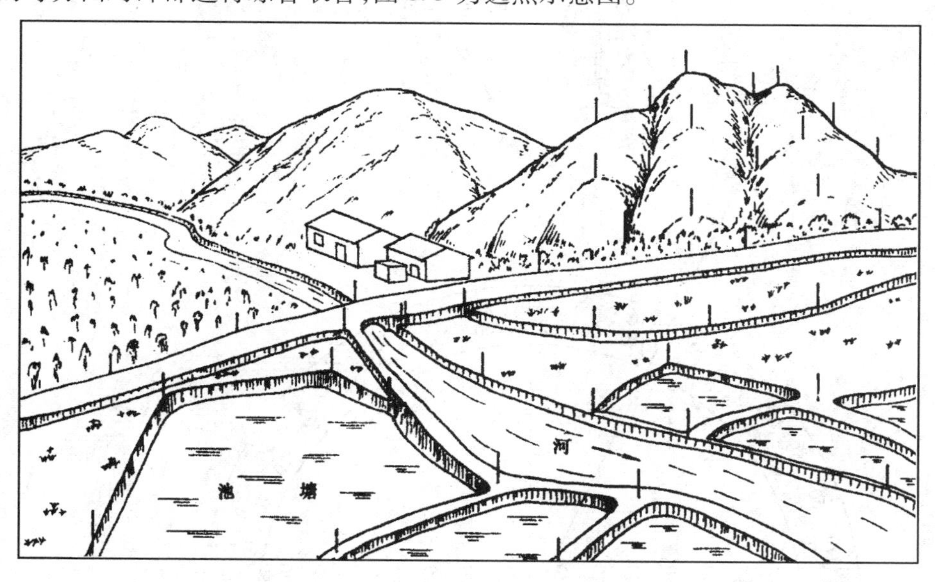

图 8.3　选择碎部点

1) 选择地物点

由于地物形状不规则，一般规定当地物在图上的凸凹部分小于 0.4 mm 时，可舍弃不测；不能按比例尺表示的独立地物，如电杆、水井、里程碑等，应测出其中心位置作为刺点位置，然后再用规定的符号表示。

2)选择地貌特征点

为了能真实地用等高线表示地貌形态,除要测定明显的地貌特征点,还需在其间保持一定的立尺密度,使相邻立尺点间的最大间距不超过表 8.2 的规定。

表 8.2　地貌点间距表

测图比例尺	立尺点最大间距/m
1∶500	15
1∶1 000	30
1∶2 000	50
1∶5 000	100

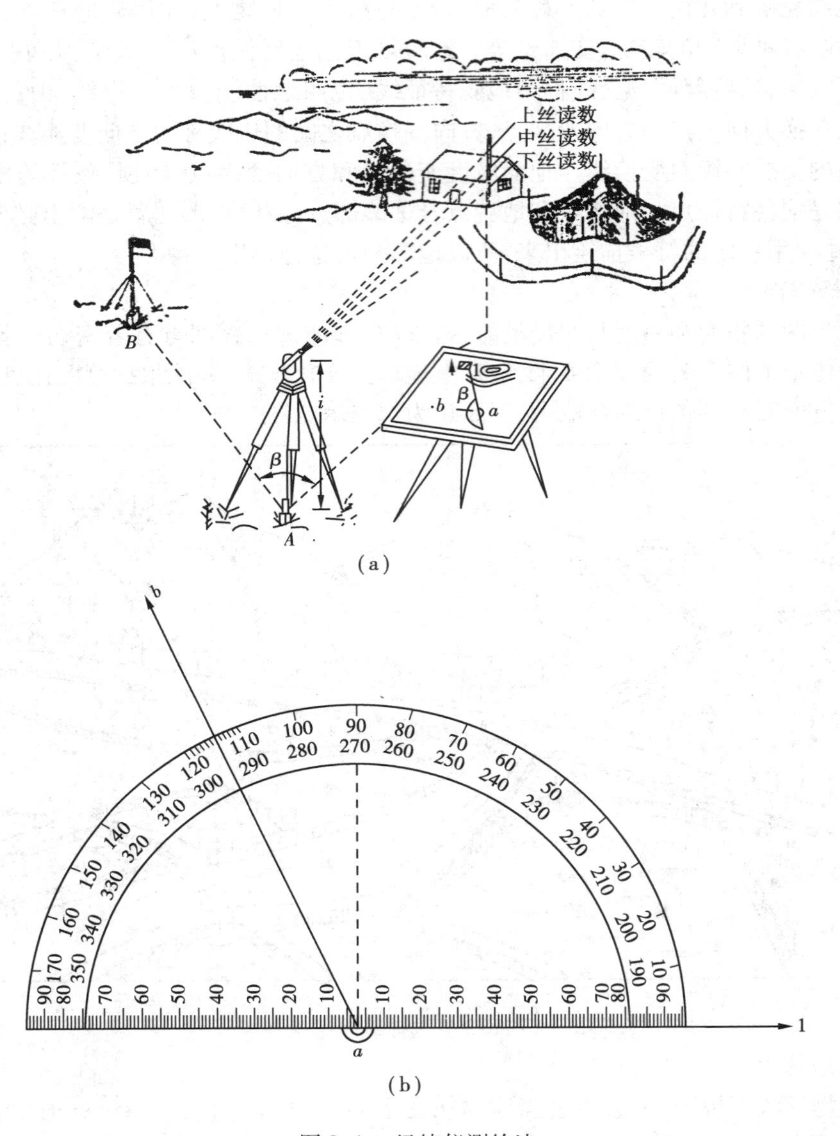

图 8.4　经纬仪测绘法

(2)碎部测量的方法

测绘大比例尺地形图的常规方法有下列两种:

1)经纬仪测绘法

此法是用经纬仪配合一种特制的量角器(也称地形分度规)进行碎部测量。操作要点是将经纬仪安置于测站上,绘图板放其近旁的适当位置,用经纬仪测定碎部点与已知方向线之间的水平角,用视距法测出测站点到碎部点间的平距和高差(大部分地物点一般不测高差),然后根据碎部点的极坐标用量角器进行展点,对照实地勾绘地形图,如图8.4(a)所示。具体操作步骤如下:

①测站上的准备工作　安置经纬仪于A点,如图8.4(a)所示,量出仪器高i,盘左位置且以0°00′进行定向(图中以B点作为定向点);

②施测碎部点　司尺员依次立尺于各碎部点上。观测员及时照准标尺读完三丝读数,用手势或哨令指挥司尺员离开,再读竖盘读数(天顶距)和水平度盘读数。读数应清楚且有节奏,度、分单位可不读出,而用停顿来表达,便于听记。

③计算平距和高差　用电子计算器计算平距和地貌点的高程。

④展绘碎部点　绘图员及时根据碎部点的极坐标进行展点,方法是用带柄小针通过量角器的圆心小孔插入a点,使图上定向线ab对准量角器上等于水平角β角的分线,沿底边量刺缩小后的距离,即得碎部点在图上的位置。从图8.4(b)中可以看出,当β角小于180°时,应沿量角器底右面刺点,β角大于180°时,沿底边左面刺点。在聚酯薄膜上展点时,宜用4~6H硬铅笔。高程注记在点的左侧,字头朝北,取位至厘米。

绘图员应边展点、边参照实地情况及时绘出地物和等高线;对于分幅测区的图幅,为了相邻图幅的拼接,每幅图均应测出图廓外5 mm以上,对于拼接的图边,在测绘过程中应加强检查,以保证成图质量。

用经纬仪测绘地形图的优点是:现场随测随绘,并可比照实地,使测绘的地形直观逼真;观测、计算和绘图配合协调;测板可置于测站附近的任何位置。

2)经纬仪和小平板仪联合测绘法

在测站点上安置小平板仪,经纬仪安置于近旁,如图8.5所示。用小平板仪照准方向线,距离和高程均由经纬仪观测。为把由经纬仪至碎部点的距离改算成由小平板至碎部点的距离,如图中$A'P$改算成AP,可预先将A'点测绘于图上a'点。展点时,以a'为圆心,$A'P$的图上长度为半径画弧与小平板仪所绘同一碎部点的方向线交于P点。同法测绘其他碎部点。观测过程中应经常检查测板方向有无变动。

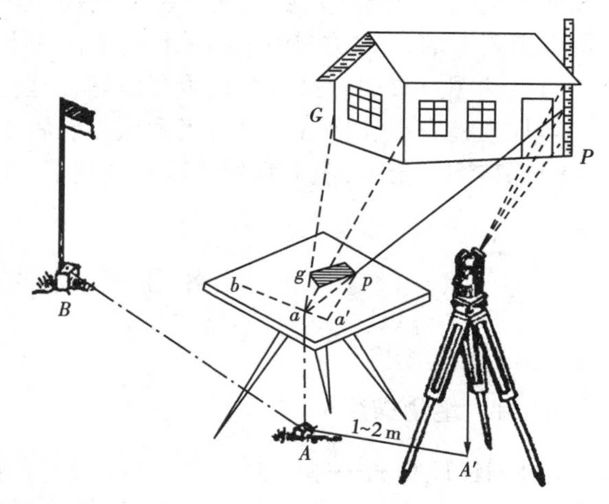

图8.5　经纬仪和小平板联合测绘法

(3)碎部测量中应注意的事项

1)应正确选择地物点和地貌点。对地物点一般只测其平面位置,如当地物点可作地貌点时,除测定其平面位置外,还应测定其高程。

2)应根据地貌的复杂程度、比例尺大小以及用图目的等,综合考虑碎部点的密度,一般图上平均每一平方厘米内应有一个立尺点；在直线段或坡度均匀的地方，地貌点之间的最大间距和碎部测量中最大视距长度不宜超过表 8.2 和表 8.3 的规定。

表 8.3　视距长度表

测图比例尺	最大视距/m		测图比例尺	最大视距/m	
	主要地物点	次要地物和地形点		主要地物点	次要地物和地形点
1 : 500	60	100	1 : 2 000	180	250
1 : 1 000	100	150	1 : 5 000	300	350

3）在测站上，测绘开始前，对测站周围地形的特点、测绘范围、跑尺路线和分工等应有统一的认识，以便在测绘过程中配合默契，做到既不重测，又不漏绘。

4）司尺员在跑尺过程中，除按预定的分工路线跑尺外，还应有其本身的主动性和灵活性，务必使测绘方便为宜；为了减少差错，对隐蔽或复杂地区的地形，应画出草图、注明尺寸、查明有关名称和量测陡坎、冲沟等比高，及时交给绘图员作为绘图时的依据之一。

5）测区地形情况不同，跑尺方法也不一样。平坦地区的特点是等高线稀少、地物多且较复杂，测图工作的重点是测绘地物，因此，跑尺时既要考虑少跑弯路，又要顾及绘图时连线的方便，以免出差错。在水网或道路密集地区，宜一个地物一个地物地立尺，如采用一人跑沟、一人测路，或先测沟、再跑路，对重要地物，尽量逐一测完，不留单点，避免图上紊乱；在山区测图时，司尺员可沿地性线跑尺，例如，从山脊线的山脚开始，沿山脊线往上立尺，测至山顶后，再沿山谷线往下施测。这种跑尺路线便于图上连线，但跑尺者体力消耗较大，因此，可由两人跑尺，一人负责山腰上部，一人位于山腰下侧，基本保持平行前进。

6）在测图过程中，对地物、地貌要做好合理的综合取舍。

7）加强检查，及时修正，只有当确认无误后才能迁站。

8）保持图面清洁，图上宜用洁净布绢覆盖，并随时使用软毛排刷刷净图面。

8.3　地形图的绘制

8.3.1　地物描绘

(1) 测绘地物的一般原则

地物在地形图上的表示原则是：凡能依比例表示的地物，则将其水平投影位置的几何形状相似地描绘在地形图上，如双线河流、运动场等，或是将它们的边界位置表示在图上，边界内再绘上相应的地物符号，如森林、草地、沙漠等。对不能依比例表示的地物，则用相应的地物符号表示在地物的中心位置上，如水塔、烟囱、纪念碑、单线道路、单线河流等。

地物测绘主要是将地物的形状特征点测定下来，如地物的转折点、交叉点、曲线上的弯曲变换点、独立地物的中心点等。连接这些特征点，便得到与实地相似的地物形状。测绘地物必须根据规定的测图比例尺，按规范和图式要求，综合取舍，将各种地物表示在图上。

(2) 居民地的测绘

房屋只要测出它的几个房角位置，即可确定其位置。测图比例尺不同，居民地的测绘在综合取舍方面也不一样。居民地的外轮廓应准确测绘，其内部的主要街道以及较大的空地应区分出来。散列式的居民地、独立房屋应分别测绘。

(3)道路的测绘

1)铁路

测绘铁路时，标尺应立于铁轨中心线上。对1：2 000或更大比例尺，可测定下列点位，如图8.6(路堤部分的断面)，特征点1用于测绘铁路的平面位置；特征点2、3用于测绘路堤部分的路肩位置；特征点4、5用于测绘路堤的坡足或边沟位置。有时特征点2、3可以不立尺而是量出铁路中心至它们的距离直接在图上绘出。铁路线的高程应测铁轨面高度。

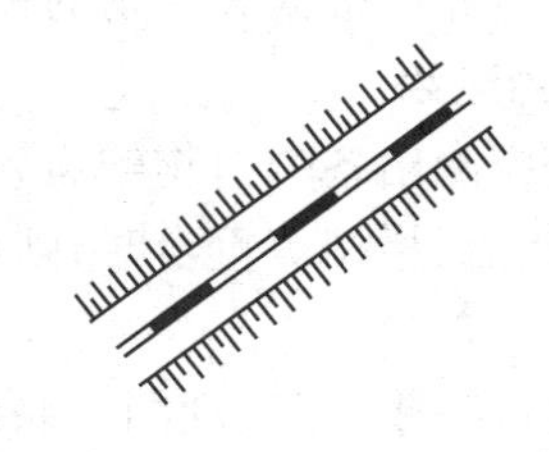

图8.6 铁路及路堤

图8.7是路堑部分的断面，与路堤比较可以看出除1、2、3、4、5点要立尺之外，在6、7点路堑的上边缘也要立尺。

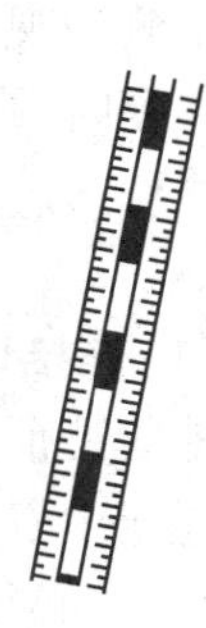

图8.7 铁路及路堑

铁路的直线部分立尺可稍稀一些，曲线及道岔部分立尺要密一些，以便正确地表示铁路的实际位置。铁路两旁的附属建筑物如信号灯、扳道房、里程碑等，要按实际位置测出。

2)公路

公路在图上一律按实际位置测绘。在测量方法上有的将标尺立于公路路面中心，有的将标尺交错立在路面两侧，也可将标尺立在路面的一侧，实量路面的宽度，作业时可视具体情况而定。公路的转弯处，交叉处，标尺点应密一些，公路两旁的附属建筑物都应按实际位置测出，公路和路堤及路堑的测绘方法与铁路相同。

大车路和通往居民地的小路应按实际位置测绘，田间劳动的小路一般不测绘，上山小路应视其重要程度选择测绘。由于小路弯曲较多，立标尺点时要注意弯曲部分的取舍，使标尺点不致太密，又要正确表示小路的位置。人行小路若与田埂重合，应绘小路不绘田埂。与大车路、公路或铁路相连的小路应根据测区道路网的情况决定取舍。

(4)管线的测绘

架空管线、在转折处的支架塔柱应实测，位于直线部分的可用档距长度在图上以图解法确定。塔柱上有变压器时，变压器的位置按其与塔柱的相应位置绘出。

(5)水系的测绘

水系包括河流、渠道、湖泊、池塘等地物，通常无特殊要求时均以岸边为界，如果要求测出水涯线(水面与地面的交线),洪水位(历史上最高水位的位置)及平水位(常年一般水平的位置)时,应按要求在调查研究的基础上进行测绘。

河流的两岸一般不大规则,在保证精度的前提下,对于小的弯曲和岸边不甚明显的地段可适当取舍。对于在图上只能以单线表示的小沟,不必测绘其两岸,只要测出其中心位置即可。两岸有堤的规则渠道可比照公路进行测绘。对那些田间临时性的渠不必测出,以免影响图面清晰。

湖泊的边界经人工整理、筑堤、修有建筑物的地段是明显的,在自然耕地的地段大多不甚明显,测绘时要根据具体情况和用图单位的要求确定。在不甚明显地段确定湖岸线时,可采用调查平水位的边界或根据农作物的种植位置等方法来定。

(6)植被的测绘

植被测绘应测出各类植物的边界,用地类界符号表示其范围,再加注植物符号和说明。地类界与道路、河流、拦栅等重合时,则可不绘出地类界;与境界、高压线等重合时,地类界应移位绘出。

地物测绘过程中,若发现图上绘出的地物与地面情况不符,如本应为直角的房屋角,但图上不成直角;在一直线上的电杆,但图上不在一直线上等,要认真检查产生这种现象的原因,如属于观测错误,则必须立即纠正。若不是观测错误,可能是由于各种误差的积累所引起的,或在两个测站观测了同一个地物的不同部位所引起。当这些不符的现象在图上小于规范规定的地物误差时,则可以采用分配的办法予以消除,使地物的形状与地面相似。

8.3.2 等高线勾绘

(1)连接地性线

地貌特征点测定后,不能马上描绘等高线,必须先连地性线。通常以实线连成山脊线,以虚线连成山谷线,如图8.8(a)所示,地性线的连接与实地是否相符,直接影响到描绘等高线的逼真程度,必须予以充分注意。地性线应随碎部点的陆续测定而随时连接,不要等到所有碎部点测完后再去连,以免连错使等高线不能如实地反映实地地貌的形态。

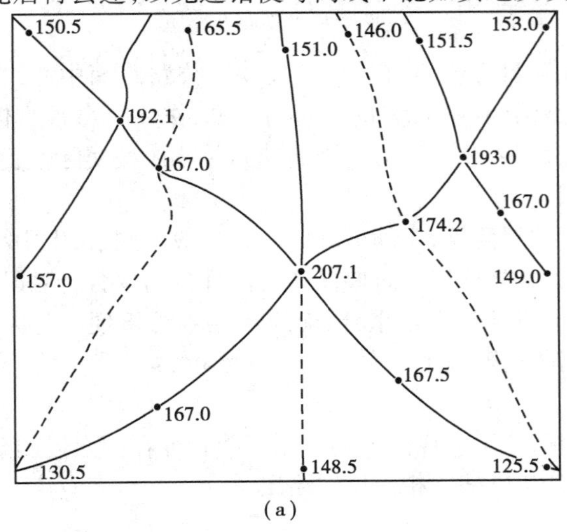

(a)

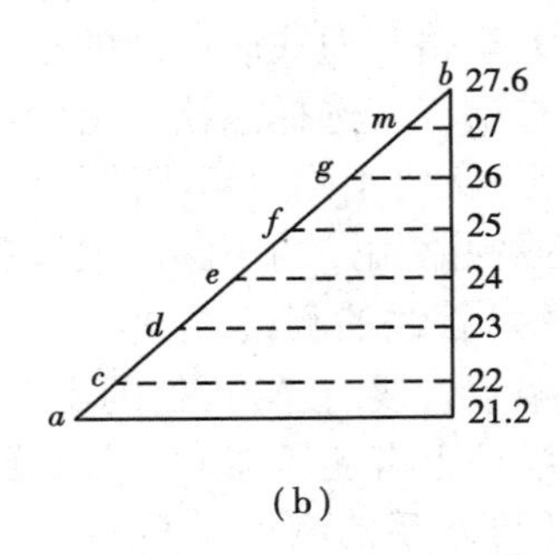

(b)

图8.8 计算法内插等高线

(2)计算法求等高线的通过点

地性线连接完后，即可在同一坡度的两相邻点之间，内插出每整米高程的等高线通过点。例如，在同一坡度上有相邻的 a、b 两点(图 8.8(b))、其高程分别为 21.2 m 和 27.6 m，从这两个点的高程，可以断定在 ab 线上能够找出 22、23、24…27 m 等高线所通过的点子。假设 ab 间的坡度均匀，根据 a 和 b 点间的高差为 6.4 m(27.6 - 21.2)，ab 线长(图上平距)为 48 mm，由 a 点到达 22 m 等高线的高差为 0.8 m，由 b 点到达 27 m 等高线的高差为 0.6 m，则由 a 点到达 22 m 等高线及由 b 点到达 27 m 等高线的线长 x_1 和 x_2 可以根据相似三角形原理得下列关系式

$$x_1 = 48 \times 0.8 \div 6.4 = 6.0 \text{ mm}$$

$$x_2 = 48 \times 0.6 \div 6.4 = 4.5 \text{ mm}$$

根据 x_1 和 x_2 的长度即可在 ab 直线截取 22 m 和 27 m 等高线所通过的 c 和 m，然后再将 c、m 两点之间的距离 5 等分，就得到 23、24、25、26 m 等高线所通过的点 d、e、f、g。

(3)图解法

如图 8.9 所示，取一张透明纸并画等距平行线，平行线间距和数目视地形坡度而定，陡坡地区可增加根数和缩小间距。a、b 为实测两点，将透明纸蒙在 a、b 上移动，当 a、b 分别位于 62.7 m 和 66.2 m 时，用直尺紧贴 ab 连线，则直尺与 63、64、65、66 m 平行线的交点，即得各相应高程等高线的通过点，用小针透刺各交点于图上即可。此法操作方便、精度较高，是地形测量的主要方法之一。

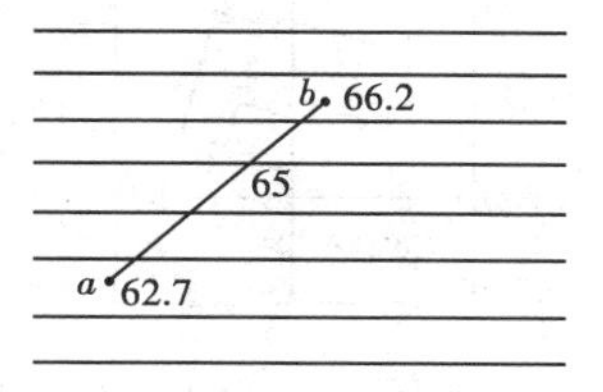

图 8.9　图解法内插等高线

在实际作业中，也可用目测法决定等高线通过点。

应强调指出，在地貌点之间确定等高线通过点，只有当两点间为匀坡时才能内插计算，而不能跨越地性线，也不能越点内插计算。

8.3.3　地形图的拼接、检查与整饰

(1)地形图的拼接

测区面积较大时，必须分幅测图。由于测绘存在误差，使相邻图幅接边处的地物和等高线不能吻合，因此，测图完成后，必须进行地形图的拼接。为拼图需要，测绘时应测出图廓外 0.5 cm以上。

拼接时用 3 ~ 5 cm 宽的透明纸带蒙在接图边上，把靠近图边的图廓线、格网线、地物、等高线描绘在纸带上，然后把透明纸带蒙在相邻图幅处，使图廓线、格网线分别对齐，如图 8.10 所示。若图廓线两侧同一地物、等高线间的偏差不超过表 8.4 中点位中误差的 $2\sqrt{2}$ 倍，可将其平均位置绘在纸带上(又称接图边)，并以此作为相邻两图幅拼接修改的依据。在大比例尺地形图上，平面位置的精度是指地物点相对于邻近解析图根点的点位中误差，高程中误差是指高程注记点相对于邻近解析图根点的高程中误差。

表 8.4　地物、地貌点位中误差

地区类别	地物点位置中误差(图上长/mm)		等高线高程中误差(等高距)		
	主要地物	次要地物	3° ~ 6°	6° ~ 15°	15°以上
一般地区	±0.6	±0.8	1/3	1/2	1
城市建筑区	±0.4	±0.6			

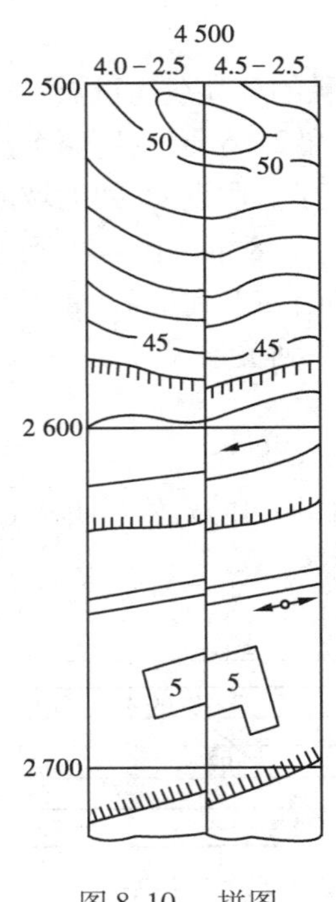

图8.10 拼图

在多幅图地区的测图中，对于描接图边常作如下的分工规定：对任何一幅图来说，只负责绘制本图幅的东、南两接图边，并分别与相邻两图幅的西、北图边作拼接检查。位于测区边缘的图幅无拼接检查的图边，称为自由图边，测绘时应特别注意。

用聚酯薄膜测图时，因其本身是透明的，可直接重叠作拼接检查，不需再描绘接图边。

拼接时，如发现误差超限，应到实地检查，作补测修正。例如，一般地区次要地物的测绘中误差应小于 ±0.8 mm，则相邻两图幅分别画出的地物位置差的中误差应小于 $\pm 0.8\sqrt{2}$ mm，如以两倍中误差为限差，则接图时两幅同一地物的相对位移可容许到 $\pm 0.8\sqrt{2}\times 2$ mm = ±2.3 mm；对于等高距为 1 m 的地形图，在平坦地区的中误差为1/3 m，则接图时容许误差为 $\pm\frac{1}{3}\sqrt{2}\times 2 = 0.9$ mm。在隐蔽地区表中要求可放宽至 1.5 倍。

(2)地形图的检查

为保证成图质量，除在测图时要随时检查、发现问题及时纠正外，当完成测图后，还应作一次全面检查，检查方法有室内检查、巡视检查和使用仪器设站检查等。

1)室内检查

主要检查记录、计算有无错误，图根点的数量和地貌的密度等是否符合要求，综合取舍是否恰当以及接连是否符合要求等。

2)巡视检查

沿拟定的路线将原图与实地进行对照，查看地物有无遗漏，地貌是否与实地相符，符号、注记等是否正确。发现问题要及时改正。

3)仪器设站检查

在上述检查基础上再作设站检查。采用测图时同样的方法在原已知点(图根点)上设站，重新测定周围部分碎部点的平面位置和高程，再与原图相比，误差不得超过表 8.4 中所规定的两倍。

(3)地形图的清绘与整饰

经过拼接，检查且均符合要求后，即可进行图的清绘和整饰工作。清绘和整饰必须按照地形图图式，顺序是先图内后图外，先地物后地貌，先注记后符号。图内包括图廓、坐标格网、控制点、地物、地貌、符号等；图外包括图名、图号、比例尺、平面坐标和高程系统、测绘单位和测绘日期等。图上注记的原则是除公路、河流和等高线注记是随着各自的方向变化外，其他各种注记字向必须朝北，等高线高程注记字头指向上坡方向，避免倒置。等高线不能通过注记和地物。清绘原图应清晰美观，符合图式要求。经过清绘和整饰后，图上内容齐全，线条清晰，取舍合理，注记正确。清绘原图是地形测绘的最后成果，除用于复制外，不应直接使用，而应长期妥善保存。

地形图是各种地物和地貌在图纸上的概括反映，是进行各类工程规划设计和施工的必备资料。正确判读和应用地形图，是每个工程技术人员必须具备的基本技能。

8.4　地形图的判读

判读地形图,就是了解图上所有的各种符号、轮廓线、数字和文字说明注记等所表达的内容,并将其与实地情况相联系。地形图判读分室内判读和野外判读。

8.4.1　地形图的室内判读

地形图的室内判读,主要是了解图名、图号、比例尺、接图表、内外图廓、坐标格网注记等内容。有的地形图上还注有坡度尺、三北方向等。

在外图廓外侧注有本图幅成图方法和时间、等高距、坐标系统和高程系统、测图单位等说明文字,判读时应认真阅读这些内容。

地物的判读主要是根据地物符号和有关注记,了解地物的分布和地物的位置,关键是熟悉地物符号;地貌的室内判读主要是确定图幅范围的基本地貌形态及特殊地貌位置。要根据等高线判读山顶、山脊、山谷、鞍部、山坡、洼地等基本地貌形态,并根据特定的符号判读冲沟、峭壁、悬崖、陡坎等特殊地貌,同时根据等高线的密集程度来分析地面坡度的变化情况。除判读各种地物和地貌外,还应根据图上配置的各种植被符号和注记说明,了解植被的分布、类别特征、面积大小等。

8.4.2　地形图的野外判读

(1)地形图的定向

野外使用地形图时,首先要使地形图的方位与实地东西南北方位一致。常用的定向方法有两种。

1)用罗盘按坐标纵线或磁子午线定向

按坐标纵线定向,应将罗盘(或罗针)的零直径与图上任一坐标纵线重合,然后转动地形图,使磁针北端指到当地的磁偏角的分划值为止(注意东偏或西偏),如图 8.11(a)所示。

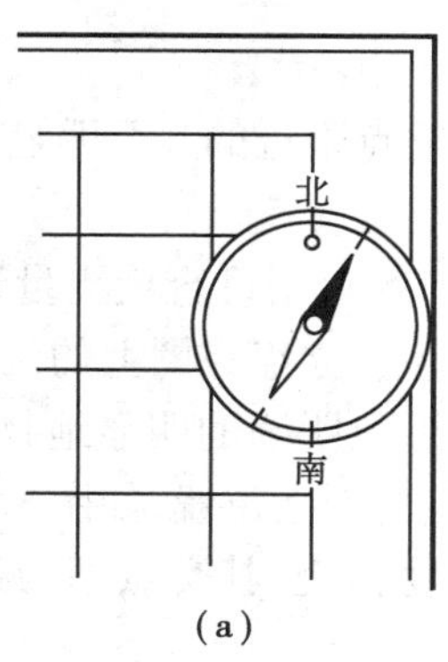

(a)

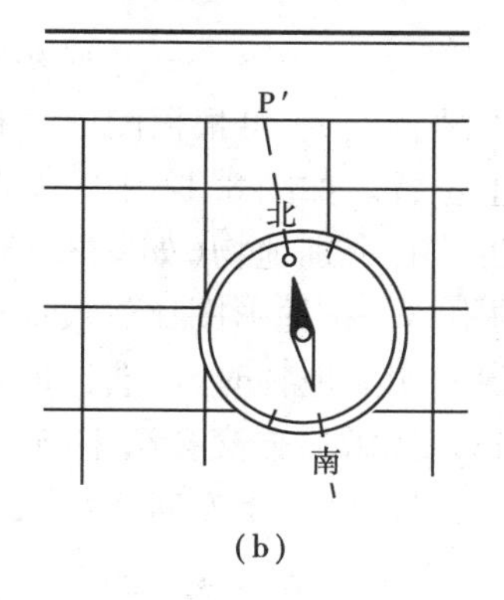

(b)

图 8.11　用罗盘确定地形图的方位

若按磁子午线 PP' 定向,则将罗盘(或罗针)的零直径与图上磁子午线重合,转动地形图与磁针零直径一致。这时地形图的方位便与实地方位一致,如图 8.11(b)所示。

2)根据直线路段、其他直线形地物及明显方位物定向,这种方法类似测图中的由已知直线定向,其具体操作方法如下:

先将地形图北图廓大致朝北,再将直尺放在地形图的直线路段上。并顺着直尺边缘瞄准地面。然后将地形图与直尺一起转动,使实地直线路段和图上相应的直线路段平行。这时,地形图方位与实地一致,如图 8.12 所示。

图 8.12　根据地物确定地形图方位

(2)在地形图上确定站立点位置

为了在地形图上确定站立点的位置,最简便准确的方法就是把站立点选择在地形图上已描绘出的明显地物(或地貌)特征点附近。如图 8.13 中的 a 点。

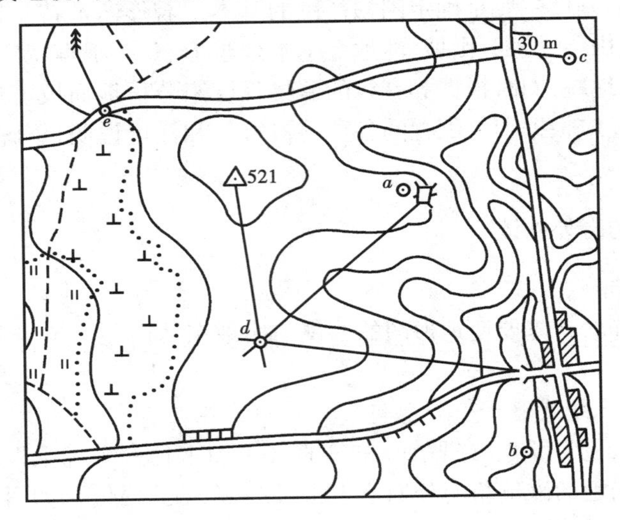

图 8.13　根据地物确定站立点的位置

如果站立点不在地物点上,可根据图上绘有的站立点附近的几个明显地物点,以目估方法估出该站立点的图上位置。如图 8.13 中的 b 点。

如果站立点附近只有个别地物(如图 8.13 中的 c 点),则可直接丈量地面地物点(如道路交叉点)至站立点的距离。按地形图比例尺即可确定该站立点在图上的位置。

当站立点附近没有明显地物时,可选择远处图上点位明确的明显地物、地貌特征点(如桥梁、三角标、山顶等),以图解后方交会法来确定站立点的图上位置,如图 8.13 中 d 点。如果站立点位于线形地物上,只需画一条方向线与该线形地物相交,其交点即为站立点的图上点位,如图 8.13 中的 e 点。

交会法定点一般采用罗盘测角后方交会法,即先在站立点上用罗盘测定至两明显目标的反方位角,然后,在图上通过目标点的图上点位,依所测角值画出方向线,两方向线的交点即站立点。一般应选择第三个目标画出第三条方向线以资检核。

(3)地形图的判读

在完成了地形图定向和站立点定点工作以后，便可进行地形图的野外判读工作，通过把图上内容与实地相对照，建立图上符号与实际地物、地貌的一一对应关系。并根据地形图沿指定的路线进行踏勘或进行其他作业。

8.5　地形图应用的基本内容

8.5.1　求点的坐标

如图 8.14，欲求图上 A 点的坐标，首先找出 A 点所处的小方格 $abcd$，西南角 a 点的坐标为 (x_a, y_a)，再量取 ag 与 ae 的长度，即可获得 A 点的坐标为

$$x_A = x_a + ag \cdot M; y_A = y_a + ae \cdot M \tag{8.1}$$

式中　M——地形图比例尺分母。

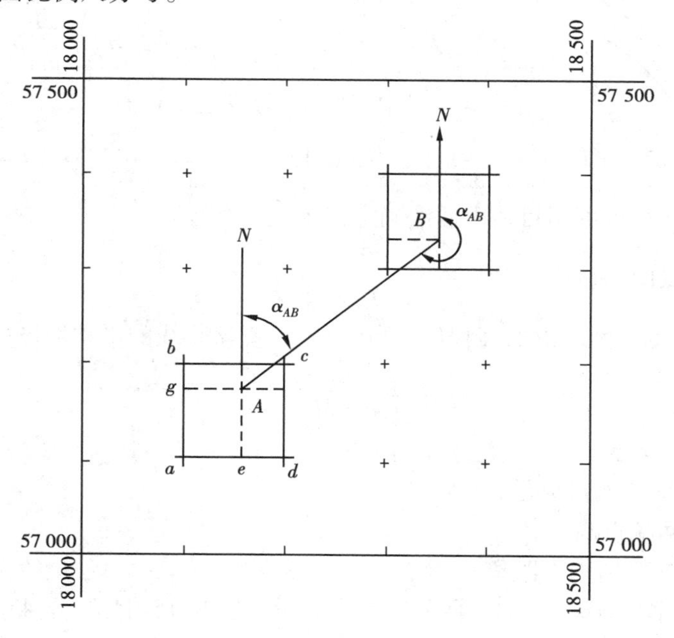

图 8.14　点的平面位置量测

8.5.2　求两点间的水平距离

利用图上两点坐标，可按下式反算出两点间的水平距离

$$D_{AB} = \sqrt{(x_B - x_A)^2 + (y_B - y_A)^2} \tag{8.2}$$

上式为解析法计算公式，也可用图解法量出，即用两脚规在图上直接卡出 A、B 两点间的长度，再与地形图上的直线比例尺比较，得出 AB 的水平距离。

8.5.3 求直线的方位角

若直线两端点 A、B 的坐标为已知,可按下式反算 AB 直线的方位角

$$\alpha_{AB} = \arctan \frac{y_B - y_A}{x_B - x_A} \tag{8.3}$$

精度要求不高时,也可用量角器直接量取。

8.5.4 求点的高程

依据等高线可求得地形图上点的高程。如图 8.15 所示,A 点正好位于等高线上,则 $H_A = 38$ m;若所求点不在等高线上,则应根据比例内插法确定其高程,如图 8.15 所示。欲求 B 点高程,先过 B 点作相邻两条等高线的近似垂线,与等高线相交于 m、n 两点,再在图上量取 mn 和 nB 的长度,按下式计算 B 点高程

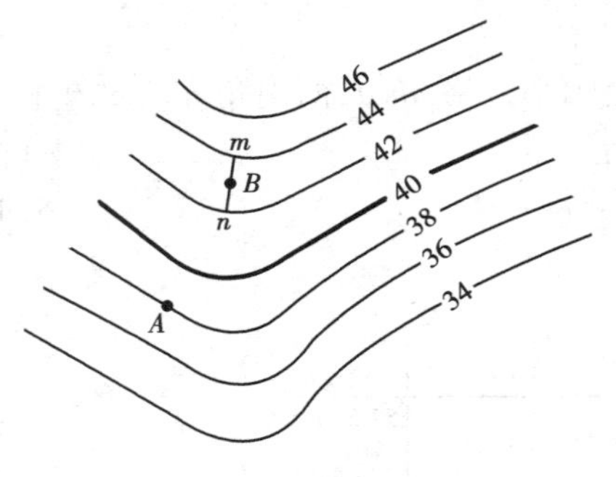

图 8.15 内插法求点的高程

$$H_B = H_n + \frac{nB}{mn}h \tag{8.4}$$

式中 h——等高距(m)。

图 8.15 中,$H_B = 42 + \frac{3.0}{5.7} \times 2 = 43.1$ m

精度要求不高时,也可用目估内插法确定待求点的高程。

8.5.5 求两点间的坡度

求出直线的长度及两端点的高程后,可按下式计算该直线的平均坡度

$$i = \frac{h}{d \cdot M} = \frac{h}{D} \tag{8.5}$$

式中 d——图上直线长;

M——地形图比例尺分母;

h——直线两端点高差;

D——直线的实地水平距离。

坡度 i 通常采用百分率(%)或千分率(‰)表示。图 8.15 中,$h_{AB} = 43.1 - 38 = 5.1$ m,若 $D_{AB} = 100$ m,则 $i = 5.1\%$。

如果地形图上附有坡度尺,也可用坡度尺来确定任意两点的坡度。

8.5.6 面积量算

面积量算方法很多,主要有几何图形法、解析法、求积仪法及光电面积扫描法等。

(1)几何图形法

若图形是由直线连接的多边形,可将其分成若干简单的几何图形,如三角形、矩形、梯形等,量取图形元素(长、宽、高),计算各简单几何图形的面积,汇总后得多边形面积。

(2)解析法

当欲求面积图形为任意多边形,且各顶点坐标已知时,可用解析法计算面积。此法精度

高、计算简便。

如图8.16所示，$ABCD$ 为任意四边形，顶点按顺时针编号，其坐标分别为(x_1,y_1)、(x_2,y_2)、(x_3,y_3)、(x_4,y_4)，各顶点向 x 轴投影得 A'、B'、C'、D'点，则四边形 $ABCD$ 的面积等于 $C'CDD'$的面积加 $D'DAA'$的面积减去$C'CBB'$和 $B'BAA'$的面积。即

$$P = \frac{1}{2}[x_1(y_2 - y_4) + x_2(y_3 - y_1) + x_3(y_4 - y_2) + x_4(y_1 - y_3)]$$

若图形为 n 边形，则可得面积计算通式为

$$\left.\begin{aligned} P &= \frac{1}{2}\sum_{i=1}^{n} x_i(y_{i+1} - y_{i-1}) \\ P &= \frac{1}{2}\sum_{i=1}^{n} y_i(x_{i-1} - x_{i+1}) \end{aligned}\right\} \tag{8.6}$$

或

式中　当 $i=n$ 时，$x_{n+1}=x_1$，$y_{n+1}=y_1$；当 $i=1$ 时，$x_{i-1}=x_n$，$y_{i-1}=y_n$ $(i=1,2,\cdots,n)$。

多边形顶点按逆时针编号时，面积值为负，取其绝对值为最后结果。

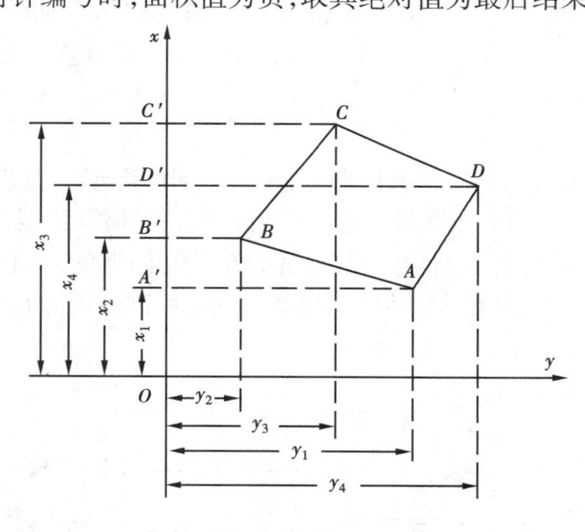

图8.16　解析法

(3)格网法(方格法)

格网法(图8.17)是利用绘有边长为1 mm或2 mm的正方形格网的透明纸，蒙在被量测的图形上，数出图形范围内的整方格数及破格数，从而计算出图形面积。具体步骤如下：

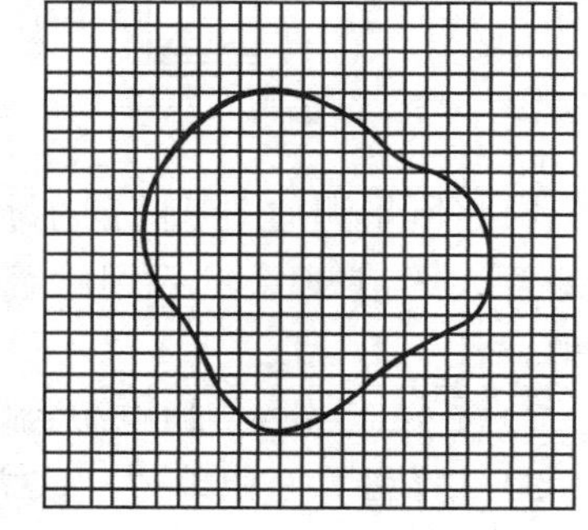

图8.17　方格法

1)确定每个小方格代表的实地面积　每个方格代表的实地面积 C 与地形图的比例尺、最小格值 S(以 m 为单位)有关，即

$$C = (SM)^2$$

式中　M——地形图比例尺分母。

2)蒙图　将透明方格纸蒙在待量算面积的底图上，使被量图形完全置于方格网内。适当调整方格纸，使四周不完整的方格尽可能少些，然后固定方格纸。

3)查算方格数　将完整的格数和不完整格数折合成的整格数相加即为图形面积所含小

方格数 n。对不完整格可估读到0.1格（即0.1 mm^2）。为了提高方格法量算精度，每个图形应当蒙图和查算两次。第二次量算时，应将透明纸转换方向。两次量算结果若在允许限差内，则取其平均值来计算面积。

4）计算面积　图形面积 P 可按下式计算

$$P = n \cdot C$$

（4）平行线法（积距法）

平行线法量测面积的步骤如下：

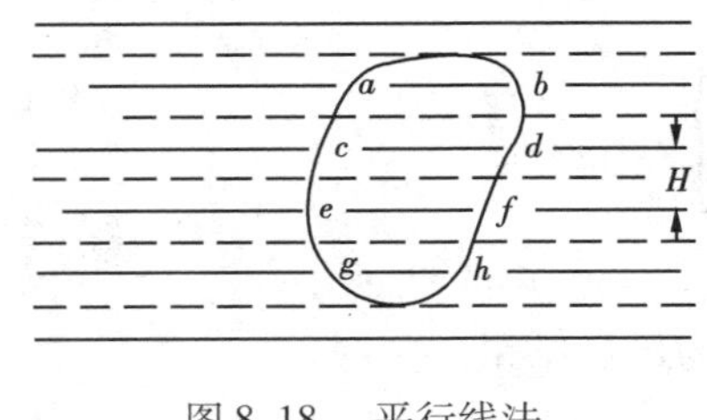

图8.18　平行线法

1）如图8.18所示，将绘有间距为 H（1 mm或2 mm）的平行线组透明膜覆盖在被量图形上，使图形上顶端界线与最下端界线都尽量分别处在两根平行线间的中心位置上，将膜片固定；

2）用量具分别量取图形内各条平行线的长度，并将其累加得　$L = ab + cd + ef + gh$。

3）计算面积　按下式计算图形的总面积

$$P = L \cdot H \cdot M^2$$

（5）求积仪法

求积仪是一种专用量算图形面积的仪器，适用于不同的图形。图8.19为日本生产的KP-90N式数字求积仪，它由动极轴、跟踪臂、电子脉冲计数设备和微处理器组成。

KP-90N式数字求积仪具有下列功能：选择面积单位对图形的面积重复多次测定并显示其平均值、对多块图形分别测定其面积并可显示其累加值、可进行累加和平均值测定以及面积单位的换算。具体量测方法如下：

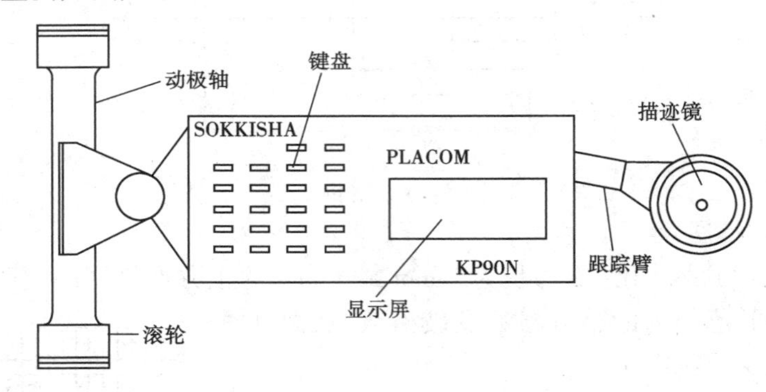

图8.19　数字求积仪

1）将所量测的图纸固定在水平图板上，把跟踪放大镜大致放在图形的中央，使动极轴与跟踪臂大约成90°，然后用跟踪放大镜沿图形轮廓线转一至二周，用以检查移动是否平滑移动。

2）按下ON键，接通电源，显示窗上显示0。

3）选择量算面积单位。该机设有米制、英制和日制三种计量制。UNIT-1为计量制选择键，确定计量制系统后，再按UNIT-2，确定面积的单位。

4）确定比例尺。比例尺的设定由按键SCALE确定。

5）面积量测。在所测图形边线上任取一点为起点，并与跟踪放大镜中心重合。按START

键，将跟踪放大镜绕图形一周回到起点，按 AVER 键，显示所测图形的面积。

为提高量测精度，对同一图形面积可进行重复量测，每量测完一次按一次 MEMO 键，最后结束时按 AVER 键，则显示出 n 次量测面积的平均值。

8.6　地形图在工程建设中的应用

8.6.1　绘制地形断面图

在道路、管道等线路工程设计中，为了合理地确定线路的纵坡进行填挖土（石）方量的概算，需详细了解沿线路方向的坡度变化情况，为此常根据大比例尺地形图的等高线绘制沿线方向的断面图。如图 8.20(a)所示，若要绘制 MN 方向的断面图，具体步骤如下：

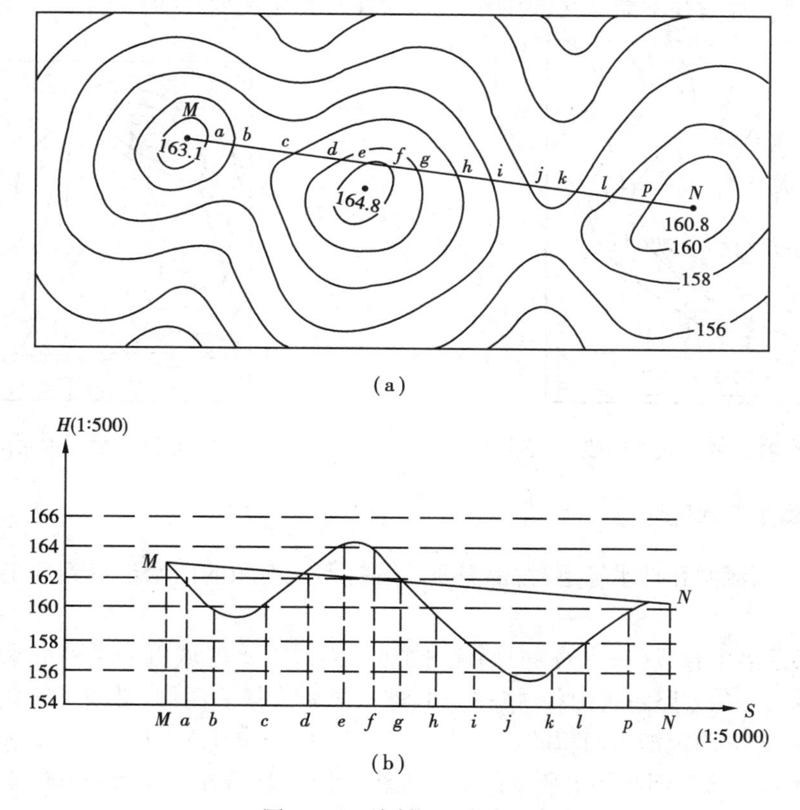

图 8.20　绘制地形断面图

1）在方格计算纸上绘制一直角坐标系。横轴表示水平距离，其比例尺与地形图比例尺一致；纵轴表示高程，其比例尺一般为水平距离比例尺的 10 ~ 15 倍，以便明显地反映地面起伏情况。

2）在纵轴上标注高程，在横轴上适当位置标出 M 点。将直线 MN 与各等高线的交点 a、b、…、p 以及 N 点按其距 M 点的平距依比例转绘在横轴上。

3）根据横轴上各点相应高程，在坐标系中标出相应点位。

4)将 MN 线上的点用圆滑曲线依次连接,得 MN 的断面图,如图 8.20(b)所示。

8.6.2 按规定坡度选择最短路线

道路、管线等工程设计中,必须在地形图上按规定坡度选出一条最短路线,然后综合考虑其他因素,获得最佳设计路线。

如图 8.21 所示,欲在 A 和 B 两点间选定一条坡度不超过 i 的线路,设图上等高距为 h,地形图的比例尺为 $1/M$,由式(8.5)可得线路通过相邻两条等高线的最短距离为

$$d = \frac{h}{i \cdot M} \tag{8.7}$$

在图上选线时,以 A 点为圆心,以 d 为半径画弧,交 84 m 等高线于 1、1′两点,分别以 1、1′两点为圆心,以 d 为半径画弧交 86 m 等高线于 2、2′两点,依次画弧直至 B 点。将相邻的交点依次连接起来,便可获得几条同坡度线,最后通过实地调查比较,从中选出一条最合理路线。作图过程中,若圆弧与等高线不能相交,说明该处坡度小于指定坡度,此时,可按最短距离定线。

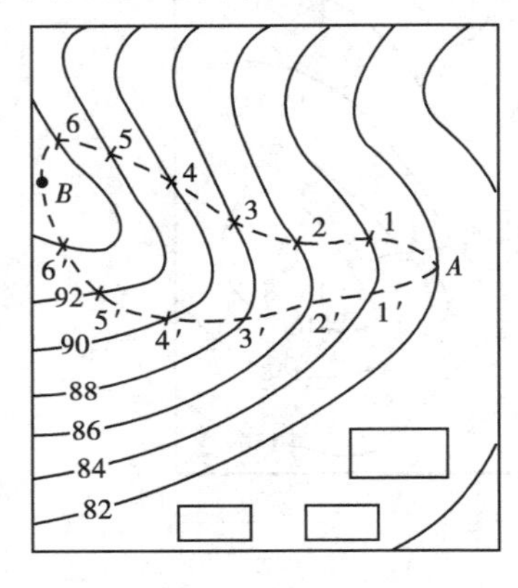

图 8.21 选择最短路线

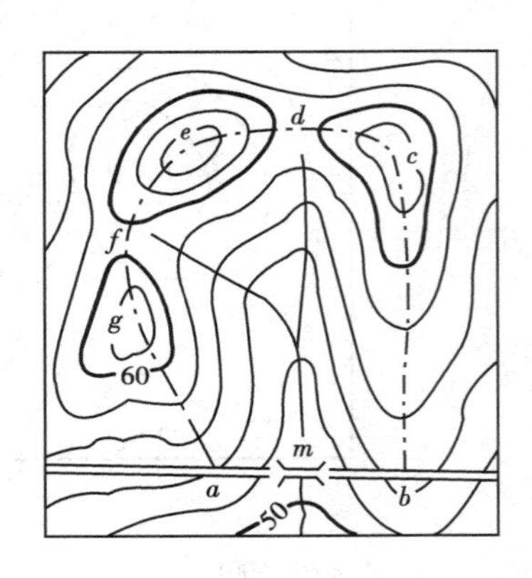

图 8.22 确定汇水区域

8.6.3 确定汇水区域

在设计桥梁、涵洞和排水管道时,都需要知道有多大面积的雨水汇聚到这里,这个面积叫汇水面积。

由于雨水是沿山脊线(分水线)向两侧分流的,因此汇水区域由一系列分水线连接而成。如图 8.22 所示,一条公路跨越山谷,拟在 m 处架一桥梁或修一涵洞,必须了解此处的汇水量。欲确定汇水量,先应确定汇水面积的边界线。图 8.22 中分水线 bc、cd、de、ef、fg、ga 与公路上的 ab 所围成的闭合图形的面积即为所求的汇水面积。用本章第五节介绍的方法求出汇水面积,再结合气象水文资料,可确定流经公路 m 处的水流量。

8.6.4 场地平整时的土方量估算

在土建工程中,往往要进行场地平整,估算土石方工程量,选择既合理又经济的最佳方案。下面介绍方格网法估算土石方量的方法。

(1)平整为水平场地

如图 8.23 所示,欲将 40 m 见方的 $ABCD$ 坡地平整为某一高程的平地,要求填、挖方量平

衡。步骤如下：

1）绘制方格网

方格的大小取决于地形的复杂程度、地形图比例尺和土石方量概算的精度。一般以小方格的实地边长为 10 m 或 20 m 为宜，图中取为 10 m。

2）求各方格网点高程

用目估法求出各方格点的地面高程，并注于方格点的右上角。

3）计算设计高程

一般以平均高程作为设计高程，即

$$H_{设} = \frac{\sum H_1 + 2\sum H_2 + 3\sum H_3 + 4\sum H_4}{4n} \tag{8.8}$$

式中　H_1——一个方格的顶点，即外转角点；

H_2——二个方格的公共顶点，即边线点；

H_3——三个方格的公共顶点，即内转角点；

H_4——四个方格的公共顶点，即方格内部中心点。

n——方格个数。

计算得出图 8.23 的设计高程为 71.9 m。

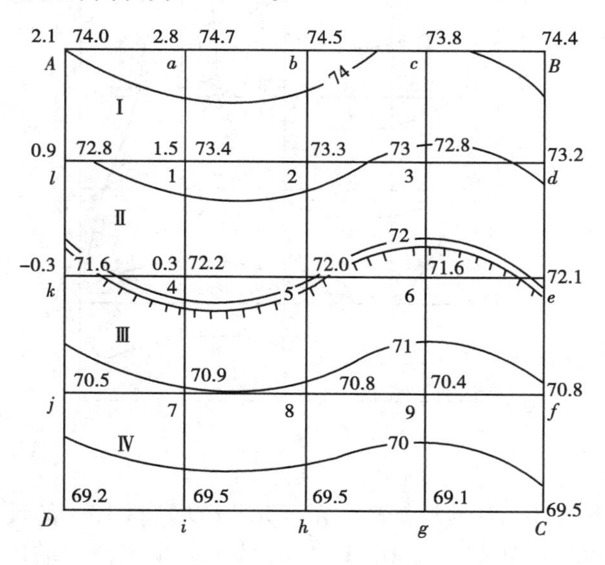

图 8.23　水平场地平整

4）绘制填、挖边界线

根据 $H_{设}$ = 71.9 m，在地形图上用内插法绘出 71.9 m 等高线，该线就是填、挖边界线，见图中标短线的等高线。

5）计算填、挖高度

$$填(挖)高度 = 地面高程 - 设计高程 \tag{8.9}$$

按上式计算方格顶点的填、挖高度，标注在对应顶点的左上方。填高为正，挖高为负。

6）计算填、挖方量

计算填、挖方量分两种情况：一种是整个方格都是填方或都是挖方，如图 8.23 中的方格Ⅰ

或Ⅳ;另一种是既有填方又有挖方,如图中方格Ⅱ或Ⅲ。

设$V_{Ⅰ挖}$为方格的挖方量,$V_{Ⅱ挖}$和$V_{Ⅱ填}$分别为方格Ⅱ的挖方量和填方量,则有:

$$V_{Ⅰ挖} = A_{Ⅰ挖} \times (2.1 + 2.8 + 0.9 + 1.5)/4 = 1.825 \times A_{Ⅰ挖}$$

$$V_{Ⅱ挖} = A_{Ⅱ挖} \times (0.9 + 1.5 + 0 + 0 + 0.3)/5 = 0.54 \times A_{Ⅱ挖}$$

$$V_{Ⅱ填} = A_{Ⅱ填}[(0 + 0 + (-0.3)]/3 = -0.1 \times A_{Ⅱ填}$$

式中 $A_{Ⅰ挖}$——方格Ⅰ的挖方面积;

$A_{Ⅱ挖}$、$A_{Ⅱ填}$——分别为方格Ⅱ的挖方和填方面积。

根据各方格的填、挖方量,求得场地的总填、挖方量。填、挖方总量应基本平衡。

(2)平整为倾斜场地

有时根据工程要求,需将场地平整为一定坡度的倾斜面,步骤如下:

1)绘制方格网

2)求各方格网点高程

3)计算场地平均高程

以上各步同水平场地的平整,经计算场地平均高程为$H_平=71.9$ m。

4)计算倾斜场地的最高和最低边线高程。

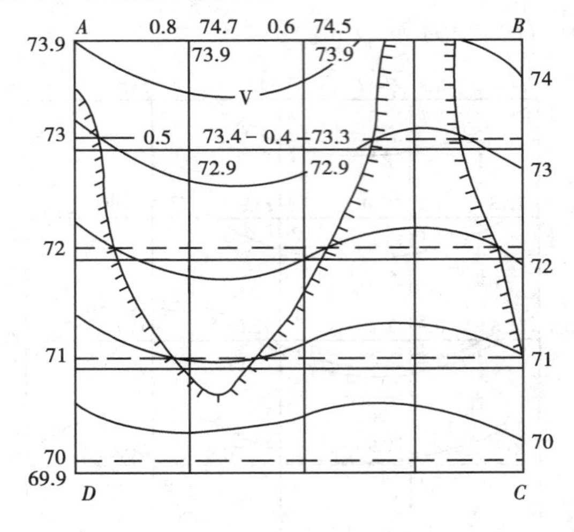

图8.24 倾斜场地平整

如图8.24所示,欲将$ABCD$地块平整为由AB向CD倾斜10%的坡度,因此AB线上各点为最高点,DC线上各点为最低点。当AB线和DC线之间中点位置的设计高程为$H_平$时,方可使场地的填、挖土方量平衡。设AD边长为D_{AD},得

$$H_A = H_B = H_平 + \frac{D_{AD} \cdot i}{2} = 71.9 + \frac{1}{2} \times 40 \times 0.1 = 73.9 \text{ m}$$

$$H_C = H_D = H_平 + \frac{D_{AD} \cdot i}{2} = 71.9 + \frac{1}{2} \times 40 \times (-0.1) = 69.9 \text{ m}$$

5)确定倾斜场地的等高线

根据A、D两点的设计高程,在AD直线上用内插法定出70 m、71 m、72 m、73 m设计等高线的点位,过这些点作AB的平行线(图8.24中的虚线)就是倾斜场地的等高线。

6)确定填、挖边界线

倾斜场地等高线与原地形图上相同高程等高线的交点刚好位于倾斜面上，连接这些点即为填、挖边界线。填、挖边界线上有短线的一侧为填方区，另一侧为挖方区。

7）计算方格顶点的设计高程

根据倾斜场地等高线用内插法确定各方格顶点的设计高程，注于方格顶点的右下方。

8）计算填、挖方量

先计算各方格顶点的填、挖高度，再按前述方法计算填、挖方量。

8.6.5　计算水库库容

水库设计时，常根据地形图确定汇水面积、淹没范围和水库的库容。水库库容是水库蓄水后的存水体积，是水库设计中的一项重要技术指标。

如图8.25所示，*AB*为在河流狭窄处设计的大坝轴线，为确定坝轴线以上汇水面积的大小，可从大坝轴线的某一端点开始（如图中*A*点）出发，通过一系列山脊、山顶和鞍部等部位的最高点，最后回到大坝另一端点*B*，形成一条闭合曲线（图中的虚线）。从图中可以看出，汇水边界线处处与等高线垂直，并且只有在山顶处才改变方向。由上述曲线所包围的面积，即为坝轴线上游的汇水面积。

水库淹没范围的计算，应根据设计水位和设计的回水高程，在地形图上内插出淹没线，然后量取它与坝轴线形成的闭合曲线面积。

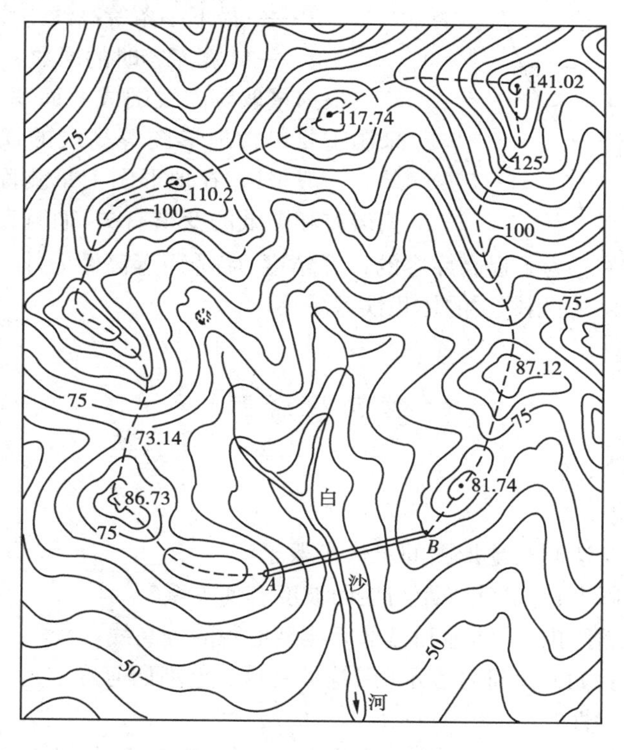

图8.25　库容汇水面积

库容大小与水库的设计水位、库区地形有关。计算库容时，先根据地形图量取设计水位和等高线与坝轴线围成的面积，然后根据库容计算的精度要求，按如下方法依次计算两相邻等高线间的体积,然后累加求和,即得水库的库容。

1)将相邻两等高线间所夹的一块体积用平均面积法计算,即

$$V = \frac{A_1 + A_2}{2}h \tag{8.10}$$

式中 A_1、A_2分别为相邻两等高线所围成的面积;

h——两等高线间的间距。

这是一种近似而比较简单的计算公式。

2)将两等高线间所夹的一块体积看成是截头锥体,用下式计算

$$V = \frac{A_1 + A_2 + \sqrt{A_1 \times A_2}}{3}h \tag{8.11}$$

该式是一种较为严密的计算公式。

实际计算中,一般是按式(8.10)或(8.11)先计算出相邻两等高线间的体积 V,然后求出水库的库容,即

$$W = V_1 + V_2 + \cdots + V_n = \frac{1}{2}(A_1 + 2A_2 + \cdots + 2A_{n-1} + A_n)h + \frac{1}{3}Anh' \tag{8.12}$$

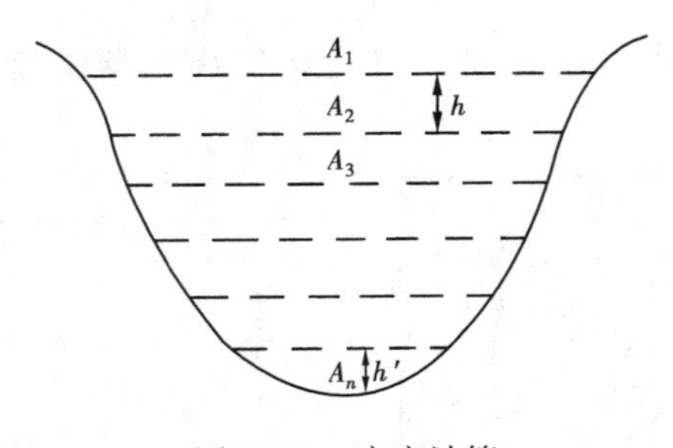

图 8.26 库容计算

式中 h——计算库容时的分层高度,一般等于地形图的等高距,如图 8.26 所示;

h'——最下一条等高线与库底最低点的高差;

n——计算库容时的层数。

根据量取等高线围成的面积来计算库容,其误差来源主要包括地形图等高线的误差和量测面积的误差。一般来讲,在地形图上量测面积的误差不仅与量测误差和图纸的变形有关,而且还与测定地形图等高线的平面位置误差有关。为了提高库容的计算精度,应选用等高距 h 小一点的地形图,这时,其分层数也相应的增大,使相邻层的体积误差减小。

复习思考题

1. 何谓地物、地貌?
2. 试述经纬仪测绘法测绘地形图的工作步骤。
3. 在同一幅地形图上,等高线平距与地面坡度有何关系?
4. 试画出山头、山脊、山谷、洼地和鞍部等典型地貌的等高线。
5. 绝壁部分的地貌如何用符号表示(用符号表示的范围如何确定)?
6. 等高线有哪些特性?
7. 用经纬仪测图时,一个测站上的读数顺序(读尺和度盘读数)应怎样最好? 为什么?
8. 改正图 8.27 中的错误之处。
9. 试比较用经纬仪测图以及经纬仪和小平板联合测图中的优缺点。
10. 根据图 8.8(a)中注记,勾绘等高距为 1 m 的等高线。

11. 如何进行地形图的拼接工作？

12. 地形图的清绘与整饰工作主要有哪些内容？应注意哪些问题？

13. 在图 8.28 中完成下列作业：

(1)根据等高线按比例内插法求 A、C 两点高程；

(2)求 A、B 两点间的水平距离及 AB 连线的坐标方位角；

(3)从 A 至 B 选定一条坡度为 6.5% 的路线。

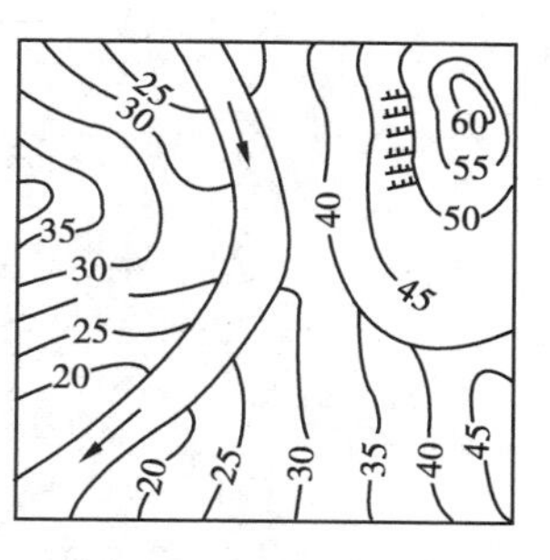

图 8.27　第 8 题图

14. 试根据地形图 8.29 上的 AB 方向线，在其下方一组平行线图上绘出 AB 方向线的断面图。

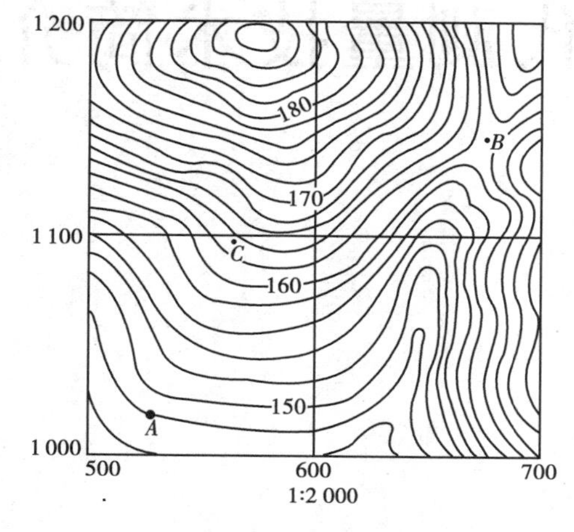

图 8.28　第 13 题图

图 8.29　第 14 题图

15. 图 8.30 为 1∶2 000 地形图，欲作通过设计高程为 52 m 的 a、b 两点，向下设计坡度为 4% 的倾斜面，试绘出其填、挖边界线。

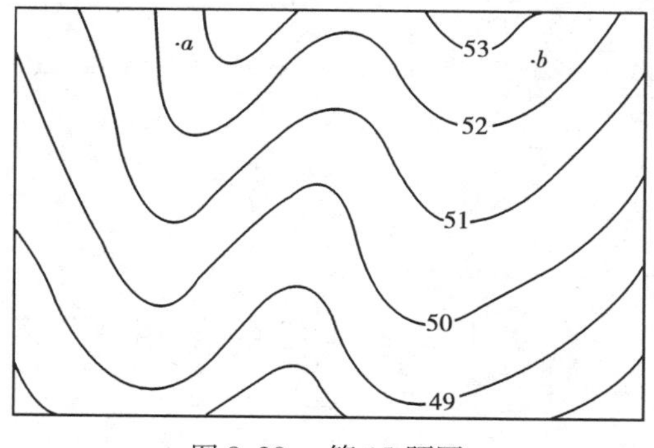

图 8.30　第 15 题图

16. 在地形图上确定汇水域时，为什么边界线要与山脊线一致且与等高线正交？边界线为什么要通过山顶和鞍部？

17. 地形图野外判读的基本方法和步骤如何？请详述之。

18. 完成图 8.25 库容汇水面积的计算。

第3篇 现代测量技术简介

第9章 数字测图技术

9.1 全站仪的使用

全站仪全称为全站型电子速测仪(Electronic Tachometer Total Station)。它由光电测距仪、电子经纬仪、微处理机、电源装置和反射棱镜等组成,是一种集自动测距、测角、测高于一体,实现对测量数据进行自动获取、显示、存储、传输、识别、处理计算的三维坐标测量与定位系统。由于只要安置一次仪器就可以完成本测站所有的测量工作,故被称为"全站仪"。

全站仪已广泛应用于控制测量、地形测量、地籍与房产测量、施工放样、变形观测及近海定位等方面的测量工作中。

9.1.1　全站仪的构造

(1)概述

全站仪的种类很多,按其结构可分为整体型(Integrated)和积木型(Modular,又称作组合型)两类。整体型全站仪的测距、测角与电子计算单元以及仪器的光学、机械系统组合成一个整体,不可分开;积木型全站仪的电子测距仪(又称测距头)、电子经纬仪各为一独立的整体,既可单独使用,又可组合在一起使用。按测角精度可分为0.5″、1.0″、1.5″、2.0″、3.0″、5.0″、7.0″等级别。图9.1(a)为瑞士徕卡公司生产的电子全站仪TCR1102,图9.1(b)是南方测绘仪器公司生产的电子全站仪NTS—320。

(a)TCR1102

(b)NTS—320

图9.1　电子全站仪

全站仪的结构原理如图9.2所示。图中上半部分包含有测量的四大光电系统,即测距、测水平角、测竖直角和水平补偿。电源是可充电电池,供各部分运转、望远镜十字丝和显示器照明。键盘是测量过程的控制系统,测量人员通过键盘可调用内部指令指挥仪器的测量工作过程和测量数据处理。以上各系统通过I/O接口接入总线与计算机系统联系起来。

微处理机是全站仪的核心部分,它如同计算机的中央处理器(CPU),主要由寄存器系列(缓冲寄存器、数据寄存器、指令寄存器等)、运算器和控制器组成。微处理机的主要功能是根据键盘指令启动仪器进行测量工作,执行测量过程的检核和数据的传输、处理、显示、储存等工作,保证整个光电测量工作有条不紊地完成。输入输出单元是与外部设备连接的装置(接口)。为便于测量人员设计软件系统,处理某种目的的测量工作,在全站仪的微型电脑中还提供有程序存储器。

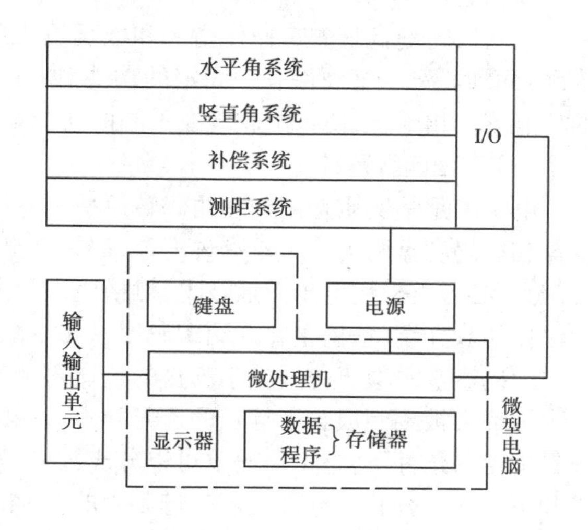

图9.2　全站仪的结构原理

(2)同轴望远镜

全站仪的望远镜中,瞄准目标用的视

准轴和光电测距仪的光波发射、接收系统的光轴是同轴的。望远镜与调光透镜中间设置分光棱镜系统,一方面可以接收目标发出的光线,在十字丝分划上成像,进行目标瞄准;同时又可使光电测距部分的发光管射出的测距光波经物镜射向目标棱镜,并经同一路径反射回来,由光敏二极管接收,并配置电子计算机中央处理机、存储器和输入输出设备,根据外业观测数据实时计算并显示所需要的测量结果。

图 9.3 为无反射棱镜全站仪的光路示意图。在全站仪测距头里,安装有两个光路与视准轴同轴的发射管,提供两种测距方式。一种方式为 IR,它可以发射利用棱镜和反射片进行测距的红外光束;一种方式为 RL,它可以发射可见的红色激光束,不用反射镜(或反射片)即可

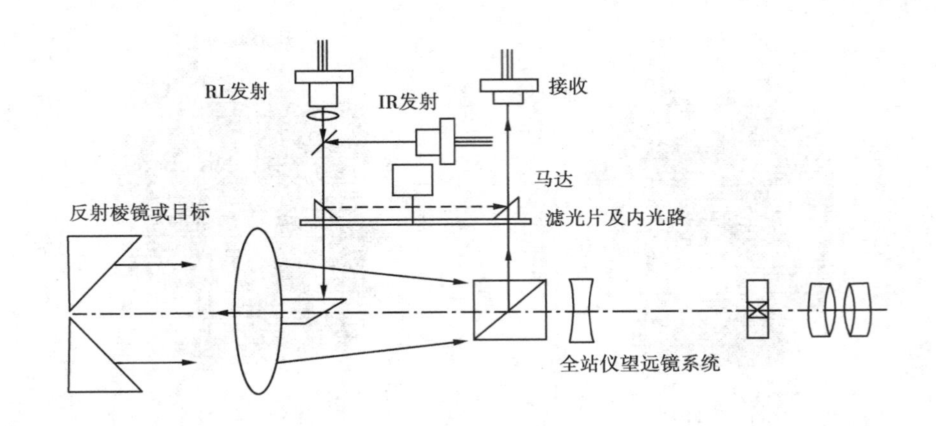

图 9.3　无反射棱镜全站仪的光路

测距。两种测量方式的转换可通过仪器键盘操作控制内部光路来实现,由此引起的不同的常数改正会由系统自动修正到测量结果上。正因为全站仪是同轴望远镜,因此,一次瞄准目标棱镜,即可同时测定水平角、垂直角和斜距。

(3)键盘

全站仪的键盘是测量操作指令和数据输入的部件,键盘上的键分为硬件和软件键(简称软键)两种。每一个硬件有一固定的功能,或兼有第二、第三功能;软键与屏幕最下一行显示的功能菜单相配合,使一个软键在不同的功能菜单下有多种功能。

(4)度盘读数系统

电子测角的实质是用一套角码转换系统来代替光学经纬仪的光学读数系统。目前有光栅度盘和编码度盘两类。无论哪种度盘,都只给出角度的大数(格值为 1′)。如果要提高角度的分辨力,必须再采用电子内插技术,对格值进行测微,达到秒级。光栅度盘测角原理在第 5 章中已作初步介绍,这里主要介绍编码度盘测角原理。

编码度盘类似于普通光学度盘的玻璃码盘,在此平面上分着若干宽度相同的同心圆环,而每一圆环又被刻制成若干等长的透光和不透光区,这种圆环称为编码度盘的“码道”。在码道数目一定的条件下,整个编码盘可以分成数目一定、面积相等的扇形区,称为编码盘码区。透光和不透光两种状态分别表示二进制中的“0”和“1”,由光电二极管转换成电信号。图 9.4 是一个具有 4 个码道、16 个码区的普通二进制编码。在编码度盘的码道一侧设置发光二极管,而在对应的码盘另一侧设置光敏二极管作为接收传感器。测角时,码盘不动,光源和接收器随

照准部一起转动,可得到每一位置的二进制数,再经过译码器将二进制转换为角度值,并予以显示。由于在任意位置上都可直接读取度、分、秒的数值,因此,编码度盘的测角方式为"绝对法"测角。

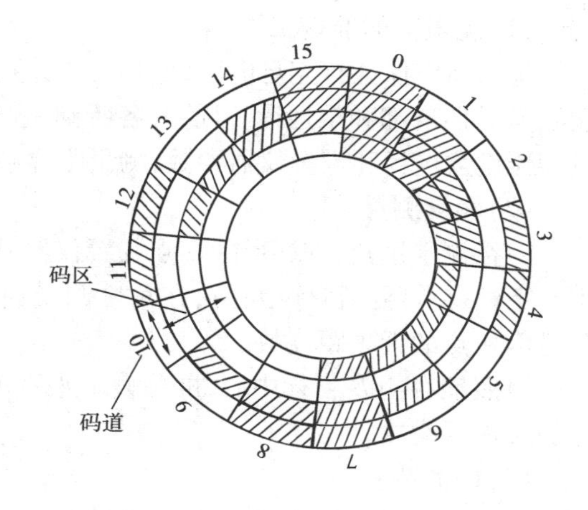

图9.4 编码度盘

(5)补偿器

影响测量精度的因素很多,其中垂直轴、水平轴和视准轴的不正确安装是最重要的因素。补偿器的作用就是通过寻找仪器在垂直和水平方向的倾斜信息,自动地对测量值进行改正,从而提高采集数据的精度。

补偿器有摆式补偿器和液体补偿器两种,现代全站仪基本使用液体补偿器。补偿器按补偿范围可分为单轴(X方向)补偿、双轴(X、Y方向)补偿和三轴补偿三种。单轴补偿仅能补偿垂直轴倾斜引起的垂直度盘读数误差;双轴补偿可同时补偿垂直轴倾斜引起的垂直和水平度盘的读数误差;三轴补偿则不仅能补偿垂直轴倾斜引起的垂直和水平度盘读数误差,还能补偿水平轴倾斜误差和视准轴误差引起的水平度盘读数的影响。

(6)存储器

把测量数据先在仪器内存储起来,然后传送到外围设备(电子记录手簿、计算机等),这是全站仪的基本功能之一。全站仪的存储器有机内存储器和存储卡两种。

1)机内存储器

机内存储器相当于计算机中的内存(RAM),用它暂时存储或读出(存/取)测量数据,其容量大小随仪器的类型而异,较大的内存可同时存储测量数据和坐标数据多达3 000点以上,若仅存坐标数据可存储8 000点。现场测量所必需的已知数据也可以放入内存。

2)存储卡

存储器卡的作用相当于计算机的磁盘,用作全站仪的数据存储装置,卡内有集成电路、能进行大容量存储的元件和运算处理的微处理器。一台全站仪可以使用多张存储卡。在与计算机进行数据传送时,通常需要称为卡片读出打印机(卡读器)的专用设备。

(7)I/O通讯接口

全站仪可以将内存中的存储数据通过I/O接口和通讯电缆传输给计算机,也可以接收由计算机传输来的测量数据及其他信息,称为数据通讯。

通过I/O接口和通讯电缆,在全站仪的键盘上所进行的操作,同样可以在计算机的键盘上操作,便于用户应用开发,即具有双向通讯功能。

9.1.2 全站仪的使用

一般全站仪均有角度测量、距离测量、三维坐标测量,后方交会、放样测量、地形测量、对边测量、悬高测量、面积计算等功能。智能型全站仪还具有导线测量、线路工程测量和数字化测图等功能。本节介绍全站仪使用的一般方法,具体操作方法参阅仪器使用说明书。

(1)测量前的准备工作

施测前应保证有充足电源,仪器安置并开机自检后,进行度盘初始化(有的仪器不需初始化),旋转照准部和望远镜一周,并各听到一声响,即完成水平度盘和竖直度盘初始化,然后通过操作键盘选择和设置仪器参数,测量距离和高差时还应输入大气折光系数等。

(2)角度测量

1)欲测水平角∠*AOB*,在 *O* 点安置仪器,以纵丝照准左侧目标 *A*(如果同时测量竖直角,应用十字丝交点照准目标中心),在角度测量模式下使水平度盘读数置零。而竖盘则按视线倾斜显示 *A* 点的天顶距读数。

2)照准右侧 *B* 目标中心,屏幕显示水平度盘读数即为所测的水平角∠*AOB*。竖盘显示 *B* 点的天顶距读数。

(3)距离测量

1)选择所需测距的模式,输入棱镜常数、温度和气压参数等。

2)精确照准目标棱镜中心,按测量键即可测得斜距、水平距离和高差。

实际上距离测量与角度测量是同时进行的,其中斜距是全站仪的原始观测值,平距和高差是根据竖直角利用斜距计算而来的。

(4)三维坐标测量

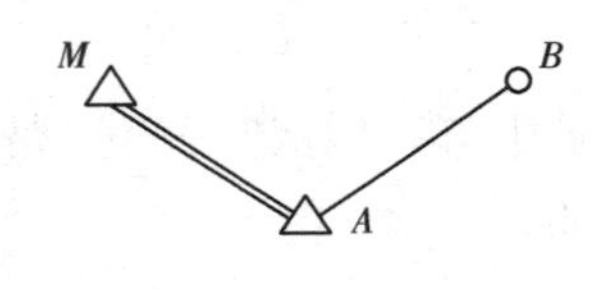

图 9.5　坐标测量

1)在已知点 *A* 安置仪器,如图 9.5 所示,选择坐标测量模式,输入仪器高和棱镜常数、气压参数、测站点三维坐标,后视点 *M* 的坐标(H_M可不输入)。输入测站点和后视点的坐标是使仪器的坐标系与实地坐标系一致,如果 *A* 点至 *M* 点的方位角 α_{AM}已知,则只需直接输入测站点坐标和方位角,不必输入后视点坐标。

2)输入方位角,则配置度盘读数为方位角值,照准 *M*。

3)照准待定点 *B* 上所立棱镜,按测量键即可求得 *B* 点的三维坐标(x_B,y_B,H_B)。

(5)后方交会

在某一待定点上安置仪器,如果对已知点只观测水平方向,则至少应观测 3 个已知点。由于全站仪瞄准目标后可以边、角同测,因此,如果对 2 个已知点进行距离观测构成测边交会,就可计算测站点的坐标。而测距时必定同时观测水平角,产生多余观测,要进行闭合差的调整后才计算坐标。有些仪器的后方交会软件可以处理这样的多余观测。

后方交会的具体操作方法如下:

1)安置全站仪于待定点,输入仪器高。

2)选择后方交会模式,按屏幕提示输入各已知点的三维坐标、目标(棱镜)高,按测量键。屏幕询问是否观测其他点,如果有尚可按提示输入,没有则回车。

3)依次瞄准各已知点,按测量键。

4)各点观测完毕,经过软件计算,屏幕显示测站点的三维坐标并存储于内存中。

(6)悬高测量

测量某些不能安置反光棱镜的目标(如高压电线、桥梁桁架等)高度时,可以利用目标上面或下面能安置棱镜的点来测定,称为悬高测量。图 9.6 中 *A* 为测站,目标 *T* 为高压线的垂曲最低点,在其下面安置反光镜,量取棱镜高 h_1。瞄准棱镜中心,测定斜距 *S* 及天顶距 Z_P。瞄准

T 点，测定天顶距 Z_T。则 T 点离地面的高度为

$$H_T = h_1 + h_2 = h_1 + S\frac{\sin Z_P}{\tan Z_T} - S \cdot \cos Z_P$$

悬高测量的操作方法如下：

1）在测站上安置全站仪，目标下方或上方安置棱镜，量棱镜高 h_1 输入仪器。

2）瞄准棱镜，按距离测量键，显示斜距及棱镜天顶距。

3）瞄准目标点，按悬高测量键，显示目标点离地面高度。

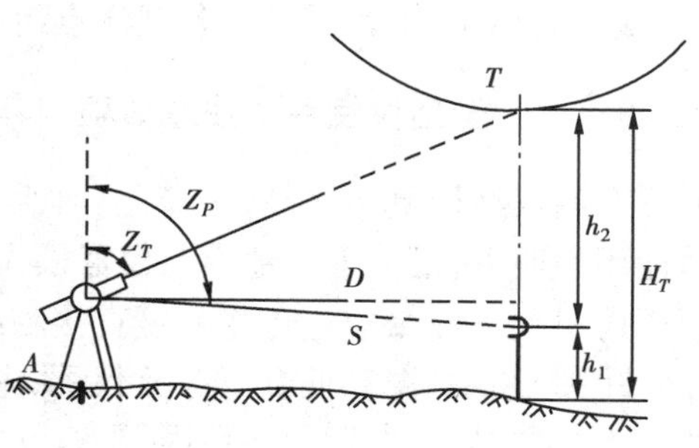

图 9.6　悬高测量

(7) 放样测量

放样测量模式可根据坐标或手工输入的角度、水平距离和高程计算放样元素，通常使用极坐标法进行点的放样工作，放样显示是连续的。

放样测量的具体操作步骤如下：

1）安置全站仪于测站点上，并量取仪器高。

2）选用放样测量模式并按屏幕提示依次输入测站点名、坐标、仪器高，并按回车键确认。

3）瞄准定向点后，按定向键进行定向测量，可直接输入定向方位角定向，也可输入定向点坐标，仪器会自动计算出定向方位角。

4）按测量键进行放样测量，首先输入放样点的点号、坐标和棱镜高，仪器会自动计算出放样角度和放样距离，然后旋转照准部使水平角显示为 0°00′00″，在此方向线上根据放样距离指挥持棱镜人员前后移动，反复测量几次直到找到放样点为止。

(8) 对边测量

全站仪安置在测站点 O 上，分别观测两个目标点 A、B（A、B 间通视与否不限），从而推算出 A、B 间的水平距离、斜距和高差，称为对边测量。对边测量有两个模式：辐射式（测量 A—B，A—C，A—D…的距离）；连续式（测量 A—B，B—C，C—D…的距离）。可根据仪器屏幕提示由操作键来选择。对边测量可连续进行。

具体操作步骤如下：

1）在测站点 O 安置仪器，输入仪器高并选择对边测量模式和功能。

2）输入各目标点的点号和棱镜高，照准 A 目标点，并按测量键。

3）依次照准 B、C、…，每按一次测量键，分别显示 A 至 B、A 至 C、…或 A 至 B、B 至 C…的距离与高差。

(9) 面积测量

使用面积测量模式，可测量目标点连线所包围的面积。面积测量时点的坐标可以实时测得，也可以从内存调用或手工输入，点与点之间只用直线连接，至少需要三个点的坐标。

若先观测四个点（1、2、3、4），则自动构成闭合图形（即点 4 与点 1 自动连接）。若再观测点 5，则点 5 与点 1 自动连接，构成新的闭合图形。

面积测量的操作方法如下：

1）选择面积测量模式，按屏幕提示依次输入被测点点号、棱镜高，瞄准目标按测量键。

2）依次测量第 2、3…点。

3)测量完毕屏幕即显示各观测点组成的闭合图形的面积、周长、点数等结果。

9.1.3 全站仪使用的注意事项和养护

全站仪结构复杂、价格昂贵,必须严格遵守操作规定进行正确操作。使用前应认真阅读仪器使用说明书,最大限度地熟悉仪器操作方法。同时注意下列几点:

1)日光下测量应避免将物镜直接瞄准太阳。若在太阳下作业应安装滤光器。

2)避免在高温和低温下存放仪器;避免温度骤变,若仪器工作处的温度与存放处的温度差异太大,应先将仪器留在箱内,直至仪器适应环境温度后再使用。

3)仪器不使用时,应将其装入箱内,置于干燥处,注意防震、防尘和防潮;仪器长期不用时,应将仪器上的电池卸下分开存放。电池应每月充电一次。

4)安置仪器安装或拆卸仪器时,要一只手握住仪器、一手操作,以防仪器跌落。

5)作业前应仔细检查仪器的各项指标、功能、电源、初始设置和改正参数等,符合要求的才能作业。若发现仪器功能异常,不可擅自拆开,应及时送专业部门维修。

9.2 数字测图技术

9.2.1 信息编码

传统地形测量的主要产品是纸质地图和表格。随着全站仪及计算机技术的广泛应用,地形测量正由传统方法向全解析数字化方向变革。数字地形测量的产品是以计算机为载体,以全站仪野外采集的数据为依据,经过处理绘制而成图的。

(1)数字测图的基本原理

全站仪数字测图是由全站仪野外采集数据,计算机对这些数据进行识别、检索、连接和调用图式符号,编辑生成数字地形图。野外采集的每一个地形点的信息,必须包括点位信息和绘图信息。点位信息是指点号及其三维坐标值,由全站仪实测获取;点的绘图信息是指地形点的属性及与其他测点间的连接关系(点号以及连接线型)。为使计算机能自动识别测点,必须对地形点的属性进行编码。知道地形点的属性编码和连接信息,计算机就能利用绘图软件,从图式符号库中调出与该编码相对应的图式符号,连接并生成数字地形图。

(2)信息编码

地形图的图形信息包括所有与成图有关的各种资料,如测量控制点资料、解析点坐标、地物的位置和符号、地貌的形状、各种注记等。为此,必须对所测碎部点和其他地形信息进行编码,按地形图图式的要求,建立符号库存于计算机地形编码系统中,供使用时调用。信息编码按照 GB 14804—93《1∶500、1∶1 000、1∶2 000 地形图要素分类与代码》进行。地形信息的编码由 4 部分组成:大类码、小类码、一级代码、二级代码,分别用 1 位十进制数字顺序排列。如表 9.1 所示,第一大类码是测量控制点,下分平面控制点、高程控制点、GPS 点和其他控制点四个小类码,编码分别为 11、12、13 和 14。小类码又可分成若干一级代码,一级代码又可分成若干二级代码。如导线点是第 5 个一级代码,三级导线点是第 3 个二级代码,则导线点的编码是 115,三级导线点的编码是 1153。

表9.1　1∶500　1∶1 000　1∶2 000地形图要素分类与代码(部分)

代　码	名　称	代　码	名　　称	…	代　码	名　称
1	测量控制点	2	居民地和垣栅	…	9	植被
11	平面控制点	21	普通房屋	…	91	耕地
111	三角点	211	一般房屋	…	911	稻田
1111	一等三角点	…	…	…	…	…
…	…	214	破坏房屋	…	914	菜地
1114	四等三角点	…	…	…	…	…
115	导线点	23	房屋附属设施	…	93	林地
1151	一级导线点	231	廊	…	931	有林地
…	…	2311	柱廊	…	9311	用材林
1153	三级导线点	…	…	…	…	…

(3)连接信息

数字地形测量野外作业时,除采集点位信息、地形点属性信息外,还要采集编码、点号、连接点和连接线型四种信息即连接信息。当测点是独立地物时,只要用地形编码来表明它的属性即可,而一个线状或面状地物,就需要明确本测点与何点相连,以何种线型相连。接线型是测点与连接点之间的连线形式,有直线、曲线、圆弧和独立点四种形式,分别用1、2、3、0或空白为代码。如图9.7所示,测量一条小路,假设小路的编码为632,其记录格式见表9.2,表中略去了观测值,点号同时也代表测量碎部点的顺序。

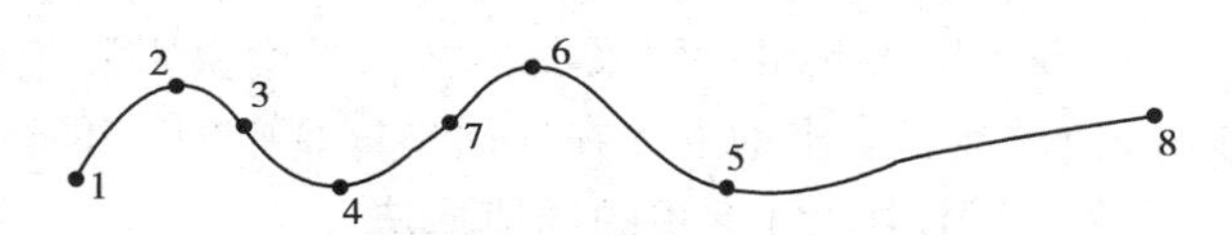

图9.7　数字化测图的记录

9.2.2　野外数据采集和数据处理

表9.2　数字化测图记录表

单元	点号	编码	连接点	连接线型
第一单元	1	632	1	2
	2	632		
	3	632		
	4	632		
第二单元	5	632	5	2
	6	632		
	7	632	4	
第三单元	8	632	5	1

(1)全站仪野外采集数据的步骤

1)在测点上安置全站仪并输入测站点坐标(x,y,H)及仪器高。

2)照准定向点并使定向角为测站点至定向点的方位角。

3)待测点立棱镜并将棱镜高由人工输入全站仪,输入一次以后,其余测点的棱镜高则由程序默认(即自动填入原值),只有当棱镜高改变时,才需重新输入。

4)逐点观测,只需输入第一个测点的测量顺序号,其后每测一个点,点号自动累加1,一个测区内的点号是惟一的,不能重复。

5)输入地形点编码,并将有关数据和信息记录在全站仪的存储设备。

(2)数据处理

将野外实测数据输入计算机,成图系统首先将三维坐标和编码进行初处理,形成控制点数据、地物数据、地貌数据,然后分别对这些数据分类处理,形成图形数据文件,包括带有点号和编码的所有点的坐标文件和含有所有点的连接信息文件。绘图程序根据输入的比例尺、图廓坐标、已生成的坐标文件和连接信息文件,按编码分类,分层进入地物、地貌等各层进行绘图处理,生成绘图命令,并在屏幕上显示所绘图形。根据实际地形对屏幕图形进行必要的编辑、修改,生成修改后的图形文件。

数字地形图输出形式可采用绘图机绘制、显示器显示、磁盘存储、打印机输出等方式。

9.2.3 数字高程模型(DEM)

数字高程模型(Digital Elevation Model,简称 DEM)是用一组地面点的平面坐标和高程描述地表形状的一种方式,即数字化的地形信息。模型核心是如何求任意已知坐标点的高程。

(1)DEM 数据采集

建立数字高程模型,必需采集地面点的原始数据(三维坐标)。数据采集方法主要有:

1)全站仪实测　用全站仪在野外实测地形点的三维坐标(x,y,H)。

2)原有地形图数字化　利用扫描仪将地形图上的所有地形信息扫入计算机。

3)利用摄影测量仪器采集数据　先用摄影测量仪器在相片坐标系中量测出像点的平面坐标,经过换算求出地形点在地面坐标系中的三维坐标,再输入到计算机中去处理。

(2)DEM 中几种常用的插值算法

插值问题是指已知一批点的坐标(x_i,y_i,z_i)($i=1,2,\cdots,n$),当任意给定某点 P 的平面坐标(x_p,y_p)后,如何求其地面高程 z_p。常用插值方法有:线性内插、加权平均、移动曲面拟合、多重曲面法等。插值计算比较复杂,通过计算机,可以快速方便地求解。

(3)DEM 的应用

数字高程模型的应用范围十分广泛,主要应用领域有:

1)为国家地理信息系统提供基础数据:3D 产品(DLG(数字线划图,Digital Linear Graphs)、DEM、DOQ(数字正射影像 Digital Orthophoto Quadrangles))。加上 DRG(数字栅格图,Digital Raster Graphs)成为 4D 产品。

2)土木工程、景观建筑与矿山工程的规划与设计;

3)为军事目的(军事模拟等)而进行的地表三维显示;

4)景观设计与城市规划;

5)流水线分析、可视性分析;

6)交通路线的规划与大坝的选址;

7)不同地表的统计分析与比较;

8)生成坡度图、坡向图、剖面图,辅助地貌分析,估计侵蚀和径流等。

9.2.4 软件与绘图

大比例尺地形图和工程图的测绘,是城市测量和工程测量的重要内容和任务。常规成图方法野外观测工作量大,室内处理和绘图工作量多,成图周期长,产品单一,难以适应飞速发展的城市建设和现代化工程建设的需要。

随着全站仪和数字测图软件的出现，把野外数据采集设备与微机及数控绘图仪三者结合起来，形成一个从数据采集、数据处理、图形编辑到绘图输出的自动测图系统。

1987年北京市测绘院在国内首先完成了“大比例尺工程图机助成图系统”（DGJ）的软件开发，随后，各种数字测图系统软件相继出现。目前数字化测图软件主要有以下类型：

1）用全站仪或半站仪，野外数据采集采用编码和绘制草图，利用记录器或微型计算机记录，数据输入计算机进行数据处理和图形编辑，绘图仪输出成图，所采集的数据可以绘制成不同比例尺地形图或专业图，也可进入数据库。

2）利用全站仪和便携机（及电子平板），在野外采集数据，无须编码，测量数据直接进入电子平板绘图，现场修改编辑显示，最后由绘图仪输出成果，其特点是电子平板在测站代替常规测图板，直观，便于修改。另一种是便携机由跑尺员操作，测点观测数据通过遥控信号转换，自动送到便携机，测点实时显示在屏幕上，跑尺员进行图形编辑。

随着数字化测绘软件研究的不断深入，将会出现功能更全、效率更高、使用更加方便灵活的软件系统。发展的趋势是：一方面与GIS的紧密结合，数字测绘通过数据转换直接进入数据库，实现一测多用，便于地形图的更新和空间基础信息的动态管理。另一方面与工程设计、施工紧密结合，开发实现勘测、设计、施工一条龙作业的软件系统，提高工作效率。

复习思考题

1. 全站仪由哪几部分组成？其基本测量功能有哪些？
2. 如何用全站仪进行角度测量？
3. 如何用全站仪进行距离测量？
4. 如何用全站仪进行三维坐标测量？
5. 简述用全站仪进行野外采集数据的步骤。
6. 目前主要有哪些数字化测图软件？

第 10 章

GPS 测量技术

10.1 GPS 测量原理

1973 年美国国防部批准建立新一代空间卫星导航定位系统——导航卫星定时测距全球定位系统(Navigation Timing and Ranging Global Positioning System),简称全球定位系统(GPS),它是可以定时和测距的空间交会定点的导航系统。其最初目的是为军事领域提供实时、全天候和全球性的服务,用于情报收集、核爆监测、应急通讯和卫星定位等。该系统从开始设计、研制、开发到 1995 年 4 月投入运行耗费巨资,是继阿波罗登月计划和航天飞机计划之后的又一重大空间科技成果,GPS 定位技术的高度自动化及其高精度引起了各国军事部门和广大民用部门的普遍关注。

前苏联自 1978 年 10 月开始发射自己的全球导航卫星系统(GLONASS)试验卫星,在 20 世纪 90 年代中期建成 GLONASS 工作卫星;欧洲空间局(ESA)正在筹建民用卫星导航系统,我国也正在筹建自己的全球导航卫星系统。

10.1.1 GPS 的特点

GPS 作为一种导航系统具有以下主要特点:

1)全天候　用户只需要装备接收机就行了,由于接收机不发射任何信号,因而隐蔽性能好,不受时间和气象条件的限制,可以进行全天候的观测。

2)全球连续覆盖　地球上任何地方的用户在任何时间至少可以同时观测到 4 颗 GPS 卫星,因而该系统可为地球任何地点的用户提供 24 h 连续导航和定位。

3)具有高精度三维定位测量及定时功能　该系统能为各类用户提供连续、实时的三维坐标、三维速度和时间信息。

4)快速省时高效高速　由于接收机可利用多个信道同时对多个卫星进行观测,因而一次定位只需几秒至几十秒钟,达到了快速定位的目的。

5)测点间无须通视,不必造标,选点方便。

10.1.2 GPS 的组成

GPS 由空间卫星、地面监控和用户设备三大部分组成。如图 10.1 所示。

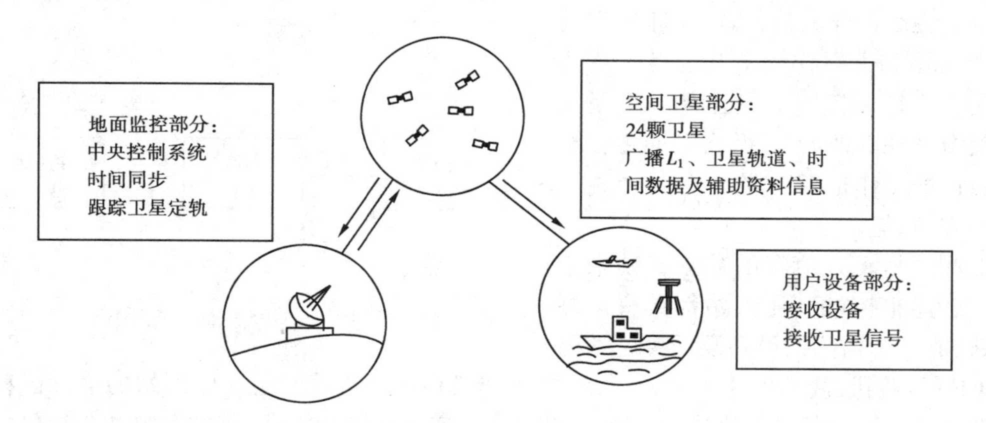

图 10.1 GPS 的组成

(1)空间卫星部分

GPS 的空间卫星部分,由 24 颗工作卫星组成,其中包括 3 颗可以随时启用的备用卫星。工作卫星分布在 6 个近圆形轨道内,每个轨道面分布有 4 颗卫星。各轨道平面相对地球赤道面的倾角均为 55°,各轨道平面彼此相距 60°,卫星距地面的平均高度为 20 200 km,卫星绕地球运行一周的时间为 11 h58 min。用户可在全球任何地区、任何时刻都能至少同时观测到最少 4 颗、最多可达 11 颗卫星发射的信号。

每颗 GPS 卫星连续地发播两个 L 频带的载波信号,它们分别由基本频率 $f_0 = 10.23$ MHz 通过信频器获得:

$$L_1 = 1\ 575.42 \text{ MHz}(\lambda_{L_1} \approx 19.05 \text{ cm})$$
$$L_2 = 1\ 227.60 \text{ MHz}(\lambda_{L_2} \approx 24.45 \text{ cm})$$

L_1信号既包括 P 码(精码),又包括 C/A 码(粗码),L_2信号只包括 P 码。这些电码具有 3 个作用:辨认接收的卫星;测定信号到达接收机的时间;限制用户使用(即保密码)。

(2)地面监控部分

地面监控部分是支持整个系统正常运行的地面设施,由 1 个主控站(MCS)、3 个注入站(GA)、5 个监测站(MS)及通讯辅助系统等 4 部分组成,如图 10.2 所示。它的任务是跟踪 GPS 卫星,确定 GPS 时间系统,跟踪并预报卫星星历和卫星钟状态,向每颗卫星注入卫星导航和发布各种命令,以调整卫星的轨道和时钟、启用备用件等。

1)主控站

主控站是整个地面控制系统的行政管理中心和技术中心,位于美国科罗拉多州的联合空间工作中心。其主要作用是管理和协调整个地面监控系统的工作;负责联合处理监测站的所有观测资料;推算编制各卫星的星历、卫星钟差和大气修正参数,并把这些资料及导航电文传送到注入站;提供全球卫星定位系统的时间基准;调整卫星状态和启用备用卫星等。

2)注入站

地面注入站是向 GPS 卫星输入导航电文和其他命令的地面设施。3 个注入站分别设在大西洋的阿松森岛、印度洋的狄哥伽西亚和太平洋的卡瓦加兰。主要任务是在主控站控制下向各 GPS 卫星发射导航电文和其他命令,并自动向主控站报告自己的工作是否正常。

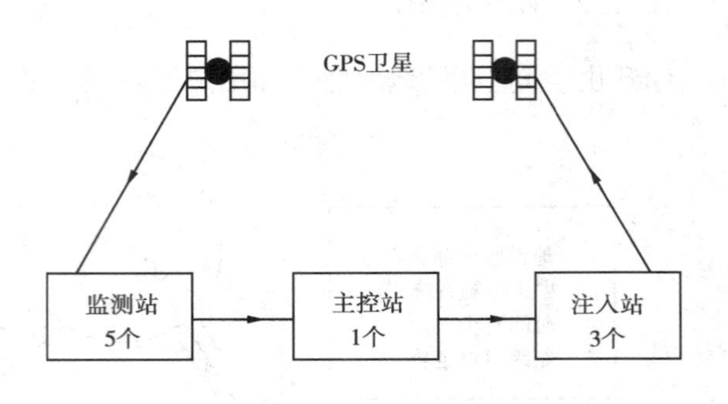

图 10.2　GPS 地面监控系统

3)监测站

监测站是无人值守的数据自动采集中心。上述主控站和注入站都具有监测功能,还有一个监测站设在夏威夷。站内设有 GPS 接收机、高精度原子钟、气象参数测试仪和计算机等设备。监测站的坐标已精确测定。监测站的主要任务是完成对 GPS 卫星信号的连续观测,并将收集的资料和当地气象观测资料经处理后传送到主控站。

4)通讯辅助系统

通讯辅助系统由地面通讯线、海底电缆和卫星通讯等联合组成,负责系统中数据传输以及提供其他辅助服务,将主控站、注入站及监测站联系起来,所有资料都用编码传送。

GPS 地面监控系统除主控站外均由计算机自动控制,无须人工操作,各地面测控站之间由现代化通讯系统联系,实现了高度的自动化和标准化。

(3)用户设备部分

GPS 的用户设备部分包括 GPS 接收机(如图 10.3 所示)、数据处理软件及相应的终端设备等。

图 10.3　Ashtech 接收机

1)GPS 接收机的结构和功能

GPS 接收机是用户设备部分的核心,由主机、天线和电源三部分组成。其主要功能是接收 GPS 卫星发射的信号并进行变换、放大、处理,以便测量信号从卫星到接收机天线的传播时间,解译导航电文,实时地计算测站的三维位置、三维运动速度和时间。

2)GPS 接收机的分类

GPS 接收机的种类很多,按用途不同分为导航型、授时型和测地型 3 种;按工作原理分为调制码相关、载波平方和混合型 3 种;按使用载波频率的多少分为单频接收机和双频接收机;按接收机信号信道的类别分为序贯通道、多信道和复式信道 3 种。GPS 型号众多,主要由天线、主机和电源 3 部分组成。目前 GPS 接收机的主要厂家有美国的天宝(Trimble)和阿士泰克(Ashtech)、瑞士的徕卡(Leica)、日本的托普康(Topcon)和索佳(Sokkia)等。

在精密定位测量工作中,一般均采用测地型双频接收机或单频接收机,其观测资料必须进行后期处理,因此,必须配有功能完善的后处理软件,才能求得测站点的三维坐标。

10.1.3　GPS定位的方法

GPS定位的方法，一般可以根据3种情况来进行分类。

(1)按定位的基本原理分类

GPS定位是以GPS卫星和用户接收机天线之间的距离(或距离差)为基础，并根据已知的卫星瞬时坐标，确定用户接收机所对应的点位，即待定点的三维坐标(x,y,z)。因此，GPS定位的关键是测定用户接收机至GPS卫星之间的距离。

1)伪距定位法

接收机测定调制码由卫星传播至接收机的时间，再乘上电磁波传播的速度便得到卫星到接收机之间的距离。由于所测距离受到大气延迟和接收机时钟与卫星时钟不同步的影响，它不是真正星站间的几何距离，因此称为“伪距”。通过对四颗卫星同时进行“伪距”测量，即可归算出接收机的位置。

2)载波相位测量

载波相位测量是把接收到的卫星信号和接收机本身的信号混频，从而得到混频信号，再进行相位差($\Delta\phi$)测量。接收机的相位测量装置只能测量载波波长不足整周波长的小数部分及整周相位的变化值，即所测的相位可看成是整波长数未知的“伪距”。由于载波的波长短($\lambda_{L_1}=19.05$ cm，$\lambda_{L_2}=24.45$ cm)，因此测量的定位精度比“伪距”测量的定位精度高。

(2)按接收机天线所处的状态分类

1)静态定位

定位时，相对于周围地面点而言，用户接收机天线(待定点)的位置处于静止状态。

2)动态定位

定位时，接收机天线相对于地面处于运动状态，即定位结果是连续变化的，如用于陆地车辆、海洋舰船、飞机、宇宙飞行器等导航定位的方法就属于动态定位。

(3)按定位的方式分类

1)绝对定位

绝对定位又称单点定位，是在世界大地坐标系WGS-84中(World Geodetic System)，独立确定待定点相对地球质心的绝对位置。优点是只需要一台GPS接收机就可作业，缺点是定位精度较低(米级精度)适用于普通导航。

2)相对定位

是采用两台以上的接收机，分别在不同测站，同时观测同一组GPS卫星信号，然后计算测点之间三维坐标差(基线向量)，确定待定点之间的相对位置。由于许多误差对同时观测的测站具有相同的影响，在进行数据处理时，大部分被相互抵消，因此能显著地提高定位精度(目前可达ppm级精度)。

GPS定位时，把卫星看成是“飞行”的控制点，利用测量的距离进行空间后方交会，得到接收机的位置。卫星的瞬时坐标可利用卫星的轨道参数来计算。应当指出，GPS定位往往不是单纯地采用一种定位方法，而是以一种定位方法为主，辅以其他方法。

10.1.4　GPS测量的基本程序

GPS定位测量是一项技术很强的工作，作业时，应按中华人民共和国标准《全球定位系统

(GPS)测量规范》(2001 年发布)的有关规定,根据工作实际要求,认真设计,在满足用户要求的前提下,尽量节省人力、物力和时间。

GPS 测量的外业工作主要包括选点、建立观测标志、野外观测以及成果质量检核等;内业工作主要包括 GPS 测量的技术设计、测后数据处理及技术总结等。按 GPS 测量实施的工作程序可分为:技术设计、选点与建立标志、外业观测、成果检核与数据处理等阶段。

(1)技术设计

技术设计是一项基础性工作,是 GPS 测量的工作纲要和计划,主要包括确定 GPS 测量的精度指针、网形设计、作业模式选择和观测工作的计划安排。

精度指针通常以网中相邻点之间的距离误差来表示,其形式为:

$$M_r = \pm(\delta_0 + 10^{-6} \times D)\ (\mathrm{mm})$$

式中 δ_0——固定误差(mm);

$10^{-6} \times D$——比例误差,D 为相邻点间距离(km)。

网形设计的核心是如何高质量、低成本地完成既定的测量任务。在 GPS 网形设计时必须顾及测站选址、卫星选择、接收机设备和后勤、交通保障等因素。当网点位置、接收机台数确定后,网形设计主要体现在观测时间的确定、图形构造及每个测站点观测的次数等。

(2)选点和建立标志

GPS 测量时,站与站之间不一定要求通视,所以网形结构灵活,选点工作较常规控制测量简便,且不必建立高标,降低了成本。GPS 控制点要选在交通方便、便于安置仪器、视野开阔、便于与常规控制网联测和加密的地方;应尽量避开对电磁波接收有强烈吸收、反射等干扰影响的金属或其他障碍物,如高压线、电台、电视台、高层建筑物及大范围水面等。选定的点位应按要求埋石作标志,并绘制点之记、测站环视图和 GPS 网选点图,作为选点技术资料提交。

(3)外业观测

外业观测是利用 GPS 接收机采集来自 GPS 卫星的电磁波信号。作业过程包括天线安置、接收机操作和观测记录等。智能化程度很高的接收机的操作只需按照仪器使用说明进行。观测记录形式有两种:接收机机载内存自动存储,并随时调用和处理;记录并保存到电子手簿。观测记录是 GPS 定位的原始资料,也是后续数据处理的惟一依据,必须妥善保管。

(4)成果检验与数据处理

当外业观测结束后,应按照规范要求,及时对各项检核内容进行严格检查,确保准确无误后,再用计算机通过一定计算程序进行数据处理。GPS 数据处理的流程见图 10.4 所示。

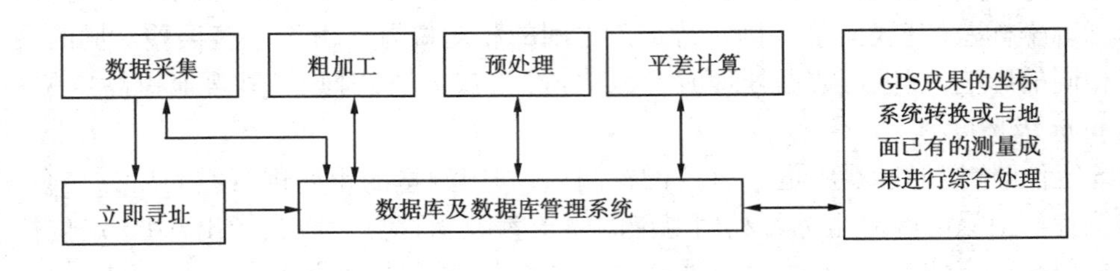

图 10.4 GPS 测量数据处理流程

10.1.5　影响GPS定位精度的因素

影响GPS定位精度的因素很多,如卫星轨道变化、卫星电子钟不准确、卫星信号穿越电离层和地表对流层时速度的变化等,但GPS定位中最严重的误差是美国军方人为降低信号质量造成的。由于GPS在军事上具有极为重要的作用,为了保护美国的国家利益,美国军方先后对GPS实施了SA(Selective Availability,选择可用性)和AS(Anti-Spoofing,反电子欺骗)政策,把未经美国政府特许的广大用户的定位精度人为地降低。随着冷战结束和全球经济的蓬勃发展,美国政府于2000年宣布,在2000年至2006年期间,在保证美国国家安全不受威胁的前提下,取消SA政策。SA政策的取消,GPS民用信号精度将在全球范围内得到大幅的改善,这将进一步推动GPS技术的应用。

10.2　GPS接收机的使用

GPS接收机的生产厂家众多,型号不同,但仪器在功能、操作方法上基本相似。本节主要介绍Ashtech(阿什泰克)Locus测量系统的操作、解算及相关重要问题。其他型号GPS接收机的使用,可参阅相关的使用说明书。

图10.5为是美国Magellan公司生产的GPS接收机,它具有操作简单、功能齐全、机身小巧等特点。

10.2.1　性能指标

平面精度	5 + 1 ppm	垂直精度	10 + 15 ppm
基线限长	≤20 km	观测时间	15 ~ 60 min
内存容量	4兆	机身重量	1.4 kg
电池类型	1号/2号	测段数量	≤ 62个

图10.5　GPS接收机

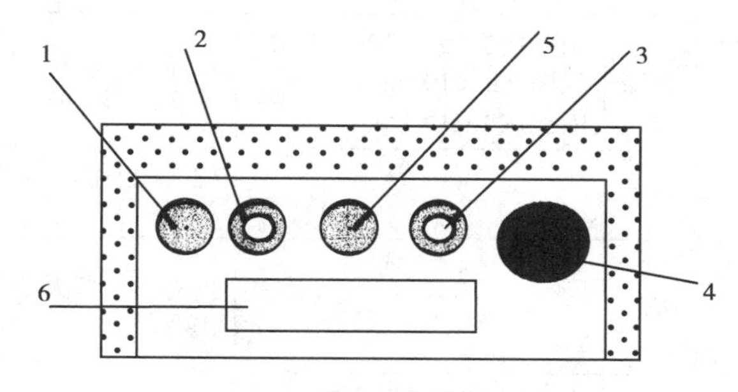

图10.6　接收机外观略图

1—记录量指示灯;2—内存/记录指示灯;3—电源指示灯;4—电源键;5—跟踪卫星指示灯;6—红外埠

10.2.2 接收机的基本操作

图 10.6 为 Locus 接收机操作版面示意略图。

为保证作业精度和效率，测量开始前，必须严格检验接收设备，观测时应严格遵守操作规程和设计要求。

Locus 接收机的基本操作为：

1）开机　按住电源键直到两声声响同时显示灯变绿时立即松手；

2）关机　按住电源键直到两声声响同时显示灯熄灭时立即松手；

3）查看电量及内存　在开机状态下，按电源键一次（按下去就放手）后可看到如下信息：电源指示灯闪 X（1 到 4）次，然后记录资料指示灯闪 Y（1 到 4）次。其分别表示耗费电量占总电量的 $X/4$ 和耗费内存占总内存的 $Y/4$。据此可及时更换电池或进行资料备份。这项操作不影响接收机的正常工作。

4）删除资料　关机状态下按住电源键不动，资料记录灯闪红同时听到一串短暂响声（约 8 秒钟）。当资料记录灯变红时放开电源键。接收机最多需要 2 分钟删除全部资料。

5）重新设置　接收机删除资料并恢复缺省设置。在关机状态下按住电源键不动后，所有记录灯顺次闪红同时听到连续短暂的响声（约 10 秒钟）。之后接收机被关掉，过程完成。此项操作后应适当延长第一段的观测时间。

10.2.3 观测

1）对中、整平，安置好接收机；

2）开机并检查：电源指示灯一直发绿；跟踪卫生指示灯至少闪亮 5 次；内存/记录指示灯间隔发绿；

3）记录点号、仪器高、观测者、日期等信息；

4）根据实际情况进行一定时间的测量。测量过程中各个指示灯的含义如下表。

指示灯		记录量指示灯	内存/记录指示灯	跟踪卫星指示灯	电源指示灯（★优质电池）
绿	实绿	已有≥15 km、< 20 km 的解算数据量			电量正常，可能使用≥13 h
	闪绿	闪一次，< 5 km 的解算量 闪两次，< 10 km 闪三次，< 15 km	记录资料，每记录一次闪烁一次	记录卫星信号，闪烁次数表示被记录卫星的个数	
红	实红		内存已满，无法记录		电池将尽，可以使用≥1 ~3 h
	闪红		内存少，当天需清内存	跟踪卫星信号，闪烁次数表示被跟踪卫星的个数	电量较少，可以使用≥7 h
无色		记录的资料量不能进行解算		没抓到卫星	

5）测站观测结束，关机、搬站。

10.3 GPS测量技术的应用

GPS是导航、定位技术的重大科技成果,目前GPS定位技术已渗透至各个领域,应用范围非常广泛。

10.3.1 在测绘领域中的应用

与常规测量相比,GPS可提供高精度的三维信息,具有定位速度快、成本低、不受时间及天气影响、点间无须通视、不需建觇标、操作方便等优点,在测绘行业中得到广泛使用。

(1)在大地测量中的应用

1)为建立高精度空间大地网起骨干作用　我国国家空间大地控制网的第三部分是边长100~2 000 km,约30个点的GPS网(简称A级网),它是我国大地空间网的骨干,是我国高精度三维地心坐标系的主体,精度为10^{-8}。

2)检核和改善我国天文大地网　在A级网的基础上,我国又布设了B级网,边长为15~250 km,全国约800个点。B级网点绝大部分与原国家天文大地网点重合,期望精度达10^{-7},可有效地检核和改善全国天文大地网,可满足各种大比例尺测图的要求。

3)提高我国大地水准面的精度　国家A、B级GPS网点都联测几何水准,GPS水准将有力地加强和提高我国大地水准网的精度和高程异常的精度,预计沿海地区达0.2~0.5 m其他地区为0.5~1.0 m。经这几年实践,区域性GPS水准已到实用阶段。

4)建立各级测量控制网　GPS完全可代替常规大地网的建立工作,用GPS建立各等级大地控制网,已在全国各测量单位普及使用。

5)完成海岛联测　采用常规的大地测量方法,很难精确地完成海岛与大陆联测,而GPS则很容易解决。

(2)在工程测量中的应用

1)布设精密工程控制网　工程测量中,用GPS代替常规方法布设工程控制网,其精度比常规方法高一个数量级。如电子对撞机安装控制测量、隧道贯通洞口及轴线控制测量、大坝施工放样控制测量等。

2)加密测图控制　GPS静态或动态测量可用于加密测图控制网,一次布测完成,免去常规方法(小三角网、导线网等)逐级发展和多次布设、计算工作,极大地提高工作效率。

3)用于测绘各种比例尺的地形图　随着实时动态定位(简称RTK)技术的不断完善,GPS全站仪已经问世,测一个点仅需几秒钟,配合测图软件,可直接用于地形测量、工程定线和放样等施工测量。测量员手持GPS,在地形特征点上行走,无须人工帮助,在测站点上的计算机即可自动绘出地形图。

4)用于变形监测　用GPS来布设变形控制网,国内外已广泛应用于油田、矿山地壳变形监测网;监测城市因过度抽去地下水造成地面下沉的变形网;大型水库、大坝变形监测网,大桥、高层建筑变形监测等。

另外,GPS在航空摄影测量和海洋测量中起着十分重要的作用。如机载GPS航测使得航测外业控制测量更加方便准确,用GPS差分技术和RTK技术,使海洋大陆架勘测、近海海底地形测量变得易于完成。

10.3.2 在其他领域的应用

GPS用于地球动力学研究，是全球板块和区域板块运动监测、监测火山和地震活动的一种重要方法；用于城市管理，是实时获取现代信息、科学合理地管理和调度车辆、污染动态监测、城市灾害应急反应、高压线故障自动寻找等动态监测城市现代化发展的主要手段。

利用GPS进行大气层研究和预报降水量，已成为气象学的研究工具；用GPS和GIS技术来进行土地详查可以及时、精确地获得实时变化信息；GPS用于高精度授时，可为用户提供精度为10 ns的时钟改正数；此外，在卫星、航天飞机、火箭上安装GPS接收机，可使其定轨精度达到厘米级，从而为其准确入轨、飞行制导、轨道导航、空中交会、重返大气层和软着陆起保证作用。

GPS作为先进而精确的定位和测量手段，已经成为新的生产力，融入了国民经济建设、国防建设和社会发展的各个领域。可以预料，随着现代科学技术的进一步发展，GPS技术本身将不断发展和完善，其应用范围将更加广泛。

复习思考题

1. GPS有哪些主要特点？
2. GPS由哪几个部分组成？各部分有什么作用？
3. 何谓静态定位？何谓动态定位？何谓绝对定位？何谓相对定位？
4. 简述GPS测量技术在测绘领域中的应用。

第 11 章 遥感技术与地理信息系统

11.1 应用遥感(RS)技术

遥感技术是20世纪60年代在航空摄影基础上发展起来的一门新兴的综合性探测技术。近几十年来,随着现代物理学、空间技术、电子技术、计算机技术、信息科学和环境科学的发展,遥感技术已成为一种影像遥感和数字遥感相结合的先进、实用的综合性探测手段,广泛应用于农林、地质、地理、水文、气象、测绘、地球资源勘探及军事侦察等领域。

11.1.1 遥感的概念

遥感是 Remote Sensing 的简称。广义地说,遥感是在不直接接触研究目标的情况下,对目标物或自然现象远距离感知的一种探测技术。狭义而言,遥感是指在远距离、高空和外层空间平台上,利用传感装置(如摄影机、扫描仪等),在不与被研究对象直接接触的情况下,获取其特征信息(一般是地物反射、辐射的信息),通过资料传输和处理,对这些信息进行提取、加工,从而实现识别目标的性质和运动状态的一门现代应用技术科学。

1962 年美国地理学者布鲁依特(E. L. Pruitt)向海军科学研究部正式提出“遥感”这个术语,1972 年地球资源技术卫星成功发射并获取了大量的卫星图像之后,遥感技术在世界范围内得到了迅速发展和广泛使用。近年来,随着 GIS 技术的发展,遥感技术与之紧密结合,发展更加迅猛。

一切物体,由于其种类及环境条件不同,都具有反射或辐射不同波长电磁波的特性。遥感技术就是利用各种物体的电磁波特性进行的。从遥感的定义可以看出:遥感器不与研究对象直接接触,也就是说,这里的“遥”并非指“遥远”;遥感的目的是为了得到研究对象的特征信息;通过传感器装置得到的资料,需要经过处理、加工,才能够使用。

11.1.2 遥感技术的分类

遥感技术可以按以下方式分类:

1)按照遥感器(遥感平台)所处的高度可分为航天遥感、航空遥感和地面遥感。航天遥感主要以人造地球卫星作为遥感平台,包括载人飞船、航天飞机和太空站,利用卫星从远距离对地球和低层大气进行光学和电子观测;航空遥感泛指从飞机、飞艇、气球等空中平台观测的遥感技术系统;地面遥感是指从高塔、车、船和地面站点为平台的遥感技术系统。

2)按遥感仪器所选用的波谱性质可分为电磁波遥感技术、声纳遥感技术、物理场(如重力场和磁力场)遥感技术。其中电磁波遥感技术应用最广泛,它利用各种物体(物质)反射或辐射出不同特性的电磁波进行遥感,可进一步分为可见光、红外、微波等遥感技术。

3)按感测目标的能源作用可分为主动式遥感技术和被动式遥感技术。每种方式又可细分为扫描式和非扫描式。

4)按记录信息的表现可分为图像方式和非图像方式。

5)按遥感的应用领域可分为地球资源遥感技术、环境遥感技术、城市遥感技术、气象遥感技术、海洋遥感技术等。

6)按遥感的应用尺度可分为:全球遥感、区域遥感、城市遥感和工程遥感等。

目前,常用的传感器有航空摄影机(航摄仪)、全景摄影机、多光谱摄影机、多光谱扫描仪MSS(Multi Spectral Scanner)、专题制图仪 TM(Thematic Mapper)、反束光导摄像管 RBV、HRV(High Resolution Visible range instruments)扫描仪、合成孔径侧视雷达 SLAR(Side-Looking Airborne Radar)。常用的遥感资料有美国陆地卫星(Landsat)TM 和 MSS 遥感资料,法国 SPOT 卫星遥感资料,加拿大 Radarsat 雷达遥感资料,美国的 NOAA 气象卫星资料,欧共体的 ERS-1 海洋卫星资料,日本的 JERS-1 卫星资料,印度的 IRS-1 卫星资料等。主要的遥感应用软件有 PCI、ER-Mapper 和 ERDAS 等。

11.1.3 现代遥感技术的构成

遥感技术系统是实现遥感目的的方法、设备和技术的总称,它是一个多维、多平台、多层次的、立体化的观测系统,一般由四部分组成。

(1)空间信息采集系统

空间信息采集系统主要包括遥感平台和遥感器两部分。遥感平台是运载遥感器并为其提供工作条件的工具,它可以是航空飞行器,也可以是航天飞行器。显然,遥感平台的运行状态会直接影响遥感器的工作性能和获取信息的精确性;遥感器是收集记录被测目标的特征信息并将其发送至地面接收站的设备。遥感器是整个遥感技术系统的核心。

在空间信息采集中,通常有多平台信息获取、多时相信息获取、多波段或光谱信息获取几种形式。多平台信息是指同一地区采用不同的运载工具获取的信息;多时相信息是指同一地区不同时间(年、月、周、日)获取的信息;多波段信息指遥感器使用不同的电磁波段获取的信息,如可见光波段、红外波段、微波波段等;多光谱信息是指遥感器使用某一个电磁波段中不同光谱范围获取的信息。多波段和多光谱有时互为通用。

(2)地面接收和预处理系统

航空遥感获取的信息,可以直接送回地面进行处理。航天遥感获取的信息一般是以无线电的形式进行实时或延时地发送并被地面接收站接收和进行预处理(又称前处理或粗处理)。预处理的主要作用是对信息所含有的噪音和误差进行辐射校正和几何校正、图像分幅和注记(如地理坐标)等,为用户提供遥感相片或遥感数字磁带等信息产品。

(3)地面实况调查系统

地面实况调查系统主要包括在空间遥感信息获取前所进行的地物波谱特征(地物反射电磁波及发射电磁波的特性)测量,在空间遥感信息获取的同时所进行的与遥感目的有关的各种遥感资料(如区域的环境和气象等资料)的采集。前者是为设计遥感器和分析应用遥感信息提供依据,后者则主要用于遥感信息的校正处理。

(4)信息分析应用系统

信息分析应用系统是用户为一定目的而应用遥感信息时所采取的各种技术,主要包括遥感信息选择技术、应用处理技术、专题信息提取技术、制图技术、参数量算和资料统计技术等内容。其中遥感信息的选择技术是指根据用户需求的目的、任务、内容、时间和条件(经济、技术、设备)等,在已有各种遥感信息的情况下,选择其中一种或多种信息时必须考虑的技术。当需要最新遥感信息时(如航空遥感),应按照遥感图像的特点(如多波段或多光谱),因地制宜,讲求实效地提出遥感的技术指标。

11.1.4　遥感技术的特点及应用

遥感信息是人类了解、认识自然,保护环境的重要信息源。遥感资料已成为一种全面反映人类活动、社会发展与自然景观变迁的综合信息载体,具有宏观、真实、准确、快速、直观、动态性和适应性,以及影像和地物相似性等特点。利用多波段或多光谱遥感仪器获得的遥感信息,不仅可以作为大比例尺地形图的基础资料,而且地形地物的彩色信息还可以进行多学科、多行业和多用途的遥感应用。航天遥感还具有更多的特点,可归纳为:

①探测范围大,便于进行宏观整体研究;

②获取信息速度快,可动态重复,资料新颖,能及时发现和监测各种自然现象的异常及变化规律,具有迅速反映动态变化的能力;

③收集资料方便、快捷,不受地理与其他区域因素等条件的限制;

④获取信息的技术手段先进、多样,信息内涵丰富。

遥感技术的应用主要包括对某种对象或过程的调查制图、动态监测、预测预报及规划管理等不同的层次。它们可以由用户直接从遥感资料中提取有用的信息来实现,也可以在地理信息系统的支持下实现。实践证明,现代遥感技术在地球资源调查、环境及自然灾害调查、测绘专题制图、农业生产监测、城乡规划管理、军事侦察、监测和评价中的应用,具有许多其他技术不能取代的优势。现代遥感技术必须和其他相关技术(如现代通讯、对地定位、常规调查、台站观测、地理信息系统及专业研究等)结合起来,其优势才能充分发挥出来。

由于现实世界呈多样性、复杂性和变化性的特征,因此对空间信息的描述很难用一种方式来进行。如何寻求不同方式的组合,从而更有效、全面地描述地表空间是信息时代的一项重要任务,而遥感资料与地理信息系统的结合则是现今最有效的一条途径。遥感信息具有信息丰富、时效及重复性强等优势,地理信息系统则具有高效的空间数据管理、灵活的空间资料综合分析能力、空间资料定量化程度高等特点,二者的结合一方面提高了遥感信息的定量定性分析水平,另一方面又使得地理信息系统不断地获得新的资料,实现地理数据库和专题信息数据库的不断更新,使其保持有效的使用价值并具有动态分析功能。

11.1.5 高分辨卫星遥感的应用前景

卫星遥感相对于航空遥感而言,具有时间分辨率较低,在城市和工程中的应用受到很大的限制。为解决时间分辨率和空间分辨率这对矛盾,可使用小卫星群技术,例如可用6颗小卫星在2~3天内完成一次对地重复观测,获取高于1 m的高分辨率成像光谱仪资料。目前,高分辨率卫星遥感已进入商业化的市场运行阶段,利用其进行空间地理基础资料的更新和专题信息资料的获取。表11.1为部分商用高分辨卫星系统的简况。

通过一些工程实例和有关研究表明,在地形平坦地区,仅利用少数控制点进行平台拟合纠正,用Ikons影像制作的影像地图可以达到1:5 000地形图的精度,用其进行1:5 000比例尺地形图的更新具有明显的优势。而1:5 000的卫星影像地图对地形地物细部的表示能力,使其能够达到绝大多数专题属性资料的获取要求,如土地利用、土地变迁、土地覆盖、土地执法检查、植被调查、道路及交通附属设施调查、社会经济特征调查、环境特征调查、建筑密度、建筑结构、建筑分布状况、城市功能区分、城市灾害、城市垃圾处理等等。目前高分辨率卫星影像资料在我国的应用仍属薄弱环节,随着更高空间分辨率和光谱分辨率的卫星遥感技术的不断进步和完善,其应用将会更为广泛与深入。

表11.1 部分商用高分辨率卫星系统

卫　星	公　司	扫描宽度/km	分辨率/m
Quick Bird	Earth Watch	22	0.82
Ikonos2	Space Imaging	11	1
Orbview3	Orb Image	8	1
Orbview4	Orb Image	8	0.5
Wros B	West Indian Space	13.5	1.3
Spot5	Spot Image	60	5

11.1.6 低空平台遥感的应用

随着城市化进程的加快,小城镇的发展、改造和管理已成为一个十分紧迫的任务,为满足小城镇的管理规划要求,采用低空平台遥感技术系统进行遥感信息获取,具有成本低、周期短、空间分辨率高和易于实施等优势。低空平台主要由轻型飞机、低空无人小飞机、热气飞艇、热气球等构成,搭载导航设备和航空摄影像机,在特殊情况下还可采用改装的高档商用(数码)像机或数码摄像机。低空平台遥感技术在数字城市建设中具有广泛的应用前景。

11.2 地理信息系统(GIS)

11.2.1 GIS的概念

纸质地图是用来描述存在于地球空间上各类现象的重要手段之一。随着计算机技术的发展,用计算机描述、模拟和分析地球空间的这些现象已成为现实,从而产生地理信息学。地理信息学(Geometics)是地球学(Geosciences)和信息学(Information)的合成,是测绘、遥感、计算机、应用数学等应用学科的有机结合。地理信息系统是地理信息学的一种重要的实现手段。GIS是地理信息系统(Geographic Information System)的简称,它是在计算机技术支持下,以地理空间数据库为基础,对空间相关资料进行采集、存储、管理、操作、分析、模拟和显示,从而实时提供空间和动态的地理信息,为规划管理、决策服务的计算机技术系统。

从GIS的内涵来审视,它有以下3个方面的涵义:

1)GIS是一种计算机系统,这是人们通常的认识。

2)GIS是一种方法,这种方法使人们具有对过去束手无策的大量空间数据进行管理和操作的能力,借助这种能力人们将上至全球变化、下至区域可持续发展等一系列复杂问题统一、集成成一体,可以全方位地审视整个星球上的每一种现象。它不同于单纯的管理系统(如财务管理系统),不同于地图数据库,也有别于计算机辅助设计(CAD)系统。

3)GIS是一种思维方式,它改变了传统的直线式思维方式,而使人们能够关注与地理现象相关联的周围事件和现象的变化,以及这些变化对本体所造成的影响。从这个意义上讲,地理信息系统是人的思想的延伸。正是这种延伸使人们的思维观念发生了根本性的变化。

11.2.2 GIS的特点

GIS反映的是地球表面、空中和地下若干要素空间的分布和相互关系,有以下特点:

1)公共的地理定位基础　所有的地理要素,必须根据经纬度或特定的坐标系统进行严格的空间定位,从而使具有时序性、多维性、区域性特征的空间要素进行复合和分解,并将其中隐含的信息显示表达出来,形成空间和时间上连续分布的综合信息基础,支持空间问题的处理和决策。

2)标准化和数字化　将多信息源的空间数据和统计数据进行分级、分类、规格化和标准化,使其适用于计算机输入和输出的格式要求,便于进行社会经济和自然资源、环境要素之间的对比和相关分析。

3)多维结构　在二维空间编码基础上,实现多专题的第三维信息结构的结合,并按时间序列延续,从而使系统具有信息存储、更新和转换能力,为决策部门提供实时显示和多层次分析的方便。

11.2.3 GIS的构成

GIS主要由计算机硬件设备(系统的硬件环境)、计算机软件系统(系统的软件环境)、地理空间资料和系统管理操作人员四个部分构成。4个部分的有机组合使GIS按照预定的目标完成系统所承担的空间资料的管理任务。图11.1为GIS 4个部分之间的关系。

(1)系统的硬件环境

GIS硬件环境用于存储、处理、输入输出数字地图及资料,主要包括以下几个部分:

1)计算机系统　它是系统操作、管理、加工和分析数据的主要设备,包括优良的CPU、键端、屏幕终端、鼠标等。可以单机、也可以组成计算机网络(包括局域或广域网)系统组成。

2)数据输入设备　用于将各种需要的数据输入计算机,并将模拟数据转换成数字数据。其他一些专用设备,如数字化仪、扫描仪、解析测图仪、数字摄影测量仪器、数码相机、遥感图像

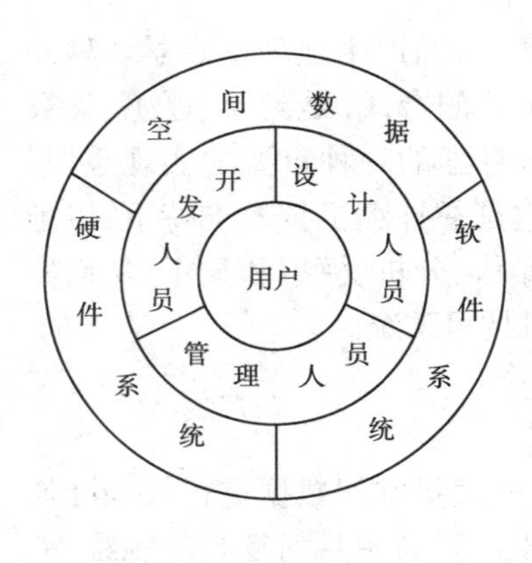

图 11.1　GIS 的组成

处理设备、全站仪、GPS 等,均可以通过数字接口与计算机相连接。

3)数据输出设备　包括图形终端显示设备、绘图仪、打印机、可擦写光盘以及多媒体输出装置等。它们以图形、图像、文件、报表等不同形式显示数据的分析处理结果。

4)数据通讯传送设备　如果 GIS 是处于高速信息公路的网络系统中,或处于某些局域网络系统中,还需要架设网络联线、网卡及其他网络专用设备。

5)资料存储设备　主要指存储数据的磁盘、光盘驱动器及磁带等。

(2)计算机软件系统

计算机软件系统负责执行系统的各项操作与分析,主要有以下几个子系统:

1)基础软件

基础软件是由计算机厂家提供给用户进行二次开发和方便使用计算机的基础平台,通常包括操作系统、高级语言编译系统和数据库管理系统。

2)数据输入子系统

用于采集数据并将其转换成系统可接收的格式;对输入的资料进行校验并按一定的组织形式存储在数据库中。

3)数据编辑子系统

使用人机交互的方式在图形显示终端上,完成对数据的修改和更新,同时 GIS 软件还具有图形变换、图形编辑、图形修饰、拓扑关系、属性输入等编辑功能。

4)空间数据库管理系统

在 GIS 中既有空间定位数据,又有说明地理属性数据。管理软件将空间数据以一定的格式进行存储和检索,提供安全保密措施以防泄密,且在遭受意外破坏时能进行恢复处理,能进行完整性检查、保持数据的一致性。

5)空间查询与空间分析系统

这是 GIS 面向应用的核心部分,也是 GIS 区别于其他系统的一个重要方面,具体功能有:

①检索查询:包括空间位置查询、属性查询等。

②空间分析:能进行地形分析、网络分析、叠置分析、缓冲区分析等。

③数学逻辑运算:包括函数运算、自定义函数运算,以及驱动应用模型运算。

GIS 通过对空间数据及属性的检索查询、空间分析、数学逻辑运算,可以产生满足应用条件的新数据,从而为统计分析、预测、评价、规划和决策服务。

6)数据输出子系统

将检索和分析处理的结果按用户要求输出,其形式可以是地图、表格、图表、文字、图像等表达,也可在屏幕、绘图仪、打印机或磁介质上输出。

以上 6 个子系统是 GIS 软件系统必备的功能模块。此外,还应备有用户接口模块和应用分析程序。用户接口模块能保证 GIS 成为接收用户指令和程序,实现人机交互的窗口,使 GIS 成为开放式系统。良好的应用程序使 GIS 的功能得到扩充和延伸,使其更具实用性。

(3)地理空间数据

地理空间数据是GIS所表达的现实世界经过模型抽象的实质性内容,是系统的操作对象和原料。GIS中的数据有两大类:一类是空间数据,用来定义图形和制图特征的位置,它是以地球表面空间位置为参照的;另一类是非空间属性,用来定义空间数据或制图特征所表示的内容。GIS数据模型包括三个互相联系的方面:

1)确定在某坐标系中的位置 用于确定地理景观在自然界或区域地图中的空间位置,即几何坐标,如经纬度、平面直角坐标、极坐标等。

2)实体间的空间相关性 用于表示点、线、面实体之间的空间拓扑关系(Topogy)。区域内地理实体或景观表现为多种空间类型,大致可归纳为点、线、面三种类型,它们之间有多种多样的相互关系。例如,把北京看成点,把京九铁路看成线,把江西省看成面,它们之间的关系描述的就是京九铁路从北京出发,并穿过江西省。这里"北京"就是点的属性,"京九铁路"就是线的属性,而"江西省"就是面的属性。空间拓扑关系是GIS的特色之一。

3)与几何位置无关的属性 属性是与地理实体相联系的地理变量或地理意义。属性分为定性和定量两种。定性包括名称、类型、特性等,用于描述如岩石类型、土壤种类、土地利用、行政区划等。定量包括数量和等级等,用于描述如面积、长度、土地等级、人口数量、降雨量、水土流失量等。GIS的分析、检索和表示,主要是通过属性的操作运算实现的。

GIS的空间数据模型,决定了其特殊的空间数据结构和资料编码,也决定了GIS具有特色的空间数据管理方法和系统空间数据分析功能,因而成为地理学研究和与地理有关的行业的重要工具之一。

(4)系统开发和管理操作人员

人是GIS中重要构成因素,GIS不同于一幅地图,而是一个动态的地理模型。仅有系统软硬件和数据还不能构成完整的GIS,需要人进行系统组织、管理、维护和数据更新、系统扩充完善、应用开发,并灵活采用地理分析模型提取多种信息,为研究和决策服务。在GIS构成要素中,最活跃、最有生命的是系统的设计、开发、管理人员和用户。

11.2.4 GIS的功能

(1)基本功能

1)数据的输入、存储、编辑功能

数据的输入就是在数据处理系统中,将多种形式(影像、图形和数字)、多种来源的信息传输给系统内部,并将这些信息从外部格式转换为系统便于处理的内部格式的过程。它包括数字化、规范化和数据编码三个方面。数字化是指通过扫描仪或跟踪数字化仪对不同信息进行模数转换、坐标变换等将外部的信息转化成系统所能接受的数据文件格式存入数据库。规范化是指对具有不同精度、比例尺、投影坐标系的外来数据进行坐标和记录格式的统一,以便在同一基础上进行下一步的工作。数据编码是指根据一定的数据结构和目标属性特征,将数据转换成计算机能够识别和管理的代码或编码字符。

数据存储是将输入的资料以某种格式记录在计算机内部或外部存储介质(磁盘或光盘)上。数据编辑是指对数据进行修改、增加、删除、更新等功能,一般以人机对话方式实现。

2)操作运算

为了满足各种查询要求而设置的系统内部数据操作,例如数据格式转换、多边形叠加、拼接、剪辑、资料的提取等,以及按一定模式建立的各种数据运算,其中包含算术运算、关系运算、逻辑运算、函数运算等。

3)资料显示与结果输出

图形数据的数字化、编辑和操作分析过程、用户查询检索结果等都可以显示在屏幕上。结果输出有专题地图、图表、报告等多种类型,屏幕显示也是结果输出的一个方面。目前输出设备有显示器、打印机、绘图机等。

(2)制图功能

GIS 的综合制图功能包括各种专题地图制作,在地图上显示地理要素,并赋予数值范围,同时可以缩放以表明不同的细节层次。如矿产分布图、城市交通图、旅游图等。

(3)地理数据库的组织与管理

GIS 是数据库集成和更新的重要工具之一。数据库的组织主要取决于数据输入的形式,以及利用数据库进行查询、分析和结果输出等方式,包括数据库定义、数据库建立与维护、数据库操作、通讯等功能。

(4)空间查询与空间分析功能

GIS 面向用户的应用功能主要是能提供一些静态的查询、检索数据,用户可以根据需要建立一个应用分析的模式,通过动态分析,为评价、管理和决策服务。这种分析功能可以在系统操作功能的支持下或借助专门的分析软件来实现。如空间信息量测分析、统计分析、地形分析、网络分析、叠加分析、缓冲分析、决策支持等。

空间查询和空间分析是从 GIS 目标之间的空间关系中获取派生的信息和新的知识,用以回答有关空间关系的查询和应用分析。

(5)地形分析功能

通过数字地形模型 DTM,以离散分布的平面点来模拟连续分布的地形,再从中提取各种地形分析数据。地形分析包括等高线分析、透视图分析、坡度坡向分析、断面图分析、地形表面面积和填挖方体积计算等。

11.2.5 GIS 的应用

功能与应用是不可分的。GIS 的应用主要有以下方面:

①实现资源信息的科学管理、提供信息服务;

②实现资源信息的综合分析研究;

③进行各种资源的综合评价;

④提供资源规划和开发治理方案,进行宏观决策;

⑤预测自然和人为过程的发展趋势,指导人类选择最佳对策。

11.3 3S 集成技术与数字地球

11.3.1 3S 集成技术

3S 技术是全球定位系统(GPS)、遥感(RS)和地理信息系统(GIS)的总称。是集 GIS、RS

和 GPS 技术,构成整体、实时和动态的对地观测、分析和应用的运行系统。

3S 的结合应用,取长补短,是自然的发展趋势,三者之间形成了“一个大脑,两只眼睛”的框架,其中,RS 是智能神经网络中的传感器,它探测地球空间自身变化及受外界环境“刺激”,并把信息传输给神经中枢 GIS;GPS 是一个精密的定位器,以确定各种信息发生的时空特征,即空间地理位置,RS 和 GPS 向 GIS 提供或更新区域信息以及空间定位,GIS 进行相应的空间分析,从以 RS 和 GPS 提供的浩如烟海的数据中提取有用信息,并进行综合集成,使之成为决策的科学依据。

以地理信息系统为核心的 3S 技术的集成,构成了对空间数据适时进行采集、更新、处理、分析以及为各种实际应用提供科学决策咨询的强大技术体系。其中地理信息系统起着关键性的作用,具体有以下结合方式:

1)地理信息系统与全球定位系统的结合　利用地理信息系统中的电子地图和 GPS 接收机的实时差分定位技术,可以组成 GPS + GIS 的各种电子导航定位系统,用于交通警车定位,城市规划红线放样等。

2)地理信息系统与遥感的结合　对于地理信息系统来说,遥感是重要的外部数据源,是其数据更新的重要手段。而地理信息系统则可以提供遥感图像处理所需的辅助数据,以提高遥感图像的信息量和分辨率。

3)3S 技术的整体结合　集 RS、GIS 和 GPS 于一体,构成高度自动化、实时化和智能化的地理信息系统,是空间信息适时采集、处理、更新及动态地理过程的现势性分析与提供决策支持辅助信息的有力手段。

为了真正实现 3S 集成,需要研究和解决 3S 集成系统设计、实现和应用过程中出现的一些共性问题,如 3S 集成系统的实时空间定位、一体化数据管理、语言和非语义信息的自动提取、数据自动更新、数据实时通讯、集成化系统设计方法以及图形和影像的空间可视化等。

11.3.2　3S 集成技术的应用

20 世纪 90 年代以来,3S 技术得到迅速发展,其应用领域已遍及国民经济各个部门,在工程测量领域的应用更为广泛,取得了较大的成绩。3S 集成技术的发展,形成了综合的、完整的对地观测系统,提高了人类认识地球的能力,拓展了传统测绘学科的研究领域。同时,也推动了相关学科的发展,如地球信息科学、地理信息科学等。

我国经济信息化进程和信息高速公路网络化的发展越来越迅猛,对地理信息需求也迅速增长,特别在解决资源、环境、人口、灾害等全球关心的重大问题上,迫切需要基础空间数据作为规划、监测、管理和决策的依据。

11.3.3　数字地球

(1)数字地球的概念

1998 年 1 月 31 日,美国副总统戈尔在美国加利福尼亚科学中心发表的题为“数字地球:21 世纪认识地球的方式”的讲演,首次提出了“数字地球(Digital Earth)”的概念,指出“我们需要一个‘数字地球’,即一种可以嵌入海量地理数据的、多分辨率的和三维的地球的表示,可以在其上添加许多与我们所处的星球有关的数据”。

目前“数字地球”还没有一个确切的定义。一般认为“数字地球”是对真实地球及其相关现象的统一的数字化的认识，是以因特网为基础，以空间数据为依托，以虚拟现实技术为特征，具有三维界面和多种分辨率浏览器的面向公众开放的系统，包括对获取的地球信息进行处理、传输、存储管理、检索、决策分析和表达等内容。从狭义方面看，数字地球主要指应用 GIS、RS、GPS 等技术，以数字的方式获取、处理和应用关于地球自然和人文因素的空间数据，并在此基础上解决各种问题。数字地球是对真实地球及相关现象统一性的数字化重现和认识，其核心思想是:用数字化手段统一处理地球和最大限度地利用信息资源。

(2)数字地球的组成

支撑数字地球的科学技术有计算机科学、信息高速公路与空间数据基础设施、全球定位系统、地理信息系统和遥感技术。一般认为数字地球主要由三部分组成:

1)不同分辨率尺度下的地球三维可视化的浏览界面(与目前普遍使用的 GIS 不同)。

2)网络化的地理信息世界，为用户提供公用信息和商用信息，甚至可以为各类网络用户开辟一个认识“我们这个星球”的“没有围墙的实验室”。

3)多源信息的集成器和显示机制，即融合和利用现有的多源信息，并将其“嵌入”数字地球的框架，进行“三维描述”和智能化网络虚拟分析，这是建立数字地球的关键技术。

(3)数字地球的意义和影响

数字地球是 20 世纪 70 年代以来信息革命的自然发展，是空间技术、信息技术、网络技术发展到一定阶段的产物，是继地理大发现和哥白尼、伽利略日心说之后，人类认识地球的重大飞越，有着深刻的时代、经济和技术背景。

我国 1998 年提出了建设数字地球和数字中国的战略构想，1999 年 11 月在北京举行了“首届数字地球国际会议”，2001 年 9 月在广州举办了“中国国际数字城市建设技术研讨会暨 21 世纪数字城市论坛”。作为一种发展战略，数字地球将在世界可持续发展中发挥极其重要的作用。作为一种前沿技术系统，数字地球必将推动地球科学、空间科学和信息科学等相关科学与技术的飞速发展。无论是促进社会的可持续发展，还是提高人们的生活质量，无论是推进当前科学与技术的发展，还是开拓未来知识经济的新天地，数字地球都具有重要意义。

数字地球的提出是全球信息化的必然产物，它的真正实现还需全人类共同努力。当前和未来巨大的社会需求是发展数字地球的驱动力。随着数字地球以及现代科学的发展，测绘学科已逐渐融入信息科学的范畴，学科的内涵和服务目标的深度和广度上发生了重大变化，正在向“地球空间信息学(Geomatics)”方向发展，且各学科相互影响、渗透和交叉。

复习思考题

1. RS 由哪几个部分组成？各部分的作用如何？
2. GIS 由哪几个部分组成？各部分的作用如何？
3. GIS 的主要功能有哪些？
4. 什么是数字地球？建立数字地球的意义何在？
5. 什么是 3S 集成技术？简述其在国民经济和社会发展中的应用前景。

第 4 篇 工程测量技术

第 12 章 施工放样的基本工作

12.1 概　　述

12.1.1 施工测量的目的与内容

施工测量的目的是将图纸上设计的建筑物的平面位置、形状和高程标定在施工现场的地面上，并在施工过程中指导施工，使工程严格按着设计的要求进行建设。

地形图测绘是测量地面上点与点之间的距离、方向和高差。施工测量则是根据设计图上确定的点与点之间相互关系，在地面上标定点位的工作。例如各种建筑物的建设，不仅要根据设计要求，把它们轴线点的平面位置和高程，正确地测设到地面上，还需把设计图中建筑物各特征点与轴线的相互关系，放样到地面上。施工测量与地形图测绘都是研究和确定地面上点位的相互关系。测图是地面上先有一些点，然后测出它们之间关系，而放样是先从设计图纸上算得点位之间距离、方向和高差，再通过测量工作把点位测设到地面上。因此距离测量、角度测量、高程测量同样是施工测量的基本内容。

12.1.2 施工测量的特点

施工测量与地形图测绘比较，除测量过程相反、工作程序不同以外，还有如下两大特点：

1）施工测量的精度要求较测图高

测图的精度取决于测图比例尺大小，而施工测量的精度则与建筑物的大小、结构形式、建筑材料以及放样点的位置有关。例如，高层建筑测设的精度要求高于低层建筑；钢筋混凝土结构的工程测设精度高于砖混结构工程；钢架结构的测设精度要求更高。再如，建筑物本身的细部点测设精度比建筑物主轴线点的测设精度要求高。这是因为，建筑物主轴线测设误差只影响到建筑物的微小偏移，而建筑物各部分之间的位置和尺寸，设计上有严格要求，破坏了相对位置和尺寸就会造成工程事故。

2）施工测量与施工密不可分

施工测量是设计与施工的桥梁，贯穿于整个施工过程中，是施工的重要组成部分。施工放样的进度与精度直接影响着施工的进度和施工质量。这就要求施工测量人员在放样前应熟悉建筑物总体布置和各个建筑物的结构设计图，并要检查和校核设计图上轴线间的距离和各部位高程注记。在施工过程中对主要部位的测设一定要进行校核，检查无误后方可施工。多数工程建成后，为便于管理、维修以及续扩建，还必须编绘竣工总平面图。有些高大和特殊建筑物，如高层楼房、水库大坝等，在施工期间和建成以后还要进行变形观测，以便控制施工进度，积累资料，掌握规律，为工程严格按设计要求施工、维护和使用提供保障。

12.1.3 施工测量的原则

由于施工测量的要求精度较高，施工现场各种建筑物的分布面广，且往往同时开工兴建。所以，为了保证各建筑物测设的平面位置和高程都有相同的精度并且符合设计要求。施工测量和测绘地形图一样，也必须遵循“先整体到局部、先高级后低级、先控制后碎部”的原则组织实施。对于大中型工程的施工放样，要先在施工区域内布设施工控制网，而且要求布设成两级即首级控制网和加密控制网。首级控制点相对固定，布设在施工场地周围不受施工干扰、地质条件良好的地方。加密控制点直接用于测设建筑物的轴线和细部点。不论是平面控制还是高程控制，在测设细部点时要求一站到位，减少误差的累计。

12.1.4 坐标换算

施工设计图的坐标系统一般是以建筑物的主轴线作为坐标轴线，称为施工坐标系。布设施工控制网时，其坐标系统一般与施工坐标系统一致。而施工坐标系统往往与测图坐标系统不一致。这样就需要在两者之间建立一种坐标换算关系，将一个点的施工坐标够换算成测图坐标，或将一个点的测图坐标换算成施工坐标系的坐标。

图 12.1 中，$X—O—Y$ 为测图坐标系，$x—o—y$ 为施工坐标系。

设 P 点在测图坐标系中的坐标为(X_p, Y_p)，在施工坐标系中的坐标为(x_p, y_p)。其坐标换算公式为

$$
\left.\begin{aligned}
X_p &= a + x_p\cos\theta - y_p\sin\theta \\
Y_p &= b + x_p\sin\theta + y_p\cos\theta
\end{aligned}\right\} \tag{12.1}
$$

$$
\left.\begin{aligned}
x_p &= (Y_P - b)\sin\theta + (X_p - a)\cos\theta \\
y_p &= (Y_P - b)\cos\theta - (X_P - a)\sin\theta
\end{aligned}\right\} \tag{12.2}
$$

式中 a ——施工坐标系的原点 o 在测图坐标系中的纵坐标

b ——施工坐标系的原点 o 在测图坐标系中的横坐标

θ ——两坐标系纵坐标轴的夹角

a、b 和 θ 总称为坐标换算元素，一般由设计文件明确给定。在换算时要特别注意 θ 角的正、负号：一般规定施工坐标纵轴 ox 在测图坐标纵轴 OX 的右侧时，θ 角为正；反之 θ 角为负。

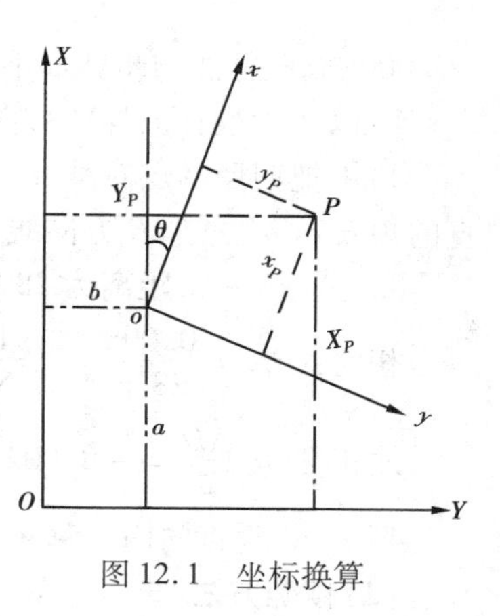

图 12.1 坐标换算

12.2 施工放样的基本工作

施工放样的基本工作有三项：已知水平距离的放样、已知水平角的放样和已知高程的放样。下面分别介绍这三项基本工作的方法。

12.2.1 已知水平距离的放样

地面上已知一点及其直线的方向，根据设计图纸上给定的水平距离，在地面上标定出另一点的位置叫已知水平距离放样。

当距离较长，地形复杂，常用测距仪进行距离放样。若施工场地比较平坦，需放样的距离较短，可用钢卷尺测设水平距离。下面简单介绍钢尺进行水平距离放样的方法。

(1)一般方法

当放样要求精度不高时，放样可以从已知点开始，沿给定的方向量出设计给定的水平距离，在终点处打一木桩，并在桩顶标出测设的方向线，然后仔细量出给定的水平距离，对准读数在桩顶画一垂直于测设方向的短线，两线相交即为要放的点位。

为了校核和提高放样精度，可以测设的点位为起点向已知点返测水平距离，若返测的距离与给定的距离有误差，且相对误差超过允许值时，须重新放样。若相对误差在允许范围内，可取两者的平均值，用设计距离与平均值的差的一半作为改正数，改正测设点位的位置(当改正数为正，短线向外平移，反之向内平移)，即得到正确的点位。

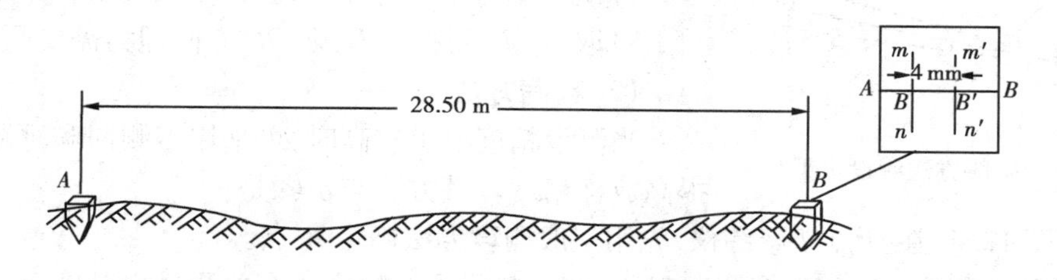

图 12.2 已知水平距离放样

如图 12.2 所示，已知 A 点，欲放样 B 点。AB 设计距离为 28.50 m，放样精度要求达到

1/2 000。放样方法与步骤如下：

1) 以 A 为准在放样的方向上量 28.50 m，打一木桩，并在桩顶标出方向线 AB。

2) 甲把钢尺零点对准 A 点，乙拉直并放平尺子对准 28.50 m 处，在桩上画出与方向线垂直的短线 $m'n'$，交 AB 方向线于 B' 点。

3) 返测 $B'A$ 得距离为 28.508 m。则 $\Delta D = 28.50 - 28.508 = -0.008$ m。

$$相对误差 = \frac{0.008}{28.5} \approx \frac{1}{3\ 560} < \frac{1}{2\ 000}$$，测设精度符合要求。

$$改正数 = \frac{\Delta D}{2} = -0.004\ \text{m}$$。

4) $m'n'$ 垂直向内平移 4 mm 得 mn 短线，其与方向线的交点即为欲测设的 B 点。

(2) 精确方法

当放样距离要求精度较高时，就必须考虑尺长、温度、倾斜等对距离放样的影响。放样时，要进行尺长、温度和倾斜改正。具体做法如下：

1) 先根据设计距离 D，概略放出一点 B'。

2) 用精密距离丈量方法（参见第六章第一节），丈量出 AB' 的准确距离 D'。

3) 求出改正数　$\Delta D = D - D'$。

4) 以 B' 为起点，沿 AB' 方向线丈量一段距离 ΔD，即可得 B 点。（若 $\Delta D > 0$ 向外量，反之向内量）。

12.2.2　已知水平角的放样

以地面上已知的一条直线为起始方向，按设计的水平角来标定另一直线方向，叫水平角放样。水平角放样与距离放样结合，可在地面上确定一个点的平面位置。水平角放样有两种方法。

(1) 一般方法

当精度要求不高时，可用经纬仪盘左、盘右取中的放样方法测设水平角。如图 12.3，OA 为已知方向（即地面已有 O、A 两点），现测设水平角 $\angle AOB$ 等于设计值 β。测设方法如下：

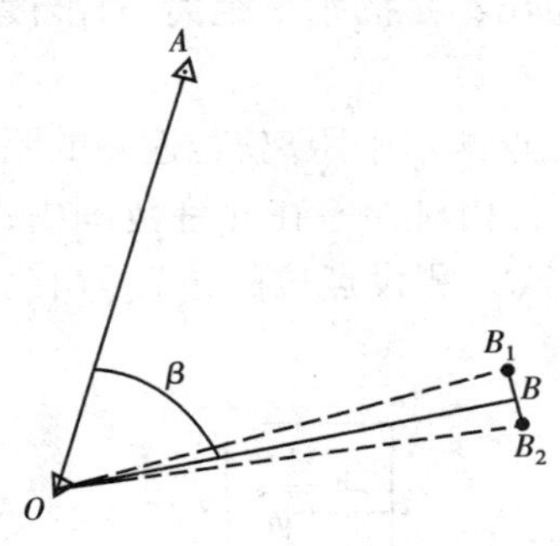

图 12.3　一般方法测设水平角

1) O 点架经纬仪，对中、整平。

2) 盘左时，先瞄准 A 点，使水平盘读数为 L（L 等于 0°或略大于 0°）。

3) 顺时针转动照准部，使水平盘读数为 $L+\beta$。固定照准部，沿望远镜视线方向标定出 B_1 点。

4) 倒转望远镜成为盘右，同样方法测设 β 角定出 B_2 点。

5) 取 B_1、B_2 的中点 B，则 OB 方向即为需要测设的方向。

(2) 精确方法

当测设精度要求较高时，可采用多测回和垂距改正法来提高放样精度。其方法与步骤是：

1) 如图 12.4，在 O 点架经纬仪，先用一般测设方法确定 B' 点。

2) 用测回法对 $\angle AOB'$ 做多测回观测（测回数由测设精度或有关测量规范确定），取其平均值 β'。

3) 计算观测的平均角值 β' 与设计角值 β 之差。

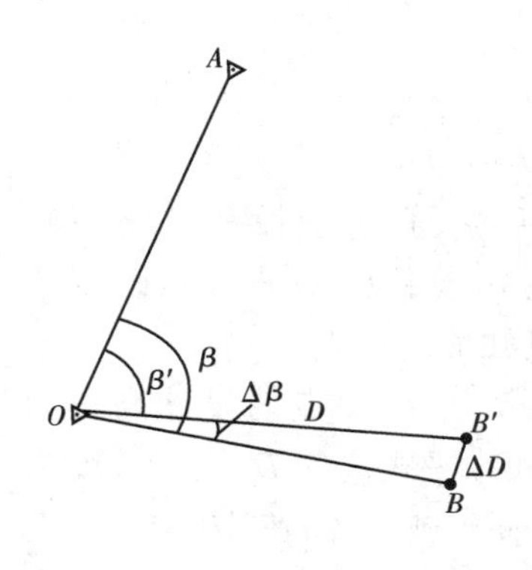

图12.4　精确测设水平角

$$\Delta\beta = \beta' - \beta$$

4)设OB'的水平距离为D,则需改正的垂距为

$$\Delta D = \frac{\Delta\beta}{\rho''} \times D \qquad (12.3)$$

5)过B'点作OB'的垂线并截取$B'B = \Delta D$(当$\Delta\beta > 0$向内截,反之向外截),则$\angle AOB$就是要放样的水平角β。

例12.1　如图12.4所示,已知直线OA,需放样角值$\beta = 79°30'24''$,初步放样得点B'。对$\angle AOB'$做6个测回观测,其平均值为$79°30'12''$。$D = 100$ m,如何确定B点?

解　角度改正值　　$\Delta\beta = 79°30'12'' - 79°30'24'' = -12''$

按式(12.3)得　　$\Delta D = \frac{-12''}{206\,265} \times 100 = -0.006$ m

由于$\Delta\beta < 0$,过B'点向角外作OB'的垂线$B'B = 6$ mm,则B点即为所要测设的点。

12.2.3　已知高程的放样

在施工中,高程放样多采用水准测量的方法。已知高程的放样就是利用附近的水准点将设计的高程标定于实地。

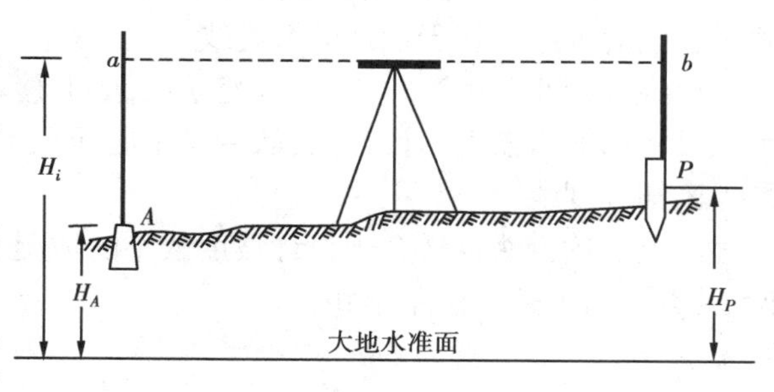

图12.5　高程的测设

如图12.5所示,已知水准点A的高程为$H_A = 362.768$ m,需放样的P点高程为$H_p = 363.450$ m。先将水准仪架在A与P之间,后视A点尺,读数为$a = 1.352$。要使P点高程等于H_p,则前视尺读数就应该是

$$b = (H_A + a) - H_P = (362.768 + 1.352) - 363.450 = 0.670 \text{ m}$$

放样时,将水准尺贴靠在P点木桩一侧,水准仪照准P点处的水准尺。当水准管气泡居中时,将P点水准尺上下移动,当十字丝中丝读数为0.670时,此时水准尺的底部,就是所要放样的P点,其高程为363.450 m。

如果需测设的点的高程与水准点的高程相差很大,可先把高程传递到坑底或高处的临时水准点上,然后再用临时水准点进行放样。

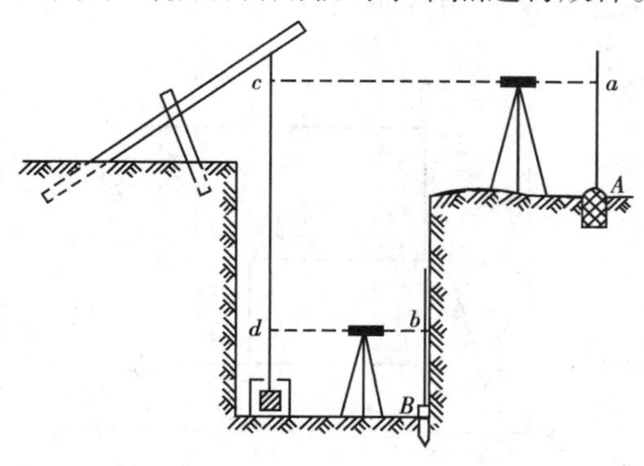

图12.6　基坑内的高程放样

如图12.6所示,设A为地面上的水准点,欲将高程传递到坑底的临时水准点B上,先在基坑边埋一吊杆,上面悬挂钢卷尺,零端朝下并挂一10～20 kg的重锤(为了减少钢卷尺的摆动,重锤可放在装有液体的桶内)。观测时,用两架性能相同的水准仪,一架安置在地面上,A点上水准尺为后视,读取读数为a,钢尺为前视,读取读数为c;另一架水准仪安置在基坑内,后视钢尺读数为d,前视B点上水准尺读数为b,则临时水准点B点高程为

$$H_B = H_A + (a - c) + (d - b) \qquad (12.4)$$

同样方法也可将高程从地面传递到高处。

12.2.4 已知坡度的放样

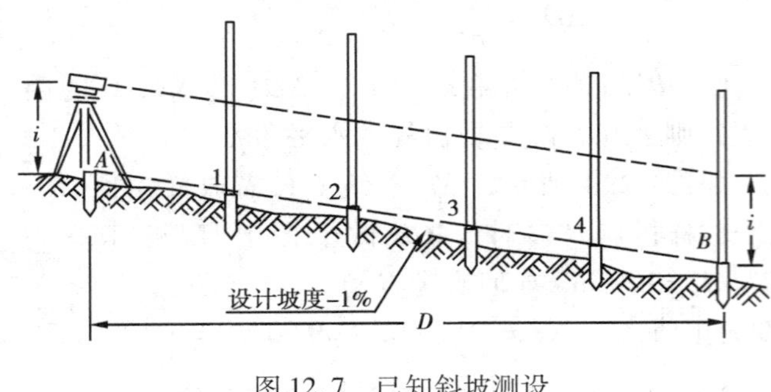

图 12.7 已知斜坡测设

在场地平整、管道敷设和道路整修等工程中,常需要将已知坡度测设到地面上,称为已知坡度测设。

如图 12.7 所示,A 点的设计高程为 H_A,AB 两点间水平距离为 D,设计坡度为 -1%。为了便于施工,需在 AB 中心线上每隔一定距离打一木桩,并在木桩上标出该点设计高程。具体作法如下:

1)测设 A、B 点设计高程。用式 $H_{B设} = H_A - D \times 1\%$ 计算 B 点设计高程,然后通过附近水准点,用前述已知高程的放样方法,把 A 点和 B 点的设计高程测设到地面上。

2)A 点上架水准仪,量取仪高 i。瞄准 B 点上的水准尺,转动微倾螺旋使中丝读数为 i,这时水准仪的视线平行于设计的坡度线。

3)在 AB 间的 1、2、3、…,木桩处立尺,上下移动水准尺,使水准仪的中丝读数均为 i,此时水准尺底部即为该点的设计高程,沿尺子底面在木桩侧面画一标志线。各木桩标志线的连线,即为已知坡度线。

以上所述方法仅适合于设计坡度较小的情况。如果设计坡度较大,可以用经纬仪进行测设,其方法与上述方法基本相似。

12.3 点的平面位置放样方法

测设点的平面位置方法应根据控制网(点)布设情况、放样的精度要求和施工场地的条件来选择。常用方法有:直角坐标法,极坐标法、角度交会法和距离交会法。

12.3.1 直角坐标法

当施工控制网为方格网或彼此垂直的主轴线时采用此法较为方便。

如图 12.8,A、B、C、D 为方格网的四个控制点,P 为欲放样点。放样的方法与步骤:

1)计算放样参数

计算出 P 点相对控制点 A 的坐标增量

$$\Delta x_{AP} = AM = x_P - x_A \qquad \Delta y_{AP} = AN = y_P - y_A$$

2)外业测设

①A 点架经纬仪,瞄准 B 点,在此方向上放样水平距离 $AN = \Delta y$ 得 N 点。

②N 点上架经纬仪,瞄准 B 点,仪器左转 90°确定方向,在此方向上丈量 $NP = \Delta x$ 得 P 点。

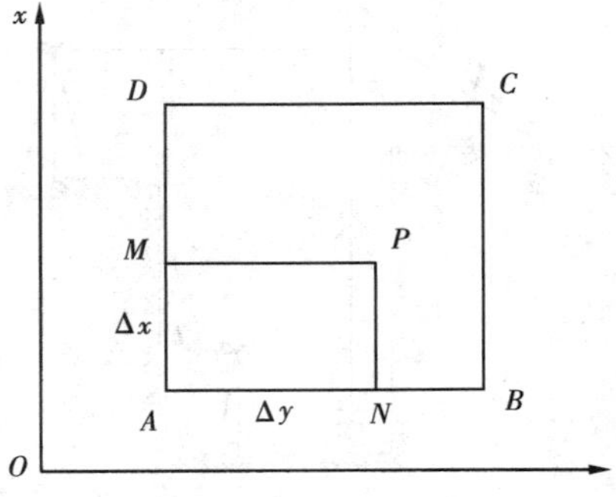

图 12.8 直角坐标法测设点位

③校核

沿 AD 方向先放样 Δx 得 M 点，在 M 点上架经纬仪，瞄准 A 点或 D 点，转一直角再放样 Δy，也可以得到 P 点位置。

④注意事项

放 90°角的起始方向要尽量照准远距离的点，因为对于同样的对中和照准误差，照准远处点比照准近处点放样的点位精度高。

12.3.2　极坐标法

当施工控制网为导线时，常采用极坐标法进行放样。特别是当控制点与测点距离较远时，用全站仪进行极坐标法放样非常方便。

(1)用经纬仪放样

如图 12.9，A、B 为地面上已有的控制点，其坐标分别为 $A(x_A, y_A)$ 和 $B(x_B, y_B)$，P 为一待放样点，其设计坐标为 $P(x_P, y_P)$ 用极坐标法放样的工作步骤如下：

1)计算放样元素

先根据 A、B 和 P 点坐标，计算出 AB、AP 边的方位角和 AP 的距离。

$$\left.\begin{aligned}\alpha_{AB} &= \arctan\frac{\Delta y_{AB}}{\Delta x_{AB}}\\ \alpha_{AP} &= \arctan\frac{\Delta y_{AP}}{\Delta x_{AP}}\end{aligned}\right\} \qquad (12.5)$$

$$D_{AP} = \sqrt{\Delta x_{AP}^2 + \Delta y_{AP}^2} \qquad (12.6)$$

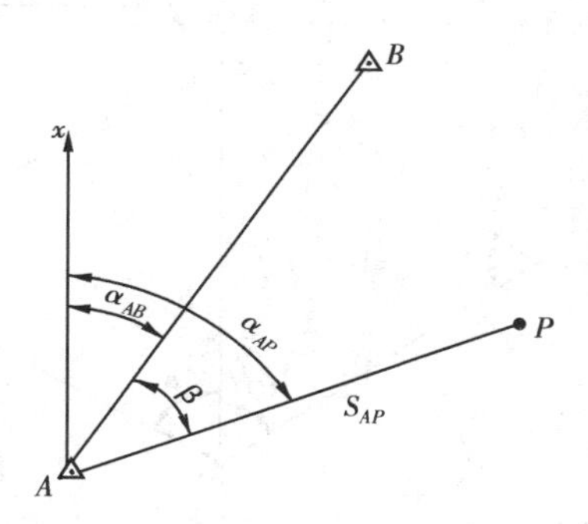

图 12.9　极坐标法测设点位

再计算出∠BAP 的水平角 β

$$\beta = \alpha_{AP} - \alpha_{AB}$$

2)外业测设

①经纬仪架在 A 点上，对中、整平。

②以 AB 为起始边，顺时针转动望远镜，测设水平角 β，然后固定照准部。

③在望远镜的方向上测设距离 D_{AP} 即得 P 点。

(2)用全站仪放样

用全站仪放样点位，其原理也是极坐标法。由于全站仪具有计算和存储数据的功能，所以放样非常方便、准确。其方法如下：

1)输入已知点和需放样点的坐标(若存储文件中有这些点的数据也可直接调出)，仪器自动计算出放样的参数(水平距离、起始方位角和放样方位角以及放样水平角)。

2)仪器架在测站点上，进入放样状态。瞄准另一已知点(后视点)，置水平盘读数为起始方位角。

3)松开水平制动，旋转仪器，使照准部指向水平盘读数为 0°00′00″方向时，旋紧制动手轮，确定待定点的方向。

4)在望远镜视线的方向上立棱镜，显示屏显示的距离是测量距离与放样距离的差值，即棱镜的位置与待放样点位的水平距离之差。若为正值，表示已超过放样标定位置，若为负值则相反。

5)棱镜沿望远镜的视线方向移动,当距离读数为0.000 m时,棱镜所在的点即为待放样点的位置。

(3)自由设站法放样

若已知点与放样点不通视,可另外选择一测站点(该点也叫自由测站点)进行放样。只要所选的测站点既与放样点通视,也与至少三个已知点通视即可。

放样时,先根据三个已知点用后方交会法(参见第七章第四节)计算出测站的坐标,再利用极坐标法即可测设出所要求的放样点的位置。

12.3.3 角度交会法

欲测设的点位远离控制点,地形起伏较大,距离丈量困难且没有全站仪时,可采用经纬仪角度交会法来放样点位。

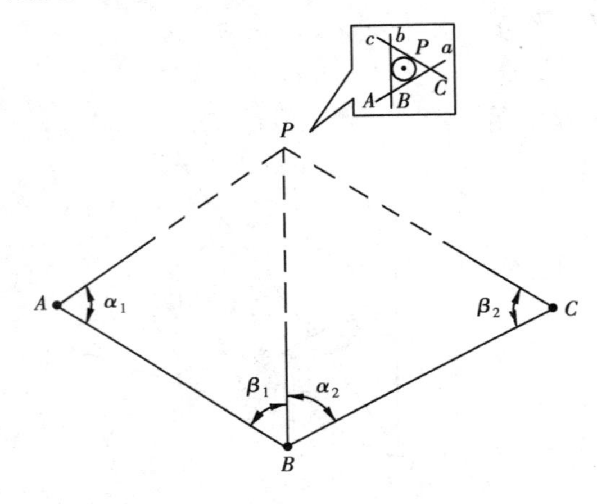

图12.10 前方交会测设点位

如图12.10所示。A、B、C为已知控制点,待放样点P的坐标,由设计人员给出或从图上量得。用前方交会法放样的步骤是:

1)计算放样参数

①用坐标反算AB、AP、BP、CP和CB边的方位角α_{AB}、α_{AP}、α_{BP}、α_{CP}和α_{CB}。

②根据各边的方位角计算α_1、β_1和β_2角值

$$\alpha_1 = \alpha_{AB} - \alpha_{AP}$$

$$\beta_1 = \alpha_{BP} - \alpha_{BA}$$

$$\beta_2 = \alpha_{CP} - \alpha_{CB}$$

2)外业测设

①分别在A、B、C三点上架经纬仪,依次以AB、BA、CB为起始方向,分别放样水平角α_1、β_1和β_2。

②通过交会概略定出P点位置,打一大木桩。

③在桩顶平面上精确放样,具体方法是:由观测者指挥,在木桩上定出3条方向线即Aa、Bb和Cc。

④理论上3条线应交于一点,由于放样存在误差,形成了一个误差三角形(图12.10)。当误差三角形内切圆的半径在允许误差范围内,取内切圆的圆心作为P点的位置。

3)注意事项

为了保证P点的测设精度,交会角一般不得小于30°和大于150°,最理想的交会角是70°~110°之间。

12.3.4 距离交会法

当施工场地平坦,易于量距,且测设点与控制点距离不长(小于一整尺长),常用距离交会法测设点位。

如图12.11所示,A、B、C为控制点,1、2为要测设的两个点位,测设方法如下:

1）计算放样参数　根据A、B、C的坐标和1、2点坐标，用坐标反算方法计算出d_{A1}和d_{B1}、d_{B2}和d_{C2}。

2）外业测设　分别以A、B、C点为起点，用钢尺丈量距离d_{A1}、d_{B1}、d_{B2}和d_{C2}，两两相交的交点即为1、2点。

3）实地校核　根据1、2点的坐标，可反算其水平距离。用实测的1、2点距离与反算距离比较进行校核。

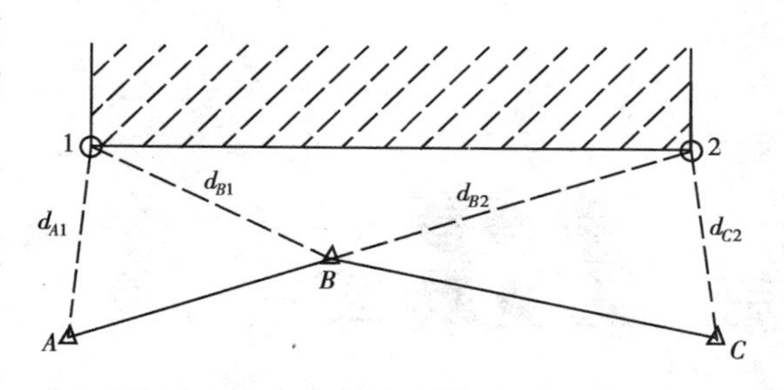

图12.11　距离交会法测设点位

复习思考题

1. 施工放样与测图的根本区别是什么？

2. 测设点位的基本方法有哪几种？各适合什么场地？

3. 初步测设出直角AOB后，用经纬仪精确测量$\angle AOB$，其结果是$90°00'45''$。并且已知OB长度为100.00 m。作草图并计算：

（1）在垂直OB的方向上，B点移动多少距离才能使$\angle AOB$为90°？

（2）B点向哪个方向移动？

4. 已知水准点高程为364.374 m，测设高程为363.700 m的房屋地坪线±0标高点。水准点上立一竹竿，根据水准仪的水平视线在竹竿上画一条线，问在同一竹竿上，应该在什么地方再画一条线，才能使水准仪视线对准此线时，竹竿底部就是±0标高的位置。

5. 已知$\alpha_{MN}=280°08'30''$，$x_M=17.33$ m，$y_M=88.55$ m；$x_A=45.54$ m，$y_A=83.00$ m。绘草图并设计出测设A点的方案。

第13章 工业与民用建筑施工测量

13.1 概　　述

13.1.1 工业与民用建筑施工测量的主要任务

工业与民用建筑施工测量是测量在工程建筑中的具体应用，其主要任务有三项：

1)施工前　为了把设计的各个建设物的平面位置和高程按要求的精度测设到地面上，使相互能连成统一的整体，施工前必须在施工场地上建立施工控制网。

2)施工中　根据施工进度，把设计图纸上的建筑物平面位置和高程测设到地面上，并在施工过程中随时进行建筑物的检测，以使工程建设符合设计要求。

3)完工后　要进行检查、验收测量，并编绘竣工平面图。一些大型建筑物还要进行变形观测，为建筑物的安全使用提供保障。

13.1.2 工业与民用建筑施工测量的精度要求

工业与民用建筑施工测量的精度，在施工测量的不同阶段要求也不同。一般说来，施工控制网的精度要高于测图控制网的精度；工业建筑比民用建筑精度要求高；高层建筑比低层建筑精度要求高；预制件装配式施工的建筑物比现场浇筑的精度要求高。

总之，放样的精度，应根据工程的性质和设计要求以及规范来合理确定。精度要求过低，影响施工质量，甚至会造成工程事故，精度要求过高又会造成人力、物力及时间的浪费。

13.1.3 工业与民用建筑施工测量遵循的原则

工业与民用建筑施工测量也要遵循“先整体后局部、先高级后低级、先控制后细部”的测量原则。

13.2　施工场地的控制测量

为了保证各个建筑物、构筑物在平面和高程上都能符合设计要求，互相连成统一的整体，首先必须在施工场地上布设控制点，进行控制测量。这项工作也称为建立施工控制网。

勘测时期所建立的测图控制网，在控制点的分布、密度和精度方面，往往不能满足施工测量的要求，并且多数控制点不能保存。所以在施工之前，建筑场地上要建立专门的施工控制网。

相对测图控制网来说，一般的施工控制网具有以下特点：

1)控制的范围小，控制点的密度大，精度要求高。有的工业建设场地面积在1 km^2以内，各种建筑物的分布错综复杂，所以需要有较多的控制点。施工控制网的主要任务是测设建筑物的主轴线。这些轴线的位置，其偏差有一定的限制，如工业厂房主轴线定位的精度要求为2 cm，相对于地形图测绘的精度来说，这样的精度要求是相当高的。

2)使用频繁，且受干扰大。施工场地上施工机械到处都有，施工人员来来往往，以及交叉作业等都会成为测量视线的障碍，因此，施工控制点的位置应分布恰当，密度也应大些，以便工作时有所选择。

平面控制网的布设，应根据总平面图设计和建筑场地的地形条件来定：丘陵地区常用三角测量方法建立控制网；地形平坦地区可采用导线网；面积较小的居住建筑区，常布置一条或几条建筑基线组成的简单图形，作为施工放样的依据；而对于建筑物多，并且布置比较规则和密集的工业场地，可将控制网布置成与厂区一些主要建筑物轴线平行或垂直的矩形格网，即通常所说的建筑方格网。用三角测量、导线测量方法建立控制网已在前面章节讲过，下面简要介绍建立建筑基线和建筑方格网的方法。

13.2.1　建筑基线的测设

(1)建筑基线的布设形式和要求

建筑基线是建筑场地上的施工控制基准线。常见的布设形式如图13.1所示。一般来说，小型或独立的建筑物多采用直线形或直角形；大中型厂房和建筑群，采用十字形或T字形。

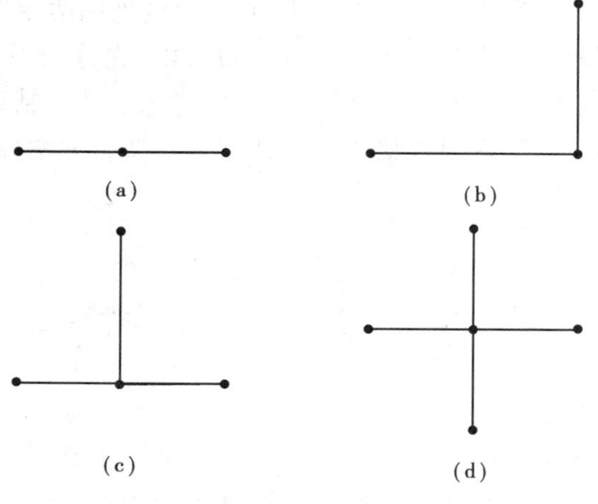

图13.1　建筑基线的布设形式
(a)三点直线形；(b)三点直角形；
(c)四点T字形；(d)五点十字形

建筑基线布设的要求：

1)基线应平行或垂直于建筑物主轴线。

2)基线点最少应有3个主点，以便检查和校核基线。

3)基线点应选在通视良好和不被破坏的地方，并要埋设永久性的混凝土桩。

4)在城区，建筑基线应根据建筑红线进行布设。

(2)建筑基线的测设方法

1)平行推移法　此法适用于根据老建筑物的墙边线或建筑红线来标定建筑基线。如图 13.2，*Ⅰ*、*Ⅱ*、*Ⅲ* 点为正交红线的三个点，其连线 *Ⅰ*-*Ⅱ*、*Ⅱ*-*Ⅲ* 称为建筑红线。*AB* 和 *BC* 为根据红线设计的三点直角形的建筑基线。两直角边与对应的红线平距分别为 d_1 和 d_2。测设时，先用钢尺量距法推移平行线，从 *Ⅰ*-*Ⅱ* 两端各量出一段平距 d_1，定出 *AB*，从 *Ⅱ*-*Ⅲ* 两端各量出一段平距 d_2，即可定出 *BC*。

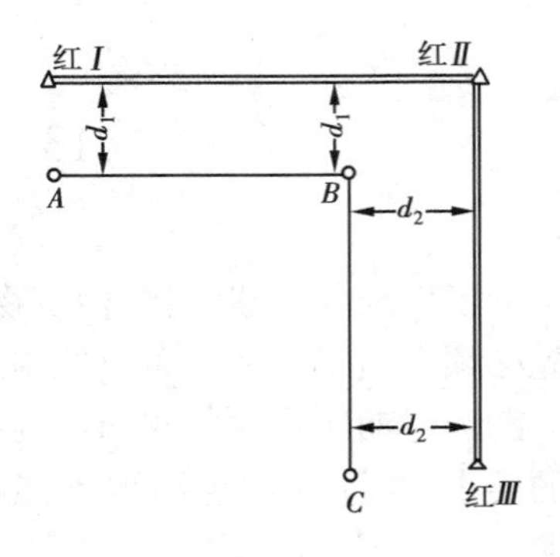

图 13.2　平行推移法测设基线

A、*B*、*C* 三点确定后，要用标桩固定下来。然后在 *B* 点上架经纬仪精确测量∠*ABC*，当观测值与 90°之差小于 ±20″时，满足精度要求，若差值超过 ±20″，则应按均值调整各点，重新放样，直到满足要求，切不可进行单点调整，造成错误。

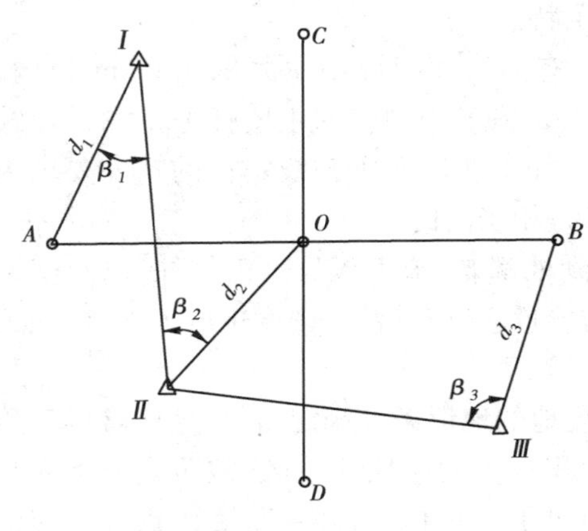

图 13.3　极坐标法测设基线点

2)极坐标法　在新建筑区，建筑场地没有红线，可根据建筑基线点坐标和测图控制点坐标的关系，用极坐标测设点位的方法测设基线主点。下面以测设五点十字形基线为例，说明用极坐标法测设基线的一般程序和调整测设误差的方法。

如图 13.3 中 *AOB* 和 *COD* 是厂房总平面图上拟定的主轴线位置，各点坐标已知。*Ⅰ*、*Ⅱ*、*Ⅲ* 点为测图控制点，坐标也已知。可用极坐标法先放出 *A*、*O*、*B* 三主点，再以此为基准放出 *C*、*D* 两点。具体测设方法如下：

①计算放样数据　根据 *A*、*O*、*B* 和 *Ⅰ*、*Ⅱ*、*Ⅲ* 的坐标，通过坐标反算，求出水平角 β_1、β_2、β_3 和距离 d_1、d_2、d_3。

②测设 *A*、*O*、*B* 三主点　用极坐标法测设(具体测设方法参见第十二章第三节)。由于测设的误差，这三点不在一条直线上，先分别用 *A′*、*O′*、*B′* 表示(如图 13.4)。

③归直改正　*O′* 点上安置经纬仪，精确测出 ∠*A′O′B′* 值，如果实测值与 180°之差超过 ±5″，就要调整 *A′*、*O′*、*B′* 三点。调整方法如下：

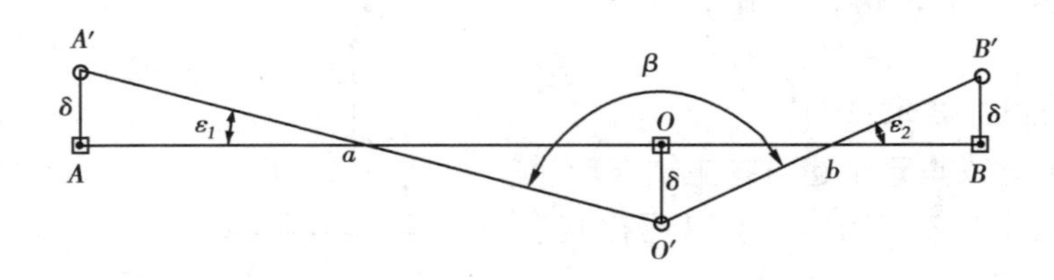

图 13.4　主轴线点的调整

设 *A*、*B* 两端点离中心 *O* 点的距离分别为 $AO=a$，$OB=b$，从图 13.4 可知

$$\varepsilon_1 = \frac{\delta}{a/2}\rho = \frac{2\delta}{a}\rho \qquad \varepsilon_2 = \frac{\delta}{b/2}\rho = \frac{2\delta}{b}\rho$$

$$\varepsilon_1 + \varepsilon_2 = 2\delta\rho\left(\frac{1}{a} + \frac{1}{b}\right) = (180° - \beta)$$

则 A'、O'、B'的横向偏离改正数 δ 为

$$\delta = \frac{ab}{a+b}(90° - \frac{\beta}{2})\frac{1}{\rho} \tag{13.1}$$

将 A'、O'、B'沿与基线垂直的方向各移动距离 δ（O'移动方向与 A'、B'的移动方向相反），使之归到同一直线上，如图 13.4 中 A、O、B。归直后，还要进行检测，使之误差在规定范围内（规定$\angle AOB$ 与 180°之差应在 ±5″以内）。

④距离检测　用钢尺精确丈量 AO、OB 距离，然后与设计长度比较，其相对误差应在 1/20 000 以内，否则要以 O 点为准，按设计长度修正 A、B 两点位置。

⑤测设主点 C、D　如图 13.5，在 O 点上安置经纬仪，照准 A 点，分别向左、右各转 90°按设计角度初步标出 C'、D'两点，再精确测量$\angle AOC'$和$\angle AOD'$的角度，分别求出它们与 90°的差数 ε_1、ε_2。若 ε_1、ε_2超过 ±5″，则按下式计算 C'、D'的横向偏离改正数。

$$\left.\begin{aligned}\Delta d_1 &= \frac{\varepsilon_1}{\rho}d_1 \\ \Delta d_2 &= \frac{\varepsilon_2}{\rho}d_2\end{aligned}\right\} \tag{13.2}$$

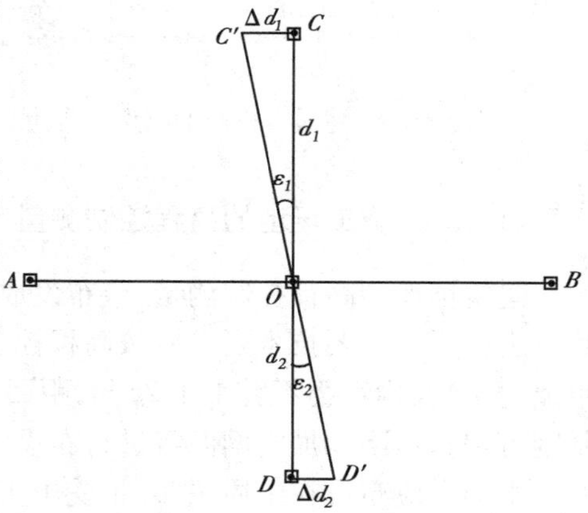

图 13.5　主轴线主点的调整

根据改正数，将 C'、D'分别沿 OC'、OD'的垂直方向移动距离 Δd_1和 Δd_2，即定出 C、D 点（注意移动方向）。精确测量$\angle COD$，其角值与 180°之差不得超过 ±5″。最后还要精密丈量 CO 和 OD 距离来进行校核，要求与设计距离的相对误差不大于 1/20 000。

例 13.1　如图 13.5，C'、D'点确定后，经多测回测量，$\angle AOC'$和$\angle AOD'$分别为 89°59′38″和 90°00′41″。并且已知 OC 和 OD 的设计距离分别为 150 m 和 100 m。求 C'、D'的横向偏离改正数。

解　$\varepsilon_1 = 90° - 89°59'38'' = 28''$

$\varepsilon_2 = 90° - 90°00'41'' = -41''$

由公式(13.2)得

$$\Delta d_1 = \frac{28}{206\ 265} \times 150 = 20 \text{ mm}$$

$$\Delta d_2 = \frac{-41}{206\ 265} \times 100 = -20 \text{ mm}$$

所以，C'应向角 AOC'外横向偏离 20 mm。

D'应向角 AOC'内横向偏离 20 mm。

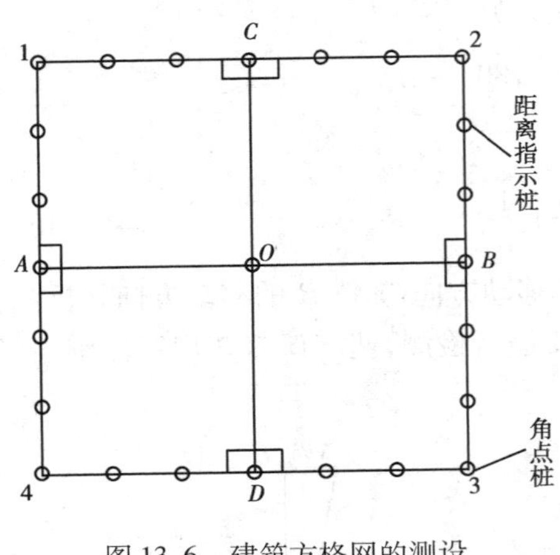

图 13.6　建筑方格网的测设

13.2.2　建筑方格网的测设

建筑方格网亦称施工坐标网，是在十字形主轴线的基础上建立起来的，适用于平坦开阔的建筑场地。测设方法如下：

如图 13.6 所示，在主轴线的四个端点 A、B、C、D 上分别架经纬仪，都以中心点 O 为起始方向，分别向左、右测设一个直角，交会出建筑方格网的四个角点1、2、3、4。为了校核，再量出 A—1、A—4、D—4、D—3、B—3、B—2、C—2、C—1 的距离，若符合设计要求，在各边每隔一定整数距离埋设距离指示桩。建筑方格网测设的精度要求较高，相应技术指标参见有关规定。

13.2.3　施工场地的高程控制测量

建筑场地的高程控制测量，应布设成闭合环线、附合路线或结点网线。采用三、四等水准测量进行。其主要技术要求应按高程控制测量的有关规定执行。水准点的间距宜小于 1 km，距离建筑物、构筑物不宜小于 25 m，距回填土边线不宜小于 15 m。当场地面积较大时，高程控制网可按基本网和加密网两级进行布设。

水准点应布设在土质坚实、不受施工影响、便于长期保存且方便使用的地方，并埋设永久标志。通常也可利用建筑方格网点的标桩加设圆帽钉作为施工水准点。

13.3　民用建筑施工测量

民用建筑是指住宅、商店、医院、办公楼、学校、俱乐部等建筑物。虽然各种民用建筑物结构形式千差万别，但都离不开墙、板、门窗、楼板、顶盖等基本结构。因而施工测量的基本内容和方法大同小异。主要工作如下：

13.3.1　测设前的准备工作

(1) 熟悉设计图纸

设计图纸是施工测量的主要依据。测设前，应从设计图纸上了解施工建筑物与相邻地物的相互关系、工程的全貌和设计意图，并从图纸上摘抄测设所需要的数据。

(2) 现场踏勘

全面了解现场情况，制定测设方案，并对已有的平面控制点和高程控制点进行检测，取得正确的起算数据。

(3) 准备放样数据

除了摘抄测设所需要的数据以外，还须从各种设计图纸上查取和计算房屋内部的平面尺寸和高程数据。

1)从建筑平面图上查取和计算设计建筑物与原建筑物或测量控制点之间的平面尺寸和高差,作为建筑物的定位依据。

2)从建筑平面图上查取建筑物的总尺寸和内部各定位轴线间的距离,作为施工放线的基本资料。

3)从基础平面图上查取基础边线与定位轴线的平面尺寸以及基础布置与基础剖面位置关系。

4)从基础详图中查取基础立面尺寸、设计标高,这是基础高程放样的依据。

5)从建筑物的立面图和剖面图中,可查出基础、地坪、门窗、楼板、屋架和层面的设计高程,这些都是高程测设的主要数据。

(4)绘制放样草图

根据放样数据和测设方案,绘制放样草图,并在图上标明放样数据,这对迅速、正确地放样会起到很大作用。

13.3.2　建筑物定位

建筑物的定位,就是将建筑物外廓各轴线交点(也称角点)测设到地面上,然后再根据这些点进行细部放样。若施工现场已有建筑方格网或建筑基线,可以根据建筑基线或建筑方格网直接采用直角坐标法进行定位;若有测量控制点,可采用极坐标法进行定位;如果设计的建筑物是在建筑物群内时,设计图上往往给出设计建筑物与已有建筑物或道路中心线的位置关系,这时建筑物的定位根据已有建筑物来进行。如图13.7,画有斜线的是已有的建筑物,*ABCD*为待测设的建筑物。待测设建筑物的定位方法和步骤如下:

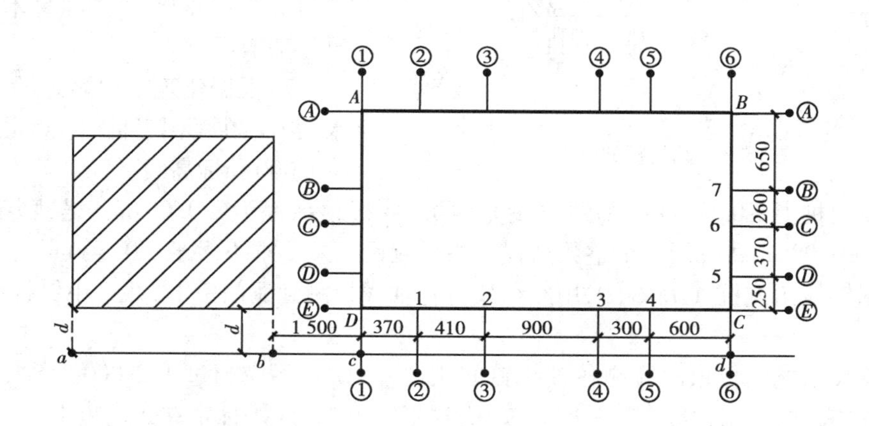

图13.7　建筑物的定位和轴线控制桩的测设(单位:cm)

1)用钢尺沿已有建筑物的东、西墙分别延长距离 d 得 a、b 两点,用小木桩标定。

2)在 a 点上架经纬仪,瞄准 b 点,并以 b 点为准,沿 ab 方向丈量15.00 m 得 c 点。以 c 点为起点继续向前延长25.80 m 得 d 点,cd 线就是拟建建筑物平面位置的建筑基线。

3)分别在 c 点和 d 点上架经纬仪,后视 a 点,右转90°,沿视线方向量出距离 d 得 D、C 点,再继续量出15.30 m 得 A、B 两点。A、B、C、D 四点即为拟建建筑物外廓定位轴线的交点。

4)检测 AB 距离,看是否等于25.80 m,$\angle A$、$\angle B$ 是否等于90°。若 AB 距离的相对误差和 $\angle A$、$\angle B$ 的角度误差分别在1/5 000和±40″之内即可。

13.3.3 建筑物的放线

建筑物放线是根据已定出的外墙轴线交点桩，详细测设出建筑物各轴线的交点桩(又称中心桩)。其放样方法如下：

如图13.7，将经纬仪安置在D点上，瞄准C点，用钢尺沿DC方向测设两相邻轴线间的距离，定出1、2、3、4各点，同理可定出5、6、7和其他各点。量距精度要达到1/2 000～1/5 000。

由于施工开挖基槽时，角点桩和中心桩将被毁坏，为便于在施工中恢复各轴线的位置，应把各轴线引测到槽外安全处，并做好标志。具体方法有设置轴线控制桩和设置龙门板两种形式。

(1)设置轴线控制桩

轴线控制桩设置在基槽外基础轴线的延长线上，距离基槽2～4 m。如图13.7中①、②、…，Ⓐ、Ⓑ、…皆为轴线控制桩。若系多层建筑物，为便于向上引测轴线，可在轴线的延长线上较远的地方再设一控制桩。若附近有固定建筑物，也可把轴线投测到建筑物上。

(2)设置龙门板

在一般民用建筑中，为便于施工，在基槽外1.5～2 m处钉设龙门板(如图13.8)。钉设龙门板的步骤和要求如下：

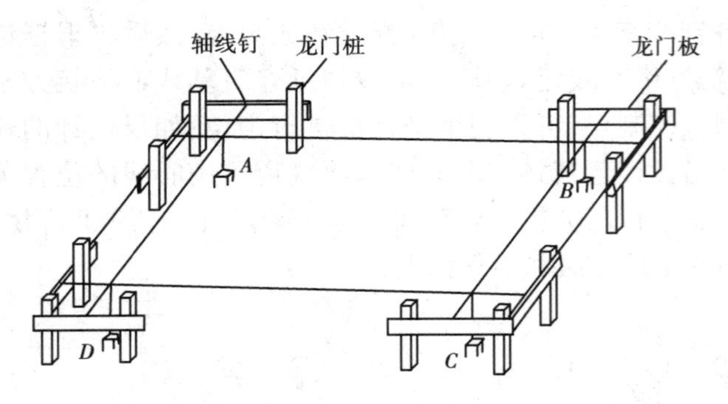

图13.8　龙门板的测设

1)在建筑物四角与隔墙两端基槽开挖线以外一定距离处钉设龙门桩。龙门桩要钉得竖直、牢固，木桩外测面要与基槽平行。

2)根据建筑场地附近的水准点，用水准仪在龙门桩上测设建筑物±0.000 m标高线。

3)沿龙门桩上±0.00 m标高线钉设龙门板，使板顶高程为±0.00 m。若现场条件不许可，也可比±0.00 m高或低一个整数高程。高程测设误差要求不大于±0.5 mm。

4)根据轴线角点桩A、B、C、D，用经纬仪将各轴线投测到龙门板上，并钉小钉标明，称为轴线钉。

5)用钢尺沿龙门板顶面检测各轴线钉间距离，其误差不应超过1/2 000。精度符合要求后，以轴线钉为准，将墙边线、基槽边线、基槽开挖线和各轴线等标定在龙门板上。

龙门板使用方便，但它需要木材较多，又不便于机械化施工。所以，现在大多数施工单位已不用龙门板，而只设置轴线控制桩。

13.3.4 基础工程施工测量

(1)一般工程

一般工程的基础工程测量主要是基槽开挖放线和抄平测量。施工中，基槽是根据基槽灰线破土开挖的，而基槽灰线是根据轴线和基槽开挖宽度来标定，其开挖宽度的确定应按规定考虑放坡尺寸。当基槽挖到接近槽底时，在槽壁上自拐角开始，每隔5 m测设一个水平桩，水平桩的高程一般要求比槽底设计高程高 0.3 ~0.5 m。水平桩是作为挖槽深度、修平槽底和打基础垫层的依据。

水平桩是根据已测设的 ±0.00 标高或龙门板顶标高用水准仪测设的。如图 13.9，假设槽底设计标高为 -1.700 m，欲测设比槽底高 0.500 m 的水平桩。先安置水准仪并读取立于龙门板顶面（或 ±0.00 m 桩点）上的水准尺读数。假如读数为 a，则前视水平桩上尺子的读数就应该是 $b=a+1.200$。

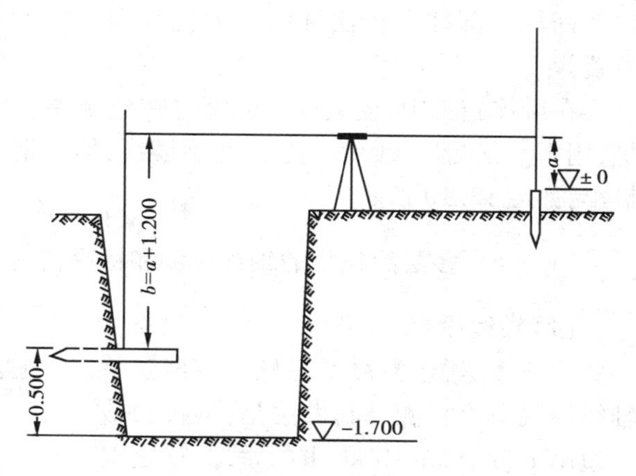

图 13.9 槽底水平桩的测设

将水准尺立于槽内一侧准备打水平桩位置上，水准仪瞄准水准尺，当水准尺上下移动至读数为 b 时，即可沿尺子底面在槽壁上打水平桩。

以水平桩为依据打好垫层后，将控制桩（或龙门板）上轴线位置投测到垫层上，并用墨线弹出墙中线和基础边线，作为砌筑基础的依据。

当基础施工完成后，用水准仪检查各轴线交点处的基础面标高是否符合设计要求，用经纬仪检查角点处的角度是否等于 90°，还要用钢尺丈量轴线间距，看是否与设计值吻合。若各项检查都符合要求，就可以立皮数杆，进行墙体砌筑。

(2)桩基础工程

当建筑物为高层时，常采用桩基础。其特点是：基坑一般较深，常位于市区内，施工场地多不宽畅，整幢建筑物有多条不平行的轴线。

桩基础工程的施工测量要在测设厂房控制网的基础上进行，控制网点以及轴线控制桩应设置在基坑施工范围以外，距基坑边缘的距离不小于坑深的 1.5 倍。其桩点定位精度要求较高。根据建筑物主轴线测设桩基位置的允许偏差为 20 mm，单排桩则为 10 mm。

桩的排列随建筑物形状和基础结构的不同而异。一般简单的排列成格网状，只要根据轴线，精确测设出格网四个角点，再进行加密即可。测设出的桩位均要用小木桩标出其位置。角点及轴线两端桩，还要在木桩上用小钉标出其中心位置以供校核之用。

桩基础工程施工结束后，还要对桩的实际位置和标高进行检测，若桩位和标高符合设计要求，方可进行下一步工作。

13.3.5 墙体工程施工测量

墙体施工中的测量工作，主要是墙体的定位和提供墙体各部位的标高。

基础砌到防潮层后，要把第一层的墙中心线和墙边线用墨线弹到防潮层面上，并把这些线延伸到基础墙的侧面上。同时在砌好的基础墙的立面上放出门、窗和其他洞口的边线位置，以便往上投测。

砌墙过程中，在墙角挂一锤球，球尖对准墙边线，以保证墙角处于竖直。在两相邻墙角之间水平地拉一线绳，用以掌握墙身的前后位置，而每层的砌砖高度和墙体标高可由皮数杆来控制。

如图 13.10 所示，皮数杆是根据建筑物剖面图以及砖块和灰缝厚度画出的一木制专用杆。

皮数杆从底部往上依次标明 ±0、门窗口、过梁、楼板、预留孔、木砖等以及其他各种构件的位置。

在墙体施工中,皮数杆一般都立在建筑物转角和隔墙处。立皮数杆时,先在地面打一木桩,用水准仪测出 ±0.00 位置,并画横线,然后把皮数杆上的 ±0 线与木桩上 ±0.00 线对齐,钉牢,如图 13.10 所示。

13.3.6 多层建筑物的轴线投测和标高传递

(1)轴线投测

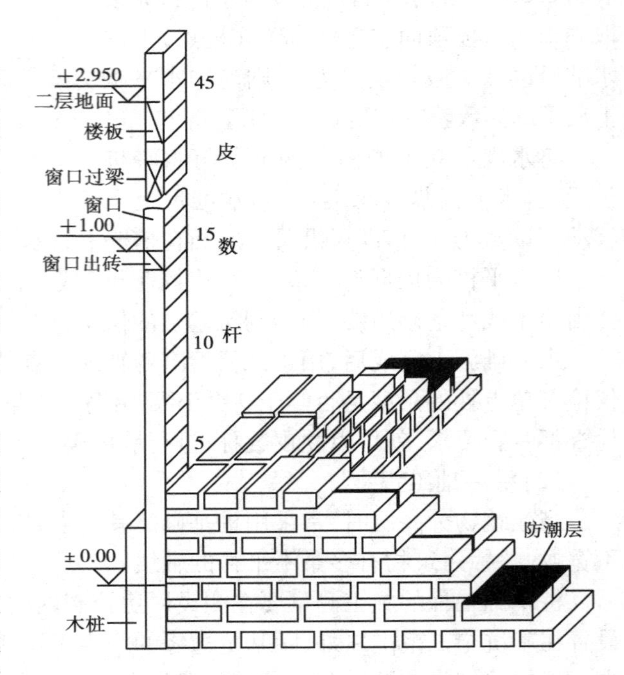

图 13.10 皮数杆的设置

一般楼房施工时,可用悬吊垂球法将轴线逐层向上投测。其做法是:从楼边或柱边吊下一个 5~10 kg 重的垂球,使之对准基础上所标定的轴线位置,根据垂球线在楼边或柱边定出轴线端点。当把各轴线的端点都投测上去后、用钢尺检查各轴线两端点的距离,若符合要求即可。该法简便易行,但精度较低,若层数较多,精度要求较高时,可用经纬仪投测。

经纬仪投测时,必须先在离建筑物较远处建立轴线控制桩,控制桩距墙体的距离应为建筑物高度的 1.5 倍以上。投测时,在相互垂直的两轴线控制桩上架经纬仪,采用正、倒镜方法施测,先瞄准基础立面上的轴线标志,固定照准部,仰倾望远镜照准楼边或柱边标定点,当正、倒镜所标定的两点距离小于 15 mm 时,取其中点作为轴线点。

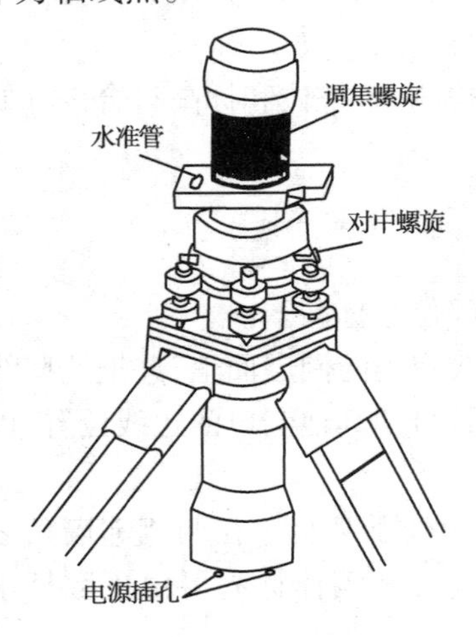

图 13.11 激光铅直仪

若周围场地限制或高层建筑物,经纬仪投测不太方便,这时可用激光铅直仪进行投测。激光铅直仪如图 13.11 所示。该仪器可铅直向上发射激光束,其铅垂精度可达 ±20″,即高度每 100 m 的平面偏差为 ±10 mm。投测轴线点时,事先应在周墙范围内设置一条定位轴线,定位轴线应与较长的周墙平行,离墙 1.5 m 左右,由三点组成,各点埋设铁桩,桩顶刻上细"十"字标记。为了能向上投设定位轴线,每层楼都须在相应位置预留一孔。投设时,将激光铅直仪安置在定位轴线桩上,严格对中整平后向上发射激光,由接收靶接收;当靶心与光点重合时,靶心位置即为轴线点,通过靶心拉上十字线将轴线点标定下来。定位轴线投设完后,先检查三点是否成一直线,符合要求时,再根据其他轴线与定位轴线的关系标定其他轴线的位置。

(2)标高传递

楼层的标高通常是用皮数杆控制的。在皮数杆上自 ±0 标高线起,门窗口、过梁、楼板等构件的标高都已标明。一层楼砌好后,则从另一皮数杆起,一层一层往上接。

在标高精度要求较高时,可用钢尺沿某一墙角自 ±0 标高处起向上直接丈量,把高程传递到施工层面上。采用这种方法传递高程时,一般至少由三处底层标高点向上传递,然后在施工面上用水准仪进行校核,检查各相同的标高点是否在同一水平面上,其误差不应超过 ±3 mm。也可以在楼梯间悬吊钢尺,尺下端挂一重锤,用水准仪在下面与上面楼层分别读数,按水准测量原理把高程传递上去。

13.4 工业厂房施工测量

13.4.1 厂房柱列轴线的放样

厂房柱列轴线的放样是在厂房矩形控制网的基础上进行的。厂房矩形控制网的四个角点称为厂房控制点,通常布设在离厂房基础边线外一定远处。如图 13.12 中 P、Q、R、S 四点构成一个矩形控制网。

厂房矩形控制网建立后,再根据各柱列轴线间的距离在矩形边上用钢尺丈量定出柱列轴线的位置,打入木桩,桩顶用小钉标示点位称为轴线控制点。如图 13.12 中Ⓐ—Ⓐ、Ⓑ—Ⓑ、Ⓒ—Ⓒ、①—①、②—②、…、⑦—⑦轴线均为柱列轴线,Ⓐ、Ⓑ、Ⓒ、①、②、…、⑦为轴线控制桩,这些控制桩作为桩基和其他构件安装放样的依据。

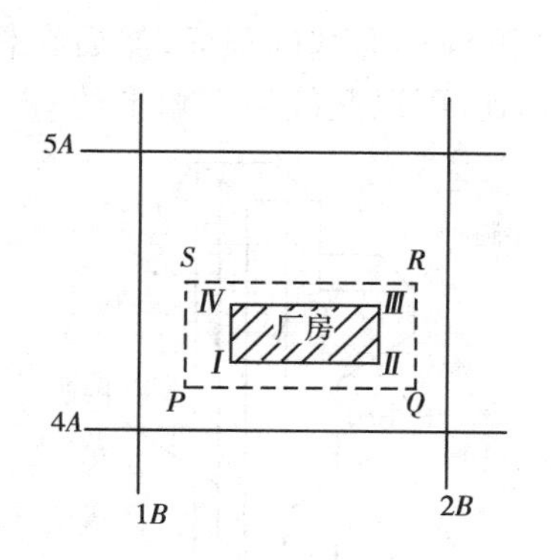

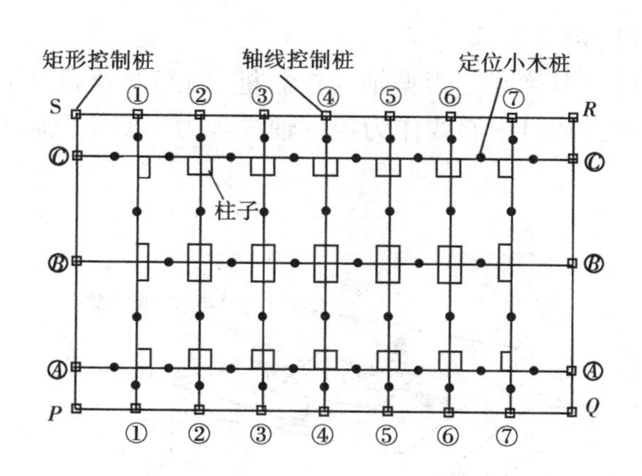

图 13.12 厂房与柱列轴线的测设

13.4.2 柱基的放样

柱列轴线桩定后,在两条相互垂直的轴线上各架一台经纬仪,沿轴线方向交会出各柱基的位置。然后按照基础施工详图的有关尺寸用特制角尺放出基础开挖线,撒上白灰以便开挖。同时在基坑的四周轴线上钉 4 个定位小木桩,桩顶钉小钉(如图 13.13 所示),作为修坑和立模的依据。

应该注意的是:柱基测设时,定位轴线不一定都是基础中心线。同一个厂房的柱基类型很多,尺寸不一,放样时要区别情况,分别对待。

当基坑挖到一定深度时,应用水准仪在坑壁四周离坑底设计高程 0.5 m 左右处测设几个水平桩(如图 13.14),作为基坑修坡、清底和打垫层的依据。

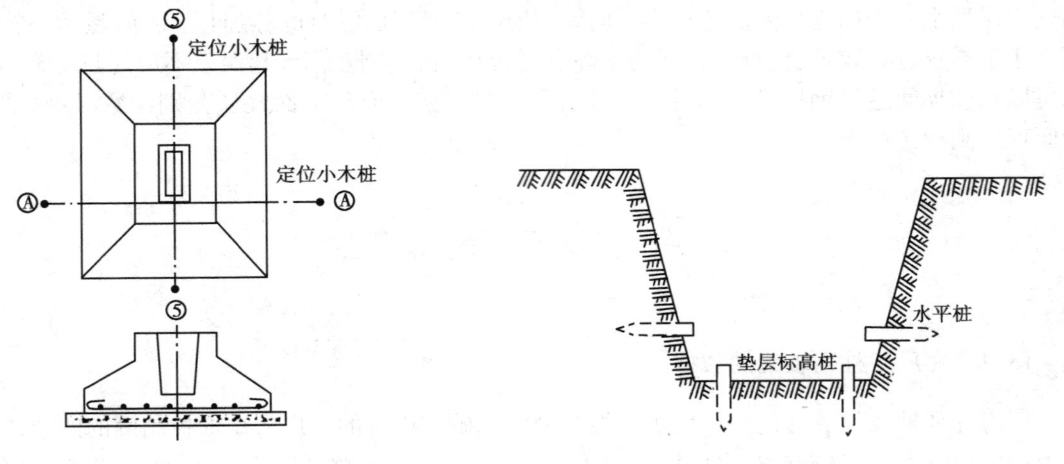

图 13.13　柱基础详图　　图 13.14　测设基坑水平桩

当垫层打好后,将桩列轴线投射到垫层上,弹墨线标明,以供立模之用。模板竖立后,再在模板内定出设计标高线。浇筑时要求杯底和杯口顶面的浇筑高度比设计标高线略低 2 ~ 3 cm,以便拆模后根据柱身长度误差进行修填。

13.4.3　柱子安装测量

(1)准备工作

1)柱基弹线　根据轴线控制桩,用经纬仪将柱列轴线投测到杯形基础顶面,然后在杯口顶面弹出杯口中心线作为定位轴线。为了使定位轴线易于看到,可以此线为三角形的一条边

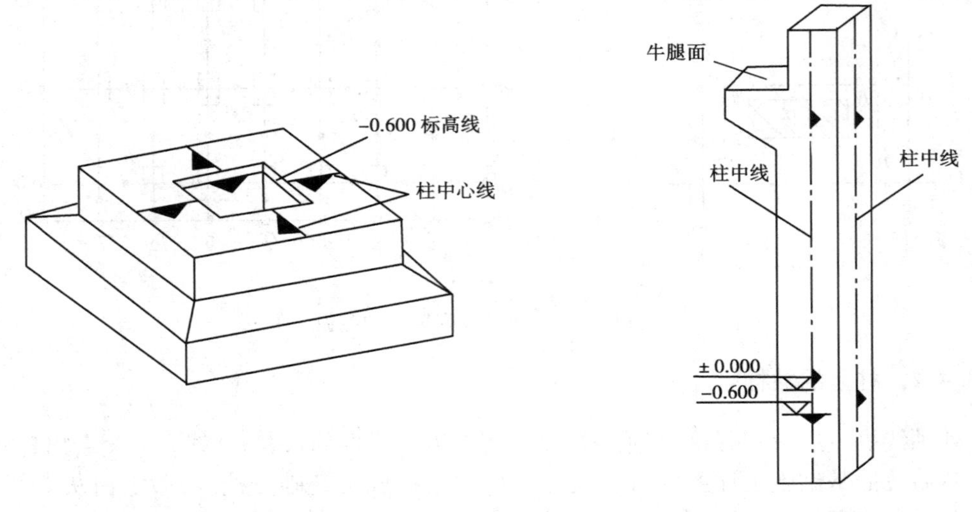

图 13.15　柱基弹线　　图 13.16　柱子弹线

长,中间用红漆画一三角形"▲"标志(如图 13.15 所示)。同时用水准测量方法在杯口内壁测

设 -0. 600 m 标高线，并画出“▼”标志（如图 13. 15 所示），作为杯底找平的依据。

2）柱子弹线　在每根柱子的三个侧面上弹出柱中心线，并在每条线的上端和下端近杯口处画“▶”标志，如图 13. 16 所示。根据牛腿面设计标高，从牛腿面向下用钢尺量出 -0. 600 m 的标高线，并画“▼”标志。

3）杯底找平　先量出柱子 -0. 600 m 标高线至柱底面的高度 H_1，再在相应柱基杯口内，量出 -0. 600 m 标高线至杯底的高度 H_2，并进行比较（一般 $H_2 > H_1$），杯底找平层厚度即为 $H_2 - H_1$。然后用 1：2 水泥砂浆在杯底进行找平，使牛腿面高程符合设计高程。

（2）吊装测量

柱子吊装测量的目的是保证柱子平面和高程位置都符合设计要求，柱身竖直。

柱子吊起插入杯口后，先使柱脚中心线与杯口顶面中心线对齐，用硬木楔或钢楔暂时固定，如有偏差可用锤敲打楔子拨正。其容许偏差为 ±5 mm。然后用两架经纬仪分别安置在互相垂直的两条柱列轴线上，离开柱子的距离约为柱高的 1. 5 倍处同时观测，如图 13. 17 所示。观测时，经纬仪先照准柱子底部的中心线，固定照准部，逐渐仰起望远镜，直至柱顶，使柱子中心线始终落在望远镜竖丝上。

实际安装时，一般是一次竖起许多根柱子，然后进行竖直校正。这时可把两架经纬仪分别安置在纵横轴线的一侧，与轴线成 15°角以内的方向上，一次校正几根柱子，如图 13. 18 所示。

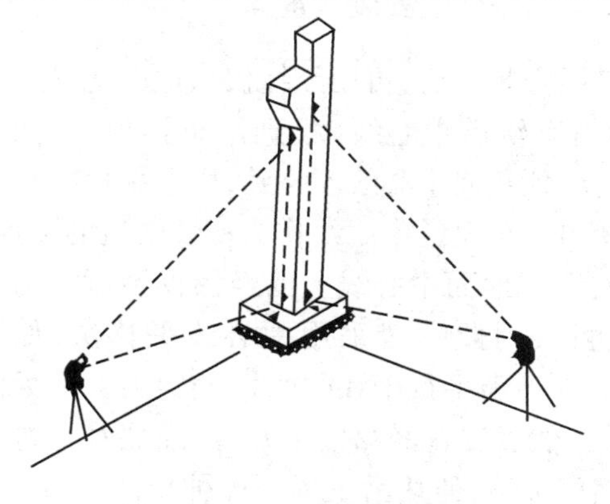

图 13. 17　柱子安装测量

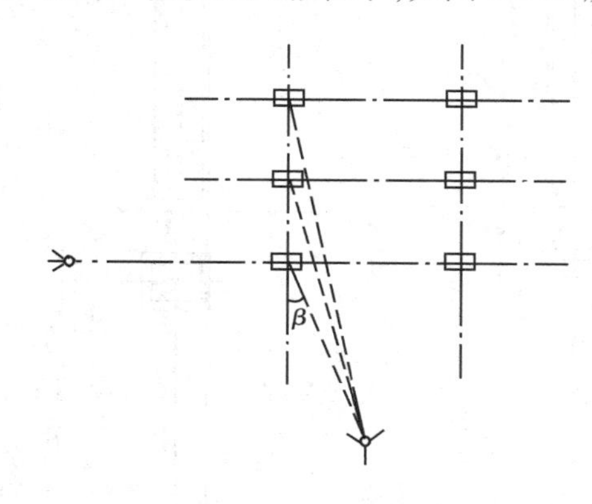

图 13. 18　多根柱子的竖直校正

（3）注意事项

1）吊装测量所使用的经纬仪要严格校正。操作时还应特别注意使照准部水准管气泡严格居中。

2）柱子在两个方向的垂直度都校正好后，应再复查柱子上部的中心线是否仍对准基础的轴线。

3）在安装变截面的柱子时，经纬仪必须安置在柱列轴线上，以免产生差错。

4）当气温较高时，在日照下柱子垂直度因为日照而向阴面弯曲，柱顶即会产生位移。因此，若吊装柱子垂直度精度要求较高，而且气温较高、柱身较长时，吊装测量，特别是校正应利用早晚或阴天进行。

13. 4. 4　吊车梁的安装测量

吊车梁的安装测量主要是保证梁的上、下中心线与吊车轨的设计中心在同一竖直面内以及梁面标高与设计标高一致。具体作法是：

1）牛腿面标高抄平

用水准仪根据水准点检查柱子所画 ±0.00 标高标志的高程，其标高误差不得超过 ±5 mm。如果误差超过，则以检查结果作为修平牛腿面或加垫块的依据。并改变原 ±0.00 标高位置，重新画出该标志。

2）吊车梁中心线投点

根据控制桩或杯口柱列中心线，按设计数据在地面上测出吊车梁中心线的两端点（图 13.19中 AA'和 BB'），打木桩标志。然后安置经纬仪于一端点，瞄准另一端点，抬高望远镜将吊车梁中心线投到每个柱子的牛腿面边上。如果与柱子吊装前所画的中心线不一致，则以新投的中心线作为吊车梁安装定位的依据。投点时如果与有些柱子的牛腿不通视，可以从牛腿面向下吊垂球的方法解决中心线的缺点问题。

3）吊车梁安装时的竖直校正

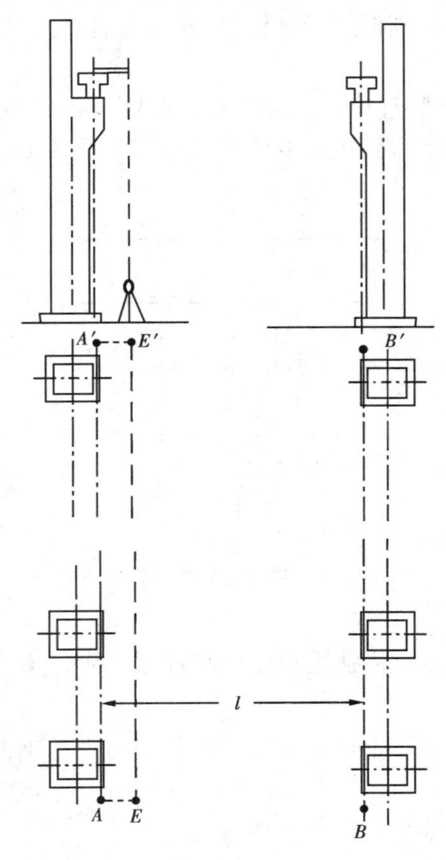

图 13.19　吊车梁及轨道安装测量

第一根吊车梁就位时用经纬仪或垂球校直，以后各根就位，可根据前一根的中线用直接对齐法进行校正。

13.4.5　吊车轨道安装测量

当吊车梁安装以后，再用经纬仪从地面把吊车梁中心线（即吊车轨道中心线）投到吊车梁顶上，如果与原来画的梁顶几何中心线不一致，则按新投的点用墨线重新弹出吊车轨道中心线作为安装轨道的依据。

由于安置在地面中心线上的经纬仪不可能与吊车梁顶面通视，因此一般采用中心线平移法，如图 13.19 所示，在地面平行于 AA'轴线、间距为 1 m 处测设 EE'轴线。然后安置经纬仪于 E 点，瞄准 E'点进行定向。抬高望远镜，使从吊车梁顶面伸出的长度为 1 m 的直尺端正好与纵丝相切，则直尺的另一端即为吊车轨道中心线上的点。

然后用钢尺检查同跨两中心线之间的跨距 l，与其设计跨距之差不得大于 10 mm。经过调整后用经纬仪将中心线方向投到特设的角钢或屋架下弦上，作为安装时用经纬仪校直轨道中心线的依据。

在轨道安装前，应该用水准仪检查梁顶的标高。每隔 3 m 在放置轨道垫块处测一点，以测得结果与设计数据之差作为加垫块或抹灰的依据。为此可用水准仪和钢尺沿柱子竖直量距的方法，从附近水准点把高程传递到吊车梁顶上，并设置固定的水准点标志，作为轨顶标高检查和生产期间检修校正的依据。

在轨道安装过程中，根据梁上的水准点用水准仪按测设已知高程的方法，把轨顶安装在设计标高线上。然后将经纬仪安置在梁顶中心线上，瞄准投在屋架下弦的轨道中心标志进行定向，配合安装进度进行轨道中心线的校直测量工作。

轨道安装完毕后，应全面进行一次轨道中心线、跨距及轨顶标高的检查，以保证能安全架设和使用吊车。

13.5　烟囱与塔体工程施工测量

烟囱、水塔等都是截圆锥形的高大建筑物，其特点是：基础小、主体高。其施工测量程序大体相同，主要是要严格控制其中心位置，以保证主体竖直。下面就以烟囱为例作一说明。

13.5.1　基础工程施工测量

(1)烟囱的定位

要确定烟囱的位置，首先要按照设计图纸上的定位条件，根据施工场地的施工控制网或已知控制点，在实地测定出烟囱的中心位置，打上大木桩，并在桩顶钉小钉标示。如果中心位置经校核无误后，即可在中心位置架经纬仪，测设出以中心为交点的两条相互垂直的控制轴线（如图13.20），O 为烟囱中心点，AB、CD 为控制线。A、B、C、D 为控制点，其与 O 点距离要大于烟囱高度的1.5倍，以便在施工中安置经纬仪检查烟囱的中心位置。在控制线上再测设出 a、b、c、d 等点，以供以后定向之用。

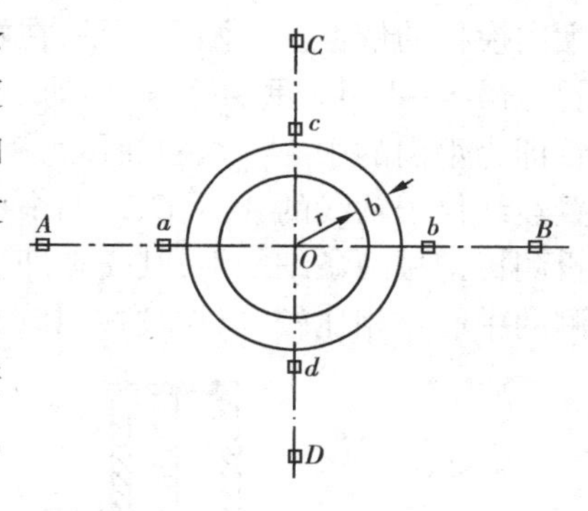

图13.20　烟囱的中心定位

(2)基础放线

1)根据基础设计尺寸和放坡宽度，确定基坑开挖线。

当采用“大开口法”施工时，基坑开挖半径 R 为（如图13.20所示）

$$R = r + b$$

式中　r——基础底部设计半径；

b——放坡宽度，其计算公式为

$$b = H \cdot m$$

式中　H——基坑深度；

m——放坡系数，根据不同的土质，采用0.5、0.33、0.25等值。

当基础底部设计半径较大时，有时可采用环形基坑，其开挖半径为

$$R_{内} = r_{内} - b$$
$$R_{外} = r_{外} + b$$

式中　$R_{内}$——环形基坑内半径；

$R_{外}$——环形基坑外半径；

$r_{内}$——基础的内半径；

$r_{外}$——基础的外半径。

以上算得的 R 值，都没有涉及支模作业的工作面宽度（一般为1.2~2.0 m），在加上这个宽度以后，就可以 O 点为圆心，R 为半径，用皮尺画圆，并撒出开挖灰线。

2）基坑开挖深度的控制方法，可按房屋建筑基础工程施工测量中基槽开挖深度控制方法进行（参见本章第三节）。

（3）恢复基础中心位置

在基础施工中，中心点 O 的标志可能被挖掉或损坏。所以在基础施工结束时，利用轴线控制点 A、B、C、D 在基础面上重新测设 O 点，作为主体施工过程中控制中心位置的依据。对于用混凝土浇筑的基础，应在基础中心位置预埋一块金属标板，将中心位置恢复在标板上，并刻出"+"标志。

13.5.2 筒体的施工测量

（1）筒体中心的控制

烟囱筒体向上砌筑过程中，筒体的中心线必须严格控制。一般砖砌烟囱每砌一步架（约 1.2 m 高）、混凝土烟囱每升一次模板（约 2.5 m 高），都要将中心点引测到作业面上，作为架设烟囱模板的依据。引测方法是，在施工作业面上固定一长木方（如图 13.21），在其上面用细钢丝悬吊 8~12 kg 重的垂球，移动木方，直至垂球尖对准基础上 O 点。此时钢丝在木方上的位置即为烟囱的中心。烟囱筒体每砌高 10 m 左右，还要用经纬仪检查一次中心。检查时分别安置经纬仪于轴线的 A、B、C、D 四个控制桩上（如图 13.20），把轴线点投测到施工作业面上，按投测标记拉两条细线绳，其交点即为烟囱的中心点。然后再用经纬仪引测的中心点与垂球引测的中心点相比较，以作校核，其烟囱中心偏差一般不应超过所砌高度的 1/1 000。

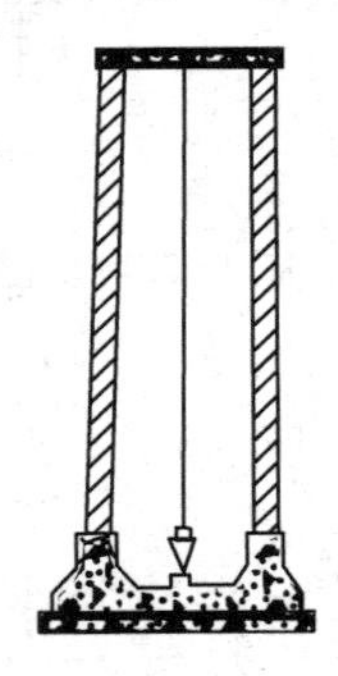

图 13.21 引测烟囱中心点

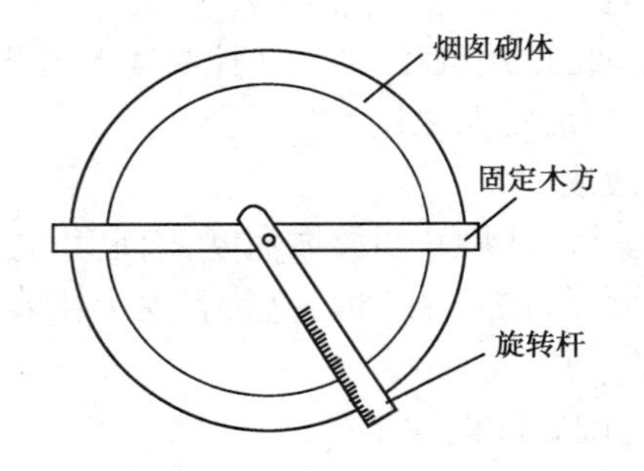

图 13.22 烟囱壁的检查

（2）筒体半径的控制

某一高度上筒体水平截面尺寸，应在检查中心线的同时，以引测的中心线为圆心，施工作业面上烟囱的设计半径为半径，用木尺杆画圆，如图 13.22 所示，以确定烟囱壁的位置。

某一高度上，烟囱筒体的设计半径，可根据设计图求出。如图 13.23，烟囱高度为 H' 的设计半径 $r_{H'}$ 为

$$r_{H'} = R - H'm$$

而

$$m = \frac{R - r}{H}$$

式中 R——筒体底部外半径设计值；

r——筒体顶部外半径设计值；

H'——施工作业面的高度；

H——筒体设计高度；

m——收坡系数。

(3)筒壁坡度的控制

筒体表面坡度,通常是用一个专用工具——靠尺板来控制。靠尺板的形状如图 13.24 所示,其两侧的斜边是严格按照设计的筒壁斜度来制作的。使用时将斜边靠紧筒壁,如垂球线刚好通过下端缺口,则说明筒壁的收坡符合设计要求。

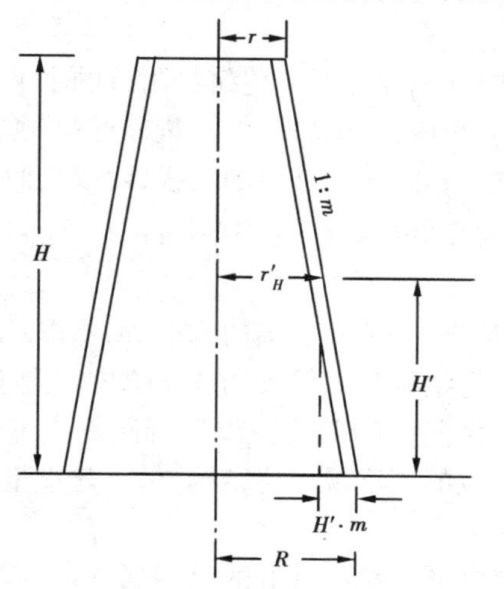

图 13.23　计算烟囱某一高度的设计半径

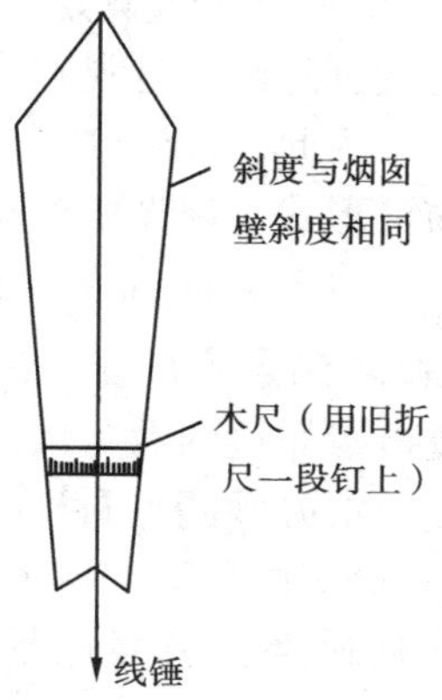

斜度与烟囱壁斜度相同
木尺(用旧折尺一段钉上)
线锤

图 13.24　靠尺板

(4)筒体高程的控制

当筒体的设计高度不高时,可以用直接丈量的方法来控制筒体标高。其方法是先用水准仪在筒壁上测设出一个整米数的标高线,然后根据这一标高线,用钢尺直接向上丈量来控制筒体的标高。

如果筒体很高,直接丈量有困难,可采用三角高程测量的方法控制筒体的标高。

13.5.3　注意事项

由于日照引起的温差影响,塔体或烟囱上部总是处于变形状态。根据一座高 130 m 的混凝土电视塔的实测记录,一昼夜最大变形值达 130 mm,每小时最大变形值达 26 mm。对在筒体上需要进行设备安装的塔体工程,其水平面方向线精度要求较高。为了减少日照扭转的影响,筒体中心点的引测,水平方向的测设,设备安装中的标高测设,都应在日出前三小时至日出后一小时内进行。作业面的施工放样也应以清晨测设的点和线为准。

13.6　建筑物变形观测

建筑物变形观测的任务,就是周期性地对设置在建筑物上的观测点进行观测,求得观测点各周期的点位和高程变化量。其目的是为监视建筑物的安全使用,研究其变形过程,提供和积累可靠的资料。工业与民用建筑变形观测的内容主要有沉降观测、倾斜观测和裂缝观测。

13.6.1 建筑物的沉降观测

高层建筑物、重要厂房的柱基和主要设备基础等,在施工过程中和使用的最初阶段,都会逐渐下沉。为了掌握建筑物沉降情况,及时发现有危害的下沉现象(比如不均匀沉降)以便采取措施,保证工程质量和安全生产,就必须对建筑物进行连续的沉降观测。

(1)水准点的布设及测定

建筑物的沉降观测是观测建筑物上设置的观测点相对于建筑物附近的水准点的高差随时间的变化量。因此,水准点应布设在地基受震、受压区域以外,且尽量靠近观测点的安全地方。水准点的布设形式与埋设要求与三、四等水准点相同。水准点的高程,可以是假设高程。水准网要采用三等水准测量的方法测定,高差闭合差不得超过 $\pm 0.5\sqrt{n}$ mm (n 为测站数)。

(2)沉降观测点的布设

沉降观测点布设的数量和位置要根据建筑物的大小、基础的构造、荷重以及工程与水文地质条件而定。沉降观测点布设好后,要统一进行编号。一般民用建筑物的观测点,设置在外墙拐角处,或沿墙周围每隔 15 ~ 30 m 设置一点,沉降缝的两侧应设置观测点。工业厂房的观测点可布设在基础柱子、承重墙及厂房转角处。点的密度视厂房结构、吊车起重量及地基土质情况而定。

观测点布设的形式分两种:一种是设在墙上的,多采用角钢或钢筋预制在墙上(图 13.25(a)),也有采取隐蔽埋设方法(图 13.25(b)),隐蔽埋设目的是为了保持墙面的美观;另一种是设在基础上的观测点,一般利用铆钉或钢筋来制作,将其埋入混凝土内(图 13.26(a)、(b))。

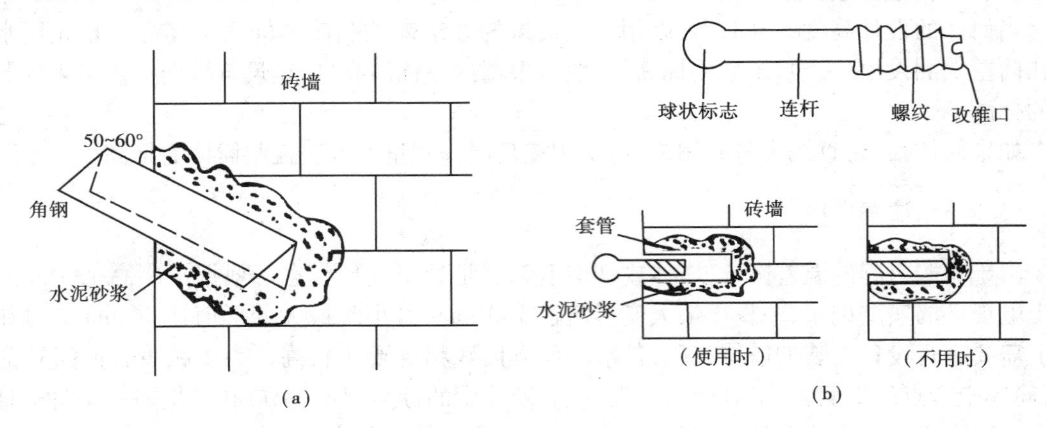

图 13.25 墙上沉降点布设

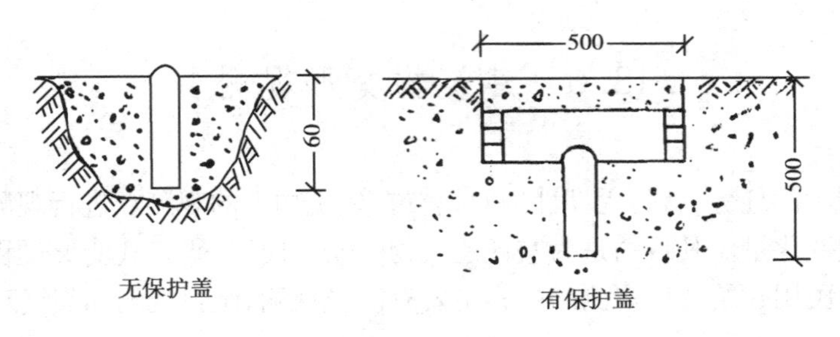

图 13.26 基础上的沉降点布置(单位:mm)

(3)沉降观测的外业工作

施工中,在增加较大荷载之后(如浇灌基础、安装柱子和屋架、砌筑砖墙、铺设屋面、安装吊车等)要进行沉降观测。竣工后,按沉降量的大小,定期进行观测。开始时,若一次沉降量不大于 10 mm,可 1 ~2 月观测一次,否则要增加观测次数。随着沉降量的减小,观测周期可逐渐延长,直至沉降稳定为止。

观测前,要根据工程的观测要求制定合理的观测计划,并对所用仪器进行严格检校。

对于一般精度要求的沉降观测,可用 DS_3 水准仪进行。而对于重要的厂房、高层建筑物等的沉降观测,精度要求较高,就需要采用 DS_1 精密水准仪进行观测。

观测的人员、仪器和点位要固定,水准仪离前后尺的距离要小于 50 m,且前后视距尽量相等,成像要清晰、稳定。

(4)沉降观测的资料整理

每次沉降观测结束后,要立即检查原始记录中的数据和计算是否准确,精度是否合格,文字说明是否齐全。若全部符合要求,即可把观测成果记入成果表(表 13.1),并计算两次观测之间的沉降量和累计沉降量,注明观测日期和荷重情况。

为了更清楚地表示沉降、荷重、时间之间的关系,还要画出观测点的沉降—荷重—时间关系曲线图(图13.27)。

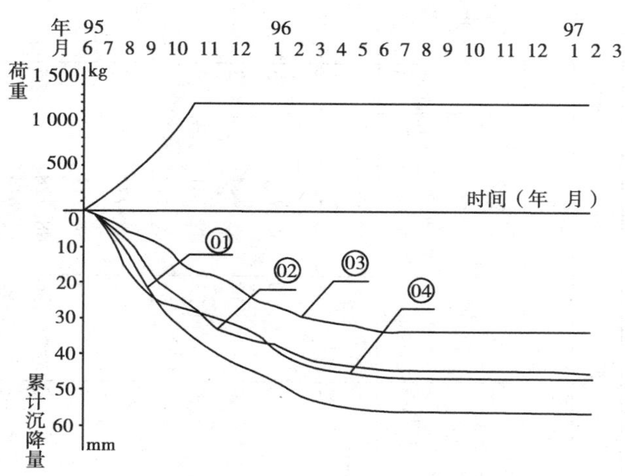

图 13.27　沉降—荷重—时间关系曲线

13.6.2　建筑物的倾斜观测

倾斜观测是建筑物变形观测的主要内容之一。建筑物产生倾斜的原因主要有:地基承载力不均匀;建筑物体型复杂,各部位荷载不同或受外力作用影响等。

建筑物倾斜观测的方法一般是用测量仪器测定建筑物的基础或上部结构的倾斜变化,通过分析、计算来进行的。

(1)基础的倾斜观测

建筑物的基础倾斜观测,可以用精密水准仪测出基础两端点的差异沉降量 Δh(图 13.28),再根据两点间的距离 D,算出基础的倾斜度

$$i = \frac{\Delta h}{D}$$

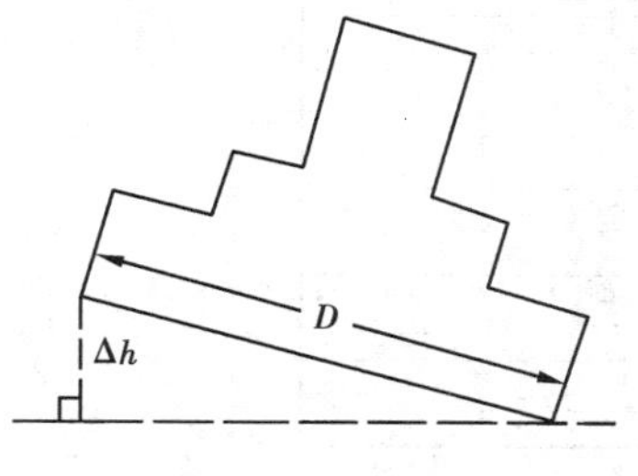

图 13.28　基础倾斜观测

(2)上部的倾斜观测

1)差异沉降量推算法

此法与观测基础倾斜一样,用精密水准测量测定建筑物基础两端点的差异沉降量 Δh,再根据建筑物的宽度 L 和高度 H,推算出上部的倾斜值,如图 13.29 所示,设顶部倾斜位移值

表 13.1 沉降观测成果表

日期			荷重/t	观测点											
				01			02			03			04		
年	月	日		高程/m	沉降量/mm	累计沉降量/mm	高程/m	沉降量/mm	累计沉降量/mm	高程/m	沉降量/mm	累计沉降量/mm	高程/m	沉降量/mm	累计沉降量/mm
95	6	12		88.824			88.628			88.752			88.866		
	7	12		88.821	3	3	88.625	3	3	88.751	1	1	88.861	5	5
	8	12	400	88.813	8	11	88.619	6	9	88.746	5	6	88.851	10	15
	9	12	800	88.803	10	21	88.611	8	17	88.744	2	8	88.843	8	23
	10	12	1 200	88.796	8	29	88.605	6	23	88.741	3	11	88.839	4	27
	11	12		88.789	6	35	88.601	4	27	88.735	6	17	88.838	1	28
	12	12		88.785	4	39	88.597	4	31	88.734	1	18	88.836	2	30
96	1	12		88.782	3	42	88.594	3	34	88.731	3	21	88.835	1	31
	2	12		88.780	2	44	88.592	2	36	88.728	3	24	88.832	3	34
	3	12		88.777	3	47	88.590	2	38	88.726	2	26	88.827	5	39
	4	12		88.774	3	50	88.588	2	40	88.723	3	29	88.825	2	41
	5	12		88.772	2	52	88.587	1	41	88.722	1	30	88.823	2	43
	6	12		88.771	1	53	88.586	1	42	88.721	1	31	88.822	1	44
	7	12		88.770	1	54	88.585	1	43	88.720	1	32	88.821	1	45
	9	12		88.769	1	55	88.584	1	44	88.719	1	33	88.820	1	46
	11	12		88.769	0	55	88.584	0	44	88.719	0	33	88.820	0	46
97	2	12		88.769	0	55	88.584	0	44	88.719	0	33	88.820	0	46

为 Δ,倾斜度为 i,则

$$\Delta = i \cdot H = \frac{\Delta h}{L} \cdot H$$

2)经纬仪投影法

如图13.30,A、B、C、D 为房屋的底部角点,A'、B'、C'、D'为顶部各对应点,假设 A'向外倾斜,观测步骤如下:

1)标定屋顶的 A'点,设置明显标志,丈量房屋高度 H。

2)在 BA 的延长线上,距 A 点约 1.5H 的地方设置一点 M。在 DA 延长线上,距 A 点约 1.5H的地方设置一点 N。

3)同时在 M、N 点上架经纬仪,将 A'点投影到地面得点 A''。丈量倾斜量 $k = AA''$,并用支距法丈量纵横向位移量 Δx、Δy、(如图13.30所示)。

4)计算建筑物的倾斜方向和倾斜度。

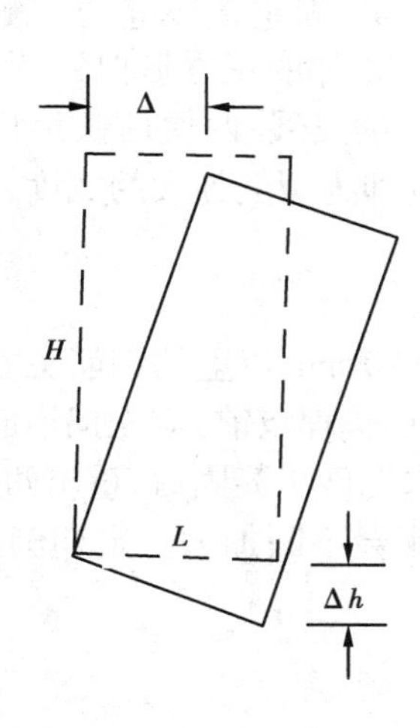

图13.29　上部倾斜观测

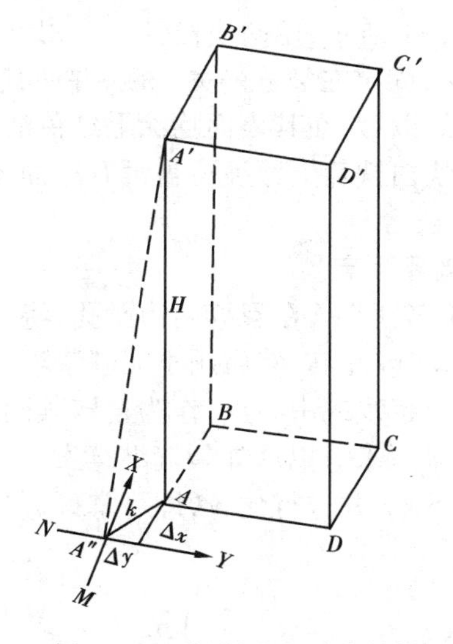

图13.30　投影法观测建筑物上部倾斜

倾斜方向

$$a = \arctan \frac{\Delta y}{\Delta x} \tag{13.3}$$

倾斜度

$$i = \frac{k}{H} \tag{13.4}$$

13.6.3　建筑物的裂缝观测

不均匀沉降将使建筑物发生倾斜,严重的不均匀沉降会使建筑物产生裂缝。因此,当建筑物出现裂缝时除要增加沉降观测的次数外,还应立即进行裂缝观测。为了观测裂缝的发展情况,要在裂缝处设置观测标志。对标志设置的基本要求是,当裂缝开裂时,标志就能相应的开裂或变化,正确的反映建筑物裂缝发展的情况。下面介绍三种常用的简便型裂缝观测标志。

(1)石膏板标志

在裂缝处糊上宽约50~80 mm的石膏板(长度视裂缝大小而定)。石膏干涸后,用红漆喷一层宽约 5 mm 的横线,跨越裂缝两侧,且垂直裂缝,当裂缝发展时,石膏板随之开裂,每次测量红线处裂缝的宽度并作记录,从而观察裂缝发展的情况。

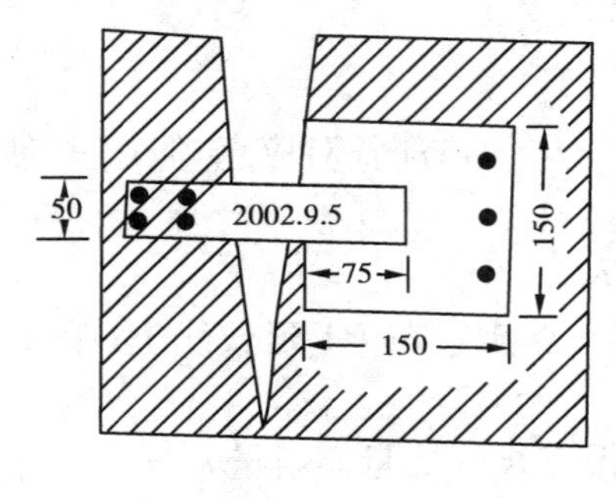

图 13.31　白铁皮标志

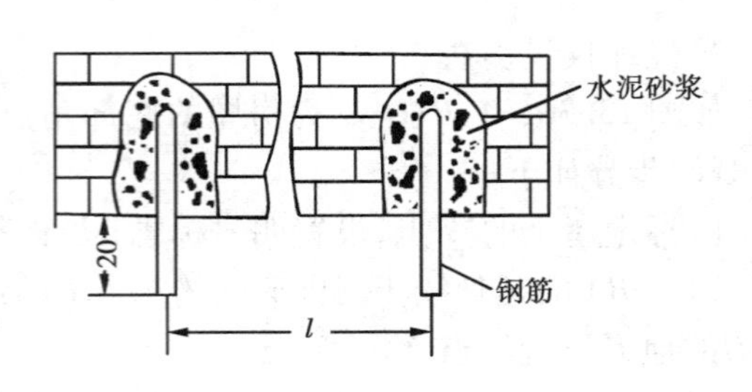

图 13.32　金属棒标志

(2)白铁片标志

如图 13.31 所示,用两块白铁片,一片约为 $150 \times 150\ mm^2$,固定在裂缝的一侧,另一片为 $50 \times 200\ mm^2$,固定在裂缝的另一侧,并使其中一部分紧贴在相邻的正方形白铁片上。当两块白铁片固定好以后,在其表面均涂上红色油漆。如果裂缝继续发展,两块白铁片将逐渐拉开,露出下面一块白铁片上原被覆盖没有涂油漆的部分,其宽度即为裂缝加大的宽度,可用尺子量出并作记录。

(3)金属棒标志

如图 13.32 所示,在裂缝两边凿孔,将长约 10 cm、直径 10 mm 以上的钢筋头插入,并使其露出墙外约 2 cm 左右,然后用水泥砂浆填实牢固。在两钢筋头埋设前,应先把钢筋一端锉平,在上面刻画十字线或中心点,作为量取其间距的依据。待水泥砂浆凝固后,量出两金属棒之间距离 l,并记录下来。以后如裂缝继续发展,则金属棒的间距会不断加大。定期测量两棒之间的距离记录下来,并进行比较,即可掌握裂缝发展情况。

13.7　竣工总平面图编绘

工业和民用建筑工程都是按照设计总平面图施工的。随着施工的不断深入,设计时考虑不到的原因暴露出来,可能要变更局部设计,从而使工程的竣工位置与设计位置不完全一致。此外,为给工程竣工后投产营运中的管理、维修、改建和扩建等提供可靠的图纸和资料,一般应编绘竣工总平面图。竣工总平面图及附属资料,也是考查和研究工程质量的依据之一。

新建企业的竣工总平面图最好是随着工程的陆续竣工相继进行编绘。编绘过程中如发现问题,特别是地下管线问题,应及时到现场查对,使竣工总平面图能真实地反映实际情况。

竣工总平面图的编绘,包括室外实测和室内资料编绘两方面的内容,现分别介绍如下。

13.7.1　室外实测

建筑物和构造物竣工验收时进行的实地测量称为室外实测,也叫竣工测量。竣工测量可以利用施工期间使用的平面控制点和水准点进行施测。其实测内容主要有:

(1)细部点坐标测量

对于主要的建筑物和构筑物的墙角、地下管线的转折点、道路交叉点、架空管网的转折点以及圆形建筑物的中心点等,都要测算其坐标。

(2)高程测量

对于主要建筑物和构筑物的室内地坪、上水管顶部、下水管底部、道路变坡点等,要用水准测量方法测定其高程。

(3)其他测量

对于一般地物(比如草坪、花池等)、地貌则按地形图测绘要求进行测绘。

13.7.2　室内编绘

竣工总平面图是依据设计总平面图、单位工程平面图、纵横断面图和设计变更资料以及施工放线资料、施工检查测量及竣工测量资料和有关部门、建设单位的具体要求等进行编绘的。

竣工总平面图应包括测量控制点、厂房、辅助设施、生活福利设施、架空与地下管线、道路等建筑物和构筑物的坐标、高程,以及厂区内净空地带和尚未兴建区域的地物、地貌等内容。

竣工总平面图的编绘方法是:

1)绘制坐标方格网

一般用两脚规和比例尺来绘制,其精度要求与地形图测量的坐标格网相同。

2)展绘控制点

坐标方格网绘好后,将施工控制点按坐标值展绘到图上。展点对临近的方格而言,其容许误差为 ±0. 3 mm。

3)展绘设计总平面图

根据坐标方格网,将设计总平面图的图面内容按其设计坐标,用铅笔展绘于图纸上,作为竣工总平面图编绘的底图。

4)展绘竣工总平面图

①根据设计资料展绘　凡按设计坐标定位施工的工程,应以测量定位资料为依据,按设计坐标(或相对尺寸)和标高展绘。建筑物和构筑物的拐角、起止点、转折点应根据坐标数据展点成图。对建筑物和构筑物的附属部分,如无设计坐标,可用相对尺寸绘制。若原设计变更,则应根据设计变更资料编绘。

②根据测量资料展绘　在工业与民用建筑施工中,每一个单项工程完成后,都应进行竣工测量,并提交该工程的竣工测量成果。凡有竣工测量资料的工程,若竣工测量成果与设计值之差不超过规定的容许误差时,可按设计值编绘,否则应按竣工测量资料编绘。

5)现场实测

对于直接在现场指定位置进行施工的工程或以固定地物定位施工的工程、多次变更设计而无法查对的工程,都应根据施工控制网进行现场实测,并在实测时,现场绘出草图,然后根据实测成果和草图,在室内进行编绘。

对于大型企业和较复杂的工程,如果将厂区地上、地下所有建筑物和构筑物都绘在一张总平面图上,将会造成图上内容太多,线条密集,不易辨认。为使图面清晰醒目,便于使用,可根据工程的密集与复杂程度,按工程性质分类编绘竣工总平面图。如综合竣工总平面图、工业管线竣工总平面图、分类管道竣工总平面图以及厂区铁路、道路竣工总平面图等。

复习思考题

1. 试述施工控制网的特点？

2. 已知点的测量坐标如何将其换算成施工坐标？

3. 柱子的竖直校正对仪器有何要求？如何进行柱子的竖直校正？

4. 试述吊车梁和吊车轨道的安装测量工作？

5. 建筑物沉降观测的目的是什么？有什么要求？

6. 如图 13.4，要确定厂房的轴线定位点 A、O、B，现根据控制网测设出 A'、O'、B'三点，并精确测得 $\angle A'O'B' = 179°59'25''$，已知 $a = 100$ m，$b = 200$ m，求各点的点位改正值 δ。

7. 某楼房基础两端各有一沉降观测点，其下沉分别为 30 mm 和 80 mm，已知该楼房宽度（近似等于两观测点距离）为 30 m，求该楼房基础倾斜度。

8. 为什么要编绘竣工总平面图？如何编绘？

第 14 章 道路工程测量

道路工程包括城市道路和乡村公路。道路工程一般由路线本身(路基、路面)、桥梁、隧道、附属工程、安全设施和各种标志组成。

为获得一条最经济、最合理的路线,必须进行路线勘测。我国道路勘测分两阶段和一阶段勘测两种。两阶段勘测就是对路线进行踏勘测量和详细测量;一阶段勘测是对路线作一次定测。道路勘测阶段主要工作内容有:中线测量、纵横断面测量、地形图测量。它的主要任务是为道路的技术设计提供详细的测量资料,使设计工作切合实际情况,做到合理经济。道路施工阶段必须有测量工作作指导,如恢复道路中线、路基放样等。

测量工作在道路工程建设中起着重要的作用,测量所得到的各种成果和标志是工程设计和工程施工的重要依据。测量工作的精度和速度将直接影响设计和施工的质量和工期。为了保证精度和防止错误,道路工程测量也必须遵循"由整体到局部,从高级到低级,先控制后碎部"的原则,并注意步步有校核。

14.1 中线测量

在铁路、公路、输电线、管道等线路工程建设中所进行的测量工作称为线路工程测量。中线测量是线路工程测量路线定测阶段中的重要部分,它着重解决路线的平面位置。线路中线由直线和曲线组成,如图 14.1 所示。公路中线测量是通过直线和曲线的测设,将公路的中线具体地测设到地面上去,并测量其里程。

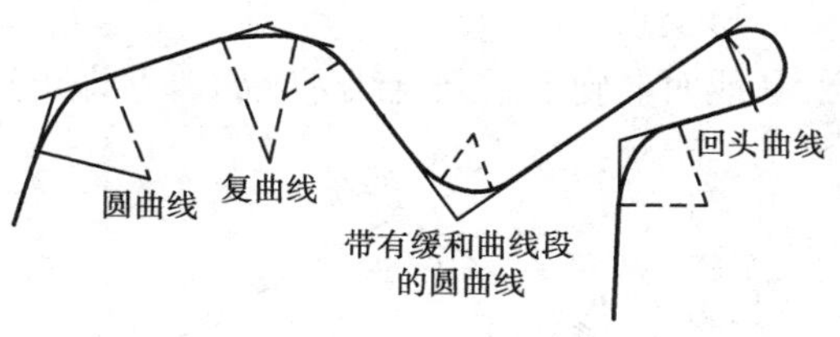

图 14.1 道路中线

14.1.1 路线交点与转点的测设

(1)交点的测设

公路路线的转折点称为交点,用 JD 表示。交点的位置可采用现场标定的方法,也可先在带状地形图上进行纸上定线,然后把纸上定好的路线放样到地面上,再根据相邻两直线定出交点。交点测设一般采用穿线交点法,其操作程序

为:放点、穿线、交点。步骤如下:

1)放点

常用的放点方法有极坐标法和支距法两种。

①极坐标法　如图14.2所示,P_1、P_2、P_3、P_4为中线上四点,它们的位置可用附近的导线点D_4、D_5为测站点,分别由极坐标(β_1,l_1)、(β_2,l_2)、(β_3,l_3)、(β_4,l_4)确定。极坐标值可在图上用量角器和比例尺量出,并绘出放线示意图。将经纬仪安置在D_4点,后视D_3点,将水平度盘读数设置为0°00′00″,转动照准部使度盘读数为β_1,得β_1点方向,沿此方向量取l_1得P_1点位置。同法定出P_2点。将仪器迁至D_5点,定出P_3、P_4点。采用极坐标法放点,可不设置交点桩,其偏角、间距和桩号均以计算资料为准。

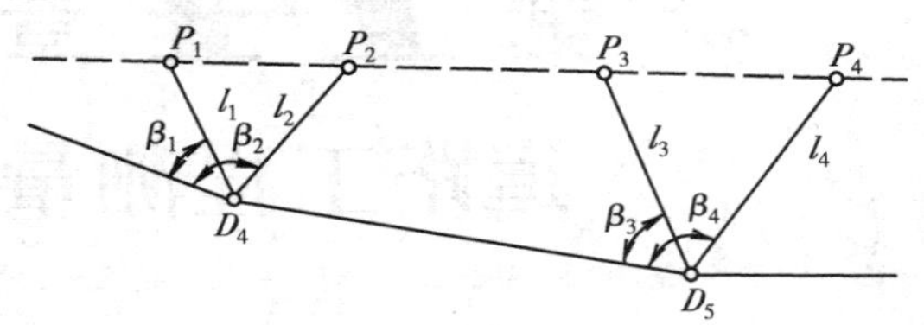

图14.2　极坐标法放点

②支距法　如图14.3所示。欲放出中线上1、2、…等点,可自导线点D_i作导线边的垂线,用比例尺量出相应的l_1、l_2、…。在地面放点时,直角可用方向架测设,距离用皮尺丈量,即可放出相应各点。

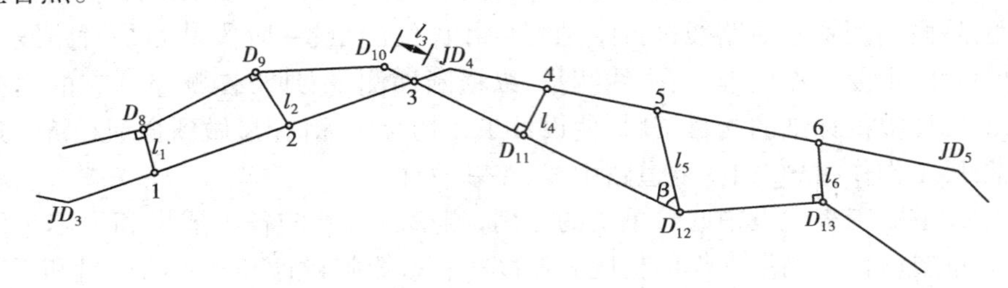

图14.3　支距法放点

2)穿线

由于仪器及丈量存在误差,实地放出的路线各点P_1、P_2、P_3、P_4不可能在一条直线上,如图14.4所示。可根据具体情况,选择适中的A、B两点打下木桩,取消临时点,从而确定直线的位置,这项工作称为穿线。

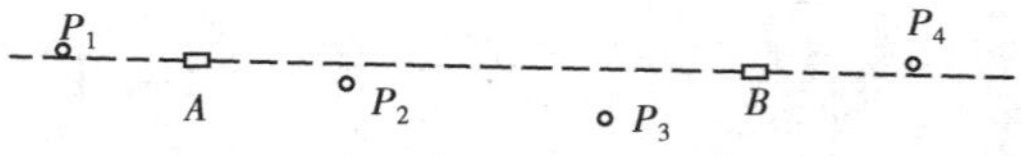

图14.4　穿线

3)交点

地面上确定两条直线AP、QC后,即可进行交点。如图14.5所示,将仪器置于P点,后视A点,延长直线AP至交点B的概略位置前后打两个桩a、b(骑马桩),钉上小钉标定点的位置。仪器移至Q点,后视C点,延长直线QC与ab连线相交的交点B,打下木桩钉上小钉标定点的位置。用经纬仪延长直线应采用"双倒镜分中法"标定a、b、B等点。

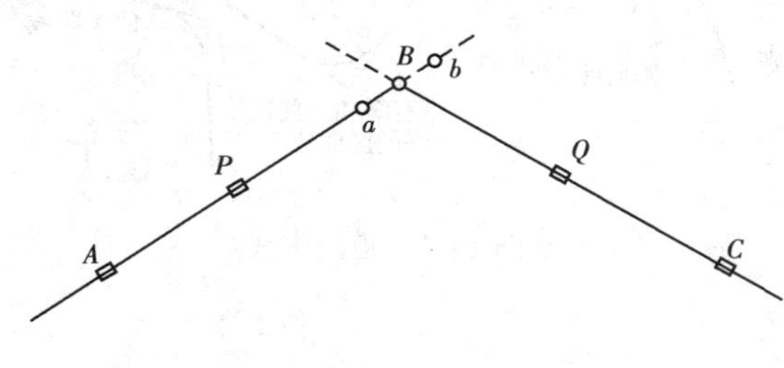

图14.5　交点

(2)转点的测设

当中线直线段太长或直线段相邻两交点间

互不通视时,需要在两点连线上设置转点,用 *ZD* 来表示,供放线、交点、测角、量距时瞄准使用。

1)导线交叉法

适用于长直线方向转点的确定。如图14.6所示,1、2是公路中线上的已知点,3、4是中线附近的导线点,*ZD* 是公路中线与导线3.4的相交点,即中线转点。设1、2、3、4点的坐标分别为(x_1,y_1)、(x_2,y_2)、(x_3,y_3)、(x_4,y_4)。根据数学知识可求得转点 *ZD* 的坐标为

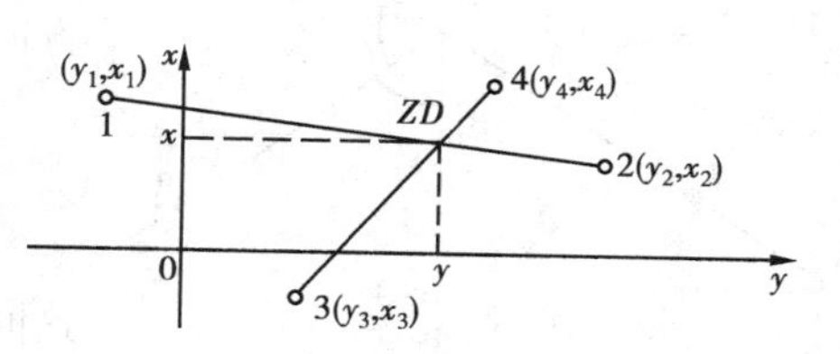

图14.6 导线交叉法

$$\left.\begin{aligned} x &= \frac{Ax_1 - Bx_3 + y_3 - y_1}{A - B} \\ y &= A(x - x_1) + y_1 \end{aligned}\right\} \tag{14.1}$$

式中

$$A = \frac{y_2 - y_1}{x_2 - x_1} \qquad B = \frac{y_4 - y_3}{x_4 - x_3}$$

导线点3至 *ZD* 的距离为

$$L = \sqrt{(x - x_3)^2 + (y - y_3)^2} \tag{14.2}$$

2)试用转点法

适用于相邻交点互不通视时转点的确定。如图14.7所示。即在 *C* 点的方向定一点 *Z′*(为初定转点),将经纬仪安置在 *Z′* 点上,用延长直线的方法定出 *C′* 点,若 *C′* 点和给定的 *C* 点位置重合或者差距在允许的范围内时,即试用转点的位置正确。否则应重新选择转点的位置。其方法是:在垂直于 *C′Z′* 方向上量出 *CC′* 的距离,设其为 *a*,再测出 *BZ′* 和 *Z′C′* 的距离,设其分别等于 *c* 和 *b*,假定 *Z′* 点横向偏离距离为 *x*,则

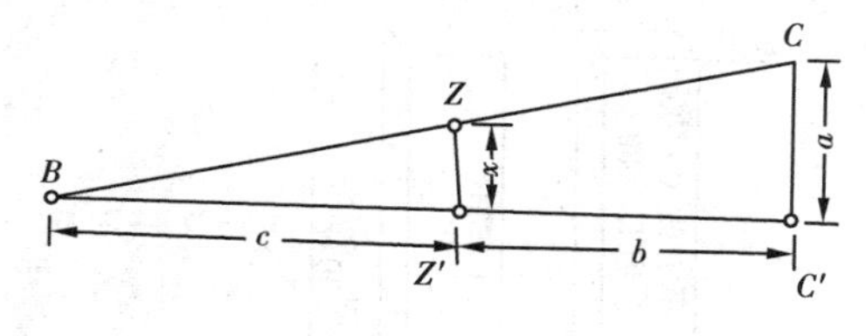

图14.7 试用转点法

$$x = \frac{ac}{b + c} \tag{14.3}$$

将试用转点向垂直于 *BC′* 的方向移动 *x* 的距离,再把经纬仪安置在移动后的转点上,用延长直线的方法检查,如果偏差在容许范围内,则可作转点 *Z* 的位置。

14.1.2 路线转角的测定

转角是路线由一个方向偏转到另一个方向时,偏转后的方向与原方向的水平夹角,用 α 表示。转角分左转角和右转角,分别用 α_Z 和 α_Y 表示。如图14.8所示。

路线测量中,转角通常用观测路线的右角 β 计算求得。右角用经纬仪以测回法观测一测回,两个半测回所测角值的不符值视公路等级而定,一般不应超过1′。

$$\left.\begin{aligned} &当\beta_{右} < 180^\circ 时, \quad \alpha_Y = 180^\circ - \beta_{右} \\ &当\beta_{右} > 180^\circ 时, \quad \alpha_Z = \beta_{右} - 180^\circ \end{aligned}\right\} \tag{14.4}$$

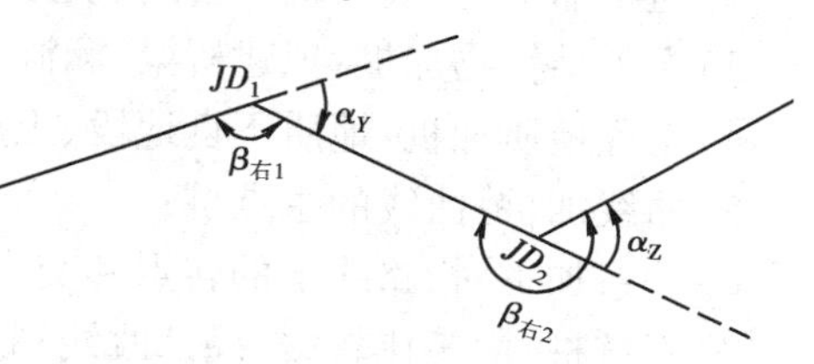

图14.8 路线转角计算

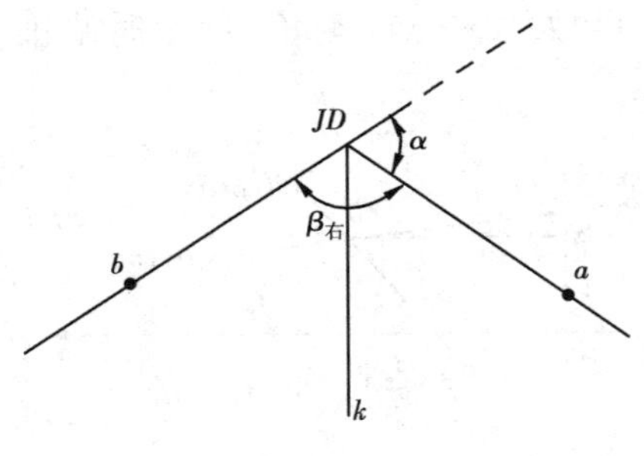

图 14.9　分角线

如图 14.9 所示，为测设平曲线中点桩，测定右角后，不需变动水平度盘位置，设后视方向水平度盘读数为 a，前视方向水平度盘读数为 b，则分角线方向的水平度盘读数 k 为

$$k = \frac{a+b}{2} \text{ 或 } k = a + \frac{\beta_{右}}{2} \tag{14.5}$$

转动照准部使水平度盘读数为分角线方向的读数值，这时望远镜的方向即为分角线的方向。

长距离线路必须观测磁方位角，以便校核测角精度。除观测起始边的磁方位角外，每天在测量开始及结束的导线边上要进行磁方位角观测，以便与计算方位角校核，其误差不得超过规定的范围。超过限差范围时，要查明原因并及时纠正。

14.1.3　中线里程桩的设置

为确定中线上某些特殊点的相对位置，在路线的交点、转点和转角测定后，即可进行实地量距、设置里程桩。里程桩为设在路线中线上注有里程的桩位标志，亦称中桩。通过里程桩的设置，不仅具体地表示中线位置，而且利用桩号的形式表达了距路线起点的里程关系。如某中桩距路线起点的里程为 7 814.19 m，则它的桩号应等于K7 +814.19。在中线测量中，一般多用(1.5 ~2) cm ×5 cm ×30 cm 木桩或竹桩做里程桩，如图 14.10 所示。

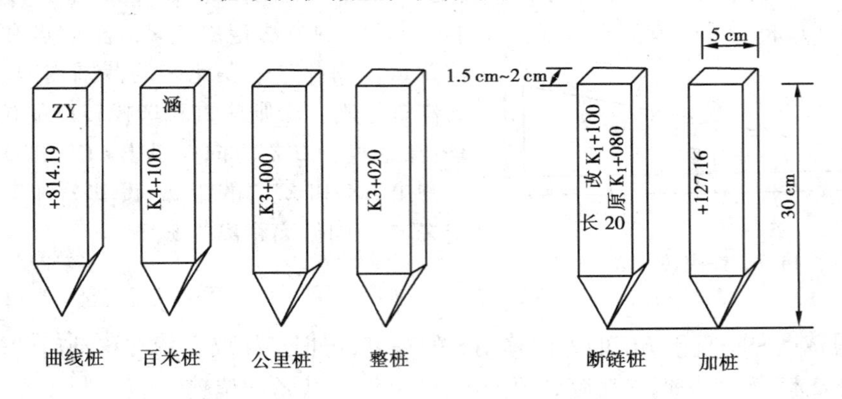

图 14.10　加桩

加桩有以下几种：

1) 地貌加桩：线路纵、横向地形显著变化处；

2) 地物加桩：中线与既有公路、铁路、便道、水渠等交叉处；

3) 人工结构物加桩：拟建桥梁、涵洞、档土墙及其他人工结构物处要加桩；

4) 工程地质加桩：地质不良地段、土质变化及土石分界处要加桩；

5) 曲线加桩：曲线的主点桩；

6) 关系加桩：指路线上的转点和交点桩；

7) 断链桩：由于比较线、局部改线和里程计算中出现错误等原因，产生测设里程不连续现象，即为断链。表示里程继续前后关系的桩称为断链桩，如图 14.10 所示。

断链分为长链和短链。所谓长链即桩号出现重叠，如 K7 +680 = 现 K7 +660 长 20 m；所谓短链而桩号出现间断,如 K7 +660 = 现 K7 +680 短 20 m。

路线中线测量的最后一项工作就是中线丈量,由中桩组完成。丈量中线常用钢尺,路面等级较低时也可用皮尺。相对误差不得大于 1/2 000。

中线丈量手簿见表 14.1 所示。

表 14.1　中线丈量手簿

接尺点	尺读数	桩号	备　注
0	000	K0 = 000	路线起点
K0 +000	050	+050	
+050	050	+100	
+100	018.50	+118.50	
+100	050	+150	
+150	050	+200	
+200	050	+250	
+250	050	+300	
+300	122.32	K0 +422.32	JD_1　$\alpha_1 = 10°49'(\alpha_Y)$

表中有接尺点、尺读数、桩号等栏目。接尺点为后链人员所站位置;尺读数为一尺段的实际丈量长度;桩号为前链人员所站的位置。后链人员位置里程桩号加上尺读数等于前链人员所在位置的里程桩号。具体详见表 14.1。

14.2　圆曲线及缓和曲线的测设

14.2.1　圆曲线的测设

在曲线测设中,圆曲线是路线平曲线的基本组成部分,圆曲线是指具有一定半径的圆弧线,是平曲线的基本线形。圆曲线的测设工作一般分两步进行,先测设曲线主点桩,然后进行曲线细部放样即曲线桩加密,从而完整地标定出圆曲线的位置。

(1)圆曲线主点测设

1)圆曲线测设元素计算

图 14.11 中,P 为路线交点 JD 的位置;α 为路线转角;R 为圆曲线半径;A、B 为直线与圆曲线的切点,即圆曲线的起点 ZY 和终点 YZ;M 为分角线与圆曲线的相交点,即圆曲线的中点 QZ。根据几何关系,圆曲线元素可按下列公式计算

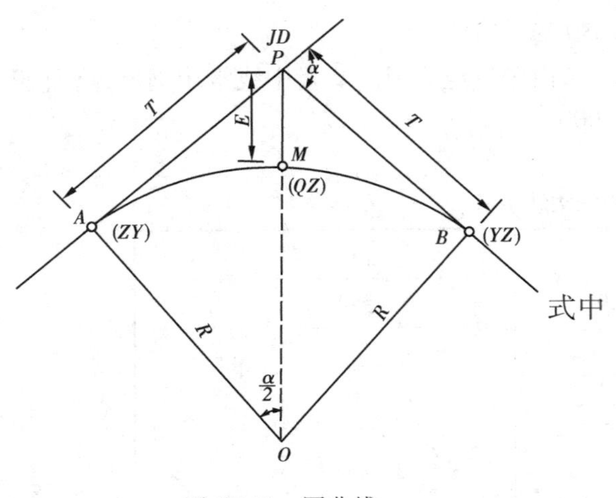

图 14.11　圆曲线

$$\left.\begin{aligned} &\text{切线长} \quad T = R \cdot \tan\frac{\alpha}{2} \\ &\text{曲线长} \quad L = R \cdot \alpha \cdot \frac{\pi}{180} \\ &\text{外距} \quad E = R\left(\sec\frac{\alpha}{2} - 1\right) \\ &\text{切曲差} \quad D = 2T - L \end{aligned}\right\} \tag{14.6}$$

式中　T——圆曲线的切线长；

L——圆曲线曲线长；

E——交点 JD 至圆曲线中点 M 的距离，称为圆曲线的外矩；

D——切曲差或超距。

曲线元素值也可以从《公路曲线测设用表》第一册第一表中查取。

2）主点里程计算

交点 JD 的里程由中线丈量得到，根据交点的里程和曲线元素值，可算出各主点的里程。从图 14.11 可知

$$\left.\begin{aligned} &ZY\text{里程} = JD\text{里程} - T \\ &YZ\text{里程} = ZY\text{里程} + L \\ &QZ\text{里程} = YZ\text{里程} - L/2 \\ &JD\text{里程} = QZ\text{里程} + D/2\text{（校核）} \end{aligned}\right\} \tag{14.7}$$

例 14.1　交点 JD 的里程桩为 K8 + 518.88，路线转角 $\alpha_y = 104°40'00''$，圆曲线半径 $R = 30$ m，计算圆曲线元素及主点里程桩号。

解　1）圆曲线元素的计算

$$T = R\tan\alpha/2 = 30 \times \tan(104°40')/2 = 38.86 \text{ m}$$

$$L = \pi\alpha R/180 = \pi \times 104°40' \times 30/180 = 54.80 \text{ m}$$

$$E = R(\sec\alpha/2 - 1) = 30 \times (\sec104°40'/2 - 1) = 19.09 \text{ m}$$

$$D = 2T - L = 2 \times 38.86 - 54.8 = 22.92 \text{ m}$$

2）圆曲线主点里程计算

JD	K8 + 518.88	
－）T	38.86	
ZY	+ 480.02	
＋）L	54.80	
YZ	+ 534.82	
－）$L/2$	27.40	
QZ	+ 507.42	
＋）$D/2$	11.46	
JD	K8 + 518.88	（校核无误）

3）主点测设

①如图 14.11 所示，从交点 JD 起，沿切线向路线起点方向量取切线长 T，得曲线起点 ZY 的位置。

②从交点 JD 起，沿切线向路线终点方向量取切线长 T，得曲线终点 YZ 的位置。

③从交点 JD 起，沿分角线方向向圆心量取外距 E，得曲线中点 QZ 位置。

（2）细部放样

主点测设后，还要设置更多的曲线桩才能比较确切地反映圆曲线的形状。圆曲线的细部放样，就是指测设除主点桩以外的一切曲线桩。

对于桩距一般有如下规定：$R \geqslant 50$ m 时：$l_0 = 20$ m；20 m $< R <$ 50 m 时：$l_0 = 10$ m；$R \leqslant 20$ m 时：$l_0 = 5$ m。

曲线上加桩的方法有两种：将曲线上靠近起点（ZY）的第一个桩的桩号凑为整数的整桩号，然后按整桩距 l_0 向曲线中点（QZ）或曲线终点（YZ）连续设桩，这样设置桩号的方法称为整桩号法；从曲线起点（ZY）开始，以相等的整桩距向曲线终点（YZ）设桩，最后余下一段不足整桩距的零桩距，这样设置桩号的方法称为整桩距法。整桩距法设置的桩号除加设百米和公里桩外，其余桩号均不为整数。中线测量一般采用整桩号法。

圆曲线细部放样的主要方法有：偏角法，直角坐标法和全站仪法。

1）偏角法

偏角法测设圆曲线加桩是依据极坐标原理进行的，以曲线起点 ZY 至曲线任一待定点 P_i 的弦线与切线之间的弦切角（偏角）Δ_i 和弦长 C_i 来确定 P_i 点的位置。如图 14.12 所示，根据几何原理，偏角 Δ_i 应等于相对应弧长 l_i 所对圆心角之半，即

偏角
$$\Delta_i = \frac{\varphi_i}{2} = \frac{l_i}{2R} \cdot \frac{180}{\pi} \tag{14.8}$$

弦长
$$c_i = 2R\sin\frac{\varphi_i}{2} = 2R\sin\Delta_i \tag{14.9}$$

弧弦差
$$s_i = l_i - c_i = \frac{l_i^3}{24R^2} \tag{14.10}$$

野外测设时，除用上述公式计算外，还可直接从《公路曲线测设用表》中查取，计算（查）偏角时，以曲线起点 ZY 为坐标原点，路线右转角用正拨偏角，左转角用反拨偏角。若以曲线终点 YZ 为坐标原点时，则相反。

例 14.2　按例 14.1 结果计算偏角法细部放样圆曲线的测设数据。

解　按整桩号法设桩，桩距 $l_0 = 10$ m，测设数据见表 14.2。

偏角法测设步骤如下（以例 14.2 为例）：

①将经纬仪置于 ZY 点上，瞄准 JD 并将水平度盘配置在 0°00′00″。

②转动照准部使水平度盘读数为

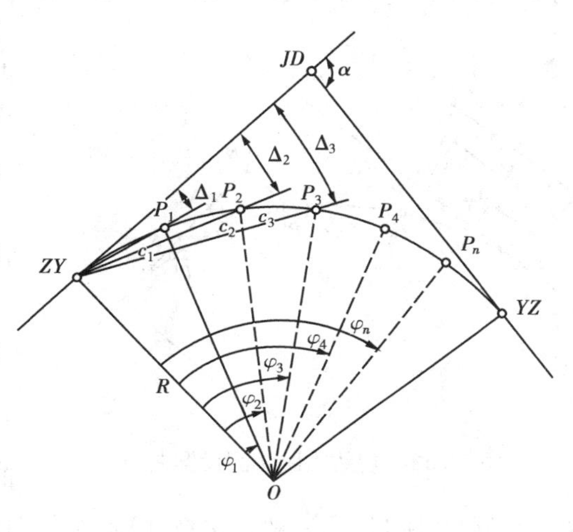

图 14.12　偏角法测设圆曲线

9°31′49″,此时视线方向为桩 +490 的方向,从 *ZY* 点沿此方向量取弦长 9.93 m,标定 +490 桩。

③转动照准部使水平度盘读数为桩 +500 的偏角读数 19°04′46″,由桩 +490 量弦长 9.95 m与视线方向相交得 +500 桩。

表 14.2　圆曲线偏角计算表

桩　号	各桩至起点曲线长	偏　角	度盘偏角读数	相邻间距弧长	相邻间距弦长
ZY K8 +480.02	0.00	0°00′00″	0°00′00″	0	0
+490	9.98	Δ_A =9°31′49″	9°31′49″	9.98	9.93
+500	19.98	19°04′46″	19°04′46″	10.00	9.95
QZ K8 +507.42					
+510	29.98	28°37′43″	28°37′43″	10.00	9.95
+520	39.98	38°10′40″	38°10′40″	10.00	9.95
+530	49.98	47°43′37″	47°43′37″	10.00	9.95
YZ K8 +534.82	(l_B =4.82) 54.80	Δ_B =4°36′10″ 52°19′47″	52°19′47″	4.82	4.81
校核	$\alpha/2$ =52°20′00″,Δ_{YZ} =52°19′47″。两者相差 13″,属计算取位误差。				

④按上述方法逐一定出 +510、+520、+530 和 *YZ* K8 +534.82 各桩,此时 *YZ* 点应与主点测设时定出的 *YZ* 点重合,如不重合,其差值应不得超过如下规定值,否则重测。

半径方向(横向):±0.1 米

切线方向(纵向):±*L*/1 000(*L* 为曲线长)

2)切线支距法

切线支距法是以曲线的起点(*ZY*)或终点(*YZ*)为坐标原点,以圆曲线的切线为 x 轴,过原点的半径方向为 y 轴,根据坐标(x,y)测设细部点。

如图 14.13 所示。设 P_i 为曲线上欲测设的点位,其弧长为 l_i,对应圆心角为 φ_i,圆曲线半径为 R,则

$$\left.\begin{aligned} x_i &= R\sin\varphi_i \\ y_i &= R(1-\cos\varphi_i) \end{aligned}\right\} \qquad (14.11)$$

式中

$$\varphi_i = \frac{l_i}{R}\cdot\frac{180}{\pi}$$

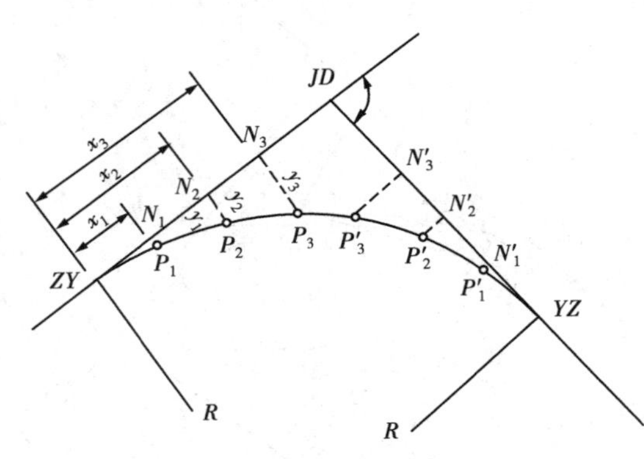

图 14.13　切线支距法测设圆曲线

曲线测设时,桩点坐标除按上述公式计算外,也可采用半径 R 和曲线长 l_i 为引数,在《公路曲线测设用表》中直接查取。

为避免量距过长,一般由 *ZY* 和 *YZ* 点分别向 *QZ* 点施测,将曲线分成两部分进行。

例 14.3　按例 14.1 的结果,计算按切线支距法测设圆曲线的测设数据。

解　按整桩号法设桩，桩距 $l_0=10$ m，计算测设数据见表14.3。

表14.3　圆曲线支距计算表

桩号	各桩至起点曲线长	x	y	备注
ZY K8+480.02	0.00	0.00	0.00	
+490	9.98	9.8	1.64	
+500	19.98	18.54	6.41	
QZ K8+507.42	27.40	23.75	11.67	
+510	24.82	22.08	9.69	
+520	14.82	14.22	3.59	
+530	4.82	4.80	0.39	
YZ K8+534.82	0.00	0.00	0.00	

切线支距法测设步骤如下：

①根据各点坐标，用皮尺从曲线起点 ZY 沿 JD 方向量取 P_i 点横坐标 x_i 得垂足 N_i，并用测钎标记。

②在各垂足 N_i 上用方向架作垂线量取 y_i 即可定出曲线上 P_i 点，用测钎加以标记。

③各点测设完毕后，应丈量各点间的弦长进行校核。如果不符或超限，应查明原因，予以改正。

3）全站仪法

用全站仪测设公路中线速度快、精度高、测设方便。测设时先沿路线两侧一定范围内布设导线点，形成路线控制导线，再依据导线点进行路线测设。

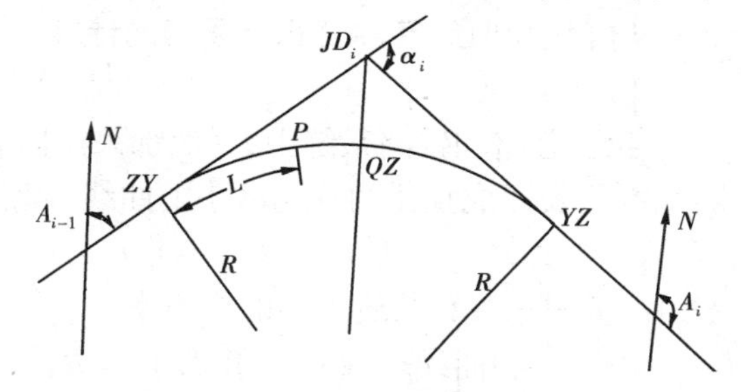

图14.14　全站仪测设圆曲线

①圆曲线的起、终点坐标计算。已知 $JD_{i-1}(x_{Ji-1},y_{Ji-1})$、$JD_i(x_{Ji},y_{Ji})$ 和 $JD_{i+1}(x_{Ji+1},y_{Ji+1})$，$JD_i$ 的两相邻直线的方位角分别为 A_{i-1} 和 A_i，如图14.14所示。则 ZY 和 YZ 点的坐标为

$$\left.\begin{aligned} x_{ZY} &= x_{Ji} + T\cos(A_{i-1}+180°) \\ y_{ZY} &= y_{Ji} + T\sin(A_{i-1}+180°) \\ x_{YZ} &= x_{Ji} + T\cos A_i \\ y_{YZ} &= y_{Ji} + T\sin A_i \end{aligned}\right\} \tag{14.12}$$

②圆曲线任一点 P 的坐标计算

$$\left.\begin{aligned} x &= x_{ZY} + 2R\cdot\sin\frac{90L}{\pi R}\times\cos A_{i-1} + \frac{\xi 90L}{\pi R} \\ y &= y_{ZY} + 2R\cdot\sin\frac{90L}{\pi R}\times\sin A_{i-1} + \frac{\xi 90L}{\pi R} \end{aligned}\right\} \tag{14.13}$$

式中　L——圆曲线上任一点 P 至 ZY 点的长度；

ξ——转角符号，右偏为“+”，左偏为“-”。

③全站仪实地放样

如图14.15所示，公路中线一侧有已知导线点 A、B，i 为待放样的公路中线上任一点，其坐标为 (x_i,y_i)，测设的方法如下

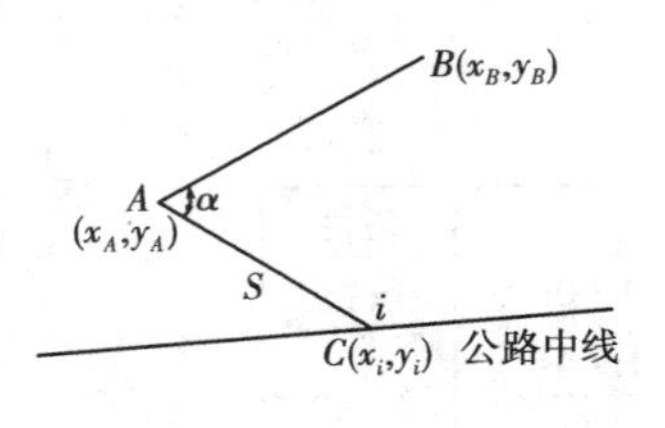

图14.15　全站仪放样

● 在导线点 A 安置全站仪。

● 自基本模式输入测站点和后视点坐标。

● 自基本模式输入放样点的坐标并存入存储器中。

● 仪器自动计算并存储放样水平角和平距数据，恢复基本模式，仪器照准后视点 B。

● 放样水平角，显示器显示棱镜点与放样点所夹角度。

● 转动照准部，当显示的放样角值为"0"时，该方向为放样点方向，在该方向上安置棱镜。

● 恢复基本功能。

● 按功能键测距，显示屏显示棱镜点与放样点的距离。

● 前后移动棱镜，直至显示为"0"值，角度仍保持为"0"，则棱镜点正好是要放样的坐标点。

14.2.2　缓和曲线的测设

缓和曲线是在直线和圆曲线之间插入一段半径由无限大逐渐减小至圆曲线半径 R 的曲线，主要用于缓和行车状态，使行驶更舒适、安全。

(1)缓和曲线基本公式及要素的计算

1)基本公式

我国公路和铁路系统中，一般都采用回旋线作为缓和曲线，回旋线是曲率半径 r 随曲线长度 l 的增长而成正比的均匀减小的曲线，起点处 $r=\infty$，终点处 $r=R$，则任一点的 r 为

$$r = C/l \qquad \text{或} \ C = rl$$

式中　C——缓和曲线半径的变换率。

由于缓和曲线与圆曲线相交时 $r=R$，缓和曲线长度 $l=l_S$，因此

$$C = rl = Rl_S \tag{14.14}$$

缓和曲线半径的变换率与车速 V 有关，我国公路采用

$$C = 0.035V^3$$

则缓和曲线全长为

$$l_S = 0.035\frac{V^3}{R} \tag{14.15}$$

《公路工程技术标准》中规定：采用回旋线作为缓和曲线的长度应根据等级公路的计算车速求算，并应大于表14.4中数值。

表14.4　各等级公路的 l_S 值

公路等级	高速公路				一		二		三		四	
地　　形	平原微丘	重丘	山　岭		平原微丘	山岭重丘	平原微丘	山岭重丘	平原微丘	山岭重丘	平原微丘	山岭重丘
计算行车速度(km/h)	120	100	80	60	100	60	80	40	60	30	40	20
缓和曲线最小长度(m)	100	85	70	50	85	50	70	35	50	25	35	20

2）切线角（也称缓和曲线角）计算公式

如图 14.16 所示，缓和曲线上任一点 P 处的切线与过起点切线的交角 β，称为切线角，其值与 P 点弧长 l 所对圆心角相等，即

$$\beta = \frac{l^2}{2Rl_S} \quad 或 \quad \beta = \frac{l^2}{2Rl_S} \times \frac{180^\circ}{\pi} \tag{14.16}$$

当 $l = l_S$ 时，缓和曲线终点的角 β_0 为

$$\beta_0 = \frac{l_S}{2R} \quad 或 \quad \beta_0 = \frac{l_S}{2R} \times \frac{180^\circ}{\pi} \tag{14.17}$$

3）缓和曲线的参数方程

如图 14.16 所示，以 ZH（或 HZ）为坐标原点，以 ZH（或 HZ）点的切线方向为 x 轴，垂直于切线的方向（即半径方向）为 y 轴，则缓和曲线上任一点的坐标为

$$x = l - \frac{l^5}{40R^2 l_S^2} \qquad y = \frac{l^3}{6Rl_S} \tag{14.18}$$

$l = l_S$ 时，缓和曲线终点坐标为

$$x_0 = l_S - \frac{l_S^3}{40R^2} \qquad y_0 = \frac{l_S^2}{6R} \tag{14.19}$$

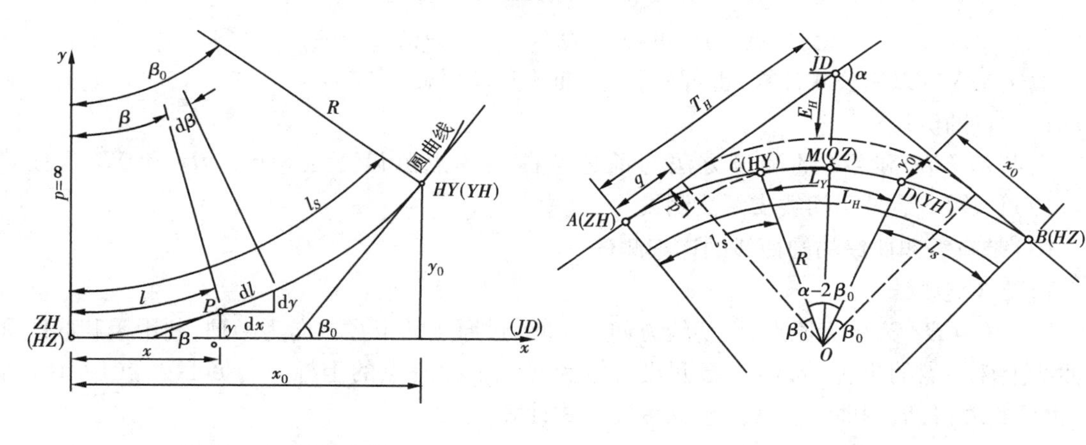

图 14.16　缓和曲线

图 14.17　缓和曲线主点的测设

（2）带有缓和曲线的圆曲线的主点测设

1）内移值和切线增值

如图 14.17 所示，当直线和圆曲线之间加设缓和曲线段后，为使缓和曲线起点位于切线上，必须将圆曲线向内移动一段距离 p（即内移值），此时，曲线发生变化，使切线增长距离 q（即切线增长值），圆曲线弧长变短为 CMD。

$$p = \frac{l_S^2}{24R} \qquad q = \frac{l_S}{2} - \frac{l_S^3}{240R^2} \tag{14.20}$$

2）缓和曲线主点元素计算

如图 14.17 所示，曲线测设元素可按下列公式计算

其中

$$\left.\begin{aligned}&\text{切线长}\quad T_H=(R+p)\tan\frac{\alpha}{2}+q\\&\text{曲线长}\quad L_H=R(\alpha-2\beta_0)\frac{\pi}{180^\circ}+2l_S=R\alpha\frac{\pi}{180^\circ}+l_S\\&\text{圆曲线长}\quad L_Y=R(\alpha-2\beta_0)\frac{\pi}{180^\circ}\\&\text{外距}\quad E_H=(R+p)\sec\frac{\alpha}{2}-R\\&\text{切曲差}\quad K_H=2T_H-L_H\end{aligned}\right\}\tag{14.21}$$

3)主点里程计算

根据交点里程和曲线测设元素,计算主点里程:

$$\left.\begin{aligned}&\text{直缓点}\quad ZH\text{里程}=JD\text{里程}-T_H\\&\text{缓圆点}\quad HY\text{里程}=ZH\text{里程}+l_S\\&\text{圆缓点}\quad YH\text{里程}=HY\text{里程}+L_Y\\&\text{缓直点}\quad HZ\text{里程}=YH\text{里程}+l_S\\&\text{曲中点}\quad QZ\text{里程}=HZ\text{里程}-L_H/2\\&\text{交　点}\quad JD\text{里程}=QZ\text{里程}+D_H/2(\text{校核})\end{aligned}\right\}\tag{14.22}$$

上述元素可以用公式计算,也可从《公路曲线测设用表》中查得。

4)主点的测设

主点 ZH、HZ 和 QZ 的测设方法与前述圆曲线主点测设方法相同。HY 和 YH 可按式(14.19)计算(x_0,y_0)用切线支距法测设。

(3)带有缓和曲线的圆曲线的详细测设

1)切线支距法

以 ZH 或 HZ 为坐标原点,以切线方向为 x 轴,过原点的半径方向为 y 轴,利用缓和曲线和圆曲线上任一点的坐标(x,y)进行测设。缓和曲线上各桩点的坐标(x,y)可按式(14.18)计算,也可查表得到;圆曲线上各点坐标可按下式计算

$$x_i=R\sin\varphi_i+q\qquad y_i=R(1-\cos\varphi_i)+p\tag{14.23}$$

测设方法:算出缓和曲线和圆曲线上各点坐标后,按圆曲线切线支距法进行测设。圆曲线上各点也可按 HY(或 YH)点为坐标原点,用切线支距法测设,如图 14.18 所示。

2)偏角法

如图 14.19 所示,设缓和曲线上任一点 P 至 ZH 点的曲线长为 l,偏角为 Δ,其弦近似与曲线长相等。则

$$\sin\Delta=\frac{y}{R}$$

因 Δ 很小,又 $C\approx l$

则

$$\Delta=y/l$$

将式(14.18)代入上式得

$$\Delta=\frac{l^2}{6Rl_S}\tag{14.24}$$

当 $l = l_S$ 时,结合式(14.17)可得

$$\Delta_0 = \frac{l_S}{6R} = \frac{\beta_0}{3} \tag{14.25}$$

从式(14.24)和式(14.25)得

$$\Delta = \left(\frac{l}{l_S}\right)^2 \cdot \Delta_0 \tag{14.26}$$

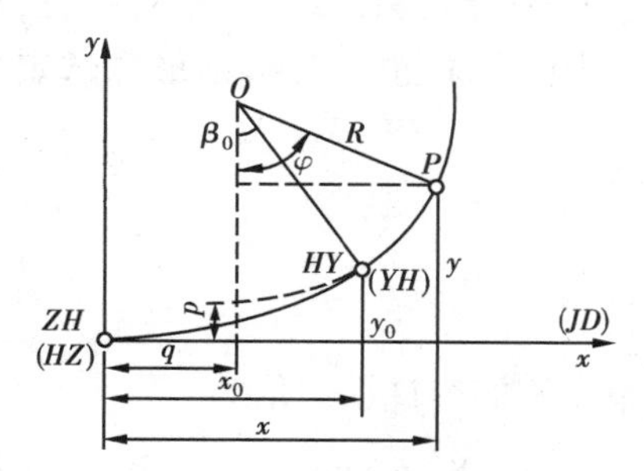

图 14.18　切线支距法测设缓和曲线

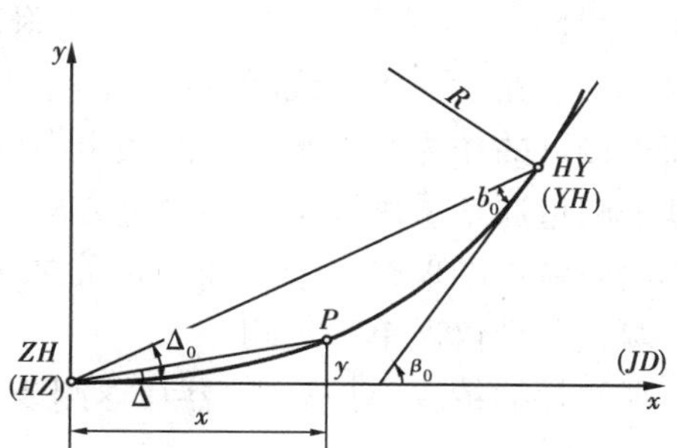

图 14.19　偏角法测设缓和曲线

从上式可知:Δ 和 l^2 成正比。因此,可根据已知条件,用式(14.25)及(14.26)求得不同长度 l 的偏角 Δ,Δ 值同样可从《公路曲线测设用表》中查得。

将经纬仪置于 ZH 或 HZ 点上,与偏角法测设圆曲线一样测设缓和曲线弦长可用弧长代替。将仪器迁至 HY 或 YH 点上,定出 HY 或 YH 点的切线方向,计算 b_0 角,与无缓和曲线的圆曲线一样测设圆曲线上各点。

14.3　路线纵、横断面测量

路线纵断面测量又称路线水准测量,它的任务是在路线中线测定后,测定中线各里程桩的地面高程,绘制路线纵断面图,供路线纵坡设计用。横断面测量是测定沿中桩两侧垂直于中线一定范围内的地面高程,绘制各桩号的横断面图,供路基设计、土石方量计算和放样边桩用。

14.3.1　路线纵断面测量

为了提高测量精度和有效地进行成果检核,根据"由整体到局部"的测量原则,纵断面测量一般分为两步进行,先进行基平测量,再进行中平测量。

(1)基平测量

沿路线方向设置水准点,建立路线的高程控制,称为基平测量。基平测量的精度要求较高,一般要求达到国家四等水准测量的精度要求。

1)设置水准点

水准点路线高程测量控制点,沿路线测量水准点,建立高程控制系统,供勘测、施工、竣工验收和养护管理使用。水准点的设置,根据需要和用途一般分为永久性水准点和临时性水准点两种。在路线的起、终点、大桥两岸、隧道两端以及一些需要长期观测高程的重点工程附近均应设置永久性水准点。供施工放样、施工检查和竣工验收使用的可敷设临时性水准点。水

准点可设在永久性建筑物上，或用金属标志嵌在基岩上，也可以埋设标石。

水准点的密度应根据地形和工程需要而定。一般在山岭重丘每隔 0.5 ~ 1 km 设置一个；平原微丘区每隔 1 ~2 km 设置一个。大桥、隧道口、垭口及其他大型构造物附近，还应增设水准点。水准点的布设应在路中线可能经过的地方两侧 50 ~ 100 m，而且应选在稳固、醒目、易于引测以及施工时不易遭受破坏的地方。

2）基平测量方法

基平测量时，首先应将起始水准点与附近国家水准点进行联测，以获得绝对高程，尽可能构成附合水准路线。当路线附近没有国家水准点或引测困难时，也可参考地形图选定一个与实地高程接近的作为起始水准点的假定高程。

基平测量通常采用以下水准测量方法：

①用一台水准仪在两个水准点间做往返测量。

②两台水准仪做单程观测。

基平测量的精度，对一台仪器往返测或两台仪器单程测的容许误差值为

$$f_{h容} = \pm 30\sqrt{L}\ \text{mm} \quad 或 \quad f_{h容} = \pm 8\sqrt{n}\ \text{mm} \tag{14.27}$$

对于大桥两岸、隧道两端和重点工程附近水准点，其容许误差值为

$$f_{h容} = \pm 20\sqrt{L}\ \text{mm} \quad 或 \quad f_{h容} = \pm 6\sqrt{n}\ \text{mm} \tag{14.28}$$

式中 L——水准路线长度（以 km 计），适用平原微丘区；

n——测站数，适用山岭重丘区。

当高差不符值在容许范围内时，取其平均值作为两水准点间的高差，符号与往测同号，超限则需重测。水准测量成果计算方法与第四章相同。将计算结果及已有资料编制成水准点一览表供施工使用。见表 14.5。

表 14.5 水准点一览表

水准符号	水准点标高/m	水准点详细位置					备 注
		靠近路线桩	方向	距离/m	设在何物上	何县何乡何村	
BM_1	150.368	K0 +000	左	22.84	埋设水准点	南平县平邑镇	绝对高程
BM_2	152.176	K0 +760	右	30.52	楼房墙角	南平县平邑镇	
BM_3	155.472	K1 +600	右	28.75	基岩	南平县平邑镇	
…	…	…	…	…	…	…	

(2) 中平测量

依据水准点的高程，沿路线将所有中桩进行水准测量，并测得其地面高程，称为中平测量。以基平测量提供的水准点高程为基础，按附和水准路线逐个施测中桩的地面高程。一般是以两相邻水准点为一测段，从一个水准点开始，闭合到下一个水准点。在每一个测站上，应尽量多观测中桩，还需设置转点，以保证高程的传递。相邻两转点间所观测的中桩称为中间点，由于转点起传递高程的作用，观测时应先测转点，后测中间点，转点的读数取至 mm，中间点的读数按四舍五入取至 cm。中平测量一个测站前后视距最后可达 150 m，转点的立尺应置于尺垫、稳固的桩顶或坚石上。中平测量只作单程观测。一测段观测结束后，应先计算测段高差

$\sum h_{中}$。它与基平所测测段两端水准点高差之差,称为测段高差闭合差,其值不得大于 $\pm 50\sqrt{L}$ mm,否则应重测。中桩地面高差误差不得超过 ±10 cm。

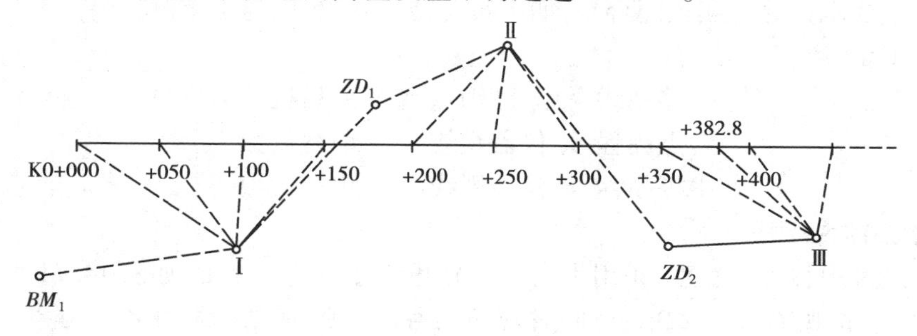

图 14.20　中平测量

如图 14.20 所示,中平测量的步骤如下:

1)安置仪器于 *I* 点,后视 BM_1,前视 ZD_1,将读数记入表 14.6 的 BM_1 的后视栏和 ZD_1 的前视栏中。

2)观测 BM_1 与 ZD_1 之间的中间点 K0+000、+50、+100、+150,将各点的读数分别记入表 14.6 的中视栏中。

3)安置仪器于Ⅱ点,后视 ZD_1,前视 ZD_2,将读数记入表 14.6 的 ZD_1 的后视栏和 ZD_2 的前视栏中。

表 14.6　中桩水准测量记录计算表

测点	水准尺读数/m			视线高程/m	高程/m	备　注
	后视	中视	前视			
BM_1	2.018			152.386	150.368	
K0+000		1.31			151.08	
+050		1.08			151.31	
+100		1.12			151.27	
+150		0.98			151.41	
ZD_1	2.613		1.815	153.184	150.571	
+200		0.76			152.42	
+250		0.68			152.50	
+300		0.83			152.35	
ZD_2	1.764		2.016	152.932	151.168	
+350		0.75			152.18	
+382.8		0.96			151.97	中平测量得 BM_2 点高程为 152.188 误差 11 mm
…	…	…	…	…	…	
BM_2			0.756		152.176	

4)观测 ZD_1 和 ZD_2 之间的 K0 +200、+250、+300,将读数分别记入各点的中视栏中。

5)按上述方法和步骤继续向前施测,直至闭合到下一个水准点 BM_2 上。

6)按前述要求计算各测段闭合差,如不符合精度要求,应返工重测。

7)中平测量计算公式如下:

$$\left.\begin{array}{l}\text{仪器视线高} = \text{已知点高程} + \text{后视读数}\\ \text{转点高程} = \text{仪器视线高} - \text{前视读数}\\ \text{中桩高程} = \text{仪器视线高} - \text{中视读数}\end{array}\right\} \tag{14.29}$$

(3)中线跨沟谷测量

当路线经过沟谷时,一般可采用沟内沟外分开的方法进行测量,如图 14.21 所示。当仪器置于 A 站时,应先观测后视 ZD_{10},再同时观测沟谷两边的前视 ZD_a 和 ZD_{11},最后观测 ZD_{10} 至 ZD_a 之间的中桩高程,如 K1 +560、+580、+600。ZD_a 用于沟内测量时的高程传递,ZD_{11} 用于

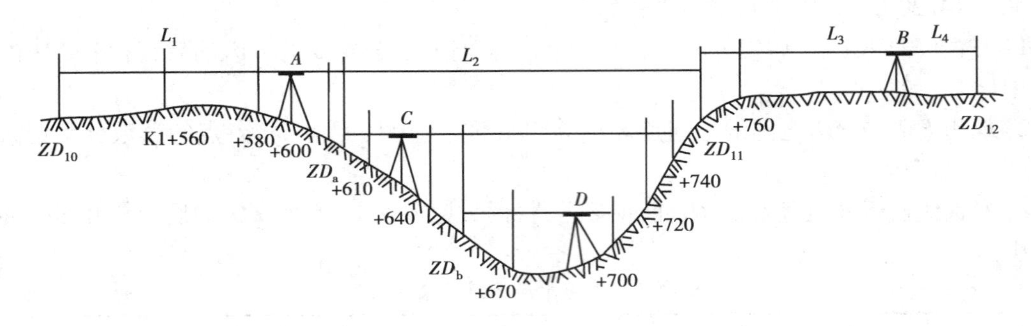

图 14.21　跨沟谷中线测量

沟外测量时的高程传递,两者是各自独立的,且莫混为一谈。为了减少因仪器的水准管轴与视准轴不平行所引起的误差,仪器在 A、B 两站时,应尽可能使 $L_1 = L_2$、$L_3 = L_4$。

沟内观测时,在左坡设立测站,兼测右坡桩号,减少观测次数。如图 14.21,仪器置于 C 站,后视 ZD_a,观测左坡中桩 K1 +610,+640 和 ZD_b,再兼测右坡中桩 K1 +720,+740。仪器置于 D 站时,后视 ZD_b 再观测 K1 +670,+700 等中桩。按此法将沟内中桩高程测完。

利用跨沟法进行施测时,沟内沟外记录必须分开,并附加说明,以便于资料的计算和查阅,避免造成错误和混乱。

(4)纵断面图的绘制

纵断面图是沿中线方向绘制的反映地面起伏和纵坡设计的线状图,它表示出各路段纵坡的大小和中线位置的填挖尺寸,是道路设计和施工中的重要文件资料。路线纵断面图包括图样和资料两大部分。

1)图样

如图 14.22 所示。路线纵断面图用直角坐标(以里程为横坐标、高程为纵坐标)表示,根据中平测量的中桩地面高程绘制的。常用的里程比例尺有 1∶5 000、1∶2 000、1∶1 000 几种,为了明显反映地面的起伏变化,高程比例尺取里程比例尺的十倍,相应取 1∶500、1∶200、1∶100。一般应在第一张图纸的右上方标注出比例尺,并采用分式表示图纸编号,分母表示图纸的总张数,分子表示本张图纸的编号。图样部分有:地面线和纵坡设计线、竖曲线、桥涵结构和水准点资料等内容。

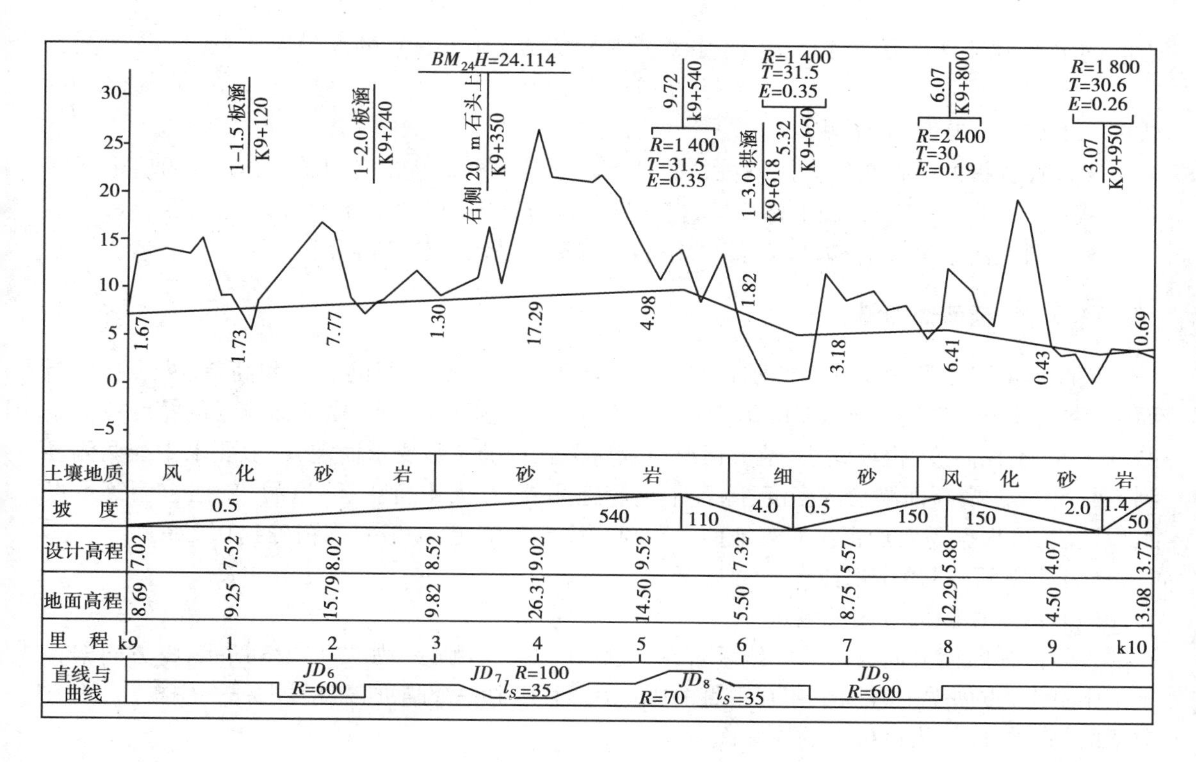

图 14.22　线路纵断面图

2）资料

资料包括地质、坡度/坡长、设计高程、地面高程、里程桩号和平曲线的资料等。

3）纵断面图的绘制

①表格的绘制

• 平曲线：按里程表明路线的直线和曲线部分。直线采用水平线表示，曲线部分用折线表示，上凸表示路线右转，下凸表示路线左转。并注明交点编号、转角、平曲线半径，带有缓和曲线者应注明其长度。

• 里程桩号：一般选择有代表性的里程桩号（如公里桩、百米桩、桥头和涵洞等）。

• 地面高程：按中平测量成果填写相应里程桩的地面高程。

• 设计高程：根据设计纵坡和相应的平距计算出的里程桩设计高程。

• 坡度/坡长：是指设计线的纵向长度和坡度。从左至右向上斜的直线表示上坡，下斜表示下坡，水平表示平坡。斜线或水平线上面的数字表示坡度的百分数，下面的数字表示坡长。

• 地质说明：标沿线的地质情况，为设计和施工提供依据。

②地面线绘制

• 首先选定纵坐标的起始高程，使绘出的地面线位于图上适当位置。一般是以 5 m 或 10 m整倍数的高程定在 5 cm 方格的粗线上，便于绘图和阅图。然后根据中桩的里程和高程，在图上按纵、横比例尺依次定出各中桩的地面位置，再用直线将相邻点一个个连接起来，就得到地面线。在高差变化较大的地区，如果纵向受到图幅的限制时，可在适当地段变更图上高程起算位置，此时地面线将构成台阶形式。

• 根据纵坡设计计算设计高程。路线纵坡确定后，即可根据设计纵坡 i 和起算点至推算

点间的水平距离 D 计算设计高程。设起算点高程为 H_0，则推算点的高程为

$$H_P = H_0 + iD \tag{14.30}$$

式中　上坡时 i 为正，下坡时 i 为负。

- 计算各桩的填挖高度。同一桩号的设计高程与地面高程之差，即为该桩号的填土高度(+)或挖土高度(-)。在图上标明填、挖高度。也有在图中专列一栏注明填挖高度。
- 在图上注记有关资料，如水准点、桥涵结构资料、竖曲线、断链等。

14.3.2　横断面测量

横断面测量是测定中桩两侧垂直于中线方向地面变坡点之间的距离和高差，并绘制横断面图，供路基、边坡、特殊构筑物的设计、土石方计算和施工放样用。横断面测量的宽度应根据路基宽度、填挖高度、边坡大小、地形情况以及有关工程的特殊要求而定，一般要求中线两侧各测 20～50 m。横断面测绘的密度，除各中桩应施测外，在大中桥头、隧道洞口、挡土墙等重点工程地段，可根据需要加密。对于地面点距离和高差的测定，一般只需精确到 0.1 m。

(1)横断面方向的测定

1)直线上横断面方向的测定

直线段横断面方向与路线中线垂直，一般采用方向架测定。如图 14.23 所示，将方向架置于某中桩上，方向架上有两个相互垂直的固定片，用其中一个瞄准该直线上任一中桩点，则方向架的另一方向即为该桩点的横断面方向。

2)圆曲线横断面方向的测定

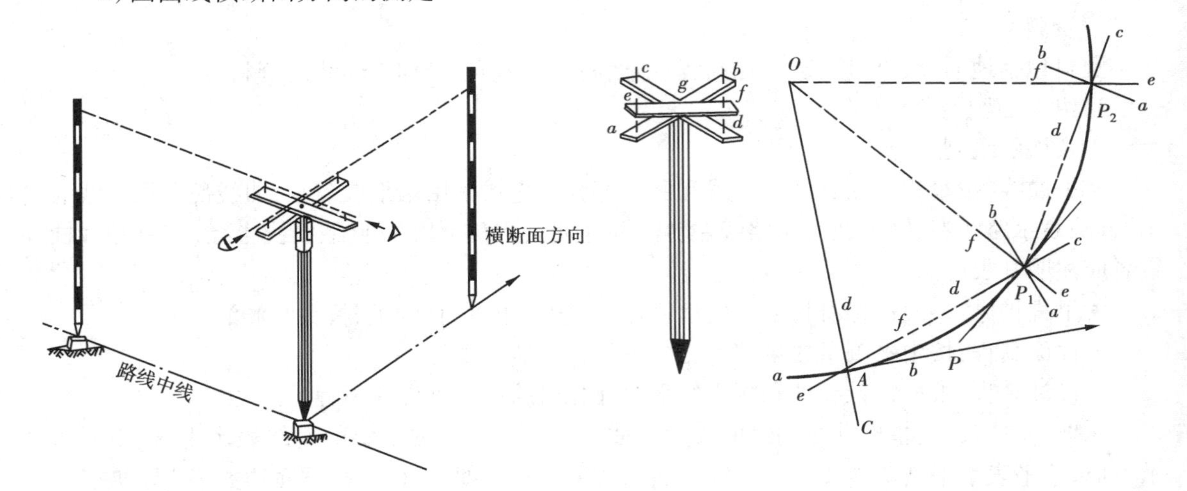

图 14.23　方向架　　图 14.24　求心方向架　　图 14.25　横断面方向的测定

圆曲线上一点的横断面方向即是该点的半径方向。测定时采用求心方向架，如图 14.24 所示。求心方向架是在十字架上安装一个可以转动的定向杆 ef，并加有固定螺旋，其使用方法如图 14.25 所示，将方向架置于曲线起点 A 上，当 ab 方向对准交点或直线上的中桩时，则另一方向 cd 即为 A 点的横断面方向。为了测定 P_1 点的横断面方向，这时转动定向杆 ef 对准圆曲线上的 P_1 点，拧紧固定螺旋，使 ef 固定，将方向架移至 P_1 点，用 cd 对准 A 点，则定向 ef 的方向即为 P_1 点的横断面方向。

在 P_1 点的横断面方向定出之后，为了测定下一点 P_2 点的横断面方向，在 P_1 点上以 cd 对准

P_1点的横断面方向，转动定向杆 ef 对准 P_2点，拧紧固定螺栓，这时方向架上定出 P_1P_2 的弦切角，然后将方向架移至 P_2点，用 cd 对准 P_1点，定向杆 ef 的方向即为 P_2点的横断面方向。用同样的方法可测出其他各点的横断面方向。

3）缓和曲线上横断面方向的测定

缓和曲线上任一点的横断面方向，是该点切线的垂直方向。因此，只要获得该点至前视点（或后视点）的偏角值，即可确定该点的横断面方向。如图 14.26 所示。

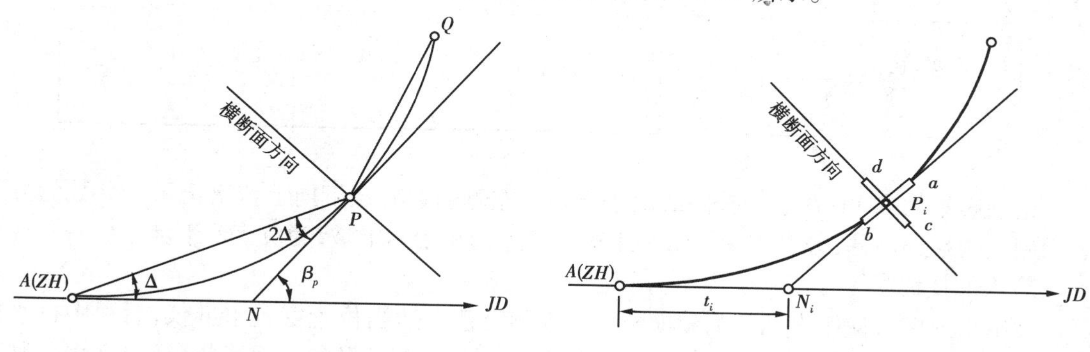

图 14.26　缓和曲线横断面方向的测定　　图 14.27　横断面方向的测定

将经纬仪安置于缓和曲线起点 A 上，测出 P 点的偏角 Δ，再将经纬仪移至 P 点，以 2Δ 的读数瞄准 A 点，然后转动照准部 90°（或 270°），这时经纬仪所指的方向即为 P 点的横断面方向。

上述方法的优点是不用计算，有时为了便于测定，可先计算出缓和曲线起点 A 至 N_i点的距离 t_i，如图 14.27 所示，根据缓和曲线要素公式可知

$$t_i = \frac{2}{3}l + \frac{l^3}{360R^2} \tag{14.31}$$

式中　l——缓和曲线起点至缓和曲线上任一点的长度；

R——平曲线半径。

在计算 t_i时，若 l 较小，R 较大，可省略（$l^3/360R^2$）项，直接取 $t_i = 2l/3$。计算 t_i后，从缓和曲线起点沿切线方向量取 t_i长度得 N_i点，将十字架置于 P_i点上，以 ab 指向对准 N_i点，cd 所指的方向即是 P_i点的横断面方向。

（2）横断面的测量方法

横断面测量方法有多种，下面介绍几种常用方法：

1）抬杆法　抬杆法用两根花杆（或一根花杆一把皮尺）测定两变坡点间的水平距离和高差。如图 14.28 所示，A、B、C……为横断面方向上的变坡点，将花杆立于 A 点，从中桩处地面用花杆（或皮尺）平量出至 A 点的距离，并测出截于花杆位置的高度，即 A 相对于中桩地面的高差。同法可测得 A 至 B、B 至 C……的距离和高差，直至所需要的宽度为止。中桩一侧测定后再测另一侧。每测量一次，向记录者或绘图者报一次测量数据，同时，记录者或绘图者应回报一次测量数据，以免出现差错。

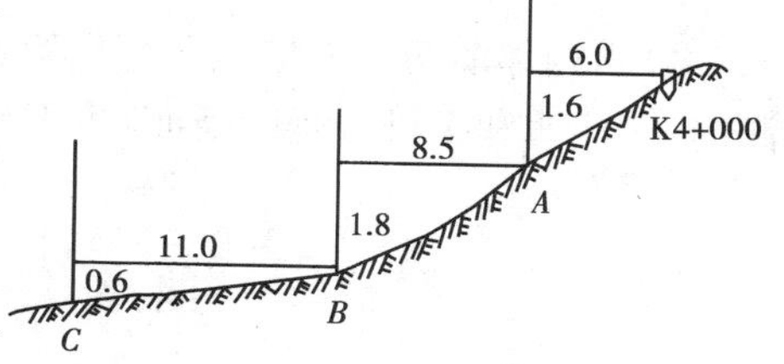

图 14.28　抬杆法测量横断面

表 14.7　横断面测量记录手簿

左侧	桩号	右侧
…	…	…
$\frac{-0.6}{11.0}$　$\frac{-1.8}{8.5}$　$\frac{-1.6}{6.0}$	K4 +000	$\frac{+1.5}{4.6}$　$\frac{+0.9}{4.4}$　$\frac{+1.6}{7.0}$　$\frac{+0.5}{10.0}$
平地 $\frac{-0.5}{7.8}$　$\frac{-1.2}{4.2}$　$\frac{-0.8}{6.8}$	K3 +980	$\frac{+0.7}{7.2}$　$\frac{+1.1}{4.8}$　$\frac{-0.4}{7.0}$　$\frac{+0.9}{6.5}$

记录表格如表 14.7，表中按路线前进方向分左侧、右侧，从下向上依次记录。分数的分子表示测段两端的高差，分母表示其水平距离。高差为正表示上坡，为负表示下坡。

2）水准仪法

在平坦地区可使用水准仪测量横断面。施测时选一适当位置安置水准仪，后视中桩水准尺读数，求得视线高程后，前视横断面方向各变坡点上水准尺得各前视读数，视线高程分别减去各前视读数即得各变坡点高程。用皮尺分别量取各变坡点至中桩的水平距离。根据变坡点的高程和至中桩的距离即可绘出横断面图。

（3）横断面图的绘制

横断面图的绘制一般采用现场边测边绘的方法，以便现场核对所绘的横断面图。也可以现场记录，回到室内绘图。为计算面积的需要，横断面的水平距离比例尺应与高差比例尺相同。横断面图绘在厘米纸上，绘图时，先标出中桩位置，然后分左、右两侧，按相应点的水平距离和高差展出地面点的位置，用直线连接相邻点即得横断面地面线。如图 14.29 所示。横断面图上应适当标出地物和简单地质的描述。

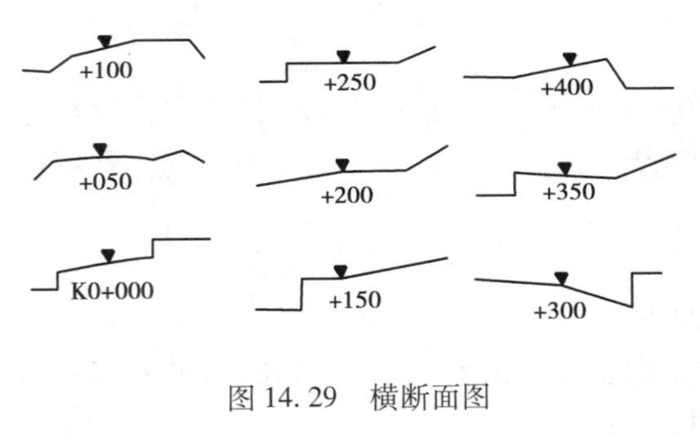

图 14.29　横断面图

（4）注意事项

1）凡在横断面上的地物都应在图上和记录中标注清楚，如房屋、水田、沟渠等。

2）沿河横断面应在图上标注洪水位，常水位和水深。

3）选择的测点应能反映地质变化分界点。如土砂分界、土质变化位置等都应作为测点在图上加以注明。

4）当相邻的两个中桩地形变化相差不大，地质情况也相似时，可先测一个横断面，省略不测的，应注明和某桩号是同断面。

14.4　土石方的计算与调配

路基土石方工程是修筑公路的主要工程项目，土石方工程数量也是比较路线设计方案的主要技术经济指标之一。路基土石方的计算与调配,关系着取土及弃土地点、范围以及用地宽度的决定,同时也影响着工程造价、所需劳动力数量和施工期限等。

14.4.1 横断面面积计算

路基填挖断面面积是指横断面图中原地面线与路基设计线所包围的面积,高于地面线部分面积为填方面积,低于原地面线部分面积为挖方面积,填、挖方面积分开计算,常用的计算方法有积距法(平行线法)和坐标法(解析法)等,参见第8章。

14.4.2 土石方数量计算

若相邻两断面均为填方和均为挖方,且面积大小相近,可假定两断面之间为一棱柱体,路基填挖土石方数量可参照第8章式(8.10)计算;若A_1、A_2相差较大,与棱台较接近,这时土石方数量可参照第8章式(8.11)计算。

14.4.3 路基土石方的调配

路基填、挖土石方数量计算出来以后,为合理利用挖方作填方,降低工程造价,需要对土石方数量进行调配,确定填方用土的来源,挖方弃土的去向,计价土石方数量和运量等。通过土石方调配合理地解决各路段土石方平衡和合理利用问题,使得挖方路段除横向调运(本桩利用)外的土石方得到有效利用,移挖作填,减少路基填方借土,节约耕地,降低造价。

(1)调配原则

1)尽可能移挖作填,减少废方和借方。在半填半挖的断面中,首先考虑本桩利用,即横向调运,其次再纵向调配,减少总运量。

2)土石方调配要考虑桥涵位置的影响,一般大沟土石方不作跨沟调运,同时也应考虑施工方便,减少土坡调运。

3)弃方妥善处理。尽可能使弃方不占或少占农田,防止弃方堵塞河流或冲淤农田。

4)路基填方借土。结合地形及农田规划,合理选择借土地点,尽可能考虑借土还田,整地造田措施。

5)综合考虑路基施工方法、运输条件、施工机械化程度和地形情况,选用合理的经济运距,分析路基用土是调运还是借方。

(2)调配方法

土石方调配是在路基土石方数量计算和复核完毕后进行的,直接在土石方数量表中进行调配。具体调配步骤如下:

1)在土石方数量右侧注明可能影响调配的因素,如河流、大沟、陡坡等,供调配时参考。

2)优先考虑横向调配,满足本桩利用方,然后计算挖余和填缺数量。

3)在纵向调配时,应根据施工方法和可能采用的运输条件计算合理的经济运距,供土石方调配参考。

4)根据填缺和挖余的分布情况,判断调运的方向和数量,结合路线纵坡和经济运距,确定调配方案。方法是逐桩逐段地将相邻路段的挖余就近纵向调运到填缺内加以利用,并把具体调运方向和数量用箭头标明在纵向利用调配栏中,见表14.8。

5)经过纵向调配,如仍有填缺和挖余,应和当地政府协商弃方和借方的地点,确定弃方和借方数量,并填入土石方数量表中弃方和借方栏内。

6)调配一般在本公里内调运,必要时可以跨公里调运,但将数量和调配方向注明。

7)土石方调配后,应按下列公式校核:

$$\left.\begin{aligned}&\text{横向调运} + \text{纵向调运} + \text{借方} = \text{填方}\\&\text{横向调运} + \text{纵向调运} + \text{弃方} = \text{挖方}\\&\text{挖方} + \text{借方} = \text{填方} + \text{弃方}\end{aligned}\right\} \tag{14.32}$$

8)计算计价土石方数量:

在土石方调配中,所有挖方无论是弃或调,都应计价。填土只对路外借土部分计价。

$$\text{计价土石方数量} = \text{挖方数量} + \text{借方数量} \tag{14.33}$$

(3)调配计算的几个问题

工程上所说的土石方总量,实际上是指计价土石方数量。一条公路的土石方总量,一般包括路基工程、排水工程、临时工程和小桥涵工程等项目的土石方数量。

1)经济运距　填方用土来源,一是纵向调运,二是路外借土。调运路堑挖方来填筑距离较近的路堤是比较经济的,但当调运距离过长,以至运价超过了在填方附近借土所需的费用,移挖作填就不如在路基附近借土经济。因此,采取借或调,存在合理运距问题,这个距离称为经济运距,计算公式为

$$L_{\text{经}} = \frac{B}{T} + L_{\text{免}} \tag{14.34}$$

式中　$L_{\text{经}}$——经济运距(km);

B——借土单价(元/m^3);

T——远运费单价(元/m^3 · km);

$L_{\text{免}}$——免费运距(km)。

由上式知:经济运距是确定调运或借土的界限,当纵向调运距离小于经济运距时,采取纵向调运。反之就近借土。

2)平均运距　土石方调配的运距从挖方体积的重心到填方体积重心之间的距离。在土石方实际计算中,采用挖方断面间距中心至填方断面间距中心的距离,这个距离称为平均运距。

在纵向调运时,当平均运距超过规定的免费运距时,超出部分应按超运运距计算土石方运量。

3)运量　土石方运量为土石方的平均运距与土石方调配数量的乘积。

在公路工程施工中,工程定额是将平均运距每10 m划分为一个运输单位,称之为级,20 m为两个运输单位,称为二级,余类推。在土石方数量计算表中用①、②注明,不足10 m仍以一级计算或四舍五入。于是

$$\text{总运量} = \text{调配(土石)方数} \times n \tag{14.35}$$

式中　n——平均运距单位(级),其值为:$n = (L - L_{\text{免}})/10$　(14.36)

其中　L——平均运距

$L_{\text{免}}$——免费运距

路基土石方数量计算见表14.8。

14.5　道路施工测量

道路施工测量是按照路线勘测设计文件中的要求,将路线整体位置具体落实到地面上,以便施工人员按照设计的位置与尺寸进行施工。道路施工测量主要包括恢复路线中线、路基边桩的放样、路基边坡的放样和路面施工放样。

14.5.1　恢复路线中线的测量

将设计文件所确定的道路中线具体落实到地面上,对于一些丢失的中桩,在施工前,应根据设计文件进行恢复工作,并对原来的中线进行复核,以保证路线中线位置准确可靠。恢复中线所采用的测量方法与路线中线的测量方法基本相同。主要内容包括:恢复交点桩、恢复转点桩、恢复中桩。

14.5.2　路基边桩的放样

路基施工前,在地面上先把路基轮廓表示出来,即在地面上将每一个断面的路基边坡与地面的交点用木桩标定出来,以便路基的开挖与填筑。常用的方法如下:

(1)利用横断面放样边桩(图解法)

根据设计好的横断面图,在图上量出坡脚点或坡顶点与中桩的水平距离,然后用皮尺沿横断面方向把水平距离在实地上丈量出来,便可在地面上钉出边桩的位置。

(2)解析法

图 14.30 为一路堤。根据路基宽度、填土高度、变坡度计算出坡顶或坡脚与路线中线之间的数据关系,利用数学知识可得如下计算公式

$$L_{下} = \frac{(mH + B/2)\ \sqrt{1 + i^2}}{1 - im} \tag{14.37}$$

$$L_{上} = \frac{(mH + B/2)\ \sqrt{1 + i^2}}{1 + im} \tag{14.38}$$

式中　B——路基宽度(对路堑加两侧边沟上口宽度);

H——路基填挖值;

m——路堤或路堑边坡坡度;

i——横断面地面坡度;

x——路中线地面点至坡脚的铅垂距离;

y——坡脚至路中线的水平距离。

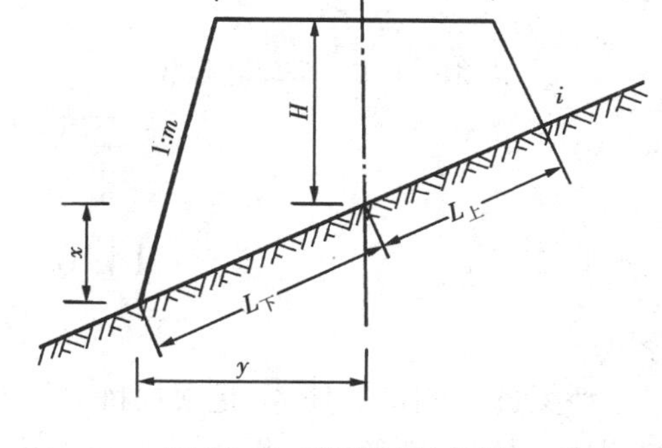

图 14.30　路堤边桩放样

图 14.31 为路堑,其计算公式为

$$L_{上} = \frac{(mH + B/2)\ \sqrt{1 + i^2}}{1 - im} \tag{14.39}$$

$$L_{下} = \frac{(mH + B/2)\ \sqrt{1 + i^2}}{1 + im} \tag{14.40}$$

14.5.3 路基边坡的放样

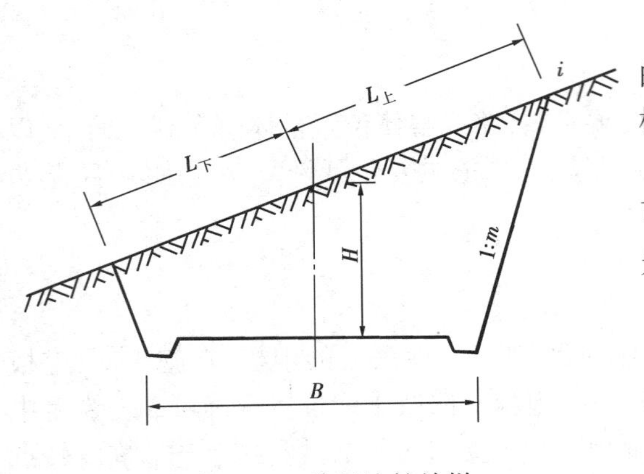

图 14.31 路堑边桩放样

有了边桩还不足以指导施工,为使填、挖的边坡坡度得到控制,还需要进行路基边坡放样工作。具体方法如下:

首先按照边坡坡度做好边坡样板,施工时可比照样板进行放样。如图 14.32 所示,用事先做好的坡脚尺一边夯填土一边丈量边坡。

精度要求不高时,也可用麻绳竹竿放边坡。

14.5.4 路面施工放样

路基施工之后进行路面施工时,先要在恢复路线的中线上打上里程桩,没中线进行水准测量,必要时还需测部分路基横断面,然后在中线上每隔 10 m 设立高程桩两个,使其桩顶为所建成的路表面高程,如图 14.33 中路中心处的两个桩。在垂直于中线方向处向两侧量出一半的路槽,打上两个桩,使其桩顶高程符合路槽的横向坡度。

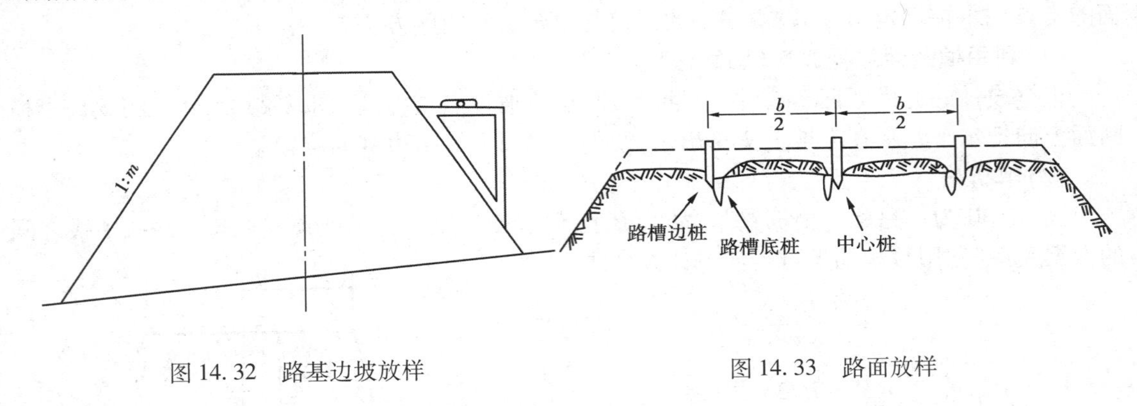

图 14.32 路基边坡放样

图 14.33 路面放样

14.6 桥梁施工测量

桥梁施工测量的任务,是根据桥梁设计和施工详图,遵循从整体到局部的原则,先进行控制测量,再进行细部放样测量。将桥梁构造物的平面和高程位置,在实地放样出来,及时地为不同施工阶段提供准确的设计位置和尺寸,并检查施工质量。

桥梁施工阶段的测量工作,首先是通过平面控制网的测量,求出桥轴线(桥梁中线)的长度,方向和交会放样桥墩中线位置的数据。通过水准测量,建立桥梁墩台施工放样的高程控制。其次当桥梁构造物的主要轴线(如桥梁中线、墩台纵横轴线等)放样出来后,再按主要轴线进行结构物轮廓点的细部放样和进行施工测量,最后还要进行竣工测量以及桥梁墩台的沉降位移观测。

14.6.1　施工控制测量

施工控制测量分为平面控制测量和高程控制测量。

(1)平面控制测量

平面控制测量即测定桥梁的中心位置,就是要在实地标定桥梁中轴线和两岸控制桩(即定位桩)的位置,并精确地测定两控制桩之间的距离(即桥轴线长度)。

1)直接丈量法

当河流无水、浅水或河岸与河底高差较小时,可直接用红外测距仪或经过核定的钢尺按精密量距法丈量。为了防止差错,必须由两人相互检查校核,往返两次以上,并作好丈量记录。丈量桥梁中线精度:桥长小于 200 m 时,不低于 1/5 000;桥长在 200 ~ 500 m 时,不低于 1/10 000;桥长在 500 m 以上时,不低于 1/20 000。

2)间接丈量法

当河流宽阔、水深流急,不能直接丈量桥梁中轴线时,常采用小三角网法间接丈量。如图 14.34 所示。图中双线为基线。

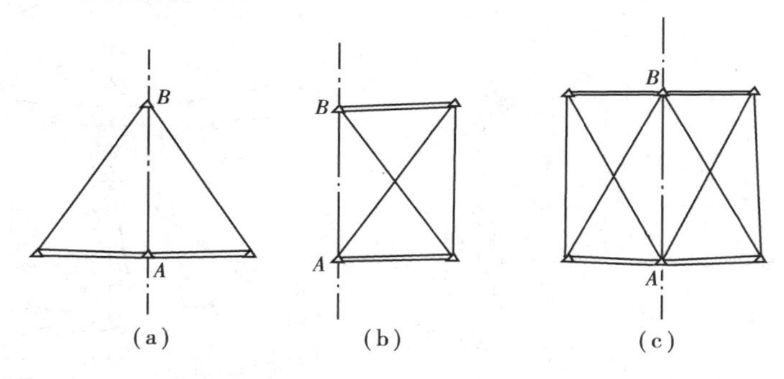

图 14.34　小三角网法间接丈量

(a)为双三角形;(b)单四边形;(c)双四边形

在布置三角网时,三角点应选在不被水淹,不受施工干扰,不易被损坏的地方。两岸中线上应各设一个三角点,并使其与桥台相距不远,便于桥台放样。桥位控制桩应包括在桥位控制网内,使桥轴线与基线一端连接,成为三角网的一边,基线尽可能与桥轴线正交,基线长度一般不小于桥梁轴线长度 0.7 倍,困难地段不小于 0.5 倍。

桥位三角网的主要技术要求见表 14.9。

表 14.9　桥位三角网的主要技术要求

等级	桥轴线长度/m	测角中误差/″	基线相对中误差	桥轴线相对中误差	测回数		三角形最大闭合差/″
					J_2	J_6	
一级小三角	500 ~ 1 000	±5	1/40 000	1/20 000	2	6	±15
二级小三角	200 ~ 500	±10	1/20 000	1/20 000	1	2	±30
图根小三角	<200	±20	1/10 000	1/5 000		1	±60

(2)高程控制测量

桥梁在施工过程中,必须加设施工水准点,两岸应建立统一可靠的高程系统。当河宽超过

150 m 时,两岸水准点的高程应采用跨河测量的方法建立。桥长在 200 m 以上,每岸至少设两个水准点。水准基点应设在不受水淹,不被扰动的稳固处,并尽可能靠近施工场地,以便于传递和检查高程。水准点应设永久性标志或直接设在基岩上并凿出标志。

为满足施工需要,还应在各墩台下或河滩上设置一定数量的施工水准点,以便在施工时安置一次仪器就可将高程测到所需的部位。对施工水准点要加强检查复核,施工水准点应按四等水准测量的要求施测。

14.6.2 桥梁墩台中心定位

桥梁墩台的中心定位,就是根据桥梁设计施工详图上所规定的两桥台及各桥墩中心的里程,以桥梁中线控制桩、桥梁三角网控制点为基准,按规定精度放样出墩台中心位置。

(1)直接丈量法

直接丈量桥梁中线长度时,各个墩台中心可由中线两端的控制点直接丈量测定。两岸桥台一般均靠近桥轴线控制桩,可根据桥轴线控制桩和桥台里程,算出其间距离,然后用钢尺由控制桩起沿桥梁中心线方向依次放出各段距离,定出墩台中心位置,如图 14.35 所示。

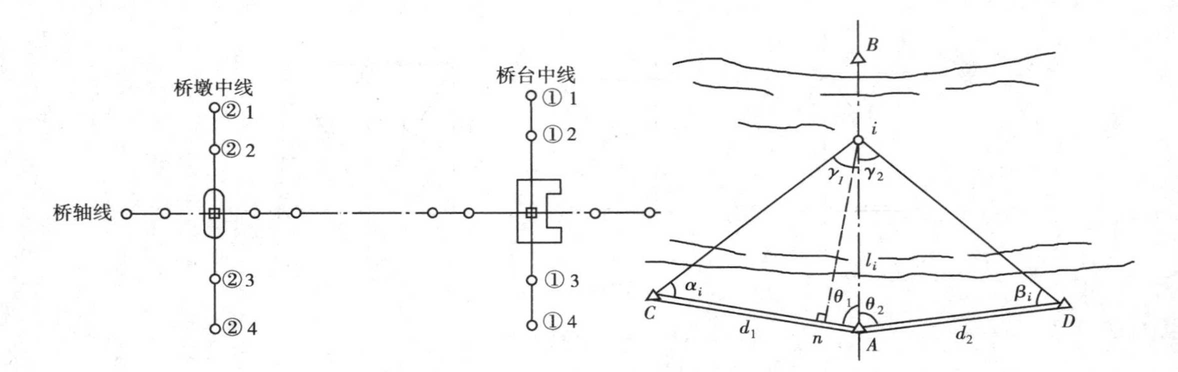

图 14.35　桥梁墩台定位　　图 14.36　角度交会法定桥墩中心

桥梁墩台中心位置可用大木桩标定,在木桩顶面钉一铁钉,然后在这些点位上设置经纬仪,以桥梁轴线为基准放样出与桥轴线相重合的墩台纵向轴线及与桥轴线相垂直的墩台横向轴线,并在纵横轴线的每端方向上至少定出两个方向桩,各桩应在基坑开挖线以外 5 ~ 10 m,如图 14.35 所示,它们是施工过程中随时恢复墩台中心位置和细部放样的基础,应妥善保护。

(2)角度交会法

大、中桥的水中桥墩和基础桩的中心位置,可根据已建立的三角网,在 3 个三角点上安置经纬仪,从 3 个方向(其中一个方向为桥梁中线方向)交会得出,如图 14.36 所示。

1)交会角的计算

设 i 点为桥墩中心位置,A 至 i 的距离 l_i 在设计图上已经给出,基线 d_1、d_2 及角度 θ_1、θ_2 在三角网观测中测定。则交会角 α_i、β_i 可按下述方法计算。

由墩台中心向基线 AC 作辅助垂线 in,则在 $\triangle Cin$ 中

$$\tan\alpha_i = \frac{in}{Cn} = \frac{l_i \sin\theta_1}{d_1 - l_i \cos\theta_1} \tag{14.41}$$

同理得

$$\left.\begin{aligned}\alpha_i &= \arctan \frac{l_i \sin\theta_1}{d_1 - l_i \cos\theta_1} \\ \beta_i &= \arctan \frac{l_i \sin\theta_2}{d_2 - l_i \cos\theta_2}\end{aligned}\right\} \tag{14.42}$$

为了校核 α_i、β_i 计算结果正确与否,可按求算 α_i、β_i 的方法求出 γ_1 及 γ_2:

$$\left.\begin{aligned}\gamma_1 &= \arctan \frac{d_1 \sin\theta_1}{l_i - d_1 \cos\theta_1} \\ \gamma_2 &= \arctan \frac{d_2 \sin\theta_1}{l_i - d_2 \cos\theta_1}\end{aligned}\right\} \tag{14.43}$$

计算校核式为:

$$\left.\begin{aligned}\alpha_i + \gamma_1 + \theta_1 &= 180^\circ \\ \beta_i + \gamma_2 + \theta_2 &= 180^\circ\end{aligned}\right\} \tag{14.44}$$

2)施测方法

在 C、A、D 三站各安置一台经纬仪。置于 A 站的仪器瞄准 B 点,标出桥轴线方向;置于 C、D 两站的仪器,均后视 A 点,以正倒镜分中法测设 α_i、β_i;指挥在墩位处的测量人员,标定出由 A、C、D 三测站拨来的交会方向线。由于测量误差的影响,三个拨来的三条方向线不会交于一点,而构成误差三角形,如图 14.37 所示。若误差三角形在桥轴线上的边长不大于规定的数值(对墩底放样为 2.5 cm,对墩顶放样为 1.5 cm)则取 C、D 两站拨来方向线的交点 i' 在桥轴线上的投影点 i,作为所求墩台中心位置。

交会精度与交会角 γ 有关。如图 14.38 所示,当 γ 角在 90° ~110°范围内时,交会精度最高。一般 γ 角应在 70° ~130°之间,不宜小于 60°和不宜大于 150°。若出现 γ 角小于 60°时,则需加测交会用的控制点,当 γ 角大于 150°时,可在基线适当位置上设置辅助点 M、N,作为交会近岸墩位的测站,以减小 γ 角。

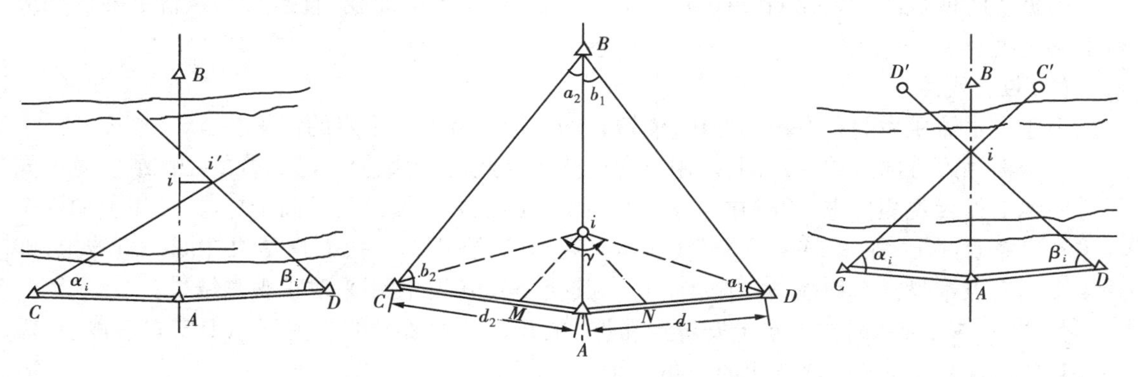

图 14.37　角度交会法示误三角形　　图 14.38　设置辅点交会法　　图 14.39　交会方向的固定标志

在桥墩施工中,角度交会工作需经常重复进行,因此要求迅速、准确、不能出错。为满足这个要求,现场常采取预先精确地放样出交会角 α_i、β_i 并获得 i 点位置后,将过 i 点的交会方向线延长到彼岸设立标志,如图 14.39 中 C'、D'。标志设好后,用测角方法加以校核。这样,交会墩位中心时可避免再拨角,可直接瞄准彼岸标志进行方向交会。若桥墩砌高后阻碍视线时,则可将标志移设在完工的墩身上。

14.6.3 桥梁施工后的沉降及位移观测

桥梁墩台在修建和使用期间可能发生沉陷和位移,如果数值较大,将直接影响到桥梁使用寿命和行车的安全,应及时采取补救措施。为了确定其变形的数值,应对桥梁进行周期性的沉降和位移观测,一般在桥梁建成初期时,间隔时间较短,其后则间隔时间可长些。

(1)沉降观测

为进行沉降观测,必须在桥墩的两边适宜于立尺的地方各设一个顶端是球形的水准标志,作为观测点,供沉降观测使用。

水准路线可采用闭合或附和水准路线。如图14.40所示,每岸至少埋设三个永久性水准点,并使其近似地在同一圆弧上,这样在每天观测时,水准仪可安置在圆弧中心处。若三个水准点的三段高差无变动,说明各水准点是稳固的。有时往往需要与设立在远处的土质较坚硬地区的水准基点进行联测。

为使观测的沉降数值可靠,每次观测的水准路线要求相同,各次观测最好都使用同一台仪器。图14.40中,同一桥墩上的两个观测点有时因视线受阻而不通视,这时各墩台观测点要用两条水准路线连接,一条在上游,一条在下游,又因水准仪只能隔一桥墩设一测站,所有每条水准路线必须施测两次,才能把墩顶上全部观测点与岸上固定水准点连接起来。

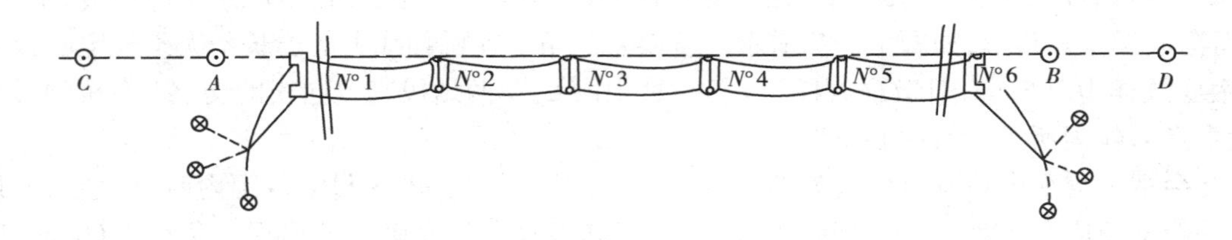

图14.40 进行桥墩位移和沉降观测时所用标志的布设

根据各时期观测结果,编制出墩台沉降一览表,绘出沉降曲线,直接表明墩台沉降的相应数值和速度。

(2)位移观测

由于受水流压力等各方面的作用,使墩台的平面位置产生一定的位移。

桥墩横轴线方向位移的观测,可用方向线法。为此,在桥墩上跨越结构的右侧或左侧的同一方向线上设置观测标志,同时在同方向的两岸稳固地方各埋设两个固定标志,使岸上的4个标志在一条直线上,如图14.40的虚线所示。观测前先检查 C、A、B、D 是否在同一直线上,即这4个固定点本身是否稳固,若有变动,应求其变动数值,以便用来改正观测结果。

如图14.41,观测时在 A 点上安置经纬仪,在 B 点和各桥墩的观测标志上安置观测点,观测 AB 方向与 A 点到各桥墩点间的小角 γ 值。观测的测回数可根据使用的仪器精度而定,一般要求测角中误差不得大于 $0.8'' \sim 1.0''$。根据测得的小角 γ 以及仪器到桥墩的距离 S,可按下式计算桥墩的位移值 x

$$x = S\gamma/\rho \tag{14.45}$$

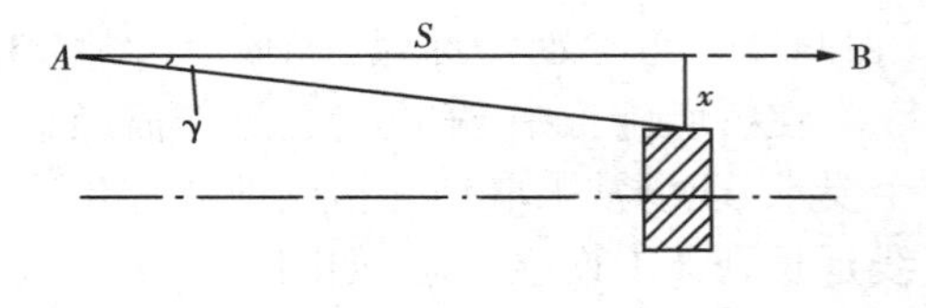

图14.41 桥墩位移观测

由于 x 值与 S 成正比，因此在 A 点可由近至远依次观测各桥墩的 γ。到达桥中部后，将经纬仪迁至 B 点，觇牌设置 A 点，再在 B 点由远至近依次观测到最近一个桥墩。此外，水平位移观测也可采用前方交会法进行观测。

复习思考题

1. 中线测量的任务是什么？
2. 试述放点穿线法测设交点的步骤。
3. 当采用纸上定线时，如何进行实地放线？
4. 正倒镜分中法延长直线的操作方法是什么？
5. 中线测量的转点和水准测量的转点有何不同？
6. 何谓路线的右角、转角，它们之间有何关系？
7. 在中线的哪些地方应设置中桩？
8. 怎样推算圆曲线的主点里程？圆曲线主点位置是如何测定的？
9. 何谓整桩号法设桩？何谓整桩距法设桩？各有什么特点？
10. 偏角法测设圆曲线的原理是什么？测设操作步骤是怎样的？
11. 切线支距法详细测设圆曲线的原理是什么？操作步骤是怎样的？
12. 设置缓和曲线有何作用？带缓和曲线的曲线要素值怎样计算？如何进行主点的测设？
13. 已知弯道 JD_{10} 的桩号为 K5 + 199.99。右角 $\beta = 136°24'$，$R = 300$ m，试计算圆曲线主点元素和主点里程，并叙述测设曲线主点的操作步骤。
14. 交点 JD_9 的桩号为 K4 + 555.76，转角 $\alpha_{右} = 54°18'$，$R = 250$ m，接整桩号法设桩，分别计算以 ZY、YZ 为原点用切线支距法测设两半圆曲线各桩的 x 和 y，叙述测设方法并按 1∶2 000 比例绘制曲线图。
15. JD_{21} 桩号为 K14 + 287.54，转角 $\alpha_{右} = 36°32'$，R 取 150 m。用偏角法进行圆曲线细部测设。
16. 三级公路设计行车速度 $V = 60$ km/h，已知 JD_{18} 的桩号为 K18 + 476.21，转角 $\alpha_{右} = 38°14'$，拟定圆曲线半径 $R = 300$ m，缓和曲线长度 $l_S = 60$ m，求曲线元素值及主点里程。
17. 路线纵断面测量如何进行？
18. 中平测量与一段水准测量有何不同？中平测量的中视读数与前视读数有何区别？
19. 横断面测量的测量步骤是怎样的？
20. 断面测量的记录有何特点？横断面的绘制方法是怎样的？

第15章 水利工程测量

15.1 概　　述

水利水电工程是造福人类的工程,水利枢纽工程的建筑物主要有拦河大坝、电站、放水涵洞、溢洪道等。水利工程测量是为水利工程建设服务的专门测量,属于工程测量学的范畴,它在水利电力工程的规划设计阶段、建筑施工阶段与经营管理阶段发挥着不同的作用:在规划设计阶段主要是提供各种比例尺的地形图与地形数字资料;在施工阶段是要将图上设计好的建筑物按其位置、大小测设于地面,以便据此施工;在经营管理阶段,为了定期监视建筑物的安全和稳定情况,了解其设计是否合理,验证其设计理论是否正确,需要定期地对其位移、沉陷、倾斜等变形进行观测。

本章根据水利工程的特点,主要介绍大坝施工测量、隧道测量和渠道测量的主要内容及大坝变形观测的基本方法。

15.2 土坝施工测量

土坝是一种较为普遍的坝型,根据土料在坝体的分布及其结构的不同,其类型又有多种。修建大坝需按施工顺序进行以下测量工作:布设平面和高程基本控制网,控制整个工程的施工放样;确定坝轴线和布设控制坝体细部放样的定线控制网;清基开挖的放样;坝体细部放样等。对于不同筑坝材料及不同坝型,施工放样的精度要求和内容有所不同,但施工放样的基本方法大同小异。本节主要介绍土坝施工放样的主要内容及基本方法。

15.2.1 土坝控制测量

土坝的控制测量是根据基本网确定坝轴线,然后以坝轴线为依据布设坝身控制网以控制坝体细部的放样。

(1)坝轴线的确定

坝轴线是坝体及其他附属建筑物放样的依据,必须正确地测设其位置。一般而言,小型土坝的坝轴线可由勘测和工程设计人员经实地踏勘后根据当地实际情况直接在现场选定,对于中、大型土坝则先在设计图纸上标出坝轴线的位置 M_1M_2,如图15.1所示。再在图上量出 M_1、M_2点坐标,利用附近的基本控制点 A、B 用交会法在实地测设出 M_1、M_2的位置。坝轴线的两端点在现场标定后,为防止施工时端点被破坏,应将坝轴线的端点延长到两面山坡上,并埋设永久性标志,如图中 M'_1、M'_2 点。

(2)坝体控制线的测设

坝体控制线一般应以坝轴线为基准,布设矩形控制网,即布设一组与坝轴线平行和垂直的控制线。这项工作需在清理基础前进行。

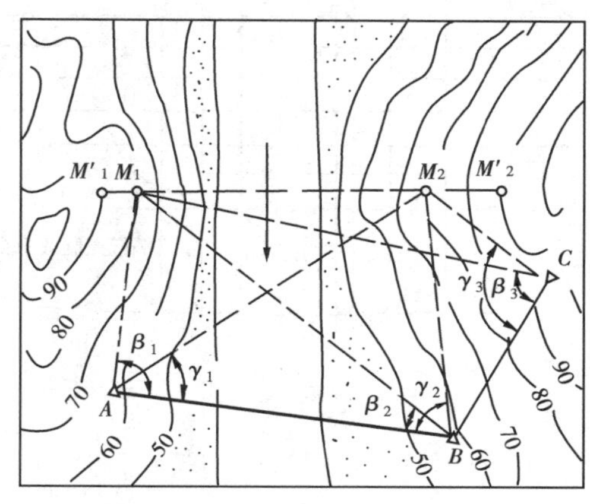

图15.1　坝轴线的确定示意图

与坝轴线平行的控制线可按一定间隔布设(如10、20、30 m等),以便控制坝体的填筑和进行收方,如图15.2所示。测设时,先在坝轴线一端 M_1安置经纬仪,照准另一端点 M_2,用测设90°的方法作一条与坝轴线垂直的基准线,即图15.2中的马道中线,用同样的方法在 M_2点也作一条与坝轴线垂直的基准线,然后沿此基准线量取各平行控制线距坝轴线的距离,得各平行线的位置,用方向桩在实地标定。测设与坝轴线垂直的控制线时,将经纬仪安置在 M_1点,照准 M_2并在此方向线上根据坝顶的高程,利用附近的水准点按高程放样的方法定出坝顶与地面相交的坝端点,并钉下里程桩,如图中的0+000和0+510两个里程桩,然后再按经纬仪定线的方向沿坝轴线方向按选定的间距定出0+030、0+060、0+090、0+120…等里程桩点,然后将经纬仪分别安置在这些点上,瞄准 M_1或 M_2,再按测设已知角度的方法测设90°,即可定出垂直于坝轴线的一系列平行线,并在上下游施工范围以外用方向桩标定在实地上,作为测量横断面和放样的依据。

(3)高程控制网建立

土坝的高程控制网分为由永久性水准点组成的基本网和临时作业水准网两级。基本网布设在施工区域以外并应与国家水准点连测,组成闭合或附合水准路线。临时水准点可根据施工区外围的基本水准点用四等或等外水准测量的方法引测,直接用于坝体的高程放样。临时水准点布置在施工范围以内不同高度的地方,并尽可能做到安置一、二次仪器就能放样高程。施工期间要根据永久水准点定期检测临时水准点的高程,如有变化应及时改正。

15.2.2　土坝清基开挖与坝体填筑的施工测量

(1)清基开挖线的放样

各种水工建筑物正式浇筑前,必须开挖基础,因此,为了指导基础的准确开挖,第一阶段的测量工作就是开挖放样。土坝坝体也不例外,为使坝体与岩基很好结合,坝体填筑前,也必须对基础进行清理。为此,首先要放出清基开挖线,即坝体与原地面的交线。

由于清基开挖线的放样精度要求不高,因此可用图解法求得放样数据后在现场放样。具

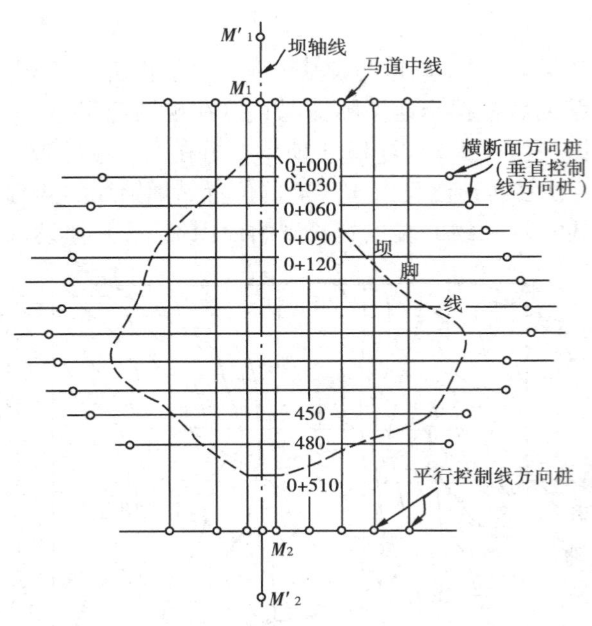

图 15.2　土坝坝身控制线示意图

体步骤如下：

1)沿坝轴线测量纵断面,即测定轴线上各里程桩点的高程,如图 15.2 所示,绘出纵断面图,求出各点的填土高度。

2)对坝轴线上各点进行横断面测量,绘出横断面图。

3)根据坝轴线上各点的高程和填土高度与坝面坡度,在横断面图上套绘大坝的设计断面,如图 15.3 所示。

4)在横断面设计图上量出上、下游坝面线和地面线的交点 R_1、R_2 到坝轴线的水平距离 d_1 和 d_2,然后按已知距离放样的方法在实地的相应横断面上,从坝轴线向上、下游量取 d_1 和 d_2,即可定出坝面与地面的交点 R_1、R_2,同法测设出各个横断面上坝面与地面的交点,将这些点用石灰连接起来即为大坝的清基开挖线。

(2)坡脚线的放样

基础清理后,原地面高程发生了改变,为在地面上标出坝体填筑范围,应将坝体与地面的交线即坡脚线标出,然后在该范围内填筑坝体。可用横断面法和平行线法进行放样。

1)横断面法

用图解法获得放样数据。即在清基后再进行一次横断面测量并绘出清基后各点的横断面图,套绘土坝设计断面,获得类似图(图 15.3)的坝体与清基后地面的交点 R_1 及 R_2(上下游坡脚点),然后从横断面图上量取每个断面方向坡脚线离坝轴线的距离 ,即可以按距离放样的方法在实地将这些点标定出来,分别连接这些上下游坡脚点即得上下游坡脚线。

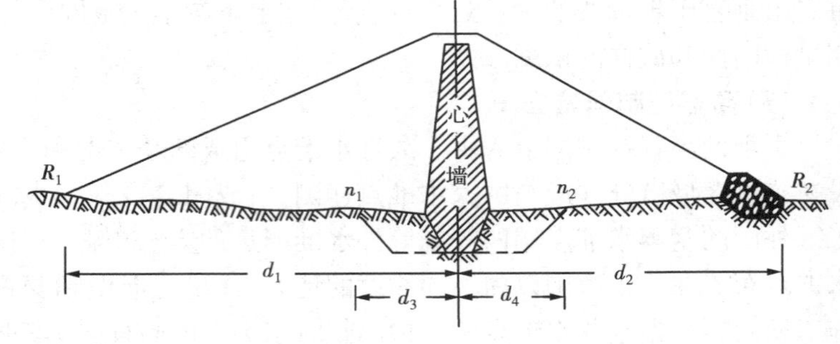

图 15.3　土坝清基放样数据示意图

2)平行线法

这种方法以不同高程坝坡面与地面的交点获得坡脚线。平行线法测设坡脚线的原理是根据已知距离(因平行控制线与坝轴线的间距为已知)求高程(坝坡面的高程),并在平行控制线方向上用高程放样的方法定出坡脚点。如图 15.4 所示,AA'为坝身平行控制线,距坝顶边线 25 m,若坝顶高程为 80 m,边坡为 1∶2.5 ,则 AA'控制线与坝面相交的高程为 $80-25\times(1/2.5)=70$ m 的地面点,就是所求的坡脚点。连接各坡脚点即得坡脚线。

(3)坝面边坡放样

当坝体坡脚线放出后,即可填土筑坝。坝的设计断面是指坝垒筑好以后的尺寸及形状。为使坝坡符合设计要求,一般每当坝体升高1 m左右,就要用桩(称为上料桩)将坝坡的位置标定出来。标定上料桩的工作称为边坡放样。

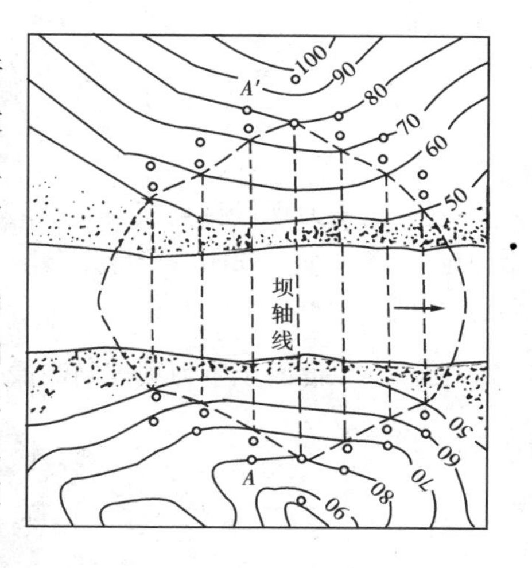

图15.4　平行线法放样坝脚线

放样前要先确定上料桩的轴距(上料桩至坝轴线的水平距离)。因坝面有一定坡度,随着坝体的升高坝轴距将逐渐减小,为此要根据坝体的设计数据算出坡面上不同高程的坝轴距。由此可知,上料桩的轴距是根据上料层的高程计算出来的,因此可利用上料桩的轴距来控制修筑坝面的坡度。如图15.5所示,要测定上料桩A'时,应算出A'到坝轴线的距离$S+AA'$,图中实线为设计的坝坡面线,虚线为上料时应达到的位置,设坝面坡度为$1:m$,按设计断面算出A点的轴距为S,上料时余坡厚为d,由图可知,当筑坝达到设计的A点高程时,实际上料时的坡面应为$A'E'$,所以测定上料桩时,应在设计轴距上加AA'长度。放样时,可预先在远离坝轴线的地方埋设一排轴距杆,如图所示,其轴距为$5n$,若要定出上料桩的位置,只要从轴距杆向坝轴线方向量取$5n-L$的距离即可(L为上料桩至坝轴线的长度)。

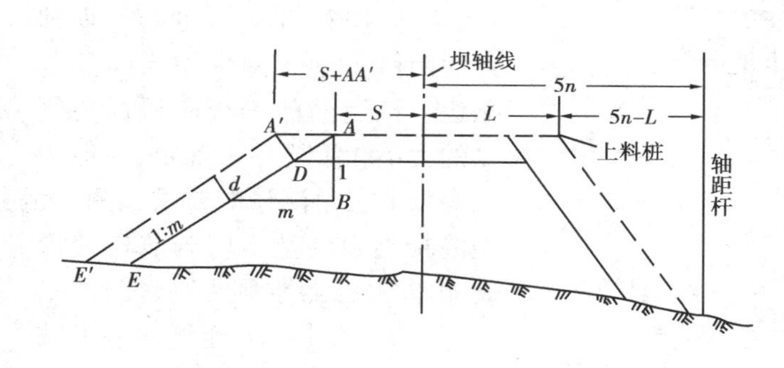

图15.5　测定坝面边坡示意图

(4)坡面修整

大坝填筑至一定高度且坡面压实后,还要进行坡面的修整,使其符合设计要求。其步骤如下:

1)钉修面桩。在坝坡面上钉若干排平行于坝轴线的修面桩,上下桩的连接应垂直于坝轴线(见图15.6)。

2)算出各修面桩的设计坡面高程。

3)测量各坡面桩点的高程。

4)计算修整量即削坡或回填厚度。修整量等于实测高程减去设计高程,并用红油漆将其写在修面桩的侧面。

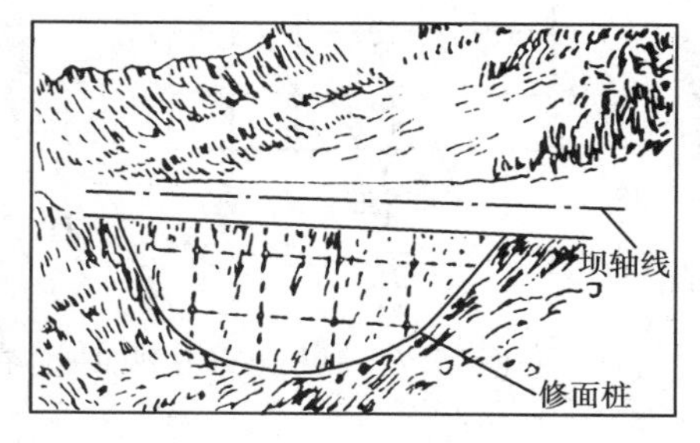

图15.6　标定修面桩示意图

修面时,通常采用分段作业,全部修好后,应检查各坡面是否一致,以保证整个坡面纵、横方向都符合设计要求。

15.3 混凝土重力坝施工测量

混凝土重力坝靠自重(包括坝和基础的水体)来承受水压力。混凝土重力坝放样精度比土坝高。施工平面控制网一般按两级布设,不多于三级,精度要求最末一级控制网的点位中误差不超过 ±10 mm。

15.3.1 混凝土重力坝控制测量

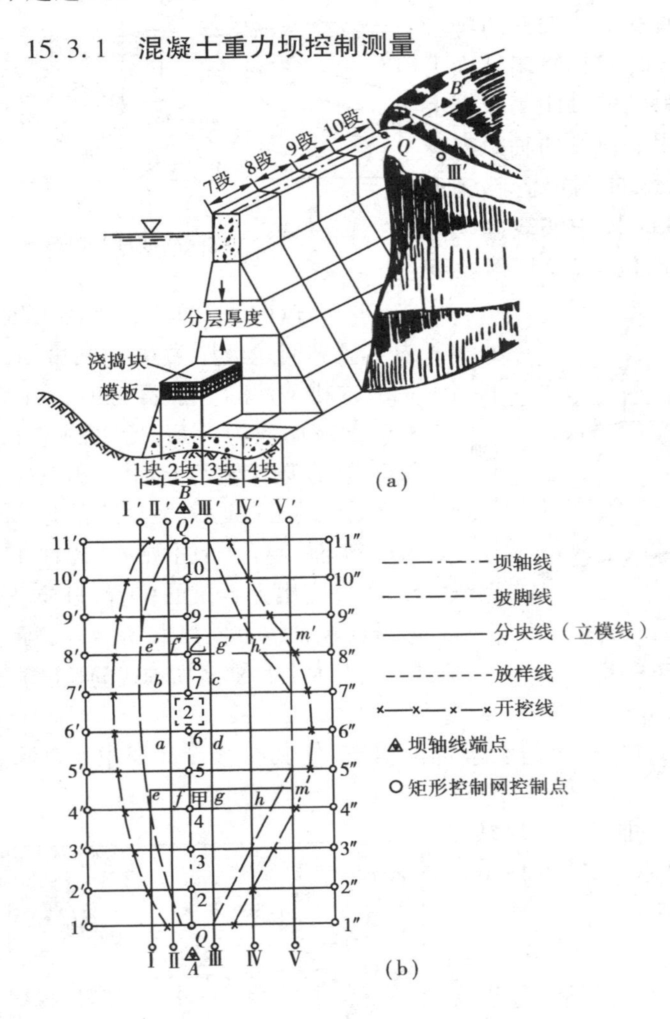

图 15.7 混凝土重力坝的坝体控制示意图

(1)平面控制网

施工平面控制网的布设,应根据总平面图的设计和施工地区的自然条件来确定。对于水利枢纽地区一般采用三角测量(或边角测量)方法建网,并应尽可能将坝轴线的两端点纳入网中作为网的一条边。控制网的等级应根据建筑物的大小和重要性来确定,一般按三等以上三角测量的要求施测,大型混凝土坝的基本网若兼作变形观测监测网,要求则更高,需按一、二等三角测量要求施测。为了减少安置仪器的对中误差,三角点一般建造混凝土观测墩,并在墩顶埋设强制对中设备,以便安置仪器和觇标。

(2)坝体控制网

混凝土坝采取分层分块浇筑的方法进行施工,每浇筑一层一块就需要放样一次,因此要建立坝体施工控制网,作为坝体放样的定线网。因坝体细部常用方向线交会法和前方交会法放样,为此,坝体放样的控制网有矩形网和三角网两种形式。

1)矩形网

图 15.7(a)为直线型混凝土重力坝分层分块示意图,(b)为以坝轴线 AB 为基准布设的矩形网,它是由若干条平行和垂直于坝轴线的控制线所组成,格网尺寸按施工分段分块的大小

而定。

测设时,将经纬仪安置在 A 点,照准 B 点,在坝轴线上选甲、乙两点,通过这两点测设与坝轴线相垂直的方向线,由甲、乙两点开始,分别沿垂直方向按分块的宽度钉出 e、f、g、h、m 以及 e'、f'、g'、h'、m'等点。最后将 ee'、ff'、gg'、hh'、及 mm'等连线延伸到开挖区外,在两侧山坡上设置Ⅰ、Ⅱ…Ⅴ和Ⅰ′、Ⅱ′…Ⅴ′放样控制点。然后在坝轴线方向上,按坝顶的设计高程用高程放样方法,定出坝顶与地面的交点 Q 与 Q',再沿坝轴线按分块的长度钉出坝基点 2、3、…10;分别在各坝基点测设与坝轴线相垂直的方向线并将方向线延长到上、下游围堰上或两侧山坡上,设置 1′、2′、3′…11′和 1″、2″、…11″放样控制点。

2)三角网

图 15.8 是由基本控制网加密包括坝轴线 AB 在内的定线网 $ADCBFEA$,各控制点的测量坐标可测算求得。但坝体细部尺寸一般采用施工坐标系放样比较方便,为此应将控制点的测量坐标转换成施工坐标,便于放样。

(3)高程控制网

为有效控制整个水利枢纽工程的高程精度,应根据工程的不同要求按二等或三等水准测量的方法建立高程控制基本网,然后再根据基本网按闭合或附合水准路线布设作业水准点。作业水准点布设在施工区内,并应经常用基本水准点检测其高程,如有变化应及时改正。

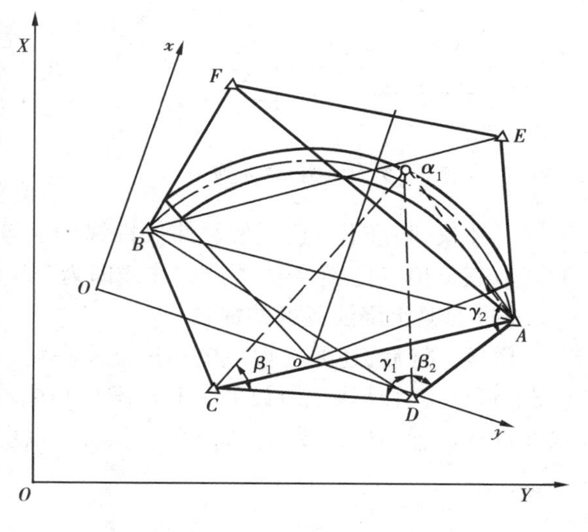

图 15.8　定线三角网示意图

15.3.2　清基开挖放样

清基开挖放样主要是确定清基开挖线。清基开挖线是对大坝基础进行清除基岩表层松散的范围,它的位置由坝两侧坡脚线、开挖深度和坡度决定。如图 15.7(b)所示,放样时可在坝身控制点 1′、2′等点安置经纬仪并照准其对应的控制点 1″、2″等点,在这些方向线上定出该断面基坑开挖点,如图 15.7(b)中有“×”记号的点,将这些点连接起来即是基坑开挖线。清基开挖时要注意控制开挖深度,同时在每次爆破后及时在基坑内选择较低的岩面测定高程(精确到 cm 即可),并用红漆标明,以便施工人员和地质人员掌握开挖情况。

15.3.3　坝体浇筑立模放样

(1)坡脚线的放样

坝体立模是从基础开始的,因此立模前首先要找出上、下游坝坡面与岩基的接触点。放样的方法很多,本书主要介绍逐步趋近法。如图 15.9 所示。假设要浇筑混泥土块 $ABCD$,应首先放出坡脚点 B 的位置,为此可先从设计图上获得块顶 A 的高程 H_A 及距坝轴线的距离 a,以及上游设计坡度 $1:m$,然后在坡面上取一点 E,并设其高程为 H_E,则 E 点与坝轴线的水平距离为 $S_1=a+(H_A-H_E)m$,从坝轴线沿横断面方向量距离 S_1,在实地定出一点 E';用水准仪实测 E'点的高程 H'_E,若它与 B 点的设计高程相等,则 E'点即为坡脚点,否则就要由 H'_E再计算

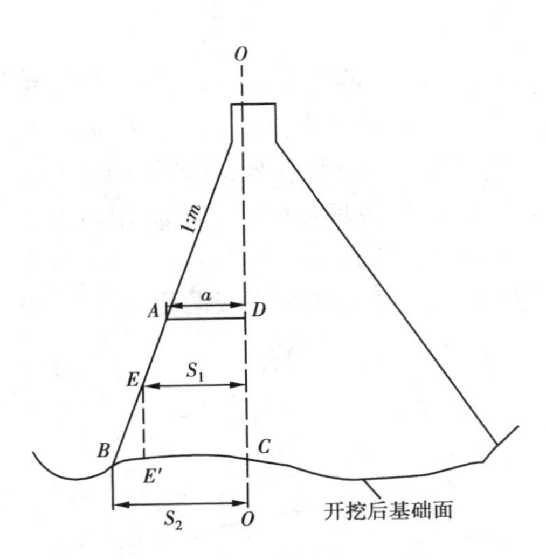

图 15.9　立模放样示意图

水平距离 $S_2 = a + (H_A - H'_E)m$，从坝轴线量出 S_2 得 B 点，由此逐步接近并求得坡脚点的位置。同法放出其他各坡脚点，连接上游（或下游）各相邻坡脚点，即得上游（或下游）坡面的坡脚线，据此可按 $1:m$ 的坡度竖立坡面模板。

(2)坝体分块线的放样

坝体分块立模时，应将分块线投影到基础面上或已浇好的坝块面上，模板架立在分块线上，因此分块线也叫立模线，但立模后立模线被覆盖，还要在立模线内侧弹出平行线，称为放样线（图 15.7(b)中虚线所示），用来立模放样和检查校正模板位置。放样线与立模线之间的距离一般为 0.2 ~0.5 m。

如图 15.7(b)所示，如要测设分块 2 的顶点 b 的位置，可在 7′安置经纬仪，瞄准 7″点，同时在Ⅱ点安置经纬仪，瞄准Ⅱ′点，两架经纬仪视线的交点即为 b 的位置。同方法可在实地定出该分块的其他三个顶点位置，4 个顶点的连线即为分块线，以作架立模板的依据。

(3)混凝土浇注高度的放样

模板立好后，还要在模板上标出浇注高度。其步骤一般在立模前先由最近的作业水准点（或邻近已浇好坝块上所设的临时水准点）在仓内测设两个临时水准点，待模板立好后由临时水准点按设计高度在模板上标出若干点，并以规定的符号标明，以控制浇注高度。

15.4　大坝变形观测

大坝建成后，为及时掌握坝基、坝体的状态变化，需要对大坝进行经常的、系统的观测，以判断其运行工作情况是否正常，并根据观测中发现的问题，分析原因，及时采取必要的措施，以保证大坝安全运行。

由于水压力、温度变化及坝体自重、内应力等因数的影响，大坝可能会产生水平位移、垂直位移等变形，称为大坝的变形。在一般情况下，这种变形是缓慢而持续的，因此，必须采用精密仪器对大坝进行定期的精心观测，并进行系统的分析和研究，才能切实掌握坝基、坝体的状态变化。通过长期变形观测并分析其变化规律，还可以验证大坝的性能，检查设计理论的准确性，为设计和科研提供资料。

本节主要介绍水平位移、挠度和垂直位移观测的基本原理和常用方法。

15.4.1　水平位移的观测

(1)视准线法观测水平位移

1)观测原理

视准线法是以经纬仪和准直仪等光学仪器在两个基准点之间建立一条视准基线，以此视准基线为依据测定各个观测点的水平位移量。该法适用于直线或折线型坝体。在变形观测中,视准线法通常布设成三级点位,有校核基点、工作基点、变形观测点(或称位移标点)。工作基点应选在不会受到任何破坏、稳定可靠且便于安置仪器的地方。如图15.10所示,在坝端两岸山坡上设置固定工作基点 A 和 B,在坝面沿 AB 方向上设置若干位移标点 a、b、c、d 等点。将经纬仪安置在基点 A,照准另一基点 B,可获得一条视准线(或称基准线),定期观测位移标点对视准线的偏离值(即测点至视准线的垂直距离),即能求出坝的水平位移值。视准线法以第一次测定各位移标点的偏离值作为起始数据,设 L_{a1} 为第一次观测的 a 点偏离值,L_{ai} 为第 i 次观测的该点偏离值,则该点在两次观测的时间段所产生的水平位移值为

$$\delta_{ai} = L_{ai} - l_{a1}$$

同法算出各点在此时间段内所产生的水平位移值。根据各点的水平位移值,可了解整个坝体各部位的水平位移情况。

一般规定,水平位移值向下游为正,向上游为负,向左岸为正,向右岸为负(图15.10)。

2)观测点的布设

大坝坝体上变形观测点的布设应考虑如下几个方面:①对重要部位必须保证有充分的变形观测点;②对不良基础坝段要加强变形监测工作;③观测点反映的变形值应基本体现整个大坝变形的全貌,即应具有代表性。通常是在迎水面最高水位以上的坝坡上布设位移标点一排,坝顶靠下游坝肩上布设一排,下游坡面上根据坝高布设一至三排。在每排内各测点的间距为50~100 m,但在薄弱部位,如最大坝高处、地质条件较差地段应当增设位移标点。为了掌握大坝横断面的变化情况,应力求使各排测点都在相应的横断面上。各排测点应与坝轴线平行,并在各排延长线的两端山坡上埋设工作基点,工作基点外再埋设校核基点,用以校核工作基点是否有变动。

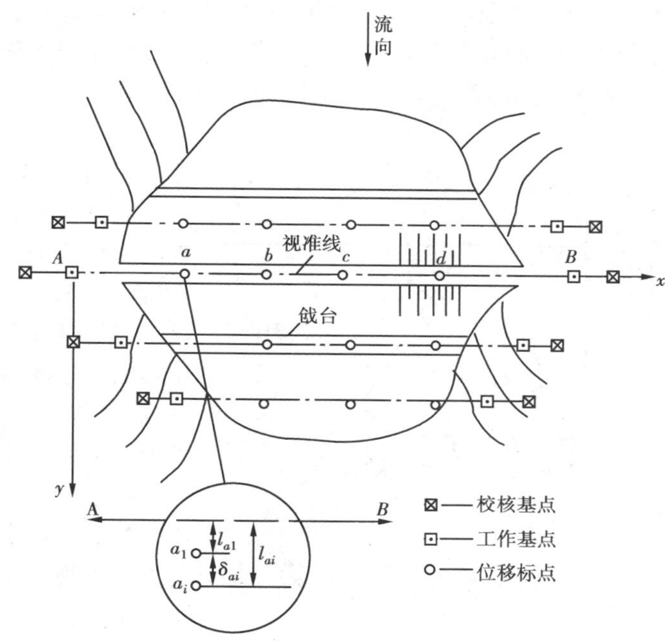

图15.10　视准线法观测原理及观测点的布设

变形观测前,必须在各观测点上用钢筋混凝土浇注专用的观测墩,墩面离地面必须有一定高度,以减少大气折光的影响,且墩的顶部一般都设置有强制对中设备,以便减小仪器和觇标的对中误差(可使对中误差不大于0.1 mm)。

3)观测仪器和专用觇标

一般应用 DJ_1 型、T_3 型经纬仪或大坝视准仪进行观测,对坝长小于300 m的中小型土坝可采用 DJ_2 型经纬仪进行观测。

为提高照准精度,必须采用专用觇标。觇标分为固定觇标和活动觇标。前者安置在工作基点上,供经纬仪瞄准构成视准线用;后者安置在位移标点上,供经纬仪瞄准以测定位移标点的偏离值用。活动觇标上附有微动螺旋和游标,可使觇牌在基座的分划尺上左右移动,利用游

标读数，一般可读至0.1 mm。

4）观测方法

如图15.10所示，在工作基点A安置经纬仪，B安置固定觇标。由一测量人员把活动觇牌安置在观测点a，置于A点的经纬仪严格整平后精确照准B点的觇牌标志作为固定视线，然后俯下望远镜照准a点，并指挥司觇者沿垂直于视线方向旋动觇牌，直至觇牌中丝恰好落在望远镜的竖丝上时发出停止信号，随即由司觇标者在觇牌上读取读数。转动觇牌微动螺旋重新瞄准，再次读数，如此共进行2～4次，取其读数的平均值作为上半测回的成果。倒转望远镜，按上述方法测下半测回，取上下两半测回读数的平均值为一测回的成果。一般情况下，当用DJ_1经纬仪观测，测距在300 m以内时，可测2～3测回，每一测回开始应重新整平仪器，且其测回差不得大于3 mm，否则应重测。然后将经纬仪搬至基点B上，在基点A安置固定觇标，按上述方法进行返测，若差值在允许范围内，则取往返测的平均值作为第i次观测偏离值的最后结果。

（2）前方交会法观测水平位移

前方交会法是在两个或三个固定工作基点上用观测交会角来测定位移标点的坐标变化，从而确定其位移情况的一种方法。该法由于测点的布置比较灵活，工作比较简便，适应性很强，因此，在大坝水平位移的变形观测中，不仅适用于直线或折线型的坝型，而且特别适合于拱坝的变形观测，此外，对于各种坝体上的特殊部位的观测都有较强的适应能力。该法不仅可以测出坝顶的水平位移，还可以测出大坝下游面的水平位移。用视准线求得的水平位移值为垂直于视准线方向的分量，而前方交会法则可求水平位移的总量。

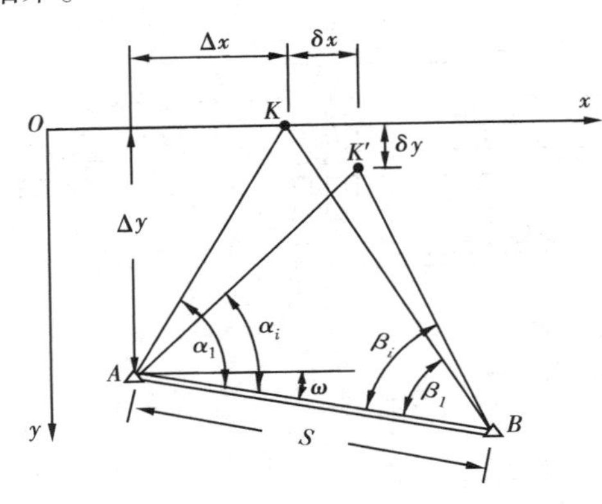

图15.11　前方交会法观测水平位移示意图

图15.11中A、B为固定工作基点，其坐标已知，K为坝上某一位移标点，将经纬仪安置在工作基点A、B上，分别测出α、β角，即可计算K点的坐标值。第i次观测的坐标值与第一次观测坐标值之差即为水平位移。为此建立xoy坐标系，以坝轴线为x轴，y轴指向下游为正，AB与ox轴的交角为ω，偏向下游为正，偏向上游为负。由图可知A、K两点间的坐标增量为

$$\left.\begin{aligned}\Delta x &= \frac{\sin\beta\cos(\alpha-\omega)}{\sin(\alpha+\beta)}S \\ \Delta y &= -\frac{\sin\beta\sin(\alpha-\omega)}{\sin(\alpha+\beta)}S\end{aligned}\right\} \tag{15.1}$$

若坝体产生微小变形，位移标点K移至K'点，则A、K点间的坐标增量Δx、Δy也产生微小变化δ_x、δ_y。要求得位移值δ_x、δ_y，可将（15.1）式对自变量α、β取函数的全微分，即

$$\left.\begin{aligned}\delta_x &= \mathrm{d}(\Delta x) = \frac{S}{\rho''}\left[\frac{-\sin\beta\cos(\beta+\omega)}{\sin^2(\alpha+\beta)}\mathrm{d}\alpha + \frac{\sin\alpha\cos(\alpha-\omega)}{\sin^2(\alpha+\beta)}\mathrm{d}\beta\right] \\ \delta_y &= \mathrm{d}(\Delta y) = \frac{-S}{\rho''}\left[\frac{\sin\beta\sin(\beta+\omega)}{\sin^2(\alpha+\beta)}\mathrm{d}\alpha + \frac{\sin\alpha\sin(\alpha-\omega)}{\sin^2(\alpha+\beta)}\mathrm{d}\beta\right]\end{aligned}\right\} \tag{15.2}$$

分别在A、B点安置经纬仪，将第一次测得的观测值及α_1、β_1代入上式，则$\mathrm{d}\alpha$与$\mathrm{d}\beta$的系数

即为常数。

在正常情况下，坝体的位移量是很小的，反映在交会时观测角值变化也很小，因此 $d\alpha$、$d\beta$ 可认为是任一次（i 次）观测值与首次观测值之差，即

$$d\alpha = \alpha_i - \alpha_1 \qquad d\beta = \beta_i - \beta_1 \tag{15.3}$$

令：

$$\left.\begin{aligned} k_1 &= \frac{\sin\beta_1\cos(\beta_1+\omega)}{\rho''\sin^2(\alpha_1+\beta_1)}S \qquad & k_2 &= \frac{\sin\alpha_1\cos(\alpha_1-\omega)}{\rho''\sin^2(\alpha_1+\beta_1)}S \\ k_3 &= \frac{\sin\beta_1\sin(\beta_1+\omega)}{\rho''\sin^2(\alpha_1+\beta_1)}S \qquad & k_4 &= \frac{\sin\alpha_1\sin(\alpha_1-\omega)}{\rho''\sin^2(\alpha_1+\beta_1)}S \end{aligned}\right\} \tag{15.4}$$

代入式（15.2）得

$$\delta_x = -k_1 d\alpha + k_2 d\beta \qquad \delta_y = -k_3 d\alpha - k_4 d\beta \tag{15.5}$$

式（15.5）为前方交会法计算水平位移的最后公式。经过首次测出的交会角 α_1 和 β_1，代入式（15.4）求出 k_1、k_2、k_3、k_4 四个系数，以后每次观测，只要算出交会角与首次观测值 α_1 和 β_1 之差 $d\alpha$ 和 $d\beta$，由式（15.5）即可求得位移值。

前方交会法要精确地测出基点处的交会角 α、β，以便准确地求得这些角度的微小变化，故一般是采用高精度的经纬仪（如 DJ_1 型）进行观测，按全圆测回法观测 3～6 测回。

15.4.2 垂直位移的观测

垂直位移观测的目的是要测定大坝的位移在竖直面上的投影，即测定大坝在铅垂方向的变动情况，为此要在大坝上埋设一定数量的位移观测点，并定期对这些位移标点用水准测量的方法进行观测，以及时掌握坝体在垂直方向上位移的变化情况。

（1）测点布设

用于垂直位移观测的测点一般分为水准基点、起测基点（又称工作基点）和垂直位移标点三种。

1）水准基点　水准基点是垂直位移观测的基准点，一般应埋设在不受大坝变形影响且便于引测的坝外地基坚实之处。为便于日后互相校核，水准基点一般应埋设三个作为一组，并形成一个边长约 100 m 的等边三角形。

2）垂直位移标点　为了便于将大坝的水平位移及垂直位移结合起来分析，在水平位移标点上，埋设一个半圆形的铜质标志作为垂直位移标点，但在重要坝段或地质条件较差的地方应加设垂直位移标点。

3）工作基点　工作基点是测定垂直位移观测点的起始点或终点，一般离坝较远，为便于观测和减少高程误差的传递，尽可能布设在与位移标点高程大致相等的地方。对于大坝，一般布设在坝顶、廊道及坝基两端。

（2）观测方法及精度要求

进行垂直位移观测时，首先由水准基点测定各工作基点的高程，视测区情况可构成闭合、附合或支水准路线，其闭合差不得超过 $\pm 2\sqrt{L}$ mm（L 以 km 为单位），要达到该要求，必须用精密水准仪按一等水准测量的要求进行施测。

然后再由工作基点测定各位移标点的高程。施测时，土石坝按二等水准测量的要求进行施测，其环线闭合差不得超过 $\pm 4\sqrt{L}$ mm（L 为环线长，以 km 计）；对于混凝土坝应按一等水准

测量的要求施测,其环线闭合差不得超过 $\pm 2\sqrt{L}$ mm。

将首次测得的位移标点高程与本次测得的高程相比较,其差值即为两次观测时间间隔内位移标点的垂直位移量。按规定垂直位移向下为正,向上为负。

15.4.3 挠度观测

挠度观测是测定建筑物垂直面内各不同高程点相对于底部基点的水平位移值。要测定坝体的挠度,一般是在坝体内设置铅垂线作为标准线,然后测量坝体不同高度相对于铅垂线的位置变化,以测得各点的水平位移值。设置铅垂线的方法有正垂线和倒垂线两种。

(1)正垂线观测坝体挠度

正垂线观测系统应选择具有代表性的坝段进行布设,对重力坝可布置在坝体竖井或坝块之间的宽缝内,拱坝则应布设在专门设置的井管内。正垂线的布置一般是从坝顶附近挂一根铅垂线(直通到坝底基点上)作为标准线,如图 15.12 所示。正垂线装置的主要设备包括:悬挂装置、夹线装置、钢丝、重锤及观测台等组成。悬挂装置及夹线装置一般是在竖井墙壁上埋设角钢进行安置。

由于垂线挂在坝体上,它随坝体位移而位移,若悬挂点在坝顶,在坝基上设置观测点,即可

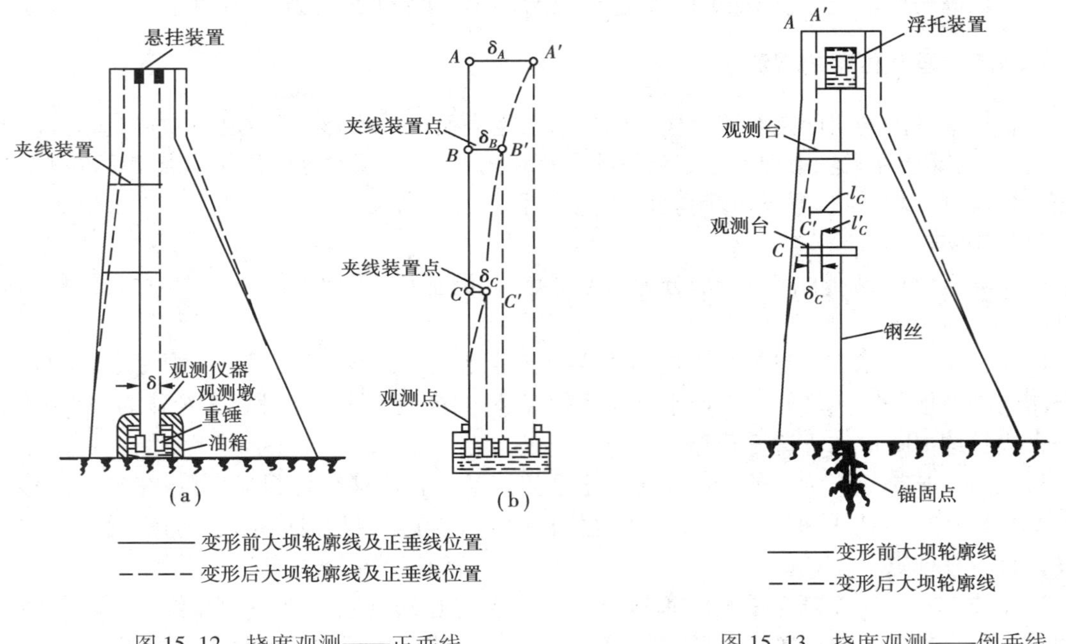

图 15.12 挠度观测——正垂线

图 15.13 挠度观测——倒垂线

测得相对于坝基的水平位移(图 15.12(a))。如果在坝体不同高度埋设夹线装置,在某一点把垂线夹紧,即可在坝基下测得该点对坝基的相对水平位移。依次测出坝体不同高程点对坝基的相对水平位移,从而求得坝体的挠度(图 15.12(b))。

(2)倒垂线观测坝体挠度

倒垂线的结构与正垂线相反,它是将钢丝一端固定在坝基深处,上端牵以浮托装置,在浮力的作用下,钢丝被拉紧,使钢丝成一固定的倒垂线,从而提供了一条测量用的基准线。倒锤

装置一般由锚固点、钢丝、浮托装置和观测台(图 15.13)组成。锚固点是倒垂线的支点,要埋在不受坝体荷载影响的基岩深处,其深度一般约为坝高的三分之一,钻孔应铅直,钢丝连接在锚块上。

测定坝体挠度时,根据所测出的埋设在坝体不同高度上的各观测点与倒垂线偏离值的变化,即可求得各点的位移值。如图 15.13 中,变形前测得 C 点与垂线的偏离值值为 l_c,变形后测得其偏离值l'_c,则其位移值为 $\delta_c = l_c - l'_c$,测出坝体不同高度上各点的位移值,即可求得坝体的挠度。

15.5　隧洞施工测量

在水利工程建设中,为了施工导流、引水发电或修渠灌溉,常常要修隧洞。一般情况下隧洞多由两端相向开挖,有时为了增加工作面还在隧洞中心线上增开竖井,或在适当的地方向中心线开挖平洞或斜洞,这就需要严格控制开挖方向和高程,以保证隧洞的正确贯通。但在施工过程中,由于地面的控制测量、洞口联系测量、洞内的控制测量及细部放样的误差等因素的影响,导致隧洞两相向开挖工作面的施工中心线在贯通处不能理想地衔接,所产生的误差称为隧洞的贯通误差。隧洞的贯通误差在线路中心线方向的分量称为纵向贯通误差,一般应小于或等于隧洞长度的 1/2 000;隧洞的贯通误差在水平面内垂直于线路中心线方向的分量称为横向贯通误差,其允许值一般为 ±10 cm;贯通误差在高程方向上的分量叫高程贯通误差,其允许值一般为 ±5 cm。隧洞的纵向贯通误差主要涉及中线的长度,对于直线隧洞影响不大,高程贯通误差通过用精密水准测量的方法一般能达到精度要求,因此,在隧洞施工中,最为重要的是对横向贯通误差的控制。为此,要求测量工作必须达到相应的精度,以保证各项贯通误差在规范要求范围之内。隧洞施工测量一般包括:洞外定线测量、洞内定线测量、隧洞高程测量和断面放样等。

15.5.1　洞外控制测量

(1)地面控制测量

进行地面控制测量的目的,主要是为了确定隧洞洞口位置的精确坐标,并为确定中线掘进方向和高程放样提供依据,它包括平面控制和高程控制。

1)平面控制

隧洞平面控制网应根据隧洞的环境情况、地形条件、所用测量仪器等因素来布设,一般可布设成三角网、三边网或导线网的形式,但水利工程中的隧洞一般位于山岭地区,故多采用三角锁的形式。随着光电测距仪和全站仪的广泛被使用,也可采用测距导线作为平面控制。如果测区已有测图控制网且能满足施工要求,应尽量加以检核使用。

①三角测量　该法是在已确认的两端洞口中线控制点间布设单三角锁,按三角测量的方法施测和计算,求得隧道两端洞口中线控制点间的相对位置,作为引测进洞和洞内测量的依据。敷设三角锁时传距角一般不应小于 30″,同时三角点应布设在基础稳定可靠之处。在隧洞每个入口处都要布设一个三角点,并尽量将隧洞中线上的主要中线点包括在锁内,以便施工放样。隧洞三角锁观测的精度应根据隧洞长度、形式、横向贯通误差的允许值来定,对于长度

在 1 km 以内、横向贯通误差容许值为 ±10 ~ ±30 cm 的隧洞，布设三角网的精度应满足下列要求：基线丈量的相对误差为 1/20 000；三角网最弱边的相对误差为 1/10 000；三角形角度闭合差为 30″；角度观测时，用 DJ_2 经纬仪测一测回，DJ_6 经纬仪测两测回。

三角网平差计算（参阅第 7 章）后可求得各控制点的坐标和各边的方位角。

②导线测量　在已确认的两洞口中线控制桩间布设导线，按导线测量的方法施测和计算，求得隧洞两端洞口中线控制点间的相对位置，作为引测进洞和洞内测量的依据。导线测量相对于三角测量具有更大的灵活性，在隧洞控制测量中得到广泛应用。采用导线作为平面控制时，其距离丈量相对误差不得大于 1/5 000，角度用 DJ_2 经纬仪测一测回或 DJ_6 经纬仪测两测回，角度闭合差不应超过 $\pm 24'' \sqrt{n}$（n 为角的个数）。导线的相对闭合差不应大于 1/5 000。

2）地面高程控制

为了保证隧洞在竖直面内正确贯通，将高程从洞口及竖井传递到隧洞中去，以控制开挖坡度和高程，必须在地面上两端洞口附近水准点之间布设水准路线并进行施测，同时以洞口附近一个定测线路水准点的高程为起算高程，计算两端洞口水准点的高程，这样既可以统一整个隧洞的高程系统，又便于与相邻隧洞进行衔接，从而保证隧洞按规定精度在高程方面正确贯通。每一洞口附近均应埋设两个以上的水准点，且其间的高差不宜太大，以按置一次仪器即可连测为宜。水准点应埋设在不受施工干扰、稳定可靠和便于引测进洞的地方。为满足高程贯通误差≤ ±50 mm 的要求，一般用三、四等水准测量施测闭合水准路线即可。

（2）隧洞洞口位置与中线掘进方向的确定

在地面上确定洞口位置及中线掘进方向的测量工作称为洞外定线测量。分为解析法定线测量和直接定线法测量。

1）直接定线法测量

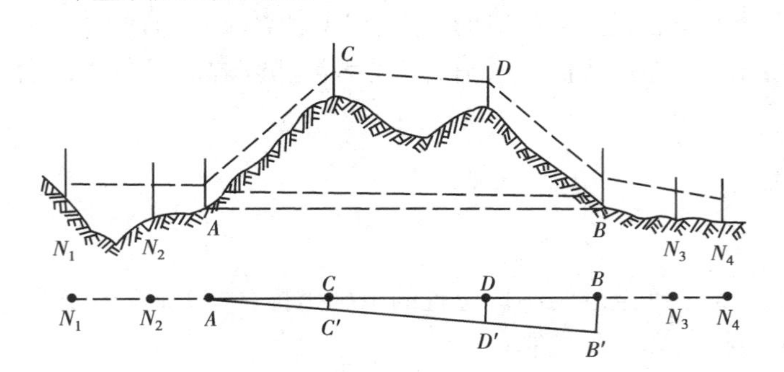

图 15.14　隧洞直线定线示意图

该法是当隧洞很短，现场没有布设控制网时，直接在现场选定洞口位置，然后用经纬仪按正倒镜定直线的方法标定隧洞中心线掘进方向，并求出隧洞的长度。如图 15.14 所示，A、B 两点为现场选定的洞口位置，在 A 点安置经纬仪，根据图纸上 AB 的方向概略定出一点 C'，将经纬仪安置在 C' 点上，瞄准 A 点，倒转望远镜，在 AC' 的延长线上定出 D' 点，为了提高定线精度可用盘左盘右观测取平均，作为 D' 点的位置；然后搬仪器至 D' 点，同法在洞口定出 B' 点，量取 $B'B$ 的距离，并用视距法测得 AD' 和 $D'B'$ 的水平长度，求出 D' 点的改正距离 DD'，即

$$D'D = \frac{AD'}{AB'} \cdot B'B \tag{15.6}$$

在地面上从 D' 点沿垂直于 AB 方向量取距离 $D'D$ 得到 D 点。在 D 点上安置仪器，延长 BC 直线，看 A 点是否在此延长线上，若有偏离，再用上法移动 C、D 两点，逐渐趋近，直至 C、D 位于 AB 直线上为止。将 C、D 两点在地面上标定出来，并在 AB 的延长线上各埋设两个方向桩

N_1、N_2 和 N_3、N_4，以指示开挖方向。

2）解析法定线测量

该法是在控制测量的基础上，根据控制点与图上设计的隧洞中线转折点、进出口点等的坐标，计算出隧洞中线的放样数据，在实地将洞口位置和中线方向标定出来。如图 15.15，AP 为隧洞中线的设计方向，P 为转折点，它的设计坐标已知，由控制点 A、1 和转折点 P 的坐标反算方位角 α_{AP} 和 α_{A1}，则 $\beta_1=\alpha_{AP}-\alpha_{A1}$；按类似方法求出 β_2。根据 β_1 和 β_2 分别在地面标定洞口 A 和洞口 B 的中线掘进方向。

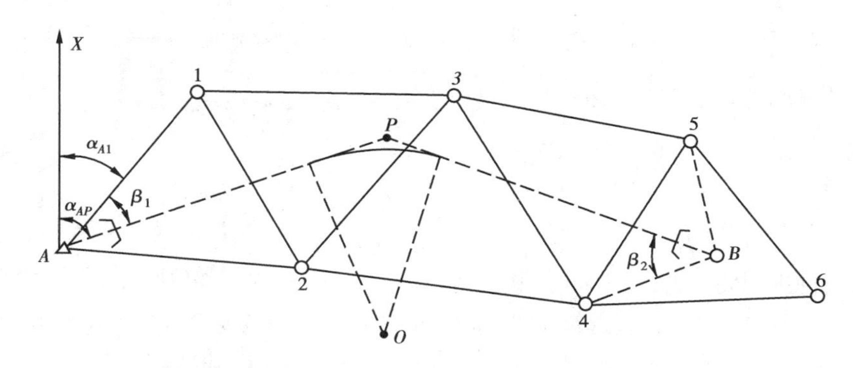

图 15.15　解析法确定隧道中线的掘进方向示意图

15.5.2　隧洞掘进中的测量工作

（1）隧洞中线的测设

当洞口开挖高程及地面中线方向标定之后，安置仪器在洞口点 A，瞄准中线桩 4 或 3，盘左盘右将视线投影到开挖面上，得出中线的掘进方向，如图 15.16 所示。

随着隧洞的掘进，需要继续把中心线向前延伸，应每隔一定距离（如 20 m），在隧洞底部设置中心桩。施工中为方便于目测掘进方向，在设置底部中心桩的同时，做 3 个间隔为 1.5 m 左右的吊桩，用以悬挂锤球，如图 15.17 所示。

在隧洞掘进中，为了保证隧洞的开挖符合设计的高程和坡度，还应由洞口水准点向洞内引测高程，在洞内每隔 20 ~ 30 m 设一临时水准点，200 m 左右设一固定水准点，可以在浇灌水泥中线桩时，埋设钢筋兼作固定水准点，采用四等水准测量的方法往返观测，求得点的高程。为了控制开挖高程和坡度，先要根据洞口的设计高程、隧洞的设计坡度和洞内各点的掘进距离，算出各处洞底的设计高程，然后依洞内水准点进行高程放样。

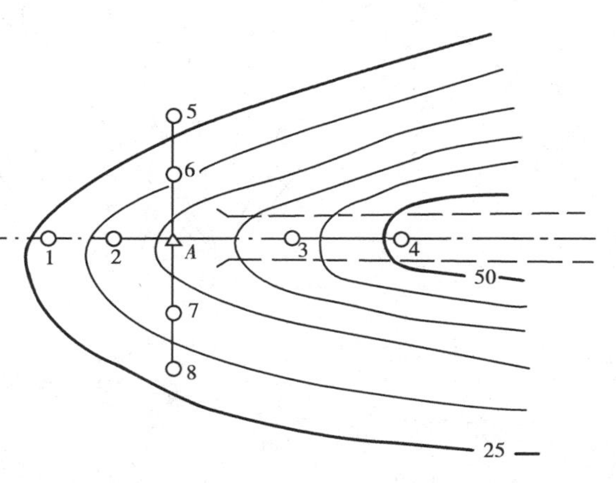

图 15.16　在地面定出隧道的掘进方向

（2）折线与曲线段中段的测设

对不设曲线的折线隧洞（图 15.18），在掘进至转折点 J 时，可在该点上安置经纬仪，

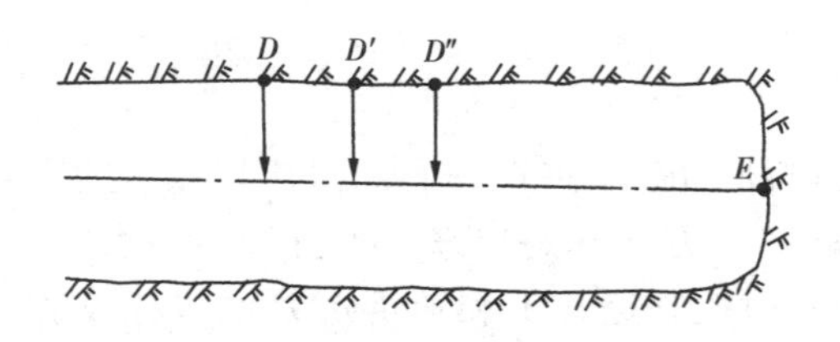

图 15.17　悬挂垂球指示中线方向

瞄准 D，右转角度 $180° - \alpha$，在继续掘进的相反方向上定出方向标志，如 1、2，再用 1、2、J 三点指导开挖。

当隧洞改变方向，需用圆曲线连接时，可采用偏角法测设曲线隧洞的中线。如图 15.19所示，Z、Y 分别为圆曲线的起点和终点，J 为转折点，L 为曲线全长，将其分成 n 等分，则每段长 $S = \frac{L}{n}$，曲线半径 R 由设计中规定，转折角 I 可由洞外定线时实测得知，则每段曲线长所对圆心角 $\varphi = \frac{I}{n}$，偏角为 $\varphi/2 = \frac{I}{2n}$，对应的弦长 $d = 2R \cdot \sin \frac{I}{2n}$。

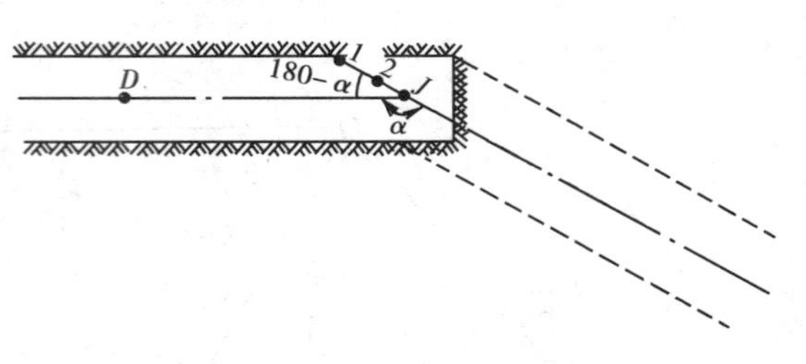

图 15.18　隧洞折线段放样示意

测设时，当掘进至曲线的起点 Z 时，将经纬仪安置在 Z 点，后视 A 点，倒转望远镜，右转 $\varphi/2$ 角，即得到 Z—1 弦线方向，在待开挖面上标出开挖方向，并倒转望远镜在顶板上标出 Z_1、Z_2点（如图 15.19(b)）。根据 Z_1、Z_2、Z 三点的连线方向指导隧洞的掘进。沿 Z—1 弦线方向量取 d，即得曲线上的点 1。点 1 标定后，再安置经纬仪于点 1，后视 Z 点，拨转角 $180° + \varphi$，即得 1—2 方向（拨转角 $180° + \varphi/2$ 得点 1 的切线方向，再拨转 $\varphi/2$ 才得弦线 1—2 方向），按上述方法掘进，沿视线方向量弦长，得曲线上的点 2。用同样的方法定出 3、4……直至曲线终点 Y。

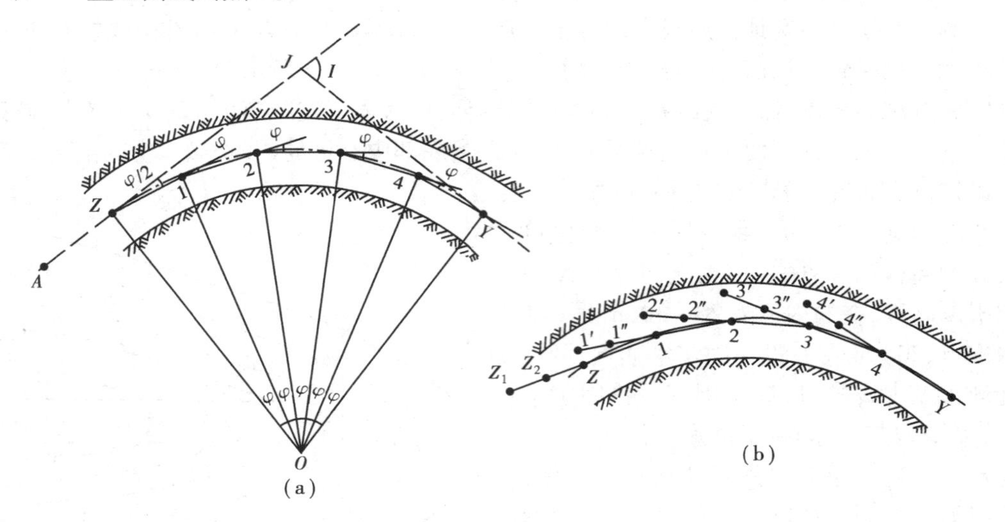

图 15.19　隧洞曲线段放样示意图

(3) 洞内导线测量

对于较长的隧洞，为了满足隧洞贯通的精度要求，应布设洞内导线来控制开挖方向。因受条件限制，洞内导线只能布设成支导线，为此必须进行往返测量来进行校核。洞内导线点的设置以洞外控制点为起始点和起始方向，每隔 50 ~ 100 m 选一中线桩作为导线点。对于曲线隧洞,曲线的起点、终点等应选作导线点。根据测得导线点的坐标检查中线桩的位置,并随时改正点位,使中线桩严格位于设计的隧洞中心线上。

由于洞内导线点的测设是随隧洞向前掘进逐步进行的,中间要相隔一段时间,在测定新点时,必须对已设置的导线点进行检测,直线隧洞测角精度要求较严,可只进行各转角的检核,若检核后的结果表明各点无明显位移,可将各次观测值取平均作为最终成果;若有变动,则应根据最后检测的成果进行新点的计算和放样。

(4)隧洞开挖断面的放样

定出隧洞中线的方向和坡度后,开挖时还必须进行断面放样,标定断面范围,以便布置炮眼,进行爆破;开挖后进行断面检查,以便及时检查和修正,使其轮廓符合设计要求;当需要衬砌浇注混凝土时,还要进行断面的立模放样。

断面的放样工作随断面的型式不同而异。通常采用的断面型式有圆形、拱型和马蹄形等。图15.20为常见的圆拱直墙式的隧洞断面,其中,AB为中垂线,CD为起拱线。从设计图上可获得断面宽度S、拱高h_0,拱弧半径R、圆心O的高程和起拱线的高度L等数据。放样时,首先定中垂线和放出侧墙线。其方法是:将经纬仪安置在洞内中线桩上,后视另一中线桩,倒转望远镜,即可在待开挖的工作面上标出中垂线AB,由此向两边量取$S/2$,即得到侧墙线。然后根据洞内水准点和拱弧圆心的高程,按高程放样的方法将圆心O测设在中垂线上,同时将洞底设计高程的位置E、F放样出来,然后分别从E、F两点量取距离L得直墙与圆拱相交点C、D的位置,则拱型部分可根据拱弧圆心和半径用几何作图方法在工作面上面出来。

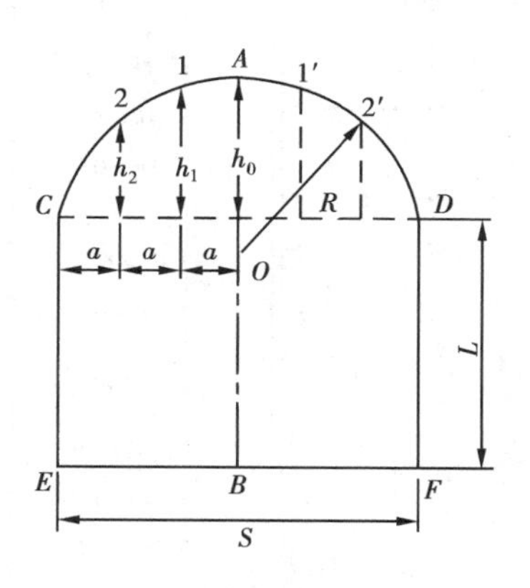

图15.20　圆拱直墙式断面

若断面比较宽,不便用作图方法定出拱弧时,则拱形部分可用直角坐标法测设。拱弧上1、2等点的间隔a根据断面宽度和放样点的密度决定,一般为1 m;由起拱线向上量取高度h_i,即得拱顶1、2…等点,h_i可按下式计算

$$h_i = \sqrt{R^2 - (i \cdot a)^2} - (R - h_0) \tag{15.7}$$

这样,根据这些数据即可进行拱形部分的开挖放样和断面检查,也可在隧洞衬砌时依此进行板模的放样。

15.6　渠道测量

渠道测量与道路工程测量一样,需进行线路测量,本节只结合渠道测量的特点进行扼要介绍。渠道测量的内容一般包括:踏勘选线、中线测量、纵横断面测量、土方计算和断面放样等。

15.6.1　踏勘选线

踏勘选线根据地形、地质与水文等条件在地面上选定渠道中心线通过的位置。渠线选择直接关系到工程效益和修建费用的大小,因此,选线时要综合考虑成本、效益及是否便于日后施工等诸要素。如测区已有近期大比例尺地形图,可在地形图上选定渠道中心线的平面位置,并在图上标出渠道转折点到附近明显地物点的距离和方向(由图上量得),然后到实地根据情况确定渠道中线的起点、转折点及终点等位置,并用木桩标定,并简要绘制点之记。

为满足渠线的探高测量和纵断面测量的需要,在选线的同时,在施工范围以外沿渠线附近每隔1~3 km布设一些水准点,并组成附合或闭合水准路线,当路线不长(15 km以内)时,也可组成往返观测的支水准路线。水准点的高程一般用四等水准测量的方法施测。

15.6.2 中线测量

中线测量的任务是根据选线所定的起点、转折点及终点,通过量距测角把渠道中心线的平面位置在地面上用一系列的木桩标定出来。为便于计算路线长度和绘制纵断面图,沿路线方向每隔一定距离钉一木桩作为里程桩,遇重要地物以及地面坡度变化较大的地方,需增钉木桩作为加桩,里程桩和加桩的编号与路线测量相同。

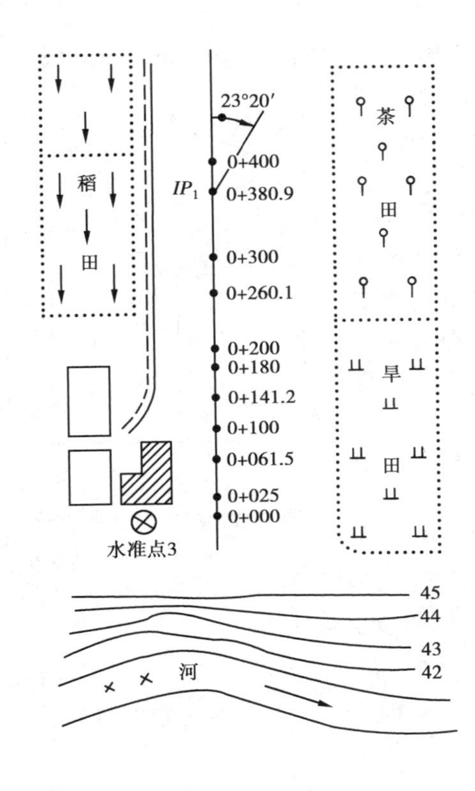

图15.21 渠道测量草图示例

在量距的同时,还要在现场绘出草图(图15.21)。图中直线表示渠道中心线,直线的黑点表示里程桩和加桩的位置。在转弯处用箭头指出转向角方向,写上转角度数,以便用圆曲线想连接,使水流通畅,沿线的主要地形、建筑物用目测勾画下来,并记下地质情况、地下水文等资料。

在山区进行环山渠道的中线测量时,一般是大致沿山坡的等高线用高程放样的方法来确定渠道中心线。如图15.22所示,设渠道起点高程为85 m,渠底比降为1/1 000,则桩号为0+100的高程为85-100×(1/1 000)=84.9 m,同法算出其他各桩号的高程。放样时,由水准点BM_1(设高程为84.650 m)接测里程为0+100的地面点P_1时,测得后视读数为1.368 m,则P_1点上立尺的前视读数应为84.650+1.368-84.9=1.118 m,然后将前视尺顺山坡上下移动,当前视尺上读数正好为1.118时,尺底部即为所求的点位,在点上打一木桩并编号。但实测读数为1.785 m,根据实地地形情况,向里移一段距离(小于等于渠堤到中心线距离),钉下0+500里程桩。按此法继续沿山坡测出其他点位。

15.6.3 纵、横断面测量与纵、横断面图的绘制

渠道的纵断面测量是测出中心线上各里程桩和加桩的地面高程;横断面测量是测出各中心桩处垂直于渠线方向的地面高低起伏情况。经过纵、横断面测量后即可绘出纵、横断面图,为设计施工提供资料。具体测量方法参阅第14章相关内容。

纵断画图是设计渠道的纵坡、水深及设计填挖高度及建筑位置的重要资料,一般绘在mm

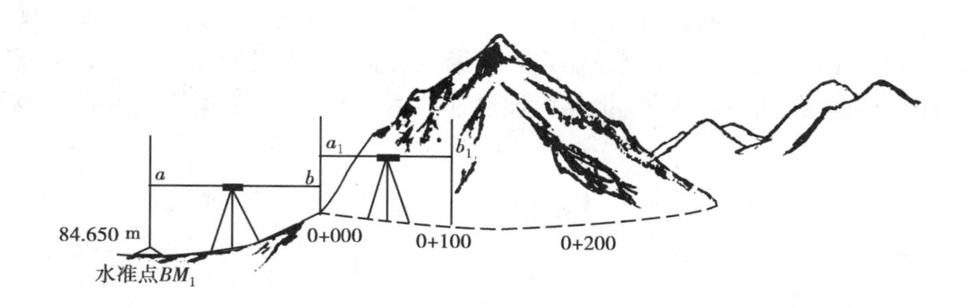

图 15.22　环山渠道中心桩测设示意图

方格纸上。由于渠线上高差较小而距离较长，所以在绘制纵断面图时，水平距离和高差的比例尺是不一样的。高程比例尺一般比距离比例尺大 10～20 倍。渠道纵断面图绘制方法与第 14 章路线纵断面图的绘制方法基本相同。

横断面图以水平距离为横轴、高差为纵轴绘在方格纸上，具体方法参阅第 14 章。为方便计算，纵横比例尺应一致，一般取 1∶100 或 1∶200，小型渠道也可采用 1∶50。绘图时，首先在方格纸适当位置定出中心桩点，如图 15.23 为 0+100 点的横断面图，图中实线为地面线，虚线为设计断面线，地面线与设计断面线所围成的面积即为该断面填方或挖方面积。

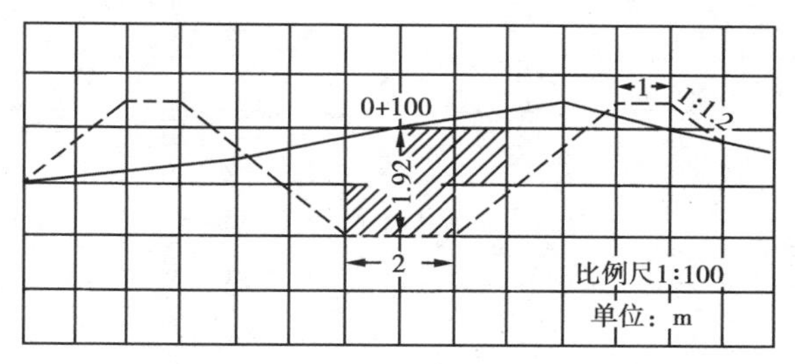

图 15.23　渠道横断面图

15.6.4　土方计算

渠道开挖或填土的土方量是渠道工程量大小的主要指标。根据渠道土石方量来编制渠道工程的经费预算，以及合理安排劳动力，并为施工提供依据。土方计算一般采用平均断面法，具体方法可参阅第 14 章。

15.6.5　渠道边坡放样

渠道施工前，必须沿着渠道中心线，把每个里程桩和加桩处的设计横断面与地面线的交点标定在实地，作为挖土和填土的依据，以便施工。具体步骤如下：

1）标定各中心桩的挖方深度或填方高度

施工前首先应检查中心桩有无丢失，位置有无变动。然后在纵断面图上查出各桩号的挖（填）数，分别用红油漆写在各中心桩上。

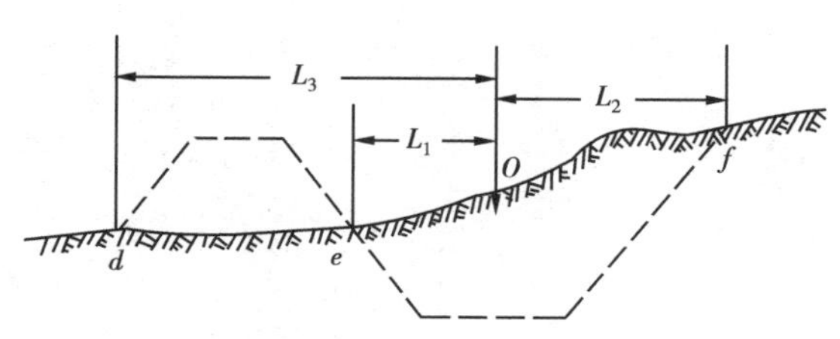

图 15.24　边坡桩放样示意图

2）边坡桩的放样

为指导渠道的开挖和填土，需要在实地标明开挖线和填土线。所谓边坡桩，就是设计渠道断面的边坡与地面交点的桩（如图 15.24 中的 d、e、f 点），在实地用木桩标定这些交点桩的工作称为边坡桩放样。

标定边坡桩的放样数据是边坡桩与中心桩的水平距离，通常直接从横断面图上量取。一般情况横断面的一侧为填方时,有两个交点,即外坡脚点与内坡交点,如为挖方则只有内坡交点。具体放样时,先在实地用十字直角器定出横断面方向,然后根据放样数据沿横断面方向量出各坡桩与中心桩的距离钉入木桩,把相应坡桩连线洒上石灰,即为渠道的开挖线或填土线。

复习思考题

1. 坝轴线是怎样确定和测设的?
2. 混凝土重力坝的放样测量有哪些主要内容?应如何进行?
3. 大坝坡脚线放样的方法有哪些?
4. 大坝在运行过程中会产生哪些方面的变形?可分别采用什么方法进行观测?
5. 什么叫隧洞的贯通误差?应如何确定隧洞中线的掘进方向?
6. 渠道中线测量包括哪些内容?如何进行?
7. 渠道测量中如何利用纵横断面图计算土方量?

第16章 地籍测量与房产测量

16.1 概　　述

地籍测量又称为土地的户籍测量，主要是测定和调查土地及其附着物的权属、位置、数量、质量和利用现状等基本情况的测绘工作；房产测量主要是测定和调查房屋及其用地情况，即主要采集房屋及其用地的有关信息，为房产产权、房籍管理、房地产开发利用、交易、征收税费以及城镇规划建设提供测量数据和资料。地籍一词最早出自拉丁文“Caput（课税对象）”或“Capita strum（课税对象登记或清册）”。地籍按功能可分为税收地籍（仅为税收服务的地籍）、产权地籍（也称法律地籍，即土地产权登记册）和多用途地籍（又称现代地籍，是指由国家监管的、以土地权属为核心、以地块为基础的土地及其附着物的权属、位置、数量、质量和利用现状等土地基本信息的集合，用数据、表册和图等形式表示）；按地籍的特点和任务可分为初始地籍（指在某一时期内建立的地籍图簿册）和日常地籍（随时间推移不断进行修正、补充和更新的地籍）；按城乡土地的不同特点可分为城镇地籍和农村地籍。

地籍与房产测量和地形测量同样要先进行控制测量，然后根据控制点测定测区内的地籍碎部点并据此绘制地籍图。

地籍与房产测量的基本功能有：

1）法律功能　地籍与房产测量的成果经审核验收，依法登记发证后，就具有了法律效力，因此可为不动产的权属、租赁和利用现状提供资料。

2）经济功能　地籍图册为征收土地税收提供依据，为土地的有偿使用提供准确的成果资料，为不动产的估价、转让提供资料服务，因而具有显著的经济功能。

3）多用途功能　地籍测量成果为制订经济建设计划、区域规划、土地评价、土地开发利用、土地规划和管理、城镇建设、环境保护等提供基础资料，因而具有广泛的社会功能。

16.2 地籍调查

地籍调查是指遵照国家的法律规定，采取行政、法律手段，采用科学方法，对土地及其附着物的位置、权属、数量、质量和利用现状等基本情况进行调查，它是土地管理的基础工作，分为初始地籍调查和变更地籍调查。初始地籍调查是指在初始土地登记之前进行的初次地籍调查；而变更地籍调查则是在初始地籍调查结束之后、变更土地登记之前进行的地籍调查，以保持地籍的现势性。地籍调查按区域的功能不同，可分为城镇地籍调查和农村地籍调查。地籍调查的成果经登记后具有法律效力。

地籍调查包括权属调查和地籍堪丈（又称地籍细部测量）两方面。

16.2.1 准备工作

由于地籍调查是一项政策性、法律性和技术性都很强的综合性系统工程，工作量大，难度高，因此要做好充分的准备工作。首先要结合当地的具体情况制定出合理的计划，包括确定调查的范围、方法、经费、人员安排、时间、步骤、组织机构等；其次要根据收集到的测区已有资料（含权属资料和测绘资料）和实地踏勘的情况进行组织方案和技术方案的设计（包括地籍控制点的布设和施测方法，坐标系统的选择以及地籍图的规格、比例尺和分幅方法的选择等）；再进行广泛的宣传，使用地单位对地籍调查的意义及重要性有较深的理解，以便能得到他们的支持和配合；此外还要做好表册、仪器工具的准备工作及有关的用品购置等工作。

16.2.2 权属调查

权属调查是地籍调查的核心，包括宗地（指由权属界线封闭的独立权属地段）权属状况调查、界址点认定调查和土地利用状况调查三方面内容，即根据接受的申请文件（经土地登记部门初审），调查人员到现场实地调查、核实申请宗地的权属情况；通知土地使用者和相邻关系人到现场认定分宗界址点，实地设立界址点界标（根据实际情况采用钢钉、水泥桩、石灰柱或涂油漆等），仲裁权属纠纷；同时进行土地利用调查。权属调查时，对无法用解析测定界址点的宗地，要按规定经勘丈绘制宗地草图。

权属调查后，在调查图上应标明街坊及宗地编号、土地使用单位名称或个人名称、界址点位置编号及权属界线、对确定土地权属有意义的建筑物和构筑物以及土地利用类别等。此外，地籍调查应提供宗地草图，指界人履行的行政手续及仲裁记录等有关资料。由于宗地草图和地籍调查表是地籍档案的重要资料，因此要求调查人员在实地调查中应认真绘制宗地草图，填写地籍调查表，为地籍测量提供依据。

16.2.3 地籍调查表的填写与宗地草图的绘制

(1) 地籍调查表的填写

每一宗地单独填写一份地籍调查表，同时附上宗地草图。填写时边调查边填表，做到图表与实地一致，项目齐全，准确无误。若相邻宗地指界人无争议，则由双方指界人在地籍调查表上签字盖章后生效。

地籍调查表的主要内容包括：本宗地地籍号及所在图副号；土地坐落，权属性质，宗地四至；土地使用者的名称；单位所有制性质及主管部门；法人代表或户主姓名、身份证明号码、电话号码；委托代理人姓名、身份证明号码、电话号码；批准用途、实际用途及使用期限；界址调查记录；宗地草图；权属调查记事及调查员意见；地籍堪丈记事；地籍调查结果审核。

地籍调查表在填写时必须做到图表与实地一致，各项目填写齐全，准确无误，字迹清楚整洁；填写的各项内容均不得涂改，同一项内容划改不得超过两次，全表不得超过两处，划改处应

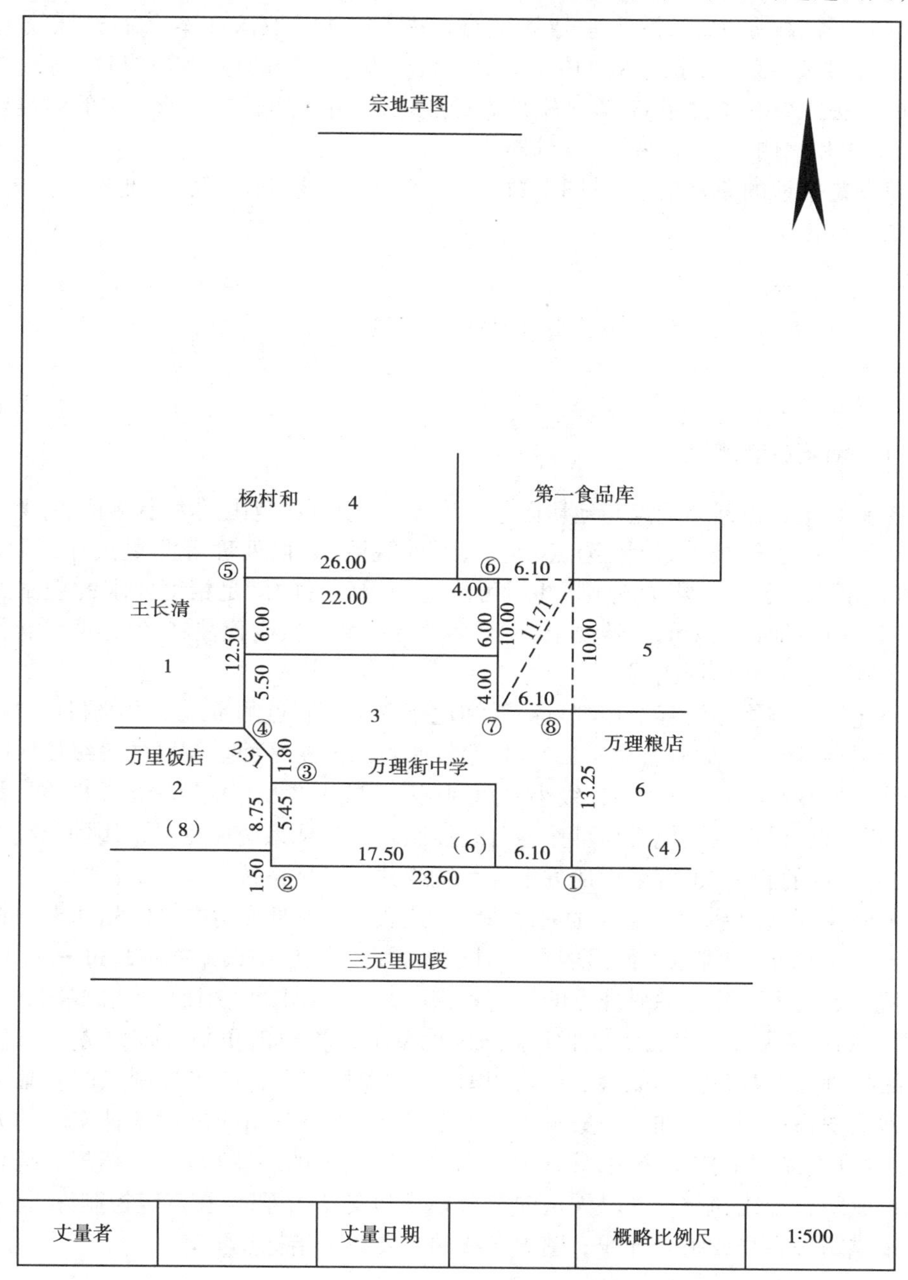

图16.1　宗地草图

加盖划改人员印章；当发现地籍调查结果与土地登记申请表填写不一致时，应按实际情况填写，并在说明栏内注明原因。

(2)宗地草图的绘制

宗地草图是描述宗地位置、界址点、线和相邻宗地关系的实地记录，是处理土地权属的原始资料，对处理权属界线争议和变更地籍测量有着重要作用。宗地草图应在现场绘制。

如图16.1所示，宗地草图记录的内容主要有：本宗地号和门牌号，权属主名称和相邻宗地的宗地号、门牌号、权属主名称；本宗地界址点(包括相邻宗地落在本宗地界址线上的界址点)，界址点序号及界址线，宗地内地物及宗地外紧靠界址点线的地物等；界址边长、界址点与邻近地物的相关距离和条件距离；确定宗地界址点位置、界址边长方位所必须的建筑物或构筑物；概约指北线和比例尺、丈量者、丈量日期。

宗地草图是宗地的原始描述；其图上数据是实量的，精度高；所绘的宗地草图是近似的，相邻宗地草图不能拼接。

16.3 地籍测量

16.3.1 地籍控制测量

地籍控制测量是根据界址点和地籍图的精度要求，视测区范围的大小、测区内现存控制点数量和等级等情况进行技术设计、选点、埋石、野外观测、数据处理等测量工作，同样应遵循“从整体到局部”、“分级布网”的原则，并尽可能地利用已有的满足精度要求的控制点来建立地籍控制网。由于地籍测量的特殊要求，在平坦地区一般不做高程控制，但在地势起伏较大的丘陵和山区则应建立高程控制网。

地籍平面控制测量分为基本控制点测量和地籍图根控制点测量。基本控制点包括国家各等级大地控制点、城市控制网点和一、二级地籍控制点。地籍平面控制网的等级依次为二、三、四等三角网、三边网及边角网，一、二级小三角网(锁)、导线网及相应等级的GPS网，各等级地籍平面控制网、点，根据城镇规模均可作为首级控制。其坐标系统应尽量采用国家统一坐标系统，在不具备条件的测区，也可采用地方坐标系统或独立坐标系统。

地籍平面控制点的基本精度：《城镇地籍调查规程》规定四等网中最弱相邻点的相对点位中误差不超过±5 cm；四等以下网最弱点相对于起算点的点位中误差亦不超过±5 cm。

平面控制点的密度除考虑界址点的精度和密度以及地籍图测图比例尺和成图方法等因素外，还应考虑到地籍测量的特殊性，即应能满足地籍测量资料的更新和恢复界址点位置的需要。当等级控制点在数量上不能满足地籍测图的要求时，应在各等级控制点的基础上加密一定数量的地籍图根控制点。加密一般可采用图根导线、图根三角测量和各种交会的方法进行(随着测距仪和全站仪的广泛应用，导线成为图根控制测量的主要形式)。图根导线根据测区情况可布设成闭合导线、附合导线、无定向符合导线和支导线等，但在首级控制许可的情况下，应尽量布设成闭合导线或附合导线。图根导线的主要技术指标见下表：

表 16.1　图根导线的主要技术要求

等级	平均边长/km	附合导线长度/km	测距中误差/mm	测角中误差/(″)	导线全长相对闭合差	水平角测回数		方位角闭合差/(″)	距离测回数
						DJ_2	DJ_6		
一级	100	1.5	±12	±12	1/6 000	1	2	$\pm 24\sqrt{n}$	2
二级	75	0.75	±12	±20	1/4 000	1	1	$\pm 40\sqrt{n}$	1

16.3.2　界址点的测定

界址点是宗地界址线的拐弯点。界址点坐标是确定宗地地理位置的依据，是量算宗地面积的基础数据，对实地的界址点起法律保护作用。界址点坐标精度可根据测区土地经济价值和界址点的重要程度加以选择。《地籍测量规范》规定界址点的精度及适用范围见表 16.2。

表 16.2　界址点精度指标及适用范围

类别	界址点对邻近图根点点位误差/cm		界址点间距允许误差/cm	界址点与邻近地物点关系距离误差/cm	适用范围
	中误差	允许误差			
一	±5	±10	±10	±10	城镇街坊外围界址点及街坊内明显的界址点
二	±7.5	±15	±15	±15	城镇街坊内部隐蔽的界址点及村庄内部界址点

在实地确认界址点位置并埋设界址点标志后，一般要实测界址点的坐标。界址点的测量方法主要有解析法、部分解析法和图解法三种。

1)解析法

所谓解析法是指根据测区平面控制，在野外测量角度和距离后按公式解算出界址点坐标的一种方法。它是测量界址点的主要方法，主要用于城镇地区。解析法又可分为极坐标法、交会法、内外分点法和直角坐标法等。其中极坐标法是测算界址点坐标常用的一种方法。对于一些隐蔽的界址点，常用延长线法、方向距离交会法进行解析测量。

2)图解法

该法是根据实地勘丈元素采用距离交会法或截距法等利用几何关系图解确定界址点位，不实地测定界址点的坐标，而由图上量取界址点的坐标。量取时，要独立量取两次，若两次量取坐标的点位较差不大于图上 0.2 mm，则取中数作为界址点的坐标。采用该法量取坐标时，应量至图上 0.1 mm。

此法精度较低，适用于农村地区和城镇街坊内部界址点的测量，并且是在要求的界址点精度与所用图解的图件精度一致的情况下采用。

3)部分解析法

该法是指街坊外围界址点和街坊内部明显界址点的坐标用解析法测定，其他地籍要素用图解勘丈。

上述测量方法中，解析法精度最高，部分解析法次之，图解法精度最低。

16.3.3 地籍图的测绘

(1)地籍图的概念

地籍图是按照特定的投影方法、比例关系和专用符号把地籍要素及其有关的地物和地貌测绘在平面图纸上的图形,它是地籍的基础资料之一。通过宗地标识符使地籍图与地籍数据和表册建立有序的对应关系。不论城镇、农村,还是边远地区,均必须测绘地籍图,用户还可在地籍图上增补新的内容加工成自己所需的专用图。地籍图具有国家基本图的特性。

由于多用途地籍图为各种用户提供了一个良好的地理参考系统,因此具有多用途的特性,能提供给许多部门使用。同时地籍图本身可直接用于产权保护。但多用途地籍图不能理解为一张不管谁拿来就可以用的万能图,而是地籍图的集合。

地籍图按表示的内容可分为基本地籍图和专题地籍图;按城乡地域的差别可分为农村地籍图和城镇地籍图;按图的表达方式可分为模拟地籍图和数字地籍图;按用途可分为税收地籍图、产权地籍图和多用途地籍图。选取地籍图比例尺时,应考虑地域的繁华程度和土地的价值、地域的建设密度和细部粗度等因素,以满足地籍管理的不同需要。

(2)地籍图的内容

地籍图的图面要素包括地籍要素、地物要素和数学要素。

1)地籍要素　包括土地权属、土地数量、土地质量和土地利用类别等四个方面。土地权属要素包括:各级行政境界;国有和集体土地所有权单位的土地界线、区、街道、街坊编号和宗地编号、宗地界址线;测量控制点、权属界址点及其编号;地名及权属单位名称、街道名称、门牌号等。土地数量即土地面积,有地块界线、编号和面积注记等要素。土地质量(土地等级)和土地利用分类等应在地籍图上注明。

2)地物要素　包括作为界标物的地物如围墙、道路、房屋边线及各类垣栅等;房屋及其附属设施;铁路、公路及其主要附属设施;城镇街巷;站台、桥梁、大的涵洞和隧道的出入口;主要的塔、亭、碑、像、楼等独立地物;地理名称注记;河流、水库及其主要附属设施如堤、坝等;占地塔位的高压线及其塔位;大面积的地下商场、地下停车场及与他项权利有关的地下建筑;大面积绿化地、街心花园、园地等;公矿企业露天构筑物、固定粮仓、公共设施、广场、空地的用地范围线等。

3)数学要素　包括图廓线、坐标格网线的展绘及坐标注记;图廓外测图比例尺的注记等。

(3)分幅地籍图的测绘方法

地籍图图纸的选择及其分幅与编号方法与地形图相同。地籍图的测绘方法与地形图的测绘方法基本相同。分幅地籍图一般可通过野外实测成图,也可用摄影测量方法或绘编法成图。目前,地籍图已广泛采用数字化成图。界址点、地物点坐标可通过野外实测获取;也可利用附有自动记录装置的航测仪器从航片上或利用数字化仪从现存地形图上获取。

16.3.4 宗地图的测制

宗地图是以宗地为单位编绘的地籍图,是描述宗地位置、界址点线和相邻宗地关系的实地记录,是发放土地证书和保存宗地档案的附图。宗地图上应详尽准确地表示本宗地的地籍内容及宗地四周的权属单位和四至关系。宗地图与地籍图的内容必须统一。

(1)宗地图的内容

宗地图上应表示出本宗地的界线范围、界址点位置及其编号、界址边长；本宗地号、地类号、宗地面积、权利人名称、用地性质；邻宗地的宗地号及相邻宗地间的界址分隔示意线；宗地内的建筑物、构筑物等附着物及宗地外紧靠界址点线的附着物；四至的宗地号、名称或地号。

在宗地图的中央以分数形式注出宗地号和分类，如6/21，其宗地号为6，21为二级地类（工业用地）编号，在分式的右方注出宗地面积。如图16.2所示。

宗地图的比例尺注在图廓外的正下方，坐标北方向线标在宗地图的右上角。在图外下方注出绘图员、审核人姓名及绘制时间。

(2)宗地图的作用

由于宗地图上的数据是实测或实量得到的，精度高，且图形与实地有严密的数学相似关系，并且相邻宗地图还可以拼接，因此宗地图可作为土地证上的附图，同时也是处理土地权属问题的具有法律效力的图件。

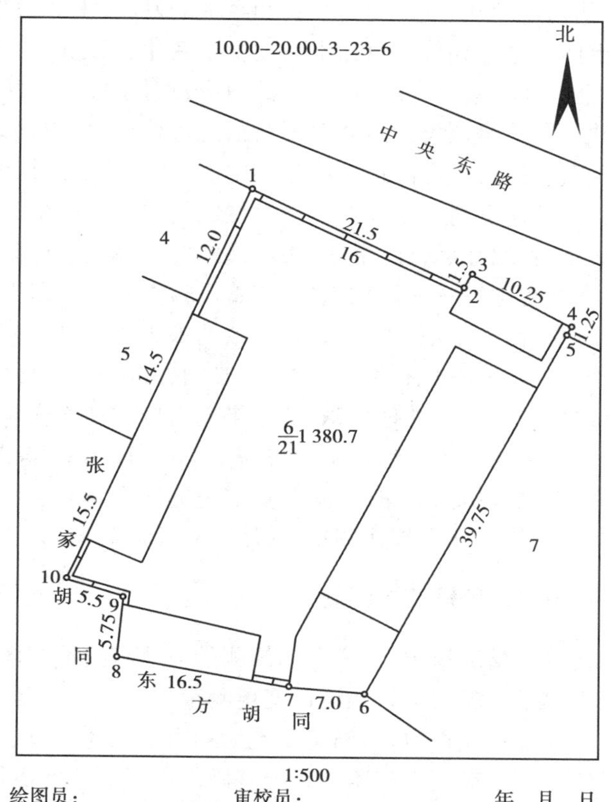

图16.2　宗地图

(3)宗地图的精度

宗地图是在相应的基础地籍图或调查草图的基础上进行编制，其精度要求按《城镇地籍调查规程》的规定为：解析法测图时，边长最大误差为15 cm；用勘丈数据展绘或装绘宗地图时，边长最大误差为图上的0.3 mm；当用机助制图时，宗地图的精度取决于界址点、地物的坐标测定精度，一般精度较高。

16.4　地籍变更测量

变更地籍调查与测量是指在完成初始地籍调查之后，为适应日常地籍工作的需要，使地籍资料保持现势性而进行的土地及其附着物的权属、位置、数量、质量和土地利用现状的变更测量。通过变更地籍调查与测量，不仅可以使地籍资料保持现势性，还可以提高地籍精度，并逐步完善地籍内容。

16.4.1 地籍变更调查

初始地籍建立后,随着社会和经济的发展,土地被更细致地划分,土地上的附着物越来越多,土地的用途和价值也在不断地发生变化,房地产的继承、转让、抵押等以房地产为主题的经济活动更加频繁,因此土地管理部门应及时掌握土地所有权及使用权的主体与客体的变化情况,并通过地籍调查来及时对地籍信息进行变更,以使地籍资料保持现势性。此外,通过变更地籍调查,还可以提高地籍成果的精度,并逐步用高精度的变更测量成果代替原有精度较低的成果,使地籍资料满足社会经济发展的需要。在尚未建立初始地籍的地区,当发生个别宗地的征用、划拨、出让、转让、继承、边界调整时,也应进行相应的地籍调查。

在变更地籍的权属调查中,应着重检查和核实以下内容:本宗地及邻宗地指界人身份的检查;变更原因与申请书上的是否一致的检查;对原地籍调查表中的内容与实地情况是否一致进行全面复核,若发现有不符的内容,必须在调查记事栏中记录清楚,当遇到疑难或重大事件时,留待以后调查研究处理,待有了结果后再修改地籍资料。地籍变更调查后应上交有关的变更资料。地籍变更资料通常由变更清单、变更证明书和测量文件组成。一般来说,当宗地原有地籍资料是用解析法测量的,且变更登记的内容不涉及界址的变更时,经地籍管理部门负责人同意后,可不进行变更地籍测量,沿用原有几何数据,只变更地籍的属性信息。

16.4.2 地籍变更测量

变更地籍测量中,主要采用修测的方法编绘地籍图,方法有经纬仪测图法、航测法、编绘成图法和数字化测图等。在地籍变更测量中最关键的是变更界址的测量,变更界址测量是指在变更界址调查过程中,为确定变更后的土地权属界址、宗地形状、面积及使用情况而进行的测绘工作。它是在变更权属调查的基础上进行的。变更界址点的坐标要用解析法实测。

变更地籍测量的内容主要包括:

1)地权主体变更的测量内容　地权主体变更指土地所有权或使用权的变更。其地籍变更测量工作是根据申请变更的宗地档案资料和变更权属调查的结果到实地检查核对宗地草图的勘丈数据,如发现有不符的应认真分析后进行纠正,然后再对有关图、表、册、卡的权属项目进行相应的变更,并填写变更记事。

2)地权客体变更的测量内容　地权客体变更指土地权属界址、土地使用状况的变更,其测量工作主要是根据变更权属调查的结果到实地重新测绘宗地草图并按有关《规程》要求勘丈有关数据,测定新界址并修改地籍原图的二底图,计算变更后的宗地面积,变更图、表、册、卡的有关项目,并填写变更记事,重新绘制宗地图以便更换土地证件和归档使用。

3)地权主、客体同时变更的测量内容　此时,宗地权属和宗地界址都发生变更,其测量工作的内容为上述两种单一变更内容的综合。

16.5 房地产调查

房地产调查是对房屋及其用地的位置、权限、权属、特征、数量和利用状况等基本情况以及地理名称和行政境界的调查,其中确定房屋及其用地的权属状况是最主要的调查内容,分房屋用地调查和房屋调查。

房地产调查应在充分利用已有的地形图、地籍图、航摄像片以及有关产籍等资料的基础上再进行实地调查。

16.5.1　行政境界与地理名称调查

1)行政境界调查

依照各级人民政府规定的行政境界位置，调查区、县和以上的行政区划范围，并标注在图上。街道或乡的行政区划，可根据需要调查。

2)地理名称调查

包括居民点、道路、河流、广场等自然名称。自然名称应根据各地人民政府地名管理机构公布的标准名或公安机关编定的地名进行。凡在测区范围内的所有地名及重要的名胜古迹，均应调查。

3)行政机构名称调查

只对镇以上行政机构名称调查。

4)企事业单位名称的调查

应调查实际使用该房屋及其用地的企事业单位的全称。

16.5.2　房屋调查

按地籍的定义，房屋调查的内容包括房屋的权属、位置、数量、质量和利用现状等。

(1)房屋的权属

包括权利人、权属来源、产权性质、产别、墙体归属、房屋权属界线草图等。

1)权利人　指房屋所有权人的姓名。私人所有的房屋，一般按照产权证件上的姓名，产权人已死亡的应注明代理人的姓名；产权是共有的，应注明全体共有人姓名。

2)权属来源　是指产权人取得房屋产权的时间和方式，如继承、分享、受赠、交换、自建、征用、拨用等。产权来源有两种以上的，应全部注明。

3)产权性质　分全民所有、集体所有和私有三类。外产、中外合资产不进行分类，但应按实注明。

4)产别　是根据产权占有和管理不同而划分的类别。按两级分类调查和记录。

5)墙体归属　是指房屋四面墙体所有权的归属，分自有墙、共有墙和借墙三类，调查时应按实分别注明。

6)房屋权属界线示意图　房屋权界线是指房屋权属范围的界线，包括共有公用房屋的权属界线，以产权人的指界与邻户认证来确定。房屋权属界线示意图是指以权属单元为单位绘制的略图，表示房屋的相关位置。对有争议的权属界线应标注争议部位，并作相应记录。

7)房屋产权的附加说明　在调查中对产权不清或有争议的，以及设有典当权、抵押权等他项权利的，应做出记录。

(2)房屋的位置

1)房屋坐落　是描述房屋在建筑地段的位置，是指房屋所在街道的名称和门牌号。房屋坐落在小的里弄、胡同或小巷时，应加注附近主要街道名称；缺门牌号时，应借用毗连房屋门牌号并加注东、南、西、北方位；当一幢房屋坐落在两个或两个以上街道或有两个以上门牌号时，应全部注明；单元式的成套住宅，应加注单元号、室号或产号。

2）所在层次　指权属单元的房屋在该幢楼房中的第几层。地下层次以负数表示。

（3）房屋的质量

1）房屋层数　指房屋的自然层数，一般按室内地坪 ±0 以上计算。

2）建筑结构　是指根据房屋的梁、柱、墙等主要承重构件的建筑材料来划分类别，具体分类标准见表 16.3。一幢房屋如由两种或两种以上结构组成，能分清界线的则分别注明结构，否则按面积较大的结构为准。

3）建成年份　指实际竣工年份。拆除翻建的，应以翻建竣工年份为准。一幢房屋有两种以上建筑年份，应分别注明。

表 16.3　房屋建筑结构分类表

编号	1	2	3	4	5	6
结构	钢结构	钢、钢筋混凝土结构	钢筋混凝土结构	混合结构	砖木结构	其他结构

（4）房屋的用途

是指房屋的实际用途，即房屋现在的使用状况。房屋的用途按两级分类，一级 8 类，二级 28 类。如一幢房屋有两种以上用途，应分别调查注明。

（5）房屋的数量

包括建筑占地面积、建筑面积、使用面积、共有面积、产权面积、宗地内的总建筑面积、套内建筑面积等。

1）建筑占地面积（基底面积）　指房屋底层外墙（柱）外围水平面积，一般与底层房屋建筑面积相同。

2）建筑面积　指房屋外墙（柱）勒脚以上各层的外围水平投影面积，包括阳台、挑廊、地下室、室外楼梯等，且具有上盖，结构牢固，层高 2.2 m 以上（含 2.2 m）的永久性建筑。它包括使用面积和共有面积两个部分。

3）使用面积　指房屋户内全部可供使用的空间面积，按房屋的内墙面水平投影计算。

4）共有面积　指各产权主共同占有或共同使用的建筑面积。

5）产权面积　指产权主依法拥有房屋所有权的房屋建筑面积，由直辖市、市、县房地产行政主管部门登记确权认定。

6）总建筑面积　指计算容积率的建筑面积和不计算容积率的建筑面积之和。其中，计算容积率的建筑面积包括使用建筑面积（含结构面积）、分摊的共有面积和未分摊的共有面积。

7）成套房屋的建筑面积　由套内房屋的使用面积、套内墙体面积和套内阳台面积三部分组成。

8）套内房屋的使用面积　指套内房屋使用空间的面积。

9）套内墙体面积　指套内使用空间周围的围护或承重墙体或其他承重支撑体所占的面积，其中各套之间的分割墙和套与公共建筑空间的分割墙以及外墙等共有墙，均按水平投影面积的一半计入套内墙体面积。套内自有墙体按水平投影面积的全部计入套内墙体面积。

10)套内阳台建筑面积　指按阳台与房屋墙体之间的水平投影面积计算。

16.5.3　房屋用地调查

房屋用地调查的内容包括用地坐落、产权性质、等级、税费、用地人、用地单位所有制性质、使用权来源、四至、界标、用地用途分类、用地面积和用地纠纷等基本情况,以及绘制用地范围略图。调查必须以丘为单位进行实地调查,并将调查结果填入房屋用地调查表。

1)房屋用地坐落　与房产调查同。

2)产权性质　按国有、集体两类填写,其中集体所有的还应注明土地所有单位的全称。

3)等级　按照当地有关部门制定的土地等级标准执行。

4)税费　是指房屋用地的使用人每年向相关部门缴纳的费用,以年度缴纳金额为准。

5)使用权　主要是指房屋用地的产权主的姓名或单位名称。房屋用地的使用人与房屋用地的产权主有时不同。

6)来源　是指取得土地使用权的时间和方式,如转让、出让、征用、划拨等。

16.6　房产图测绘

房产图是全面反映土地和房屋基本情况和权属界线的专用图件,因此也是房产测量的主要成果。按房产管理的需要,房产图可分为房产分幅平面图(简称分幅图)、房产分宗平面图(简称分宗图)和房产分户平面图(简称分户图)。其中分幅图是全面反映房屋及其用地的位置和权属等状况的基本图,是测制分宗图和分户图的基础资料。

16.6.1　房产控制测量

房产测量与地籍测量一样,也要遵循"先控制后碎步"的原则,即在房产测量中也要先进行控制测量。由于房产测量一般不要求测高程,故一般只需进行平面控制测量。

房产平面控制测量的坐标系选择、平面控制网的布设方法、施测方法与地籍控制测量相同,精度要求按《房产测量规范》执行。

16.6.2　房产分幅图的测绘

分幅图可以在已有地籍图的基础上加房产调查的成果制作而成,也可以以地形图为基础进行测制,还可以单独测绘。

在房产分幅图上重点要表示出房产管理需要的各项地籍要素和房产要素,如控制点、行政境界、宗地界线、房屋、房屋附属设施和房屋维护物、宗地号、幢号、房产权号、门牌号、房屋产别、结构、层数、房屋用途和用地分类等,这些内容要根据调查的资料以及相应的数字、文字和符号在图上加以表示。

16.6.3 房产分丘图的测绘

分丘图是分幅图的局部图件。它作为产权证上的附图,具有法律效力,是保护房地产产权人合法权益的凭证,因此绘制时精度要求较高,即地物点相对于邻近控制点的点位误差不超过0.5 mm。

分丘图测绘的内容和要求如下:

1)图上除表示分幅图的内容外,还要表示房屋产权界线、界址点、挑廊、阳台、建成年份、用地面积、建筑面积、用地面积宗地界线长度、房屋边长、墙体归属和四至关系等各项房产要素。

2)房屋边长应分幢丈量,用地按宗地丈量边长,边长丈量时精确到0.01 m,或用界址点坐标反算边长。对不规则的弧型,可按折线分段丈量。

3)挑廊、挑阳台、架空通廊,以栏杆外围投影为准,用虚线表示。

4)图中房屋注记内容有产权类别、建筑结构、层数、幢号、建成年份、建筑面积、门牌号、宗地号、房屋用途和用地分类、用地面积、房屋边长、界址线长、界址点号,各项内容分别用数字注记。

16.6.4 房产分层分户图的测绘

分户图是在分宗图的基础上以一户产权人为单位绘制的局部图,通过分户图来明确异产毗邻房屋的权属界线。分户图可供核发房屋产权证的附图使用。

分户图采用的比例尺一般为1:200,其幅面规格,一般采用32开或16开两种尺寸,图纸一般选用0.07~0.1 mm变形率小于0.02‰的聚酯薄膜图纸。分户图的方位应使房屋的主要边线与轮廓线平行,按房屋的朝向横放或竖放,并在适当位置加绘指北方向符号。

分户图应表示出房屋的权界线、四面墙体的归属、楼梯和走道等共有部位以及房屋坐落、幢号、所在层次、室号或户号、房屋建筑面积和房屋边长等。其成图方法可以直接在测绘的分幅图上蒙绘出属于本户地范围的部分,然后再进行实地调查核实修测绘制;当测区没有分幅图可供使用,也可以按房产分宗分户的范围在实地直接进行测绘。

分户图中房屋边长应实地丈量,房屋前后、左右两相对边边长之差和整栋房屋前后、左右两相对边边长之差符合有关规定。对不规则图形的房屋边长丈量应加辅助线,辅助线的条数等于不规则多边形边数减3。分户房屋产权面积包括套内建筑面积和共有分摊面积。

16.6.5 房屋建筑面积及用地面积量算

(1)房屋建筑面积的量算

房屋建筑面积分使用面积和共有面积两部分,可以按丈量的房屋边长用几何图形面积计算公式计算。如果用解析实测或用数字化仪量测到房脚点坐标,则可用解析法计算房屋建筑面积。

房屋建筑面积按规范规定可分为全部计算建筑面积、计算一半建筑面积和不计算建筑面积三种情况。

1)计算全部建筑面积的范围

多层房屋的建筑面积按各层建筑面积的总和计算,单层房屋不论层高如何均算一层,按其外墙勒脚以上的外围水平面积计算。

房屋内的夹层、插层、技术层及其楼梯间、电梯间等高度在2.20 m以上的按其上口外墙的外围计算面积;穿过房屋的通道,房屋内的门厅、大厅不分层均按一层计算面积;全封闭的阳台按其外围计算面积;室外楼梯按各层投影计算面积;坡地建筑物利用吊脚做架空层加以利用且层高超过2.20 m的,按围护结构外围水平面积计算;跨越其他建筑物的高架单层建筑物,按其水平投影面积计算建筑面积。

2)计算一半建筑面积的范围

独立柱、单排柱的货棚、车棚、站台等属永久性建筑的,按其顶盖水平投影面积的一半计算;与房屋相连檐廊、挑廊、架空通道、凹阳台、未封闭的阳台、挑阳台、只有独立柱的门廊等,按投影面积的一半计算面积;独立柱的雨篷按顶盖的水平投影面积的一半计算。

3)不计算建筑面积的范围

层高小于2.20 m的夹层、插层、技术层、地下室和半地下室,突出房屋墙面的构件、配件、装饰性的玻璃幕墙、垛、勒脚、台阶、无柱雨篷、悬挑窗台等,其他建筑物构筑物如亭、塔、地下人防设施、车站、码头的车棚、货棚、站台等均不计算建筑面积。

4)共有建筑面积的分摊

①分摊原则　产权各方有权属分割文件或协议的,按文件或协议规定执行;无产权分割文件或协议的,按相关房屋的建筑面积比例进行分摊;对有多种不同功能的房屋(如综合楼、商住楼等)应按其服务功能进行分摊。

②分摊方法　多层住宅以幢为单位,按幢分摊,一幢房屋计算一个共有建筑面积分摊系数(分摊系数K=应分摊的共有面积/各单元套内建筑面积之和),各单元应分摊的共有面积=$K\times$各单元套内建筑面积。

对于商住楼,其分摊方法为:①确认属于全楼分摊的共有建筑面积;②确认商业和住宅部分独用的共有建筑面积;③把属于全楼分摊的共有建筑面积和属于商业或住宅部分独用的共有建筑面积分别相应分摊下去。

(2)房屋用地面积的量算

房屋用地面积以丘为单位进行计算,包括房屋占地面积、其他用途的土地面积和各项地类面积,可采用坐标解析法、实地量距和图解法等方法进行计算。

需要说明的是以下土地是不计入房屋用地面积的,即:

1)无明确使用权属的冷巷、巷道或间隙地。

2)已征用、划拨或属于原房地产证记载范围,经规划部门核定须要作市政建设的用地。

3)市政管辖的道路、街道、巷道等公共用地。

4)公共使用的河涌、水沟、排污沟。

5)其他按规定不计入用地的面积。

复习思考题

1. 简述地籍测量的意义、任务和内容。
2. 何谓界址点？一般用什么方法测定界址点？
3. 为什么要进行地籍调查？地籍调查分哪几个方面？
4. 宗地草图的作用是什么？它应反映哪些内容？绘制时有什么要求？
5. 变更地籍测量如何进行？
6. 房屋调查包括哪些内容？
7. 房产分幅图、房产分丘图和分户图各应表示哪些内容？如何绘制？
8. 房产面积测算包括哪些内容？

第5篇 测量实践教学指导

第17章 测量实验指导

《测量技术基础》是非测绘类土建、水利、交通、农林、房地产等专业的一门必修课程，同时也是一门操作性很强的技术性课程。第一章已经指出："通过本课程的学习，要求达到掌握普通测量学的基本理论、基本知识和基本技能，能正确使用测量仪器和工具……"。作为测量理论知识的重要补充，测量实验工作必不可少，因此，重视测量实验课的学习，掌握测量仪器的操作技能，努力将测量理论知识与工程实践紧密结合起来，是《测量技术基础》课程学习的一个重要方面。

根据高职高专"突出应用"的教学特点和培养目标要求，考虑到测量实践教学的需要，将测量实验的目的和要求、实验的方法和步骤、测量仪器的操作、实验注意事项等测量实验指导内容集结成章，作为教材的一部分，以利于学生更好地开展测量实验工作，掌握测量仪器的操作技能。

17.1 测量实验须知

测量工作是一项集体性工作,任何个人是很难单独完成的。因此,测量实验工作通常以小组为单位进行。实验前,要认真阅读实验指导内容,做好实验准备工作;实验时,要做到积极参与、互相配合、共同完成;实验完成后,要认真整理实验成果、积极思考并做好复习题、巩固课堂理论教学知识。

17.1.1 实验课的目的与要求

(1)实验目的

1)初步掌握测量仪器的操作方法。

2)掌握正确的测量、记录和计算方法,求出正确的测量结果。

3)巩固并加深测量理论知识的学习,做到理论联系实际。

(2)实验要求

1)实验前,必须预习实验指导书,弄清实验目的、实验要求、实验仪器及工具、实验方法和步骤以及实验注意事项。

2)实验开始前,以小组为单位到测量实验室领取并检查实验仪器和工具,做好仪器使用登记工作。领到仪器后,到指定实验地点集中,待实验指导教师作全面讲解后,方可开始实验。

3)每次实验,各小组长应根据实验内容,进行适当的人员分工,并注意工作轮换。

4)实验时,必须认真仔细地按照测量程序和测量规范进行观测、记录和计算工作,遵守实验纪律,保证实验任务的完成。

5)爱护测量仪器和工具。实验过程中或实验结束后,如发现仪器或工具有损坏、遗失等情况,应及时报告指导教师。指导教师和仪器管理人员查明情况后,根据具体情节,做出相应的经济处罚或批评。

6)实验完毕,须将实验记录、计算和结果交指导教师审查,待老师同意后方可收拾仪器离开实验地点。

7)及时向测量实验室还清实验仪器和工具,未经指导教师许可,不得任意将测量仪器转借他人或带回宿舍。

17.1.2 测量仪器和工具的使用注意事项

测量仪器精密贵重,是国家的宝贵财产,也是测量人员的必备武器,测量仪器如有损坏或遗失,不但造成学校的财产损失,还将直接影响到学校正常的测量教学工作;在工程建设单位,测量仪器的损坏或遗失,还将直接影响工程建设的质量和进度。因此,爱护测量仪器和工具是我们每个测量人员应有的品德,同时也是每个公民的神圣职责。

爱护测量仪器和工具,首先必须了解并熟悉测量仪器和工具的结构以及正确使用方法。现将各种常规测量仪器(水准仪、经纬仪等)和工具的正确使用与爱护方法分述如下:

(1)常规测量仪器的正确使用与保护方法

1)领取仪器时,应先检查仪器箱是否盖好并扣紧,提环、背带是否牢固。携带仪器时,应注意保护仪器不受碰撞和震动。

2)从仪器箱内取出仪器时,应记清仪器在箱内的安放位置,以便放回时不困难。

3)取出仪器时,不可用手拿仪器望远镜或竖盘,应一手持仪器基座或支架等坚实部位,一手托住仪器,并注意做到轻取轻放。

4)将仪器安置在三脚架上,当中心连接螺旋尚未连接好之前,不能松手,以防仪器从三角架上摔下。

5)仪器架好后,必须有专人保护,特别是在街道、施工场地等人来人往处实验时,更应注意保护仪器。

6)开始操作前,三脚架的脚尖必须牢固地插入土中,在坚硬的地面(如水泥路面)处要特别注意保护三脚架不致移动。

7)操作仪器要手轻心细,各制动螺旋不要拧得太紧。仪器制动后,切不可用力转动仪器被制动的部位,以免损坏仪器轴系机构,各微动螺旋不可旋至极端位置。千万不可拧动仪器轴座固定螺旋,以防仪器松开或掉下。

8)如仪器某部位失灵或发生故障,切不可强行扳动,更不得任意拆卸或自行处理,应及时报告实验指导教师。

9)勿使仪器淋雨或暴晒,打伞观测时,应防风吹伞动撞坏仪器。

10)仪器光学部分(包括物镜、目镜、放大镜等)有灰尘或水汽时,严禁用手、手帕或纸张去擦,应报告指导教师,用专用工具处理。

11)远距离搬迁仪器时,必须将仪器取下,装回仪器箱中进行搬迁;近距离搬站时,可将仪器制动螺旋松开(万一仪器被撞,可自由转动以免严重损坏),收拢三脚架,连同仪器一并夹于腋下,一手托住仪器一手抱住三脚架,并使仪器在上、脚架在下呈微倾斜状态进行搬迁,切不可将仪器扛在肩上搬迁。

12)实验完毕后,应先检查零件是否齐全,然后松开制动螺旋,将所有的微动螺旋旋至中央位置,按原样慢慢地将仪器放回箱中,旋紧制动螺旋,关好仪器箱并立即上锁。注意当仪器箱关不上时不可强行关箱。

(2)测量工具的正确使用与爱护方法

1)钢尺、皮尺不可足踏或让车辆压过,不得在地面上拖拉尺子,以防尺子着水并弄脏,尺子使用后,应及时擦去泥垢并涂油防锈。

2)钢尺拉出和卷入时不应过快,否则易出现拉不出或卷不进等故障。

3)钢尺性脆易断,不可抛掷,更不可弯折,拉紧钢尺时,尺身应平直不得有扭结。

4)拉紧皮尺时,用力不可过大,以恰好拉直为宜。

5)水准尺、钢尺及皮尺等应注意保护尺身刻画不受磨损。

6)水准尺、花杆、测伞及三脚架等均不能斜靠在墙面上或树上,以防倒下摔坏,要平放在地面上或可靠的墙角处。不得用其抬物或垫坐,以防弯曲。

7)勿用垂球尖冲击地面,以防球尖碰坏。

8)不得拿任何测量工具进行玩耍。

(3)全站仪的正确使用与保护方法

1)尽量选择在大气稳定、通视良好的时候观测。

2)避免在潮湿、肮脏、强阳光下以及热源附近充电,电池应放完电后再充电,长期不用时也应放完电后存放。

3)不要把仪器存放在湿热环境下。使用前,要及时打开仪器箱,使仪器与外界温度一致。应避免温度骤变使镜头起雾缩短仪器测程。

4)观测时不要将望远镜直视太阳。

5)观测时,应尽量避免日光持续曝晒或靠近车辆热源,以免降低仪器效率。

6)用望远镜瞄准反射棱镜时,应尽量避免在视场内存在其他反射面如交通信号灯、猫眼反射器、玻璃镜等。

7)在潮湿的地方进行观测时,观测完毕将仪器装箱前,要立即彻底除湿,使仪器完全干燥。

17.1.3 测量记录与计算的注意事项

(1)测量记录注意事项

1)测量观测数据须用2H或3H铅笔记入正式表格,不得先记在草稿纸上,然后再抄写。严禁实验时不记录,实验结束后凭记忆回忆数据,记入表格。

2)记录前须填写实验日期、天气、仪器号码、班级、组别、观测者、记录者等观测手簿的表头内容。

3)记录者在观测者报出观测数据并准备记录数据前,应先将观测数据复读(即回报)一遍,让观测者听清楚,以防出现听错或记错现象。

4)测量记录应书写工整,不得潦草,要保证实验记录清楚整洁、正确无误。

5)禁止擦试、涂改和挖补数据。记录数字如有差错,不准用橡皮擦去,也不准在原数字上涂改,应根据具体情况进行改正:如果是米、分米或度位数字读(记)错,则可在错误数字上划一斜线,保持数据部分的字迹清楚,同时将正确数字记在其上方;如为厘米、毫米、分或秒位数字读(记)错,则该读数无效,应将本站或本测回的全部数据用斜线划去,保持数据部分的字迹清楚,并在备注栏中注明原因,然后重新观测,并重新记录。测量过程中,不准更改的数位及重测范围规定见表17.1。

表17.1 不得更改的测量数据数位及应重测的范围

测量种类	不准更改的数位	应重测的范围
水　准	厘米及毫米的读数	一测站
水平角	分及秒的读数	一测回
竖　角	分及秒的读数	一测回
量　距	厘米及毫米的读数	一尺段

6)严禁连环更改数据。如已修改了算术平均值,则不能再改动计算算术平均值的任何一个原始数据;若已更改了某个观测值,则不能再更改其算术平均值。

7)记录数字要正确反映观测精度。对于要求读到毫米位的,若读数为1米2分米6厘米,应记成1 260,不能记成126;同理,如要求读到厘米时,应记成126,而不应记成1 260。角度测量时,“度”最多三位、最少一位,“分”和“秒”各占两位,如读数是0°2′4″,应记成0°02′04″。测量数据记录数位规定见表17.2。

表 17.2　测量数据精确单位及应记录的位数

测量种类	数字单位	记录字数的位数
水　　准	毫米	4 个
角度的分	分	2 个
角度的秒	秒	2 个

(2)测量计算注意事项

1)测量计算时,数字进位应按照“四舍六入五凑偶”的原则进行。如要求精确到个位数,下列数据的最后结果分别是:123.4→123;123.6→124;124.5→124;123.5→124。

2)测量计算时,数字的取位规定:水准测量视距应取位至 1.0 m,视距总和取位至 0.01 km,高差中数取位至 0.1 mm,高差总和取位至 1.0 mm;角度测量的秒取位至 1.0″。

3)简单计算,如平均值、方向值、高差(程)等,应边记录边计算,以便超限时能及时发现问题并立即重测;较为复杂的计算,可在实验完成后及时算出。

4)实验计算必须仔细认真。测量实验时,严禁任何因超限等原因而更改观测记录数据,一经发现,将取消实验成绩并严肃处理。

17.2　水准测量实验指导

水准测量是测定地面点高程的主要方法,水准测量使用的仪器是水准仪。本节包括水准仪的使用、等外水准测量、四等水准测量、微倾式水准仪的检验与校正四个实验的指导内容。其中实验四(微倾式水准仪的检验与校正)可根据教学学时的多少进行取舍。

实验一　水准仪的使用

一、实验目的

1. 认识水准仪的构造、各部件的名称和作用。
2. 学会水准仪的安置、照准及读数方法。
3. 测定地面上两点间的高差。

二、实验要求

每人安置一至二次水准仪,测定地面上两点间的高差。

三、实验仪器及工具

1. S_3 水准仪一台,水准尺一把,(测伞一把)。
2. 自备 2H 或 3H 铅笔一支。

四、实验方法和步骤

(一)认识水准仪的构造、各部件的名称及作用(由实验指导教师集中讲解)。

(二)水准仪的使用

1. 安置仪器

松开三脚架,按观测者身高和地形需要调节脚架长度,拧紧脚架固定螺旋。在坚固地面安置三脚架时,可通过前后或左右移动一个脚架使架头大致水平;在土质地面安置三脚架时,可先踩紧脚尖,若架头倾斜较大,可松开一个或两个脚架固定螺旋,通过伸缩架脚高度使架头大致水平,拧紧脚架固定螺旋。然后,装上水准仪,拧紧中心连接螺旋。

2. 粗平

(1)先旋转任意两个脚螺旋,将圆水准气泡调至与这两个脚螺旋方向相垂直的位置线上。旋转脚螺旋时,要等速相向旋转,并注意气泡移动方向和左手大拇指前进方向一致。

(2)转动第三个脚螺旋,使圆水准气泡居中。

(3)若第(2)步仍不能使气泡居中,则应重复上述两步工作,直到气泡居中为止。

实际操作时,可以不必机械地分成上述步骤进行,而是两手各自转动一个脚螺旋,依据圆水准气泡的实际位置进行操作,使气泡居中。如图 17.1 所示,用两个脚螺旋使仪器圆水准气泡居中的原理是:用两个脚螺旋作相向等速转动时,实际上是使仪器围绕"以这两个脚螺旋连线的中垂线为轴心"进行转动;当用两个脚螺旋作同向等速转动时,实质上是代替了第三个脚螺旋的转动,即使仪器围绕"该两个脚螺旋的连线"进行转动。

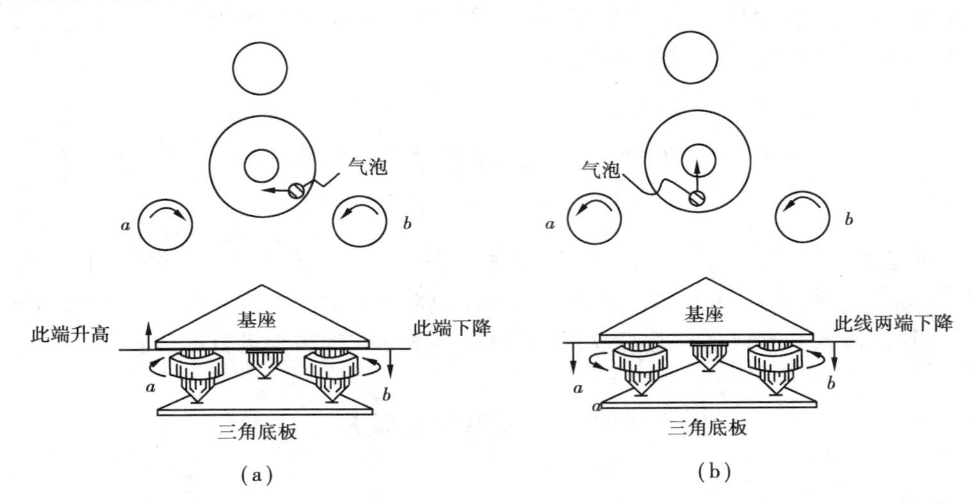

图 17.1 用两个脚螺旋使圆水准气泡居中

3. 瞄准

(1)将望远镜对着天空或明亮的背景,逆时针方向转动目镜调焦螺旋使十字丝消失,再轻轻地顺时针方向转动目镜调焦螺旋使十字丝最清晰。

(2)旋转物镜调焦螺旋,用单眼瞄准准星和缺口,转动仪器寻找目标,直到三点成一线时,固定制动螺旋。

(3)旋转物镜调焦螺旋,使水准尺的像十分清晰,然后用眼睛在目镜后稍微上下移动,观察尺上分划与十字丝间是否有相对移动现象,如有,则说明存在视差。可反复进行目镜和物镜调焦,直到视差消除。

对于初次实验的学生来说,很难做到调焦时没有视差的存在,即使他们认为十字丝和物像都看清楚时,也可能存在视差,因为他们在分别看清十字丝和物像时会不自觉地使自己的眼睛进行了调焦。解决问题的方法是:在进行十字丝和物像的调焦时,都要先通过转动目镜调焦螺旋使十字丝经过“不清楚→清楚→最清楚→清楚→不清楚”循环后，再反转目镜调焦螺旋找到十字丝“最清楚”的位置；然后再转动物镜的调焦螺旋使物像经过“不清楚→清楚→最清楚→清楚→不清楚”后，再反转物镜调焦螺旋找到物像“最清楚”的位置。只有这样操作才能消除视差。

(4)转动微动螺旋，使十字丝竖丝大致平分水准尺上的分划。

4. 精平

调节微动螺旋，使水准管气泡居中，此时，符合水准气泡的像相符合（直接从望远镜旁的符合气泡观察窗中看到）。

5. 读数

精平后，马上读取中丝在水准尺上所截取的数据。读数时，须从上到下，从小到大，并估读到毫米。读数时要逐步培养好的习惯：即读数时不读出单位，只报四位数字。如1.693米读成1 693；0.340米读成0 340。

（三）测定地面上两点间高差

1. 在地面选定A、B两个坚固的点，并在点上立水准尺。

2. 在A、B两点间安置水准仪，并使仪器至两点间的距离大致相等。

3. 瞄准A点上的水准尺，精平后读取后视读数，记入观测记录表中。

4. 瞄准B点上的水准尺，精平后读取前视读数，记入观测记录表中。

5. 计算A、B两点间高差，h_{AB} = 后视读数 − 前视读数，记入观测记录表中。

五、实验报告

水准仪的使用观测记录

日期：__________年______月______日　　天气：__________　　观测：__________

班级：__________　　小组：__________　　仪器号：__________　　记录：__________

观测次数	观测点	后视读数	前视读数	两点间高差	备注

六、复习思考题

1. 水准仪由__________、__________和__________三个主要部分组成。

2. 视准轴是__________和__________的连线。十字丝分划板上竖直的那根丝称为__________丝，中间水平的那根丝叫__________丝，上下两根短丝叫__________丝。

3. 粗平是调节__________使__________居中。

4. 读数前，应先调节__________螺旋使__________清晰，然后再调节__________螺旋使__________清晰，并消除__________，视差的出现是由于____________________，当眼睛在________后上下移动时，发现__________________，说明有视差存在。读数前，还要调节____________使______________,此时视线水平。

5. 瞄准水准尺,应先松开__________螺旋,转动照准部,大致瞄准,然后拧紧__________螺旋,转动________螺旋,仔细瞄准。当______________时,微动螺旋不起作用。

6. 什么叫视差?读数前,为何要消除视差?

7. 微动螺旋的作用是什么?应如何使用?

实验二　等外水准测量

一、实验目的

1. 掌握等外水准测量观测、记录及计算方法。

2. 进一步熟练水准仪的使用方法。

二、实验要求

1. 每组选定一个从已知高程点 BMA(该点高程由教师给出)和一个待测高程点,从已知高程点开始经过待测高程点组成一条闭合路线。

2. 每组用变动仪器高法进行测站检验,每两组同向观测以便进行路线检验。

3. 视距应小于 100 m,前后视视距差应小于 ±10 m。高差闭合差的容许值为

$$f_{h容} = \pm 12\sqrt{n}\ \text{mm}$$

或

$$f_{h容} = \pm 40\sqrt{L}\ \text{mm}$$

三、实验仪器及工具

1. S_3 水准仪一台,水准尺两把,尺垫二个,(测伞一把)。

2. 自备 2H 或 3H 铅笔一支。

四、实验方法和步骤

1. 选取待测高程点、测站点和转点

每组先选定一已知高程点 BMA(其高程由教师给出),然后,根据场地具体情况,在地面选择一条至少能进行四个测站的闭合水准路线,在路线中间位置选取一个坚固点 B 作为待测高程点。当所测两高程点间的间距较远时,还须选取转点。

2. 第一站观测

(1)在已知点 BMA 与转点 $TP1$ 之间选取测站点,安置仪器并粗平。

(2)瞄准后视尺(本站为 BMA 点上的水准尺),精平后读取中丝读数(即后视读数),记入观测手簿。

(3)瞄准前视尺(本站为 $TP1$ 点上的水准尺),精平后读取中丝读数(即前视读数),记入观测手簿。

(4)升高或降低仪器 10 cm 以上,重新安置仪器并重复(2)和(3)步工作。

(5)计算测站高差,若两次测得高差之差小于 ±6 mm,取其平均值作为本站高差并记观测入手簿。

3. 后续观测

将仪器搬至 $TP1$ 点和 B 点之间进行第二站观测,方法同上;同法连续设站观测,最后测回

到 BMA 点。

4. 计算检验

$$\sum 高差 = \sum 后视读数 - \sum 前视读数 = 2\sum 平均高差$$

5. 高差闭合差的计算与调整(参见第 4 章)。

6. 计算待测点高程

根据已知点 BMA 高程和改正后的高差计算待测点 *B* 的高程,BMA 点的计算高程应与已知高程相等,以资校核。

五、实验注意事项

1. 测站上三脚架的安置应便于观测员站立观测。

2. 每次读数前必须消除视差(参见实验一),并使水准管气泡准确居中。

3. 前、后视距离应大致相等,水准尺上的读数位置离地面应≥0.3 m。

4. 记录员在听到观测员的读数后,必须向观测员回报,经观测员默许后方可将读数记入手簿,以防因听错而记错读数。

5. 扶尺员要认真地将水准尺扶直。

6. 在已知高程点和待测高程点上不能放尺垫,设置转点时,转点上应安置尺垫,并将水准尺置于尺垫半球的顶点上。

7. 尺垫应踏入土中或置于坚固地面上,观测过程中不得碰动仪器或尺垫,迁站时应保护前视尺垫不得移动。

8. 仪器搬站时要注意保护仪器安全(参见本章第一节“测量实验须知”)。

六、实验报告

水 准 测 量 观 测 手 簿

日期:____________年______月______日　　天气:____________　　观测:____________

班级:____________　　小组:____________　　仪器号:____________　　记录:____________

测站	点号	后视读数	前视读数	高差/m	平均高差/m	高程/m	备注

续表

测站	点号	后视读数	前视读数	高差/m	平均高差/m	高程/m	备注
计算校核							

水准测量成果计算表

测站	点号	测站数	距离/km	实测高差/m	改正数/mm	改正后高差/m	高程/m	备注
∑								

续表

测站	点号	测站数	距　离/km	实际高差/m	改正数/mm	改正后高差/m	高　程/m	备　注
辅助计算								

七、复习思考题

1. 水准测量时,__________距离和__________距离应大致相等。

2. 读数前,要消除__________,并注意使______________符合。

3. 检验高差计算是否正确,是看________________是否等于______________;检验高差观测是否正确,是看________________是否等于或小于________________。

4. 仪器搬站时,转点上的尺垫为什么不能碰动?碰动了怎么办?

实验三　四等水准测量

一、实验目的

1. 练习并掌握四等水准测量的观测、记录及计算方法。

2. 进一步熟练水准仪的操作。

二、实验要求

1. 用双面尺法观测一条长约500 m左右的闭合水准路线。视线长度应≤80 m,前后视距差应≤ ±3 m,前后视距累计差≤ ±10 m,黑红面读数差应≤ ±3 mm,黑红面所测高差之差应≤ ±5 mm。

2. 每组进行往返观测,或每两组对同一路线进行同向观测,较差应≤ $\pm 20\sqrt{L}$ mm。

三、实验仪器及工具

1. S_3 水准仪一台,水准尺一对,尺垫两个,(测伞一把)。

2. 自备2H或3H铅笔一支。

四、实验方法和步骤

1. 在地面选一点作为已知高程起始点(其高程可由教师给出),选择一条闭合水准路线,设站观测。

2. 测站观测顺序

(1)后视黑面尺,分别读取下、上、中丝读数①、②、③并记入观测手簿。

(2)前视黑面尺,分别读取下、上、中丝读数④、⑤、⑥并记入观测手簿。

(3)前视红面尺,读取中丝读数⑦并记入观测手簿。

(4)后视红面尺,读取中丝读数⑧并记入观测手簿。

注意:瞄准水准尺时要消除视差;每次读取中丝读数前一定要进行精平;记录时要按观测的次序,将观测数据记入观测手簿中相应的位置。

3. 测站计算与校核

(1)视距部分

后视距离　⑨ = ① − ②

前视距离　⑩ = ④ − ⑤

前、后视距差　⑪ = ⑨ − ⑩

前、后视距累计差　⑫ = 上站⑫ + 本站⑪

注意:⑪的值应≤ ±5 m,⑫的值应≤ ±10 m。

(2)同一水准尺黑、红面中丝读数的检核

⑬ = ⑥ + K − ⑦

⑭ = ③ + K − ⑧

式中 K 为水准尺黑、红面常数差(4.687 或 4.787),⑬、⑭的值应≤ ±3 mm。

实际工作中,只要观测读数是认真仔细的,为方便起见,记录员进行此项计算时,可以不管水准尺的 K 值是 4 687 还是 4 787,只需将黑面中丝读数⑥或③的后两位数字与 K 值的后两位数“87”相加再减去红面中丝读数⑦或⑧的最后两位数字即可算出⑬或⑭的值。

(3)计算黑面、红面的观测高差

⑮ = ③ − ⑥

⑮ = ⑧ − ⑦

检验:　⑰ = ⑮ − [⑯ ±0.100] = ⑭ − ⑬

注意:⑰的值应≤ ±5 mm,式中 0.100 为两根水准尺 K 值之差,以米为单位。当⑮和⑯两个数字符号相同时,式中的“正负号”比较容易确定;但当两个数字的符号不同时,运算符号“正或负”的选取要根据上或下一个测站的运算符号进行确定。

(4)计算平均高差

$$\text{⑱} = \frac{1}{2}\{\text{⑮} + [\text{⑯} \pm 0.100]\}$$

注意:式中“正负号”的确定应视具体情况而定。一般来说,“正负号”的确定应使[⑯ ±0.100]的值的前两位数字与⑮值的前两位数相同。实际计算时,只要测量工作是认真进行的,为简便起见,也可不考虑“ ±0.100”,只需将⑮和⑯两数的最后两位数字相加作为⑱的最后两位数字,⑱的前两位数字就是⑮的前两位数字。

4. 路线计算与校核

(1)高差部分

当测站数为偶数时校核公式为:

$$\sum[\text{③} + \text{⑧}] - \sum[\text{⑥} + \text{⑦}] = \sum[\text{⑮} + \text{⑯}] = 2\sum\text{⑱}$$

当测站数为奇数时校核公式为:

$$\sum[\text{③} + \text{⑧}] - \sum[\text{⑥} + \text{⑦}] = \sum[\text{⑮} + \text{⑯}] = 2\sum\text{⑱} \pm 0.100$$

(2)视距部分

$$\sum ⑨ - \sum ⑩ = \text{末站} ⑫$$

$$\text{总视距} = \sum ⑨ + \sum ⑩$$

5. 成果计算

计算方法与实验二中的成果计算方法相同。

五、实验报告

四 等 水 准 测 量 观 测 手 簿

日期:__________年______月______日　　　天气:__________　观测:__________

班级:__________　小组:__________　仪器号:__________　记录:__________

测站编号	水准点号	后视尺 下丝 上丝	前视尺 下丝 上丝	方向及尺号	水准尺读数		K+黑-红	高差中数	备注
					黑面	红面			
		①	④	后 K1	③	⑧	⑭		
		②	⑤	前 K2	⑥	⑦	⑬		
		⑨	⑩	后－前	⑮	⑯	⑰	⑱	
		⑪	⑫						
				后 K1					
				前 K2					
				后－前					
				后 K2					
				前 K1					
				后－前					
				后 K1					
				前 K2					
				后－前					
				后 K2					
				前 K1					
				后－前					

续表

测站编号	水准点号	后视尺 下丝	前视尺 下丝	方向及尺号	水准尺读数		K+黑-红	高差中数	备注
		上丝	上丝						
					黑面	红面			
				后 K1					
				前 K2					
				后－前					
				后 K2					
				前 K1					
				后－前					
计算校核									

水准测量成果计算表

测站	点号	测站数	距离/km	实测高差/m	改正数/mm	改正后高差/m	高程/m	备注
$\sum$								

续表

测站	点号	测站数	距 离 /km	实测高差 /m	改正数 /mm	改正后高差 /m	高 程 /m	备 注
辅助计算								

六、复习思考题

1. 四等水准测量常用的观测方法有______法和______法两种。

2. 用双面尺法进行三、四等水准测量时,常用的测站观测顺序可简称为“______—______—______—______”,其优点是可以大大减弱______误差对高程的影响,四等水准测量也可采用“______—______—______—______”的顺序进行观测。

3. 三、四等水准测量计算时要进行哪些校核?

4. 试将你组所测高差与观测同一路线的另一组所测高差进行比较,如高差之差超过规定值,请分析并说明产生误差的原因。

实验四 微倾式水准仪的检验与校正

一、实验目的

1. 了解微倾式水准仪各轴线间应满足的几何条件。

2. 初步掌握微倾式水准仪的检验与校正方法。

二、实验要求

要求对各项进行检验,但不要求校正。

三、实验仪器及工具

1. S_3 微倾式水准仪一台,水准尺两把,尺垫(或木桩)两个,皮尺一把,(测伞一把)。

2. 自备2H或3H铅笔一支。

四、实验方法和步骤

1. 一般性检验

一般性检验是对仪器机械转动机构、光学成像情况、各零部件进行初步检查,判别是否影响仪器的正常使用。

2. 圆水准器轴平行于仪器竖轴的检验与校正

(1)检验

整平仪器，使圆水准气泡居中，旋转仪器180°，若气泡仍居中，说明条件满足，当气泡偏出分划圈外时，需要校正。

（2）校正

调整圆水准器上的校正螺丝，使气泡退回到偏离量的一半处，再调整脚螺旋使圆水准气泡居中，重复几次直到条件满足为止。

3. 十字丝横丝垂直于仪器竖轴的检验与校正

（1）检验

仪器整平后，用横丝一端瞄准远处一固定点，转动微动螺旋，若该固定点始终在横丝上移动，说明条件满足，否则应校正。

（2）校正

旋松目镜护罩（有的仪器没有护罩），用螺丝刀松开十字丝分划板上三个固定螺丝，轻轻转动十字丝板使该固定点与横丝重合，最后拧紧松开的螺丝，盖上护罩即可。

4. 水准管轴平行于视准轴（i 角）的检验与校正

（1）检验

a　在高差不大的地面上用皮尺量出相距约 40 m 的 A、B 两点，并分别放置尺垫（或打上木桩，在桩顶钉上小钉作为点位标志）。

b　在 AB 直线的中点 C 处安置水准仪，用变动仪器高法测出 A、B 两点间的高差，若两次所测高差之差小于 ±3 mm 时，取其平均值作为两点间的正确高差，用 $h_{AB正}$ 表示。

c　将仪器搬至 B 点附近（距 B 点约 3 m 左右），精平后读取两尺读数 a_2 和 b_2，计算 A 尺上的应读读数 $a_2' = b_2 + h_{AB正}$，若 a_2' 与 a_2 之差 Δh 不超过 ±4 mm 时，可不校正，否则应进行校正。

（2）校正

保持上述 c 步仪器位置不动，转动微倾螺旋，使十字丝横丝对准 A 尺上应读读数 a_2' 处，此时，气泡发生偏离，用校正针拨动水准管一端的上、下两个校正螺丝，使水准管气泡居中。注意在用校正针松紧上、下两个校正螺丝前，应先略微旋松左、右两个校正螺丝。

五、实验报告

水准仪检验与校正记录手簿

日期：______年____月____日　　天气：______　检验：______

班级：______　小组：______　仪器号：______　记录：______

（1）一般性检验

检验项目	检验结果
三角架是否牢固	
制动与微动螺旋是否有效	
微倾螺旋是否有效	
调焦螺旋是否有效	
脚螺旋是否有效	
望远镜成像是否清晰	

(2)圆水准器轴平行于仪器竖轴的检验与校正

检验(旋转仪器180°)次数	气泡偏离情况	检验者

(3)十字丝横丝垂直于仪器竖轴的检验与校正

检验次数	偏离情况	检验者

(4)水准管轴平行于视准轴的检验与校正

仪器在中点测得 A、B 间的正确高差			仪器在 B 点附近		
第一次	A 点尺上读数 a_1 B 点尺上读数 b_1 A、B 间高差 $h_1 = a_1 - b_1$		第一次	B 点尺上读数 b_2 A 点尺上实际读数 a_2 A 点尺上应读读数 $a_2' = b_2 + h_{AB正}$ 误差 $\Delta h = a_2 - a_2'$	
第二次	A 点尺上读数 a_1' B 点尺上读数 b_1' A、B 间高差 $h_1' = a_1' - b_1'$		第二次	B 点尺上读数 b_2 A 点尺上实际读数 a_2 A 点尺上应读读数 $a_2' = b_2 + h_{AB正}$ 误差 $\Delta h = a_2 - a_2'$	
正确高差	$h_{AB正} = \frac{1}{2}(h_1 + h_1')$		第三次	B 点尺上读数 b_2 A 点尺上实际读数 a_2 A 点尺上应读读数 $a_2' = b_2 + h_{AB正}$ 误差 $\Delta h = a_2 - a_2'$	

六、复习思考题

1. 水准仪各部件之间应满足的几何条件是______________________________、______________________________和______________________________。其中最主要的是______________________________，它是水准仪能否给出______________的关键。该项校正后的残差影响可用______________________________方法消除或减少？

2. 进行 i 角检验，第一次测 A、B 两点间正确高差时，可否不将仪器架在 A、B 两点的中间处？为什么？

17.3 角度测量实验指导

角度测量是测定地面点平面坐标工作之一，角度测量使用的仪器主要是经纬仪。本节包括光学经纬仪的使用、测回法及全圆测回法测量水平角、竖直角观测、经纬仪的检验与校正等五个实验指导内容。其中经纬仪的检验与校正实验可根据教学学时的多少进行取舍。

实验五 光学经纬仪的使用

一、实验目的

1. 认识 J_6 光学经纬仪的构造，了解仪器各部件的名称和作用。

2. 练习经纬仪的使用方法，初步掌握经纬仪操作要领。

二、实验要求

1. 每人安置一次经纬仪并读数二至三次。

2. 仪器对中误差小于 3 mm，整平误差小于一格。

三、实验仪器及工具

1. J_6 级光学经纬仪一台，（测伞一把，木桩一个，锤一把）。

2. 自备 2H 或 3H 铅笔一支。

四、实验方法和步骤

（一）认识经纬仪的构造，了解经纬仪各部件的名称和作用（由教师讲解）。

（二）经纬仪的安置

1. 先在地面上任选一点，打上木桩，桩顶钉一小钉或划一十字线作为测站点。在水泥地面上也可直接画一十字交点作为测站点。

2. 经纬仪安置

用垂球对中的经纬仪安置方法：

（1）松开三脚架，调节脚架长度，使脚架高度与观测者身高相适应，在保证架头大致水平的同时，将三脚架的三个脚大致呈等边三角形安放在测站点周围，使地面点到三个脚尖的距离大致相等，挂上垂球，移动脚架使垂球尖大致对准测站点，踩紧脚架。

（2）打开仪器箱，取出仪器置于架头上，一手紧握支架，一手拧连接螺旋（注意此时连接螺旋不需拧得太紧，以便对中时仪器在架头上可以移动）。

（3）两手扶住基座，在架头上平移仪器（尽量做到不使基座转动），使垂球尖准确对准则站点（误差小于 3 mm），再拧紧连接螺旋。

（4）松开水平制动螺旋，转动照准部使水准管平行于任意一对脚螺旋的连线，两手相向等速转动脚螺旋，使气泡居中，注意气泡移动方向与左手大拇指移动方向一致。

（5）将仪器旋转 90°，转动第三个脚螺旋使气泡居中。

（6）重复上述（4）、（5）两步工作，直到仪器转到任何方向，气泡偏离中心不超过一格为止。

(7)检查仪器对中情况,若对中符合要求则仪器安置完毕,否则应重复上述(3)至(6)步工作,直到对中和整平都满足要求为止。

用光学对中器的经纬仪安置方法:

(1)松开三脚架,调节脚架长度,使脚架高度与观测者身高相适应,在保证架头大致水平的同时,将三脚架的三个脚大致呈等边三角形安放在测站点周围,使地面点到三个脚尖的距离大致相等,初步使三脚架的中心大致与测站点对中后踩紧脚架(初次实验时,可拾一小石头从架头平台的中央自由落下,当其落在测站点附近时,说明脚架已大致对中)。

(2)打开仪器箱,取出仪器置于架头上,一手紧握支架,一手拧紧连接螺旋。旋转光学对中器的目镜使刻画圈清晰,再拉出或推进对中器的目镜管使测站点的标志成像清晰。

(3)分别旋转三个脚螺旋使测站点与对中器的刻画圈中心重合。光学对中器的对中误差一般约为 1 mm。

(4)通过调节三个脚架的高度,使水准管气泡居中。操作方法是:松开水平制动螺旋,转动照准部使水准管平行于任意两个脚架,松开这两个脚架中的任意一个脚架的固定螺旋,伸缩脚架,调节脚架的高度使水准管气泡居中,拧紧脚架固定螺旋;将仪器旋转 90°,松开第三个脚架的固定螺旋,伸缩脚架,调节脚架高度使水准管气泡居中,拧紧脚架固定螺旋。将仪器转回原位置,检查气泡居中情况,若有偏离,应重复进行上述工作,直到仪器在这两个位置的气泡都居中为止。

(5)检查仪器对中情况,若对中符合要求则仪器安置完毕。若对中偏离较大,应继续进行上述第(3)、(4)步工作,直到对中和整平都满足要求为止;若对中偏离不大,说明仪器已初步对中和整平,此时,可按用垂球对中的经纬仪安置方法中的(4)、(5)、(6)、(7)步进行,直到对中和整平都满足要求为止。

3. 瞄准

(1)将望远镜对向天空,转动目镜使十字丝最清晰。

(2)用望远镜上的准星和照门大致瞄准目标,再从望远镜上观察,若目标位于望远镜视场内,固定照准部水平制动螺旋和望远镜制动螺旋。

(3)转动物镜调焦螺旋使目标成像最清晰,调节照准部和望远镜微动螺旋,使十字丝竖丝平分目标(或将目标夹在双丝中间)。

(4)眼睛左右微微移动,检查有无视差存在,如有视差则应转动物镜调焦螺旋消除(参见实验一)。

4. 读数

(1)打开并调节反光镜,使读数窗亮度适当,旋转读数显微镜的目镜,使读数窗分划清晰,看清最小分划值,并注意区分水平度盘与竖直度盘的读数窗。

(2)对于用分微尺读数的仪器,读数时,先根据分微尺中的刻画线注记数字读出度数,再用刻画线作为指标线,在分微尺上读取小于 1°的读数,并估读出 0.1 分(故秒位数值应为 6 秒的整数倍)。

五、实验报告

经纬仪使用操作记录手簿

日期:____________年______月______日　　天气:____________　观测:____________

班级:____________　小组:____________　仪器号:____________　记录:____________

观测次数	水平读盘读数	属何种读数装置	备　注

六、复习思考题

1. 光学经纬仪由__________、__________和__________三部分组成。

2. 经纬仪在水平方向的转动是由____________螺旋和____________螺旋控制,望远镜在垂直方向内的转动是由____________螺旋和____________螺旋控制。

3. 经纬仪的整平是调整__________使__________居中,从而使__________处于水平位置。

4. 你所使用仪器的读数方法是怎样的？试绘图并简述之。

实验六　测回法测量水平角

一、实验目的

1. 掌握测回法测量水平角的操作、记录及计算方法。

2. 进一步熟练经纬仪的操作和读数方法。

二、实验要求

对于同一角度,组内每人分别观测一个测回,半测回互差不得超过 ±40″,各测回角度值互差不得大于 ±40″。

三、实验仪器及工具

1. J_6 光学经纬仪一台,(测伞一把)。

2. 自备 2H 或 3H 铅笔一支。

四、实验方法和步骤

1. 每组选一测站点 O(可在坚固地面上画一十字交点作为测站点),在测站点上安置仪器,对中、整平后,再任选 A、B 两个固定目标。

2. 盘左位置,对于装有复测式度盘变换器的仪器,转动照准部,使水平度盘读数略大于零度,将复测扳手扳下,再转动照准部大致瞄准待测角度左边的目标 A,固定照准部和望远镜制动螺旋,调节微动螺旋精确瞄准后,将复测扳手扳上,读取水平度盘读数 a_1,记入观测手簿。

度盘变换器是拨盘式仪器的操作是:先瞄准 A 目标,后拨动度盘变换器,使水平度盘读数略大于零度。

3. 松开照准部和望远镜制动螺旋,顺时针方向转动仪器瞄准目标 B,读数 b_1 并记入观测手簿,以上为上半测回(即盘左半测回)工作。计算半测回角值 $\beta_{左} = b_1 - a_1$,填入观测手簿。

4. 纵转望远镜，使仪器处于盘右位置，逆时针方向转动照准部先瞄准目标 B，读数 b_2 并记入观测手簿。

5. 继续逆时针方向转动照准部瞄准目标 A，读数 a_2 并记入观测手簿，以上为下半测回（即盘右半测回）工作。计算半测回角 $\beta_{右} = b_2 - a_2$，填入观测手簿。

6. 若上、下两个半测回角值之差不超过 ±40″，取其平均值作为观测结果，即

$$\beta = \frac{1}{2}(\beta_{左} + \beta_{右})$$

7. 其他同学重新架设仪器，对该角进行观测时，要注意以后每个测回的盘左观测，应按 $\frac{180°}{n}$ 变化水平度盘的起始方向读数，各测回角值互差应不超过 ±40″。

五、实验报告

测　回　法　观　测　手　簿

日期：__________年______月______日　　天气：__________　　观测：__________

班级：__________　　小组：__________　　仪器号：__________　　记录：__________

测回数	竖盘位置	目标	水平度盘读数 ° ′ ″	半测回角值 ° ′ ″	一测回角值 ° ′ ″	各测回平均角值 ° ′ ″	备注

六、习题

1. 瞄准目标时，应先松开__________螺旋和__________螺旋，用望远镜上的__________和__________使目标在视场内后，旋紧__________螺旋和__________螺旋，再调节__________螺旋和__________螺旋使__________和__________最清晰，并消除__________，最后用__________螺旋和__________螺旋精确瞄准目标。

2. “盘左”是指__________在__________的______侧；“盘右”是指__________在__________的__________侧。

3. 测回法测量水平角时，上半测回应先瞄准__________目标读数，然后按__________方向转动仪器，瞄准__________目标读数；下半测回应先瞄准________目标读数，然后按________方向转动仪器，瞄准__________目标读数。

4. 为什么要用盘左和盘右两个位置观测水平角？

5. 测量水平角时，仪器瞄准过测站点与目标的竖直面内不同高度的点，对水平角角值有没

有影响?

6. 比较组内每位同学观测结果(对观测同一角度而言),若相差较大试分析并说明原因。

实验七 全圆测回法测量水平角

一、实验目的

练习全圆测回法观测水平角的操作、记录和计算方法。

二、实验要求

1. 每组任选四个目标,共同观测二至三个测回。

2. 半测回归零差不得超过 ±18″,各测回同一方向值的互差不得超过 ±24″。

三、实验仪器及工具

1. J_6 光学经纬仪一台,(测伞一把)。

2. 自备 2H 或 3H 铅笔一支。

四、实验方法和步骤

1. 在地面上选定的测站点上安置仪器,对中整平后,任选 A、B、C、D 四个目标。

2. 盘左位置,使度盘度数略大于零,瞄准选定的起始目标 A,读数并记入观测手簿。

3. 顺时针方向转动照准部,依次瞄准 B、C、D 各处目标,读数并记入观测手簿;继续顺时针转动照准部进行归零(即瞄准起始目标 A),读数并记入观测手簿。以上为上半测回工作。

4. 纵转望远镜,用盘右位置逆时针方向依次瞄准 A、D、C、B、A 各处目标,读数并记入观测手簿。以上为下半测回工作,上、下两个半测回合称一个测回。

5. 计算

(1)计算半测回归零差并填入手簿相应栏中,如超限应立即重测。

(2)计算各方向的平均读数

$$\text{平均读数} = \frac{1}{2}[\text{盘左读数} + (\text{盘右读数} \pm 180°)]$$

起始目标有两个平均读数,再取其平均值作为起始方向的平均读数,记入观测手簿中并用( )注明。

(3)计算归零后的方向值。将各方向的平均读数分别减去起始方向的平均读数(即( )内的数),即为各方向归零后的方向值,填入观测手簿中。

6. 第二、三个测回的观测方法同上,只是在开始盘左观测时,要注意按$\frac{180°}{n}$改变起始目标的水平度盘读数。

7. 当各测回同一方向归零后方向值的互差不超限时,取其平均值作为该方向的最后观测值,并填入观测手簿中。

五、实验报告

全圆测回法观测手簿

日期:__________年______月______日　　天气:__________　观测:__________

班级:__________　小组:__________　仪器号:__________　记录:__________

测回数	目标	水平度盘读数		平均读数	归零后方向值	各测回平均方向值	备注
		盘左 ° ′ ″	盘右 ° ′ ″	° ′ ″	° ′ ″	° ′ ″	
		$\Delta_{左}$ =	$\Delta_{右}$ =				
		$\Delta_{左}$ =	$\Delta_{右}$ =				

六、复习思考题

1. 起始方向的平均读数实际上是__________个读数的平均值,将各方向的__________读数分别减去__________方向的平均读数即为各方向的__________值,在不超限的情况下,取各测回同一方向________值的__________作为该方向的最后观测结果。

2. 上半测回观测顺序是按__________方向依次瞄准各目标,下半测回则按__________方向依次瞄准各目标进行观测。

3. 比较你组各测回同一方向归零后方向值,若相差较大,试分析说明原因。

实验八　竖直角观测

一、实验目的

1. 练习竖直角的观测、记录和计算方法。

2. 了解竖盘指标差的计算方法。

二、实验要求

1. 选择二至三个目标,每人分别观测所选目标并计算其竖直角。

2. 同组每人所测竖盘指标差互差不得超过 ±25″。

三、实验仪器及工具

1. J_6 光学经纬仪一台，(测伞一把)。

2. 自备2H或3H铅笔一支。

四、实验方法和步骤

1. 在测站点 O 上安置仪器，对中、整平后，选取 A、B、C 三个目标。

2. 判断并确定仪器竖直角计算公式

盘左位置，将望远镜大致放平，观察竖盘读数，然后慢慢上抬望远镜，观察竖盘读数变化情况，若读数减小，则竖直角等于望远镜水平时的读数(通常为90°)减去目标读数；反之，竖直角等于目标读数减去望远镜水平时的读数。

3. 盘左瞄准 A 目标，并用十字丝横丝准确切于目标顶端，读取盘左读数 L 并记入观测手簿，计算竖直角 a_L。

4. 盘右同法瞄准并读取盘右读数 R，记入观测手簿并计算竖直角 a_R。

5. 计算竖直角和竖盘指标差

$$竖直角\ a = \frac{1}{2}(a_L + a_R)$$

$$竖盘指标差\ x = \frac{1}{2}(a_R - a_L)$$

6. 同法观测 B、C 目标并计算其竖直角和竖盘指标差，同组所测竖盘指标差的互差不得超过±25″。

五、实验报告

竖直角观测手簿

日期：______年____月____日　　天气：________　　观测：________

班级：________　　小组：________　　仪器号：________　　记录：________

测站	目标	竖盘位置	竖盘读数 ° ′ ″	半测回竖直角 ° ′ ″	指标差 x ″	一测回竖直角 ° ′ ″	备注

六、复习思考题

1. 测量水平角需______个目标，测量竖直角需______个目标，为什么？

2. 写出你组所用仪器的竖盘注记形式以及竖直角和竖盘指标差的计算公式。

3. 水平角观测与竖直角观测有哪些相同点和不同点？

实验九　经纬仪的检验与校正

一、目的和要求

1. 了解 J_6 级经纬仪各主要轴线之间应满足的几何条件；

2. 初步掌握经纬仪检验与校正的操作方法。

二、仪器和工具

1. J_6 经纬仪一台，小直尺一把，皮尺一把，拨针一个，螺丝刀一个，(测伞一把)。

2. 自备2H或3H铅笔一支。

三、方法和步骤

1. 一般性检验

主要检查三脚架是否牢固、架腿伸缩是否灵活；水平制动与微动螺旋是否有效；望远镜制动与微动螺旋是否有效；照准部转动和望远镜转动是否灵活；望远镜成像是否清晰；脚螺旋是否有效等等。

2. 照准部水准管轴应垂直于仪器竖轴

(1)检验

将仪器大致整平，转动照准部使水准管平行于一对脚螺旋连线，转动脚螺旋使气泡精确居中。将照准部旋转180°，若气泡仍居中，说明条件满足；若气泡中点偏离水准管零点超过一格，则需校正。

(2)校正

用拨针拨动水准管一端的校正螺丝，应先松一个后紧一个，使气泡退回到偏离量的一半位置，再转动脚螺旋使气泡精确居中。

重复上述检验与校正工作，直到满足限差要求为止。

3. 十字丝竖丝应垂直于横轴

(1)检验

用十字丝交点瞄准一清晰的点状目标 P，上、下微动望远镜，若目标点 P 始终不离开竖丝，该条件满足，否则，需校正。

(2)校正

旋下分划板护盖，松开四个压环螺丝，转动分划板座，使竖丝与目标点重合。

重复上述检验与校正工作，直到该条件满足为止。校正完毕，应旋紧压环螺丝，并旋上护盖。

4. 视准轴应垂直于横轴

(1)检验

在 O 点上安置经纬仪，从该点向两侧各量取30～50 m定出等距离的 A、B 两点。在 A 点上设置目标；在 B 点上横放一根有毫米刻画的小直尺，尺身与 AB 方向垂直，与仪器大致同高。盘左瞄准 A 目标，固定照准部，纵转望远镜在 B 点小直尺上的读数 B_1；盘右再瞄准 A 目标，固定照准部，纵转望远镜在 B 点小直尺上读取读数 B_2。若 $B_1=B_2$，该条件满足。否则，按下式计

算出视准轴误差 C

$$C''=\frac{D_{B_1B_2}}{4\times D_{OB}}\times\rho''$$

当 $C>1'$时,则需校正。

(2)校正

先在 B 点小直尺上定出读数 B_3 的位置,使 $D_{B_2B_3}=\frac{D_{B_1B_2}}{4}$,旋下分划板护盖,用拨针拨动左、右两个十字丝校正螺丝,一松、一紧,使十字丝交点与 B_3 重合。

重复上述检验与校正工作,直到 C 角小于 $1'$为止。然后,旋上护盖。

5. 横轴应垂直于仪器竖轴

(1)检验

在距一高目标 P(竖直角不小于 30°,最好选在某一竖直墙面的上方)20~30 m 处(用皮尺量出该距离 D)安置仪器。盘左瞄准 P 点,固定照准部,使竖盘指标水准管气泡居中,读竖盘读数并计算出竖直角 a_L,再将望远镜大致放平,将十字丝交点投在墙上定出一个点 P_1;纵转望远镜,盘右瞄准 P 点,固定照准部,使竖盘指标水准管气泡居中,读竖盘读数并计算竖直角 a_L,再将望远镜大致放平,将十字丝交点投在墙上又定出一个点 P_2,若 P_1、P_2 两点重合,该条件满足。否则,按下式计算出横轴误差 i

$$i''=\frac{D_{P_1P_2}\cot a}{2D}\times\rho''$$

式中 $a=\frac{1}{2}(a_L+a_R)$,$D_{P_1P_2}$为 P_1、P_2 两点间的距离。

当 $i>1'$时,则需校正。

(2)校正

使十字丝交点瞄准 P_1、P_2 两点的中点 $P_{中}$,固定照准部,将望远镜向上仰视 P 点,这时,十字丝交点必然偏离点 P。取下望远镜右支架盖板,校正偏心轴环,升、降横轴一端,使十字丝交点精确对准点 P。

重复上述检验与校正工作,直到 i 角小于 $1'$为止。最后,装上盖板。

6. 竖盘指标差的检验和校正

(1)检验

整平仪器,用盘左、盘右观测同一目标点 P,转动竖盘指标水准管微动螺旋使气泡居中后,读取竖盘读数 L 和 R,计算竖盘指标差 $x=\frac{1}{2}(a_R-a_L)$,当 $x>1'$时,需校正。

(2)校正

仪器位置不动,仍以盘右瞄准原目标点 P,转动竖盘指标水准管微动螺旋使竖盘读数为 $(R-x)$,这时,气泡必然偏离。用拨针一松一紧水准管一端的校正螺丝,使气泡居中。

重复上述检验与校正工作,直到 x 不超过 $1'$为止。

四、记录格式

经纬仪检验与校正记录手簿

日期:＿＿＿＿年＿＿＿月＿＿＿日　　天气:＿＿＿＿＿　　检验:＿＿＿＿＿

班级:＿＿＿＿＿　小组:＿＿＿＿＿　仪器号:＿＿＿＿＿　记录:＿＿＿＿＿

1. 一般性检验

检验内容	检验结果
三脚架是否牢固,架腿伸缩是否灵活	
水平制动与微动螺旋是否有效	
望远镜制动与微动螺旋是否有效	
照准部转动是否灵活	
望远镜转动是否灵活	
望远镜成像是否清晰	
脚螺旋是否有效	

2. 照准部水准管检验与校正

检验(仪器旋转180°)次数	气泡偏离格数	检验者

3. 十字丝竖丝的检验与校正

检验次数	偏离情况	检验者

4. 视准轴的检验与校正

检验次数	尺上读数		$\frac{B_2 - B_1}{4}$	正确读数 $B_3 = B_2 - \frac{1}{4}(B_2 - B_1)$	视准轴误差 $C'' = \frac{D_{B_1B_2}}{4 \times D_{OB}} \times \rho''$	观测者
	盘左:B_1	盘右:B_2				

5. 横轴的检验与校正

检验次数	P_1P_2 距离	竖盘读数	竖直角 a	仪器至墙面距离 D	横轴误差 $i'' = \frac{D_{P_1P_2}\cot a}{2D} \times \rho''$	观测者

6. 竖盘指标差的检验与校正

检验次数	竖盘位置	竖盘读数 ° ′ ″	竖盘角 ° ′ ″	指标差 ° ′ ″	盘右正确读数 ° ′ ″	观测者

17.4 地形图的测绘与应用实验指导

地形图是工程建设的语言。本节包括全站仪的使用、视距测量、导线测量、碎部测量、地形图的应用(断面图的绘制及场地平整)五个实验指导内容。非测绘类专业的要求是:掌握地形图的应用知识、了解地形图的测绘程序和方法。因此,实际教学中,在教学学时少的情况下,可将视距测量、导线测量、碎部测量三个实验安排在测量综合实习中进行。校内实习时,导线测量实验的测量成果还可作为测量综合实习一部分,从而空出一些时间进行施工测量等专业测量内容,以提高测量综合实习效率。

实验十　全站仪的使用

一、实验目的

1. 认识全站仪的构造,了解仪器各部件的名称和作用。
2. 初步掌握全站仪的操作要领。
3. 掌握全站仪测量角度、距离和坐标的方法。

二、实验要求

每人操作并观测一次。

三、实验仪器及工具

1. 全站仪一套,测伞一把。

2. 自备 2H 或 3H 铅笔一支。

四、实验方法和步骤

(一)全站仪的认识(以南方全站仪 NTS—320 全站仪为例,教师讲解)

1. 仪器外形及外部构件名称

图 17.2 为 NTS—320 全站仪。

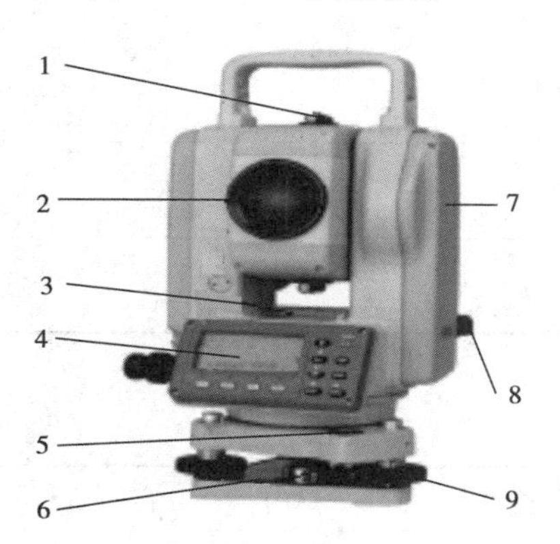

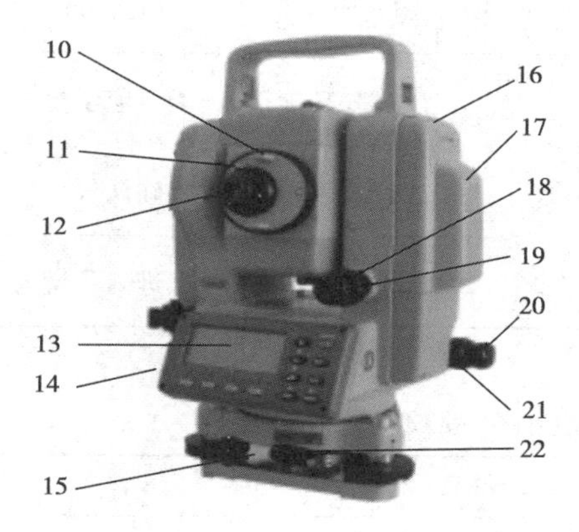

图 17.2 NTS—320 全站仪

1—粗瞄器;2—物镜;3—管水准器;4—显示屏;5—圆水准器;6—圆水准校正螺旋;7—仪器中心标志;8—光学对中器;9—整平脚螺旋;10—望远镜把手;11—望远镜调焦螺旋;12—目镜;13—显示屏;14—数据通讯接口;15—底板;16—电池锁紧杆;17—电池 NB—20A;18—垂直制动螺旋;19—垂直微动螺旋;20—水平制动螺旋; 21—水平微动螺旋;22—基座固定钮

图 17.3 为 NTS—320 全站仪显示屏和键盘。

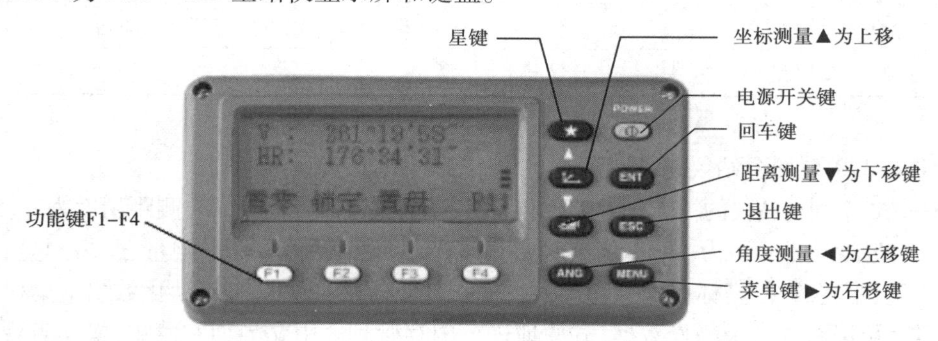

图 17.3 NTS—320 全站仪显示屏和键盘

2. 键盘符号及功能

按 键	名 称	功 能
	坐标测量键	进入坐标测量模式(▲上移键)
	距离测量键	进入距离测量模式(▼下移键)
ANG	角度测量键	进入角度测量模式(◀左移键)
MENU	菜单键	在菜单模式和测量模式间进行切换(▶右移键)

续表

按　键	名　　称	功　　　能
ESC	退出键	返回上一级状态或返回测量模式
POWER	电源开关键	电源开关
F1 - F4	软键(功能键)	对应于显示的软键信息
ENT	回车键	确认
★	星键	进入星键模式

3. 显示符号及含义

显示符号	内　　容	显示符号	内　　容
V%	垂直角(坡度显示)	E	东向坐标
HR	水平角(右角)	Z	高程
HL	水平角(左角)	*	EDM(电子测距)正在进行
HD	水平距离	m	以米为单位
VD	高差	ft	以英尺为单位
SD	倾斜	fi	以英尺与英寸为单位
N	北向坐标		

4. NTS—320 系列全站仪的特点

NTS—320 系列全站仪的精度分为 2″级和 5″级,角度最小显示为 1″/5″,测距精度为 ±(5 mm + 5 ppm × D),距离最小显示为 mm。仪器具备角度测量、距离测量、坐标测量、悬高测量、偏心测量、对边测量、距离放样、坐标放样、后方交会、面积计算等功能。具有自动化数据采集程序和内存程序模块,可以自动记录测量数据,方便地进行内存管理。中文界面和菜单,操作直观、简单,大显示屏的字体清晰、美观。

(二)全站仪的使用

1. 观测前的准备工作

(1)电池装入　进行观测之前,应将电池充足电。把电池盒底部插入仪器的槽中,按压电池盒顶部按钮,使其卡入仪器中固定归位。观测完毕须先关掉仪器电源将电池盒取下。

(2)安置仪器　仪器的整平、对中同一般经纬仪相同。

(3)开电源准备观测　仪器已经整平后,打开电源开关(POWER 键),确认显示窗中有足够的电池电量,当显示“电池电量不足”(电池用完)时,应及时更换电池或对电池进行充电。输入仪器高、棱镜高、测站点和后视点等参数(用数字或字母表示)。

例 1　输入数据采集模式中的测站仪器高

按[▲][▼]键上下移动箭头行,使箭键头"→"移动到仪高条目;按 F1 (输入)键,箭头即变成等号(=);再按 F1 键选择[1234];按 F1 输入"1";再按 F3 选择[90.-];按 F3 选择".";再按 F2 选择[5678];按 F1 选择"5";[ENT] 回车。此时完成仪器高 1.5 m 的输入。

操作过程及显示结果见图 17.4 所示:

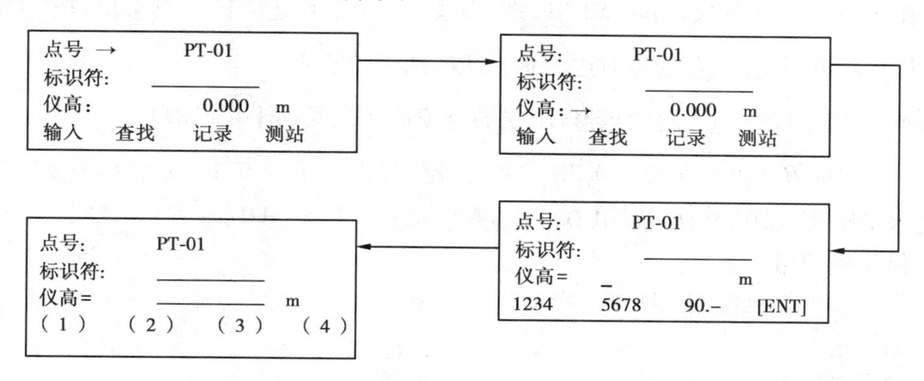

图 17.4　输入测站仪器高的操作

例 2　输入数据采集模式中的测站点编码"SOUTH"

用[▲][▼]键上下移动箭头行,使箭头"→"移动到点号条目;按 F1(输入)键,箭头即变成等号(=),这时在底行上显示字符,见图 17.5 所示;按[▲][▼]键,选择另一页,按软功能键(如 F2 键)选择一组字符(QRST),按软键选择某个字符,如按 F3 选择"S"同样可输入下一个字符,按 F4 (ENT)键,箭头移动到下一个条目修改字符,可以按[◀][▶]键将光标移到待修改的字符上,并再次输入。

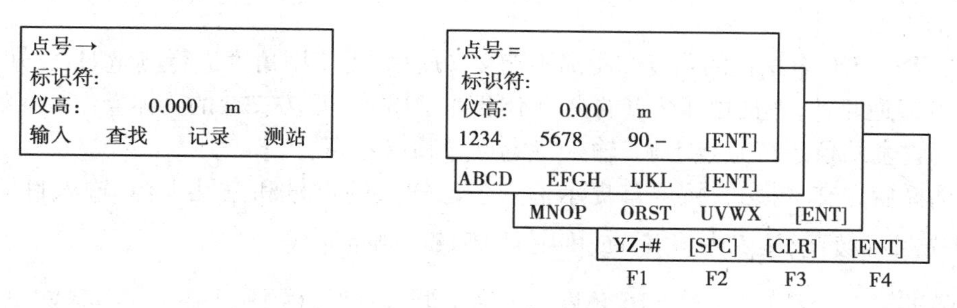

图 17.5　输入测站点编码的操作

(4)进入距离测量模式,按屏幕提示设置温度、气压、棱镜常数等初始值,并选用倾斜传感器在(开)的状态。

2. 角度测量

(1)在角度测量模式下,瞄准起始目标 A,按 F1 使水平度盘读数置零,并按[是]键。竖盘显示 A 点的竖直角。

(2)照准右侧目标 B,显示水平度盘读数即为所测的水平角 $\angle AOB$。竖盘显示 B 点的竖直角读数。

3. 距离测量

(1)选择距离测量模式,输入棱镜常数、温度、大气压等。

(2)精确照准目标棱镜中心,确认处于测角模式下,按◢键即可测得斜距、水平距离和高差。

4. 对边测量

具体操作步骤如下:

(1)在测站点 O 安置仪器;按[MENU]键,再按[F4](P↓),进入第 2 页菜单;按[F1]键,进入程序;按[F2](对边测量)键并选择对边测量模式的两个功能之一。

(2)照准棱镜 A,按[F1](测量)键显示仪器至棱镜 A 之间的平距(HD)。

(3)依次照准 B、C、…,每按一次[F1](测量)键,分别显示 A 与 B、A 与 C、…或 A 与 B、B 与 C…的水平距离(dHD)和高差(dVD),按◢键,可显示斜距(dSD)。

5. 三维坐标测量

具体操作步骤详见使用说明书。

6. 悬高测量

悬高测量具体的操作步骤如下:

(1)在测站上安置全站仪,目标下方(或上方)安置棱镜,量棱镜高 h_1。

(2)按[MENU]键,再按[F4](P↓)键,进入第 2 页菜单。

(3)按[F1]键,进入程序、按[F1](悬高测量)键。

(4)按[F1]键输入棱镜高;照准棱镜按[F1](测量)键,测量开始显示仪器至棱镜之间的水平距离(HD)。

(5)瞄准目标点 T,显示目标点 T 离地面的高度 H_T。

7. 后方交会

南方 NTS—320 全站仪的角度和距离不能交叉使用,当使用角度进行测量时,已知点的方向应为顺时针或逆时针,并且相邻两点的夹角不能超过 180°。后方交会的具体操作步骤如下:

(1)安置全站仪于待定点上后,输入待定点号和仪器高。

(2)选择后方交会模式,按屏幕提示输入各已知点的点号和三维坐标,输入目标棱镜高、瞄准第一个目标棱镜,按[F3](角度)或[F4](距离)键,测量完成。

(3)瞄准第二个已知点,按[F3](角度)或[F4](距离)键。(当用[F4](距离)键测量两个已知点或[F3](角度)键测量三个点后即进行相应计算)。

(4)依次瞄准各已知点(最多可达到 7 个点),按[F3](角度)或[F4](距离)键。

(5)各点观测完毕,按[F4](坐标)键,显示新点坐标,按[F3](是)键,新点坐标被存入坐标数据文件并将所计算的新点坐标作为测站点坐标。

8. 放样测量

放样测量模式可根据坐标或手工输入的角度、水平距离和高程计算放样元素,通常用极坐标法进行点的放样工作。放样显示是连续的。放样测量的具体操作步骤详见使用说明书。

9. 面积测量

具体操作步骤详见使用说明书。

五、全站仪使用注意事项

1. 实验开始前，教师应做好讲解和示范工作。

2. 装卸电池时，必须先关闭电源。

3. 不得将仪器对准太阳，以防损坏仪器中的电子元件。

4. 仪器和反射棱镜应有专人负责，仪器安装至三脚架上或从三脚架上拆卸时，要一只手先握住仪器，以防仪器跌落。

5. 旋转仪器、旋钮及按键操作时，动作要轻，用力不宜过大、过猛。

6. 用望远镜瞄准反射棱镜时，应尽量避免在视场内存在其他反射面如交通信号灯、猫眼反射器、玻璃镜等。

7. 观测时，应尽量避免日光持续曝晒或靠近车辆热源，以免降低仪器效率。

8. 搬站时，即使距离很近，也要关闭电源，取下仪器装箱搬运，同时应注意防震。

9. 用电缆连接全站仪和电子手簿时，要小心、稳妥地操作，不可折断插头的插针。

实验十一　视距测量

一、实验目的

掌握视距测量测定水平距离和高差的操作、记录和计算方法。

二、实验要求

水平距离和高差要进行往返测量，两次测得水平距离之差不得超过 0.2 m，高差之差不得超过 ±0.1 m。

三、实验仪器及工具

1. J_6 光学经纬仪一台，视距尺（水准尺）一把，木桩两个，锤一把，2 m 钢尺一把，工具包一个，（测伞一把）。

2. 自备 2H 或 3H 铅笔一支，计算器一台。

四、实验方法和步骤

1. 在校园内任选已埋桩的 A、B 两点（相距约 80 m）作为测站点，也可在校园内的地面上任选两点画上“十”字作为 A、B 两点的标志；在校外，可任选两点（相距约 100 m）打上木桩，桩顶钉一小钉或划一“十”字作为点位标志。

2. 在 A 点安置仪器，用钢尺量出仪器高 i（自桩顶量至仪器横轴，精确到 cm），在 B 点上竖立视距尺。

3. 盘左位置，瞄准 B 点标尺，为方便计算，尽量使中丝读数对准尺上仪器高附近后，使上丝对准尺上某个整分米处，读取上、下丝读数并记入观测手簿，立即计算视距间隔 l。

4. 再使中丝精确对准仪器高处，读取中丝读数 ν，转动竖盘指标水准管微动螺旋使竖盘指标水准管气泡居中，读取竖盘读数 L 记入观测手簿，并计算竖直角 a。

5. 计算 A、B 两点间水平距离 D 和高差 h 并填入表中。水平距离 D 和高差 h 的计算公式分别是

$$D = Kl\cos^2 a$$

$$h = \frac{1}{2}Kl\sin 2a + i - \nu = D\tan a + i - \nu$$

6. 将仪器安置在 B 点上，重新量取仪器高，在 A 点上立视距尺，由同一观测者同法进行对向观测，计算出 BA 两点间的水平距离和高差。

五、实验报告

视距测量观测手簿

日期:__________年______月______日　　天气:__________　　观测:__________

班级:__________　小组:__________　　仪器号:__________　　记录:__________

测站点	仪器高 i /m	目标	下丝 上丝	视距间隔 /m	中丝读数 /m	竖盘读数 ° ′	竖直角 ° ′	水平距离 /m	高差 /m

六、复习思考题

1. 视距测量是利用装在仪器__________中的__________，同时测定两点间__________和__________的一种测量方法。

2. 立标尺时，尺子前、后、左、右四个方向上的倾斜对水平距离和高差的观测结果有没有影响？如有，哪种情况影响最大？试分析说明。

实验十二　导线测量

一、实验目的

1. 掌握导线测量外业工作：经纬仪测角、钢尺或全站仪（测距仪）测边。

2. 掌握导线测量内业计算工作。

二、实验要求

1. 每组施测一条至少含有 4 个导线点的闭合导线。

2. 水平角观测用 J_6 经纬仪测一个测回（测回法），有关技术规定参见实验六，所测水平角应为闭合导线的内角。

3. 导线边用全站仪测一个单程（往或返）；用测距仪测边也只需测一个单程（往或返），但应立即观测竖直角，以便计算水平距离；用钢尺量距时应往返观测或同向观测两次，钢尺量距相对误差应 $\leqslant \frac{1}{3\,000}$。

4. 导线测角闭合差 $f_{\beta容} \leqslant \pm 40''\sqrt{n}$，导线全长相对闭合差应 $\leqslant \frac{1}{2\,000}$。

5. 每人计算一份成果表。

三、实验仪器及工具

1. J_6 光学经纬仪一台,钢尺一把或全站仪(测距仪)一台,花杆两根,(测伞一把)。

2. 自备 2H 或 3H 铅笔一支,计算器一台。

四、实验方法和步骤

1. 在校园内的道路上选定导线点并做好标记与编号工作。导线点不能选在道路中间,要选在不妨碍交通的路边位置;相邻导线点间应相互通视;相邻导线点间距离不能相差太大。

2. 用经纬仪测角,用钢尺或全站仪(测距仪)测边。

3. 将观测数据和起始数据填入导线坐标计算表中,并绘出导线略图。

4. 计算角度闭合差并进行调整。

5. 用改正后的角值推算各导线边的坐标方位角,并注意进行计算检核。

6. 计算各导线边的坐标增量。

7. 计算坐标增量闭合差并进行调整。

8. 用改正后的坐标增量,根据已知点的坐标值依次计算出各导线点的坐标。

五、实验报告

测 回 法 观 测 手 簿

日期:__________年______月______日　　天气:__________　　观测:__________

班级:__________　小组:__________　　仪器号:__________　　记录:__________

<table>
<tr><th>测回数</th><th>竖盘位置</th><th>目标</th><th>水平度盘读数
° ′ ″</th><th>半测回角值
° ′ ″</th><th>一测回角值
° ′ ″</th><th>各测回平均角值
° ′ ″</th><th>备注</th></tr>
<tr><td rowspan="4"></td><td rowspan="2"></td><td></td><td></td><td rowspan="2"></td><td rowspan="4"></td><td rowspan="4"></td><td rowspan="4"></td></tr>
<tr><td></td><td></td></tr>
<tr><td rowspan="2"></td><td></td><td></td><td rowspan="2"></td></tr>
<tr><td></td><td></td></tr>
<tr><td rowspan="4"></td><td rowspan="2"></td><td></td><td></td><td rowspan="2"></td><td rowspan="4"></td><td rowspan="4"></td><td rowspan="4"></td></tr>
<tr><td></td><td></td></tr>
<tr><td rowspan="2"></td><td></td><td></td><td rowspan="2"></td></tr>
<tr><td></td><td></td></tr>
<tr><td rowspan="4"></td><td rowspan="2"></td><td></td><td></td><td rowspan="2"></td><td rowspan="4"></td><td rowspan="4"></td><td rowspan="4"></td></tr>
<tr><td></td><td></td></tr>
<tr><td rowspan="2"></td><td></td><td></td><td rowspan="2"></td></tr>
<tr><td></td><td></td></tr>
<tr><td rowspan="4"></td><td rowspan="2"></td><td></td><td></td><td rowspan="2"></td><td rowspan="4"></td><td rowspan="4"></td><td rowspan="4"></td></tr>
<tr><td></td><td></td></tr>
<tr><td rowspan="2"></td><td></td><td></td><td rowspan="2"></td></tr>
<tr><td></td><td></td></tr>
</table>

续表

测回数	竖盘位置	目标	水平度盘读数 ° ′ ″	半测回角值 ° ′ ″	一测回角值 ° ′ ″	各测回平均角值 ° ′ ″	备注

导线坐标计算表

点号	观测角 β	改正数	改正后角值 β	坐标方位角 α	边长 D	Δx	Δy	改正后 Δx	改正后 Δy	x	y	点号
$\sum$										略图		
辅助计算												

钢尺量距观测手簿

日期:__________年______月______日　　天气:__________　　观测:__________

班级:__________　小组:__________　仪器号:__________　记录:__________

测段	往测	返测	平均值	相对误差	测段	往测	返测	平均值	相对误差

实验十三　碎部测量

一、实验目的

1. 练习经纬仪法测绘地形图的方法和步骤。

2. 掌握地形特征点的选择要领。

二、实验要求

1. 每组选定一个测站点(其高程由教师给定),尽量将测站点周围的地物和地貌特征点测出。

2. 小组成员要轮流担任观测、扶尺、记录计算、绘图等工作。

3. 观测与计算取位要求如下:角度1′,视距0.1 m,高差0.01 m,高程0.1 m,仪器高0.01 m,目标高0.01 m。

三、实验仪器及工具

1. J_6经纬仪一台,视距尺一把,2 m钢尺一把,测图板一块,量角器一个,三棱尺一个,工具包一个,(测伞二把)。

2. 自备2H或3H铅笔一支,计算器一个,图纸一张。

四、实验方法和步骤

(一)地形特征点的取舍

地形图测绘外业工作中,如何选择好地物特征点和地貌特征点,对于提高测图工作效率和成图质量有着重要的影响。在大比例尺地形图测绘时,地物与地貌特征点的选择一般可按下列要求进行:

1. 地物特征点的选择

(1)对于各类建(构)筑物及其主要附属设施,应以房屋外廓墙角为地物特征点进行测绘,临时性建筑物可不选点测绘,居民区可视比例尺大小适当加以综合。

(2)对于重要的独立地物,能依比例在地形图上绘出的,应选其外廓点进行实测;不能按比例在图上绘出的,应在其外廓处选一点测绘,以便在图上准确表示其定位点或定位线。

(3)道路及其附属物、水系及其附属物等应按实际形状,在道路或水系拐弯处设点测绘。人行小道可择要选点测绘。

(4)管线应选其转角处作为地物特征点进行实测,当线路密集时或居民区的低压线、通讯线等可视用图需要择要选点测绘。

(5)耕地应根据面积大小在田埂拐弯处设点测绘其具体形状。

(6)植被的测绘应按其经济价值和面积大小适当取舍。

2. 地貌特征点的选择

地貌特征点的选择原则是:应选在能反映地貌特征的山脊线、山谷线等地性线上,即在山头、山脊、山谷、鞍部和所有坡度变化或方向变化处以及明显的特征地貌(如悬崖等)处选点测绘。

(二)经纬仪测绘法测绘地形图

1. 在校园内选定 A、B 两个已埋桩的点作为测站点,若地面没有已知点,也可任选两点,打上木桩并在桩顶钉一小钉或划一“十”字作为测站点,测站点的高程可由教师根据具体地形给出(最好不是一个整数,以便练习高程计算)。

2. 将经纬仪安置在测站点 A 上,对中整平后量出仪器高,用盘左位置准确瞄准 B 点,并使水平度盘度数等于零。

3. 绘图板放在经纬仪旁边,用透明胶将绘图纸贴在绘图板上,在图纸上定出 A 点和 AB 方向,转动图板使图纸的方向与实际大致相同。

4. 转动照准部,瞄准第一个地形特征点上立的视距尺,用视距测量的方法分别读取视距间隔(即下丝读数与上丝读数之差)、中丝读数、竖盘读数并记入碎部测量手簿,同时读出水平度盘读数,记入碎部测量观测手簿。

读取视距间隔时,可在中丝读数大致对准水准尺上仪器高附近后,使上丝对准水准尺上某个整分米读数处,直接读取上、下丝读数之差即为视距间隔 l。

为方便计算,应尽量使中丝读数对准水准尺上仪器高的位置,由于视线存在障碍,中丝不能对准仪器高时,可对准比仪器高多 1 m 或少 1 m 的位置。

5. 根据公式分别计算测站点与特征点间的水平距离和高差,填入碎部测量观测手簿,再计算特征点高程并填入手簿。

6. 根据所测水平角,利用图上的已知方向,用量角器按所测水平角画出测站点和所测特征点的连线方向,在该方向上,按所测水平距离和绘图比例尺,将所测特征点展绘在图纸上,并将其高程注在点的旁边。

7. 选定第二个地形特征点,重复(4)、(5)、(6)步的观测、记录和计算工作,并将该点展绘在图纸上。同法继续测绘其他各地形特征点直至结束。

8. 地形图的绘制:地物的绘制要根据地物的实际形状,将与某地物有关的特征点用直线(或曲线)相连形成与实际相似的几何形状,地物必须做到随测随绘;地貌的勾绘可以在野外实验结束后用目估法勾绘完成。

五、实验报告

碎 部 测 量 观 测 手 簿

日期:__________年______月______日　　天气:__________　　观测:__________

班级:__________　小组:__________　仪器号:__________　记录:__________

测站点:__________定向点:__________测站点高程:__________仪器高:__________								
点号	视距间隔	中丝读数	竖盘读数 ° ′	竖直角 ° ′	水平距离 /m	高差 /m	高程 /m	备注

实验十四　地形图的应用

——断面图的绘制及场地平整

一、作业目的

1. 练习并掌握利用地形图绘制断面图。

2. 练习应用地形图进行场地平整的土方量概算。

二、作业要求

1. 每人绘制一幅断面图,要求水平距离比例尺与地形图比例尺一致,高程比例尺可放大 10 倍或更大。

2. 每人根据地形图独立进行一定区域的场地平整土方量概算。

三、仪器及工具

1. 三棱尺一个,三角板一块。

2. 自备 2H 或 3H 铅笔一支,分规一个,毫米方格纸或透明绘图纸一张。

四、作业方法和步骤

(一)绘制从 *A* 点至 *B* 点的断面图

具体选题可参见书中地形图,也可根据学生实测地形图安排题目。绘制断面图的步骤:

1. 在毫米方格纸上选择适当的位置绘一条水平线作为水平距离轴线,过水平距离轴线的起点(*A* 点)作该水平线的垂线作为高程坐标轴,并按一定的单位注明高程。

2. 在地形图上沿 *A* 至 *B* 方向线,量取各条等高线与方向线的交点到起点 *A* 的水平距离,按规定的水平距离比例尺,在毫米方格纸上自 *A* 点起依次将所量距离截于水平线上并标明点位;如果用透明纸作图时,可以将透明纸蒙在地形图上,直接把 *A B* 线及各等高线与 *A B* 线的交点画出。

3. 过各点分别作垂直于水平距离轴线的直线，根据各点的高程和高程比例尺，在该直线上截取各点的位置得各点在断面图上的位置。

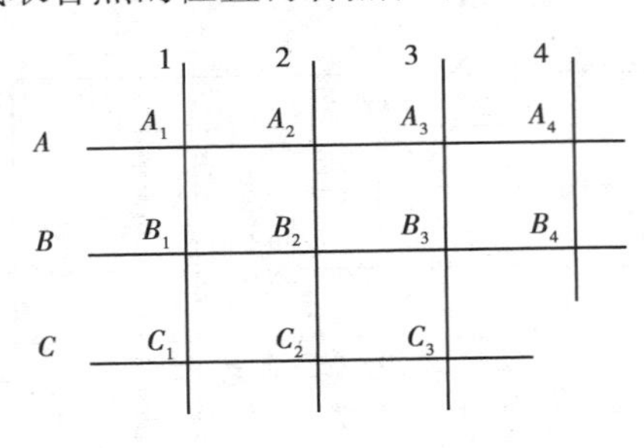

图 17.6　场地平整

4. 将各相邻点用平滑曲线连接起来，即为 A、B 两点间的断面图。

（二）平整场地

根据具体地形图，选择适当范围，要求按土方平衡的原则求出土方工程量。

1. 先在拟平整场地的范围内绘边长为 1 cm 的方格，各方格顶点按行（A、B、C…）列（1. 2. 3…）进行编号，如图 17.6 所示。

2. 根据等高线用内插法求出各方格顶点的高程。

3. 计算设计高程（平均高程）

$$\text{设计高程} = \frac{\dfrac{\sum \text{角点高程}}{4} + \dfrac{2\sum \text{边点高程}}{4} + \dfrac{3\sum \text{拐点高程}}{4} + \sum \text{中点高程}}{\text{总方格数}}$$

式中　角点是指图中的 A_1、A_4、B_4、C_1、C_3 点；

边点是指图中的 A_2、A_3、B_1、C_2 点；

拐点是指图中的 B_3 点；

中点是指图中的点 B_2。

4. 在地形图上用内插法绘出设计高程等高线（填、挖边界线）。

5. 计算填、挖高度

$$\text{填、挖高度} = \text{地面点高程} - \text{设计高程}$$

计算结果正数表示挖深，负数表示填高。

6. 计算填、挖土方量

$$\text{角点：填（挖）高度} \times \frac{1}{4}\text{方格面积}$$

$$\text{边点：填（挖）高度} \times \frac{2}{4}\text{方格面积}$$

$$\text{拐点：填（挖）高度} \times \frac{3}{4}\text{方格面积}$$

$$\text{中点：填（挖）高度} \times \text{方格面积}$$

然后分别计算填（挖）方量总和。

五、作业题

1. 利用图 2.1 绘制控制点 1 ~9 至万家山点 50.327（该两点位于李家村东部方向，图幅的东部）的断面图。

2. 如图 17.7 所示（图纸比例尺为 1∶2 000），欲在汪家凹村村北进行土地平整，其设计要求如下：

（1）整平后要求高程为 44 m 的水平面。

（2）平整场地的位置：以 533 号导线点为起点向东 60 m，向北 50 m。

根据设计要求绘方格(每 10 m 绘一方格),然后求出挖、填土(石)方量。

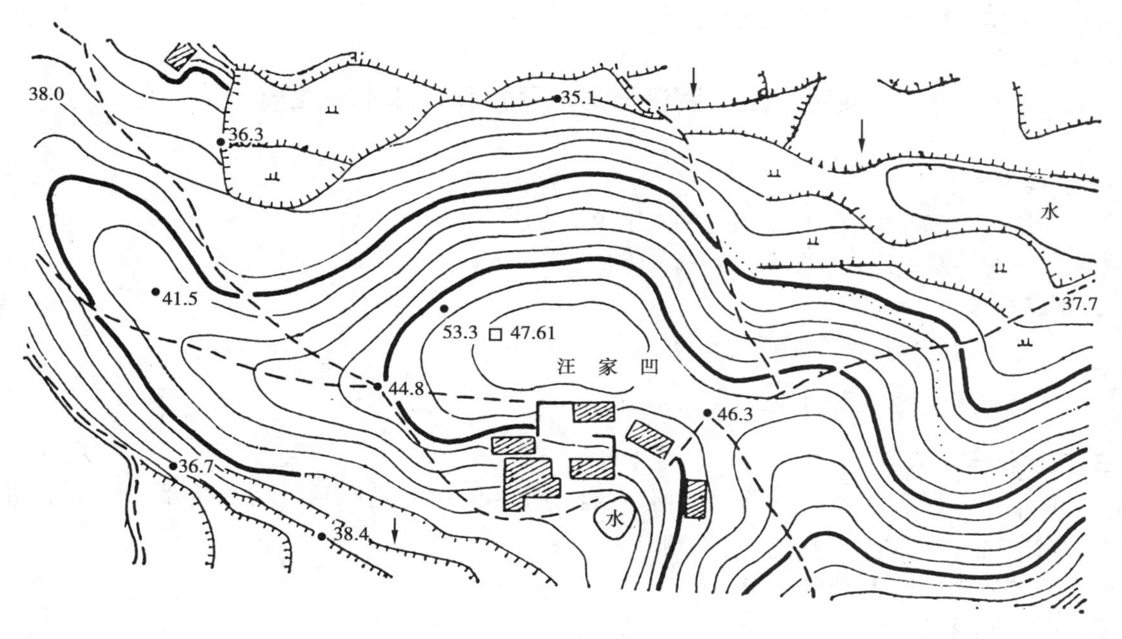

图 17.7　汪家凹村地形图

土　方　量　计　算　表

设计高程:____________

点　号	挖深	所占面积	挖方量	点　号	填高	所占面积	填方量
合　计				合　计			

17.5　施工测量实验指导

施工测量是专业测量内容。本节包括测设已知水平角和已知水平距离、测设已知高程和已知坡度、渠(管)道纵横断面测量、圆曲线主点测设、偏角法详细测设圆曲线五个实验指导内容。不同专业可根据专业的需要和学时的多少选择相应的实验。如果理论教学学时不够，也可将部分实验放在测量综合实习中进行。

实验十五　测设已知水平角和已知水平距离

一、实验目的

1. 练习并掌握用精确法测设已知水平角的方法。

2. 练习并掌握测设已知水平距离的方法。

二、实验要求

1. 水平角测设误差不应超过 ±40″。

2. 距离测设相对误差应$\leqslant\frac{1}{5\ 000}$。

三、实验仪器及工具

1. J_6 经纬仪一台，钢尺一把，水准仪一台，水准尺一根，温度计一个，弹簧秤一个，木桩五个，测钎三根，锤一把，工具包一个，(测伞一把)。

2. 自备 2H 或 3H 铅笔一支。

四、实验方法和步骤

(一)测设角值为 β 的已知水平角

1. 在地面选 A、B 两点并打上木桩，桩顶钉一小钉或划一“十”字标志点位，并作为已知方向。

2. 在 B 点安置经纬仪，盘左位置转动照准部瞄准 A 点，并使水平度盘度数为 L(L 等于 0°或略大于 0°)。

3. 松开照准部制动螺旋，顺时针方向转动照准部，使度盘读数为 $L+\beta$，固定照准部，在此方向上距 B 点为 D_{BC}(略短于一整尺段)处打一木桩，并在桩顶标出视线方向和 C'点的点位。

4. 用测回法观测 $\angle ABC'$两个测回，若两测回之间角值之差不超过 ±40″，取其平均值为该角的观测值 β'。

5. 计算改正数

$$CC' = D_{BC} \times \frac{(\beta' - \beta)''}{\rho''} = D_{BC} \times \frac{\Delta\beta''}{\rho''}$$

6. 过 C'点作 BC'的垂线，沿垂线向角外($\beta' < \beta$)或向角内($\beta' > \beta$)量取 CC'定出 C 点，则 $\angle ABC$ 为所要测设的 β 角。

7. 检核：用测回法重新测量 $\angle ABC$，其角值与已知角 β 之差应在限差之内，否则要再进行改正，直到精度满足要求为止。

(二)测设长度为 D 的已知水平距离

利用测设水平角的桩点，沿 BC 方向测设一段水平距离 D 等于 35 m 的线段 BE。

1. 安置经纬仪于 B 点，瞄准 C 点，用钢尺自 B 点沿视线方向丈量概略长度 D，打桩并在桩顶标出直线的方向和该点的概略位置 E'。

2. 用检定过的钢尺按精密量距的方法往、返量出 BE'的距离，并测出丈量时的钢尺温度，估读至 0.5 ℃。

3. 用水准仪往、返测量各桩顶间的高差，当两次测得高差之差不超过 5 mm 时，取其平均值作为观测成果。

4. 将往、返测得 BE' 的距离分别加尺长、温度和倾斜改正后，取其平均值为 D'，与要测设的长度 D 相比较，求出改正值 $\Delta D = D' - D$。

5. 若 $D' > D$，即 ΔD 为正值，则应由 E' 点向 B 方向改正 ΔD 值得到点 E，BE 即为所测设的长度 D；若 $D' < D$，ΔD 为负值，则应向相反的方向改正。

6. 再检测 BE 的距离，与设计的距离之差的相对误差应 $\leqslant \frac{1}{5\ 000}$。

五、实验报告

测 设 水 平 角 手 簿

日期:__________年______月______日　　天气:__________　　观测:__________

班级:__________　　小组:__________　　仪器号:__________　　记录:__________

测站点	竖盘位置	目　标	设计角值	水平度盘读数	测设略图

水 平 角 检 测 手 簿

测　站	竖盘位置	目　标	水平盘读数	角　　值	平均角值	备　　注

精密量距记录计算表

钢尺号码:________ 膨胀系数:________ 检定时温度:________

名义尺度:________ 检定长度:________ 检定时拉力:________

尺段	实测次数	前尺读数/m	后尺读数/m	尺段长度/m	温度/℃	高差/m	温度改正数/mm	尺长改正数/mm	倾斜改正数/mm	改正后尺段长度/m
	平均									
	平均									
	平均									
	平均									
	平均									

实验十六　测设已知高程和已知坡度

一、实验目的

1. 练习测设已知高程点的方法。

2. 练习测设某条设计坡度线的方法。

二、实验要求

高程测设误差不应大于 ±12 mm。

三、实验仪器及工具

1. S_3 水准仪一台,水准尺二把,木桩六个,皮尺一把,锤一把,工具包一个,(测伞一把)。

2. 自备2H或3H铅笔一支。

四、实验方法和步骤

(一)测设已知高程$H_{设}$

1. 设在欲测设已知高程点的附近有一临时水准点A,其高程为H_A(其高程由教师提供),在欲测设高程点B处打一木桩。

2. 安置水准仪于A、B之间,后视A点上的水准尺,读后视读数a,则水准仪视线高$H_i = H_A + a$。

3. 计算前视读数$b = H_i - H_{设}$。

4. 在B点紧贴木桩侧面立尺,观测者指挥持尺者将水准尺上、下移动,当水准仪中的横丝对准尺上该数b时,在木桩侧面用红铅笔画出水准尺零端位置线(即尺底线),此线即为所要测设已知高程点的位置线。

5. 检测:重新测定上述尺底线的高程,与设计值$H_{设}$比较,误差不得超过规定值。

(二)测设某设计坡度线

从A到B测设距离D为50 m,设计坡度i为-1%的坡度线,规定每隔10 m打一木桩。

1. 从A点开始,沿AB方向量距、打桩并依次编号。

2. 设起点A位于坡度线上,其高程为H_A,根据设计的坡度和AB两点间的水平距离D计算出B点高程:$H_B = H_A - 0.01D$,并用测设已知高程点的方法将B点的位置测设出来。

3. 安置水准仪于A点,使一个脚螺旋位于AB方向上,另两个脚螺旋的连线与AB垂直,量取仪器高i。

4. 用望远镜瞄准B点上的水准尺,转动位于AB方向上的脚螺旋,使视线对准尺上读数i处。

5. 不改变视线,依次立尺于各桩顶,轻轻打桩,待尺上读数恰好为i时,桩顶即位于设计的坡度线上。

当地面坡度不大但地面起伏稍大时,不能将桩顶打在坡度线上,此时,可读取水准尺上的读数,然后计算出各中间点的填、挖高度:填、挖高度=水准尺读数$-i$,计算结果"+"表示填,"-"表示挖。

当地面坡度较大时,应使用经纬仪进行测设。

五、实验报告

测 设 已 知 高 程

日期:__________年______月______日　　天气:__________　　观测:__________

班级:__________　　小组:__________　　仪器号:__________　　记录:__________

水准点高程	后视读数	视线高程	测设高程	前视应读数

高 程 检 测

测　站	点　号	后视读数	前视读数	高　差	高　程	备　注

测 试 某 设 计 坡 度 线

坡线全长:＿＿＿＿＿　设计坡度:＿＿＿＿＿　起点高程:＿＿＿＿＿　终点高程:＿＿＿＿＿

桩　　号	仪 器 高	尺 上 读 数	填、挖高度	备　　注

实验十七　渠(管)道纵、横断面测量

一、实验目的

1. 练习渠(管)道中线测量。

2. 练习渠(管)道纵、横断面水准测量的观测、记录及计算方法。

二、实验要求

1. 盘左、盘右观测转向角值互差不应超过 ±40″。

2. 渠(管)道纵断面水准测量高差闭合差应不大于 $\pm 40\sqrt{L}$(mm),式中 L 为渠(管)道路线长度,以 km 计。

三、实验仪器及工具

1. S_3 水准仪一台,J_6 经纬仪一台,钢尺一把,皮尺一把,花杆三根,水准尺一对,木桩十二个,锤一把,工具包一个,(测伞一把)。

2. 自备 2H 或 3H 铅笔一支。

四、实验方法和步骤

1. 渠(管)道中线测量

(1)在地面选定总长度为100~200 m的A、B、C三点,各打一木桩,分别作为渠(管)道的起点、转向点和终点。

(2)从渠(管)道的起点A点(桩号为0+000)开始,沿中线每隔20 m钉一里程桩,各里程桩的桩号分别为0+020、0+040、…,并在沿线坡度变化较大及有重要地物的地方增钉加桩。

(3)在转向点B处用测回法观测转向角一个测回,盘左、盘右测得的角值之差不得超过$\pm 40''$。

2. 渠(管)道纵断面水准测量

(1)将水准仪安置于起点A(该点高程可由教师给出)与转向点B之间进行水准测量,用高差法求出B点的高程,再用仪高法计算出各里程桩(或加桩)点的高程。

(2)将仪器搬到B、C之间,同法测定终点C的高程以及B、C两点间各里程桩(或加桩)点的高程,最后将仪器搬至A、C两点之间,观测A点高程并与其已知高程进行比较,要求高差闭合差不得超过$\pm 40\sqrt{L}$ mm。

3. 渠(管)道横断面水准测量

横断面水准测量可与纵断面水准测量同时进行,分别记录。

(1)将欲测横断面的中线桩的桩号、高程和该站对中线桩的后视读数与算得的视线高程均转记于横断面测量手簿的相应栏内。

(2)量出横断面上地形变化点至中线桩的距离并注明点位在中线左、右的位置。

(3)用纵断面水准测量时的水平视线分别读取横断面上各点水准尺上的中间视读数,用视线高程分别减去各点中间视线读数得横断面上各点的高程。

五、实验报告

渠(管)道转向角观测手簿

日期:__________年______月______日　　天气:__________　　观测:__________

班级:__________　　小组:__________　　仪器号:__________　　记录:__________

测站	竖盘位置	目标	水平度盘读数	半测回角值	一测回平均读数	备注

渠（管）道纵断面水准测量手簿

测　站	桩　号	水　准　尺　读　数			高差 /m	仪器视线高程/m	高程 /m	备　注
		后　视	前　视	中间视				

渠（管）道横断面水准测量手簿

测　站	桩　号	水　准　尺　读　数			仪器视线高程/m	高程 /m	备　注
		后　视	前　视	中间视			

实验十八　圆曲线主点测设

一、实验目的

1. 学会路线转角的测定方法。
2. 掌握主点里程的计算方法。
3. 掌握主点的测设过程。

二、实验要求

1. 选定路线，测定路线转角，钉出角平分线桩。
2. 计算圆曲线元素 L、T、E、D。
3. 计算主点 ZY、QZ、YZ 的里程。
4. 测设圆曲线主点位置。

三、实验仪器及工具

1. J_6 经纬仪一台，花杆三根，木桩五个，锤子一把，测钎三根，皮尺一把，工具包一个。

2. 自备：计算器一台，2H 或 3H 铅笔一支。

四、实验方法和步骤

1. 选定圆曲线设计值，取 $R=50$ m。

2. 在实地上选一合适位置打上木桩，作为圆曲线交点 JD_2，分别向约呈 120°的两个方向延伸 40 m 左右的距离定出 JD_1、JD_3 两点，打上木桩，如图 17.8 所示。

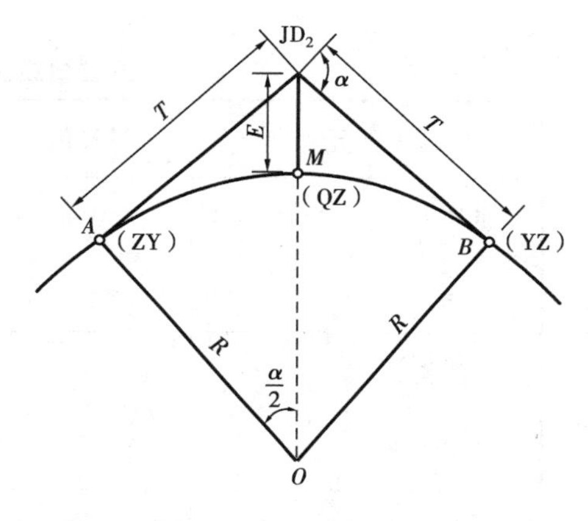

图 17.8　圆曲线主点测设

3. 在交点 JD_2 上安置经纬仪，用测回法对 $\angle JD_1JD_2JD_3$ 进行一个测回观测，得角值 β，并计算出路线转角 α（计算到分）。

$$\alpha = 180° - \beta$$

4. 根据圆曲线半径 R 和 α，按下式计算圆曲线元素 L、T、E、D 及主点的里程，填入表中。

$$T = R \cdot \tan\frac{\alpha}{2}$$

$$L = R \cdot \alpha \cdot \frac{\pi}{180}$$

$$E = R \cdot \left(\sec\frac{\alpha}{2} - 1\right)$$

$$D = 2T - L$$

5. 分别瞄准 JD_1、JD_3，测设切线长 T，定出 ZY、YZ 两点，打上木桩。

6. 瞄准交点 JD_3，使水平度盘度数为 0°，测设$\frac{1}{2}(180° - \alpha)$，并在此方向线上测设外矢距 E 得曲中点 QZ，打上木桩。

五、实验报告

圆曲线转折角测量计算表

日期:__________年______月______日　　天气:__________　　观测:__________

班级:__________　　小组:__________　　仪器号:__________　　记录:__________

<table>
<tr><th>测站</th><th>竖盘
位置</th><th>方向</th><th>水平盘度数
° ′ ″</th><th>半测回角值
° ′ ″</th><th>一测回角值
° ′ ″</th><th>略　图</th></tr>
<tr><td rowspan="4"></td><td rowspan="2"></td><td></td><td></td><td rowspan="2"></td><td rowspan="4"></td><td rowspan="6"></td></tr>
<tr><td></td><td></td></tr>
<tr><td rowspan="2"></td><td></td><td></td><td rowspan="2"></td></tr>
<tr><td></td><td></td></tr>
<tr><td rowspan="4"></td><td rowspan="2"></td><td></td><td></td><td rowspan="2"></td><td rowspan="4"></td></tr>
<tr><td></td><td></td></tr>
<tr><td rowspan="2"></td><td></td><td></td><td rowspan="2"></td><td>转折角 α</td></tr>
<tr><td></td><td></td><td></td></tr>
</table>

圆曲线元素及主点桩号计算

圆曲线元素	计算值	圆曲线交点	交点里程桩号
半径 $R=$	50 m	交点 JD_2	K2 +234.56
切线长 $T=$		直圆点 ZY = JD_2 里程 $-T$	
曲线长 $L=$		曲中点 QZ = ZY 里程 $+L/2$	
外矢距 $E=$		圆直点 YZ = ZY 里程 $+L$	
切曲差 $D=2T-L$		检验: = JD_2 里程 $+T-D$	

六、复习思考题

1. 在 JD_2 设站，瞄准__________，从 JD_2 起沿该方向量__________长定出 ZY；瞄准__________，在此方向上从 JD_2 起量__________长定出__________。

实验十九　偏角法详细测设圆曲线

一、实验目的

1. 掌握偏角法进行圆曲线细部测设的方法。

2. 学会偏角法进行圆曲线细部测设的计算。

二、实验要求

1. 本实验在实验十八的基础上进行。

2. 在实验前做好测设数据的计算。

3. 从一个主点测设到另一个主点，其闭合差要求如下：纵向（切线方向）差 $<\frac{L}{1\ 000}$，横向（半径方向）差 <0.1 m。

三、实验仪器及工具

1. J_6 经纬仪一台，皮尺一卷，锤子一把，花杆三根，木桩六个，工作包一个，（测伞一把）。

2. 自备：计算器一台，2H 或 3H 铅笔一支。

四、实验方法和步骤

1. 测设数据计算

如图 17.9 所示，采用整桩号法进行圆曲线详细测设，选取 10 m 作为整弧段 l，其对应的圆心角为 φ，弦长为 S。首尾两个分段弧长为 l_1、l_2，对应的圆心角分别为 φ_1、φ_2，对应的弦长分别为 S_1、S_2，则圆曲线上各细部点的偏角分别是：

P_1 点偏角 $\delta_{P1}=\frac{\varphi_1}{2}=\frac{l_1}{2R}\cdot\frac{180°}{\pi}$

P_2 点偏角 $\delta_{P2}=\frac{\varphi_1+\varphi}{2}$

P_3 点偏角 $\delta_{P3}=\frac{\varphi_1+2\varphi}{2}$

…

P_n 点偏角 $\delta_{Pn}=\frac{\varphi_1+(n-1)\varphi}{2}$

YZ 点偏角 $\delta_{YZ}=\frac{\varphi_1+(n-1)\varphi+\varphi_2}{2}$

检验：　$\delta_{YZ}=\frac{\alpha}{2}$　　$\delta_{QZ}=\frac{\alpha}{4}$

弦长 $S=2R\sin\frac{\varphi}{2}=l-\frac{l^3}{24R^2}$

弧弦差 $d=l-S=\frac{l^3}{24R^2}$

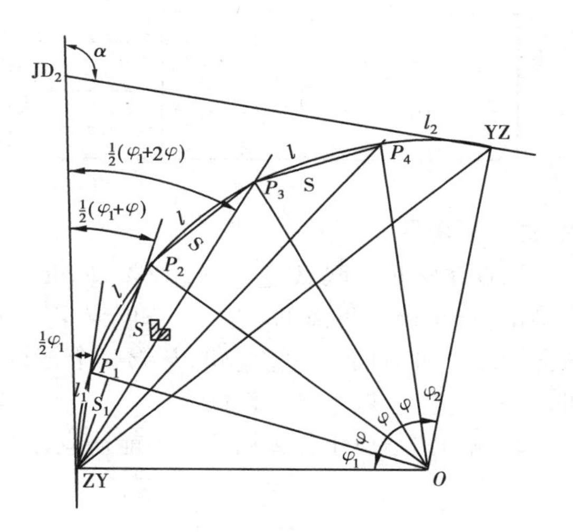

图 17.9　偏角法进行圆曲线细部测设

2. 测设方法

(1) 在 ZY 点上安置经纬仪，瞄准 JD_2，将水平度盘读数置为 0°。

(2) 转动照准部，使水平度盘读数为 δ_{P1}。自 ZY 起沿视线方向测设弦长 S_1，得细部点 P_1；转动仪器使度盘读数为 δ_{P2}，自 P_1 量 S 与视线相交得细部点 P_2，……直到测设完毕。

(3) 检验：以最后一个主点测设数据进行检验，若超限，则应重新测设。

五、实验报告

偏角法圆曲线细部测设表

日期:__________年______月______日　　天气:__________　　观测:__________

班级:__________　小组:__________　仪器号:__________　记录:__________

点号	里程桩号	弧　长	偏角法测设数据		略　图
			弦　长	偏　角　值	

六、复习思考题

1. 偏角法是在起点________设站,照准________,将水平度盘读数置为__________,转动照准部,拨至第一桩点的________角,从 ZY 沿此方向量__________长,定出第一个桩点。再拨至第二个桩点的________角,从第一个桩点量________长,与________交出第二个桩点,也可以在________或______设站。

2. 偏角法适应于什么场合?不能适应什么场合?

第18章 测量综合实习(实训)指导

18.1 测量综合实习的目的与任务

测量综合实习是根据《测量技术基础》教学大纲的要求,在学完测量学基本理论知识并初步掌握测量仪器的基本操作方法后安排的综合性教学实习。

虽然测量综合实习一定要安排在课程学习完后进行,但它是一门独立开设的实践性课程,学分单计。

18.1.1 测量综合实习的目的

1)帮助学生巩固和加深课堂教学理论知识的理解,进一步熟练课堂实验时所获得的测量仪器的基本操作技能和技巧,做到理论与实践相结合。

2)通过测量综合实习,学生应初步掌握工程建设中大比例尺地形图的基本作业程序和测绘方法,初步掌握地形图的应用和工程施工测量的基本方法,能综合运用所学知识为工程建设服务。

3)通过测量综合实习,进一步提高学生分析问题、解决问题能力以及实际动手能力。

4)通过测量综合实习的锻炼,应进一步帮助学生培养良好的集体主义观念、严谨认真的治学态度、实事求是的工作作风、团结协作的团队精神和吃苦耐劳的劳动态度。

18.1.2 测量综合实习的任务

1)每个实习小组独立完成一条约 1 km 长的四等水准测量闭合(或附合)路线。

2)每个实习小组独立完成一幅(30 cm×30 cm)1:500 地形图的测绘。

3)每个实习小组独立完成地形图的应用(断面图的绘制与场地平整)工作。

4)每个实习小组独立完成一至二个与专业内容相关的施工测量实验。

18.2 测量仪器与工具

18.2.1 各组必备的测量仪器和工具

每个实习小组应配备以下测量仪器和工具：

1) J_6 经纬仪一台，S_3 水准仪一台，双面水准尺一对，尺垫两个，30 m 皮尺一把，2 m 钢尺一把，测图板一块，《地形图图式》一本，木桩若干个，锤一把，量角器一个，三棱尺一个，记录板一块，测伞一把，工具包一个。

2) 自备：计算器一台，2H（或 3H）与 4H 铅笔各一支，1∶500 地形图一幅（可购买），橡皮一块，四等水准测量观测手簿、角度测量观测手簿、距离测量观测手簿、碎部测量观测手簿若干，小刀一个。

18.2.2 共用的测量仪器与工具

根据学校测量仪器设备情况和班级人数，每个班级至少应配备以下测量仪器和工具：

5″或 2″全站仪主机一 ~ 二台，脚架三 ~ 四个，反射棱镜（含觇牌、棱镜杆）二 ~ 四个，充电器一 ~ 二个。

全站仪设备足够多时，可以每组配备一台。实习内容则以全站仪进行数字测绘为主。

18.3 测量综合实习计划安排与组织纪律

18.3.1 测量综合实习计划

<table>
<tr><th>序</th><th colspan="2">实习项目</th><th>实习内容</th><th>时间安排</th></tr>
<tr><td rowspan="2">1</td><td colspan="2" rowspan="2">实习准备</td><td>领取并检查仪器</td><td>0.5 天</td></tr>
<tr><td>踏勘选点、埋桩编号</td><td>0.5 天</td></tr>
<tr><td rowspan="4">2</td><td rowspan="4">图根控制</td><td>高程控制</td><td>用四等水准施测各点高程</td><td>1 天</td></tr>
<tr><td rowspan="3">平面控制</td><td>经纬仪导线外业测角</td><td rowspan="3">2 天</td></tr>
<tr><td>全站仪量边（教师组织）</td></tr>
<tr><td>控制成果计算与图纸准备</td></tr>
<tr><td rowspan="2">3</td><td rowspan="2">地形图的测绘</td><td rowspan="2">碎部测量</td><td>经纬仪测图</td><td rowspan="2">4 天</td></tr>
<tr><td>地形图的清绘与整饰</td></tr>
<tr><td>4</td><td colspan="2">地形图的应用</td><td>断面图的绘制及场地平整计算</td><td>0.5 天</td></tr>
<tr><td>5</td><td colspan="2">施工测量</td><td>与专业相关的施工测量工作</td><td>1 ~ 2 天</td></tr>
</table>

续表

序	实习项目	实习内容	时间安排
6	成果整理、还仪器		0.5天
7	实习总结、成绩评定		可在实习后或在实习期间进行
8	合　计		10~11天

注:1. 实习动员、图纸及绘图工具的购买应在实习开始前完成。
2. 如遇雨天或其他特殊情况,实习内容和时间安排可作适当调整。
3. 上述安排是以两周实习时间为准的,如实习时间更长,则可适当增加地形图的应用和施工测量的内容与天数。

18.3.2　测量综合实习的组织

测量综合实习的教学与管理工作由课程主讲教师负责,并应配备一定数量的实习指导教师。实习前,应根据班级人数多少合理划分成若干小组(小组人数以5人为宜),每个实习小组设小组长一名,负责本小组的实习工作。

为保证测量综合实习工作的顺利进行,一般应成立测量实习队队委会,队委会由课程主讲教师、实习指导教师和有关班干部(或各实习小组组长)组成。

18.3.3　测量综合实习纪律

1)实事求是,严格执行作业规范,坚决杜绝弄虚作假行为。
2)爱护测量仪器和工具,损坏或丢失测量仪器者应照价赔偿。
3)不无故旷工,不迟到早退。
4)团结合作,互相帮助,吃苦耐劳。
5)各种记录手簿的检查和计算工作必须当场(天)完成。
6)遵守学校或当地的有关规定。

18.4　测量综合实习的内容与要求

18.4.1　图根平面控制

图根平面控制一般采用闭合导线,导线点的个数应比实习小组数多,导线点用木桩上钉小铁钉表示,并用红漆编号。如在校园内实习,最好由教师预先在学校内布好一定数量的导线点(埋铁桩),供实习使用。

(1)角度测量

用J_6经纬仪测左角(内角)一个测回,半测回差$\leqslant \pm 36''$。

(2)边长测量

每段距离用全站仪(或测距仪)单向观测一次。如果是用钢尺丈量,则要求往返测量,往返测相对误差$\leqslant \frac{1}{3\ 000}$,边长变化范围为50~100 m。

(3)导线成果计算

根据已知数据(一条边的坐标方位角,一个点的平面直角坐标)和观测数据进行闭合导线的成果计算,推算各导线点的平面直角坐标。导线角度闭合差应≤ $\pm 40\sqrt{n}''$。导线全长相对闭合差应≤$\frac{1}{2\ 000}$。

18.4.2 图根高程控制

一般情况下,图根高程控制采用导线点作为高程控制点,构成闭合水准路线。

(1)外业观测

用 S_3 水准仪和水准尺按四等水准测量的要求进行闭合水准路线的测量。技术要求:

前后视距差≤ ±3 m,前后视距累计差≤ ±10 m,红黑面读数差≤ ±3 mm,红黑面高差之差≤ ±5 mm,闭合路线高差闭合差≤$6\sqrt{n}$(mm)。

(2)内业计算

在外业观测成果检核符合要求后,根据一个已知点的高程和高差观测数据进行闭合水准路线成果计算,推算出各水准(导线)点的高程。

18.4.3 地形图的测绘

(1)测图准备工作

将控制点展绘到已绘好方格的图纸(可购买)上,并做好其他测图前的准备工作。

(2)碎部测量

碎部测量一般采用经纬仪测绘法:根据视距测量的原理,通过测量并计算出立尺点(地形特征点)与测站点间的水平距离和高差,按极坐标法将各立尺点展绘到图纸上并注明高程。

碎部点的选取原则:地物取其外形轮廓的转折点,地貌取其地性线上的坡度变化点。碎部点间隔要求图上 1 ~3 cm 间隔一个点,即最大间距为 15 m。测图时的最大视距:地物点应小于 80 m,地貌点应小于 150 m。仪器高和觇标高至少应量至厘米。

地形图绘图时,应遵守《1:500、1:1 000、1:2 000 比例尺地形图图式》中的有关规定。

(3)地形图的拼接、检查、清绘与整饰

地形图的拼接可不作具体要求;地形图要进行室内检查和实地检查,实地检查一般用仪器设站采用散点法或断面法进行检查;地形图的清绘与整饰应按照先图内后图外、先注记后符号、先地物后地貌的次序进行。

18.4.4 地形图的应用

各实习小组可在教师的指导下,根据各组所测的大比例尺地形图,绘制某个断面的断面图并进行某个区域的场地平整工作(参见实验十四)。

18.4.5 工程施工测量

(1)实习时间为四周时

当实习时间为四周时,可适当增加地形图的测绘时间,绘图的范围也应增加到一整幅(40 cm×50 cm);同时,结合各自专业的需求,增加地形图应用的时间和内容,并要求在自己绘制的地形图和断面图的基础上进行相关的设计工作,以此作为施工放样的依据;同时还应适当增加工程施工测量工作内容和时间。

(2)实习时间为三周时

当实习时间为三周时,可结合各自的专业需求,适当增加地形图的应用内容和时间,同时增加与专业内容相关的工程施工测量内容和时间。

(3)实习时间为两周时

当实习时间只有两周时,一般教学学时都比较少,课内实验只能选择实验一至实验十三中的部分实验进行。其他实验则可根据各自专业的不同需要,放在本次实习中进行:如将实验十四作为测量综合实习中地形图的应用内容,选择实验十五至实验十九中的部分实验作为测量综合实习中的工程施工测量内容。

(4)实习时间少于两周时

实习时间少于两周时,其专业对测量课程的要求也比较低,此时,可压缩测量综合实习中的控制测量和碎部测量的部分时间,适应减少地形图绘图的图幅大小要求(如将绘图范围减为20 cm×20 cm);同时,根据专业需要决定选作地形图应用的内容和时间。

当实习时间只有一周时,也可不进行地形图的测绘工作,只选择实验十一至实验十九中的部分实验进行操作。

18.5　成果整理与成绩评定

实习过程中,所有外业观测的原始数据均应记录在规定的表格内,全部内业计算也应在规定的表格内进行。实习结束时,应对测量成果资料进行整理,并装订成册,上交实习带队教师,作为评定实习成绩的主要依据。

18.5.1　上交的成果与资料

(1)每组应上交的成果与资料:

1)四等水准测量观测手簿。

2)角度测量观测手簿。

3)距离测量观测手簿。

4)碎部测量观测手簿。

5)1:500地形图一幅(30 cm×30 cm)。

6)实习总结一份。

(2)个人应上交的成果与资料:

1)四等水准测量高程计算表一份。

2)导线坐标计算表一份。

3)地形图应用的计算成果与相关图件(可根据专业不同选择具体的内容)一份。

4)实习小结一份。

18.5.2　测量综合实习的成绩评定

1)实习成绩的评定建议采用五级分制:优秀、良好、中、及格、不及格,也可采用合格、不合格的二级分制。

2)实习成绩的评定程序:先评出小组实习成绩,小组内个人成绩以小组成绩为基准进行评定。

3)实习成绩的评定方法:小组实习成绩原则上由队委会共同评定;组内个人成绩一般先由小组民主评议,实习带队教师综合个人的实习表现、小组评议和上交资料质量,在小组成绩基准上上下浮动一至二个档次进行评定。

4)凡属下列情况者,不论小组成绩和小组民主评议结果如何,均以不及格论处:

①损坏或丢失测量仪器和工具者;

②有意涂改或伪造原始数据或计算成果者;

③擅离岗位、经常迟到早退者;

④请病、事假超过实习总天数的1/4者;

⑤未完成实习任务者;

⑥抄袭他人测量数据、计算成果或描绘其他组测绘的地形图者;

⑦不交成果资料和实习报告者;

⑧影响他人实习造成严重后果者;

⑨违反实习纪律和当地的规章制度,在当地影响较坏者。

附　　录

附录1　常规测量仪器操作技能考核指导

水准仪四等水准测量操作考核指导

为检查水准测量实验效果,客观公正地考查学生掌握水准仪进行水准测量工作的技能程度,以水准仪四等水准测量为例,列出几个具体的操作考核指标,供教师实验教学时参考。

一、考核目的与内容

考核目的:检查学生操作水准仪以及进行四等水准测量工作的熟练程度。

考核内容:每小组施测一条四个测站的四等水准测量闭合路线,重复施测四次。

二、考核要求与组织

考核要求:测站观测顺序为:后→前→前→后。

考核一般以4人一组为宜,每次重复施测时应轮换担任观测员、记录员、第一站的后尺员和第一站的前尺员的工作。必须保证每人均担任过此四项工作,不可缺少,也不可重复。

三、领用设备与提交资料

每组领用:S_3 水准仪一台,双面水准尺一对,尺垫二个,记录板一块;自备2H铅笔,记录表格由考核教师准备。

每人一份记录表格。

四、评分标准

序	评分内容	评分标准		
1	观测分 (58分)	时间分 最高分20分	t(分钟)$\leqslant 20'$ $20' < t$(分钟)$> 30'$ t(分钟)$\geqslant 30'$	20分 $20+(20-t)$分 10分
		质量分 总分38分	读数差 总分20分	后视红黑面读数差共4个,每个3分,小计$4\times3=12$分; 前视红黑面读数差共4个,每个2分,小计$4\times2=8$分
			红黑面高差 总分8分	四个测站共4个,每个2分,小计$4\times2=8$分
			路线闭合差 最高分5分	合格5分;不合格0分
			第四测站后、前视视距差 最高分5分	合格5分;不合格0分
2	记录分 (30分)	时间分 最高分14分	t(分钟)$\leqslant 2'$ $2' < t$(分钟)$> 6'$ t(分钟)$\geqslant 6'$	14分 $14+(2-t)\times2$分 6分
		字体分 最高分10分	无涂改:规矩,美观 10分 规矩,不太美观 8分 不太规矩 6分	涂改扣分: 每涂改一处扣2分
		计算分 最高分6分	共40处,每个0.15分,小计$40\times0.15=6$分	
3	扶尺分 (12分)	第1~3测站的后、前视视距差: 共3个前视尺,每个4分,小计$3\times4=12$分		
4	总分(100分)			

五、注意事项

教师应在进行四等水准测量考核前将以下几点注意事项向学生交待清楚:

1. 考试小组必须是4人一个小组,不得3人一组进行考核。当班级人数不能被4整除时,则可使有的小组为5人,采取轮换的办法构成4人一组的考试小组。

2. 为保证每人均能轮流担任观测和记录两项工作,可按下表的排列进行工种轮换。

对于4人的小组

人员编号	1	2	3	4
所任工种	观测 记录 第一站前视 第一站后视	记录 第一站前视 第一站后视 观测	第一站后视 观测 记录 第一站前视	第一站前视 第一站后视 观测 记录

对于 5 人的小组

人员编号	1	2	3	4	5
所任工种	观测	记录	第一站前视	第一站后视	
		观测	记录	第一站前视	第一站后视
	第一站后视		观测	记录	第一站前视
	第一站前视	第一站后视		观测	记录
	记录	第一站前视	第一站前视		观测

3. 一切观测值均不得返工,即不论观测成果是否超限,或观测中出现读错均以一次读数值作为考试结果。也就是说,考试是一次观测的可靠情况,否则便无法了解各人的操作水平,也就无法评定成绩。

4. 教师在考核期间的主要职责:一是在观测手簿上记载观测的开始时间、观测结束时间和记录员计算完后交回手簿的时间;二是观察考核小组在考核过程中操作是否正常。

5. 记录手簿不能一次发给考核小组所有成员,而是当某个小组开始考试时,填上开始时间后,发给该小组的记录员,并要求其将各人所担任的工种填写在手簿上。当观测员读完最后一个读数时,记录员应立即携带手簿到教师处,由教师记上观测结束时间之后再由记录员完成未完成的计算工作;记录员完成计算后应立即将手簿交回教师,教师则在手簿上注明计算结束时间。

经纬仪(带光学对中器)安置操作考核指导

为检查角度测量实验效果,客观公正地考查学生掌握经纬仪进行角度测量工作的技能程度,以 J_6 经纬仪水平角观测为例,列出几个具体的操作考核指标,供教师实验教学时参考。

一、考核目的与内容

考核目的:检查和了解学生使用有光学对中器的 J_6 经纬仪的安置操作及熟练程度。

考核内容:用有光学对中器的 J_6 经纬仪进行对中整平的操作。

二、考核要求与组织

测站点上仪器既要对中,又必须整平。

1 人为一小组进行考核。

三、领用设备与提交资料

有光学对中器的 J_6 经纬仪一台,记录表格由教师准备。

四、评分标准

序	评分内容	评　分　标　准	
1	操作时间分（40分）	t（分钟）≤4′ 4′<t（分钟）<12′ t（分钟）≥12′	40分 40+（4−t）×4分 8分
2	气泡居中分（30分）	居中≤气泡位置≤1格 1格≤气泡位置≤2格 2格≤气泡位置≤3格 3格≤气泡位置	30分 20分 10分 0分
3	对中分（30分）	地面标志点在对中圆圈中心 地面标志点在对中圆圈内 地面标志点在对中圆圈外	30分 15分 0分
4	总分（100分）		

五、注意事项

为防止仪器出现意外事故，考试开始前可先将经纬仪装在三脚架上，放置在地面点附近，开始考试。

1. 考生操作时间的计算是：考生将经纬仪搬至地面点的时刻为考试开始时间；考生宣布操作结束的时间为考试结束时间。

2. 教师在评判整平（气泡居中）分时，对水准管气泡位置的检查应不少于两个方向，评分时应以其中最差的那个方向的整平结果进行评分。

3. 教师在评判对中分时，要注意检查光学对中器的观察位置应尽可能地与考生的操作位置相一致，以防个别仪器的光学垂线可能不与仪器的竖轴重合。

经纬仪水平角观测操作考核指导

为检查角度测量实验效果，客观公正地考查学生掌握经纬仪进行角度测量工作的技能程度，以 J_6 经纬仪水平角观测为例，列出几个具体的操作考核指标，供教师实验教学时参考。

一、考核目的与内容

检查学生用 J_6 经纬仪进行水平角观测的操作及熟练程度。

每组用方向观测法在一个测站上对四个方向进行两个测回的水平角观测，并重复观测两次。

二、考核要求与组织

测站上仪器可不对中，但必须整平；观测顺序：盘左为顺时针、盘右为逆时针。

考核时以2人为一小组，每次重复观测时应轮换担任观测员、记录员工作。保证每人均担任过此两项工作，不可缺少一项，并不可重复。

三、领用设备与提交资料

J_6 经纬仪一台，记录板一块，自备2H铅笔一支，记录表格由教师准备。

四、评分标准

序	评分内容	评分标准		
1	观测分 (60分)	时间分 最高分20分	t(分钟)≤20′ 20′<t(分钟)<30′ t(分钟)≥30′	20分 20+(20−t)分 10分
		质量分 总分40分	半测回归零差 总分16分	共计4个,每个4分,小计4×4=16分
			二测回同一方向测回差 总分24分	共3个,每个8分,小计3×8=24分
2	记录分 (40分)	时间分 最高分12分	t(分钟)≤2′ 2′<t(分钟)<6′ t(分钟)≥6′	12分 12+(2−t)×2分 4分　　t为观测结束后的延长时间
		字体分 最高分10分	无涂改:规矩,美观　10分 规矩,不太美观　8分 不太规矩　6分	涂改扣分: 每涂改一处扣2分
		计算分 最高分18分	一测回方向值3处,二测回共6处。各测回方向平均值3处,合计9处,每处2分,小计9×2=18分	
3	总分(100分)			

五、注意事项

与四等水准测量操作考核相同,J_6经纬仪水平角操作考核前教师应将以下几点注意事项向学生交待清楚:

1. 考试小组必须是2人一个小组,不得一人观测再自己记录。当班级人数不能被2整除时,可使有的小组为3人,采取轮换的办法构成2人一组的考试小组。

2. 为保证每人均能轮流担任观测和记录两项工作,可按下表的排列进行工种轮换。

对于2人的小组

人员编号	1	2
所任工种	观测 记录	记录 观测

对于3人的小组

人员编号	1	2	3
所任工种	观测 记录	记录 观测	 记录 观测

3. 一切观测值均不得返工,即不论观测成果是否超限,或观测中出现读错均以一次读数值作为考试结果。

4. 教师在考核期间的主要职责:一是在观测手簿上记载观测的开始时间、观测结束时间和记录员计算完后交回手簿的时间;二是观察考核小组在考核过程中操作是否正常。

5. 记录手簿不能一次发给考核小组所有成员,而是当某个小组开始考试时,填上开始时间后,发给该小组的记录员,并要求其将各人所担任的工种填写在手簿上。当观测员读完最后一个读数时,记录员应立即携带手簿到教师处,由教师记上观测结束时间之后再由记录员继续未完成的计算工作;记录员完成计算后应立即将手簿交回教师,教师则在手簿上注明计算结束时间。

附录2 测量中常用的度量单位

测量中常用的度量单位有长度、面积和角度三种计量单位。

一、长度单位

长度的基本单位是“米”,以符号 m 表示。1983 年 10 月,第十七届国际计量大会(法国巴黎)规定米是光在真空中,在 1/299 792 485 秒的时间间隔内运行距离的长度。

1 m(米)=10 dm(分米)=100 cm(厘米)=1 000 mm(毫米)

1 km(千米,公里)=1 000 m(米)

二、面积、体积单位

测量中面积单位通常用“平方米(m^2)”表示,较大范围的面积一般用“公倾(ha)”或“平方公里(km^2)”为单位表示,我国农业上还常用“市亩”作为面积计量单位。它们之间的换算关系是:

1 km^2(平方公里)=10^6 m^2(平方米)=100 ha(公倾)

1 ha(公倾)=10 000 m^2(平方米)=15 市亩

1 市亩=666.7 m^2(平方米)

1 市亩=10 市分=100 市厘

测量中的体积单位一般为“立方米(m^3)”,工程上简称为“立方”或“方”。

三、角度单位

测量上常用的角度单位有度分秒制和弧度制两种。

(一)度分秒制

1 圆周=360°　　1°=60′　　1′=60″

度、分、秒之间以 60 进制。

欧洲一些国家生产的仪器采用 100 等分制的度,称为新度,用符号“g(冈)”表示。

1 圆周=400 g(新度)　　1 g=100 c(新分)　　1 c=100 cc(新秒)

新度、新分、新秒之间以 100 进制。

60 进制与 100 进制之间的关系是

1 圆周=360°=400 g

1°=1.111 g　　1 g=0.9°

1′=1.852 c　　1 c=0.54′

1″=3.086 cc　　1 cc=0.324″

(二)弧度制

测量计算及公式推导中经常要用“弧度”表示角度的大小。圆心角的弧度等于该角所对的弧长与半径之比,通常把弧长等于半径 R 的圆弧所对的圆心角称为一个弧度,用符号 ρ 表示。整个圆周就是个 2π 弧度,因此得

$$1\text{弧度}\rho^{\circ} = \frac{180^{\circ}}{\pi} = 57.2958^{\circ}$$

$$1\text{弧度}\rho' = \frac{180^{\circ}}{\pi} \times 60' = 3438'$$

$$1\text{弧度}\rho'' = \frac{180^{\circ}}{\pi} \times 60 \times 60'' = 206265''$$

附录3　导线及小三角电算程序

一、导线电算程序

```
10:"D":REM  DAO  XIAN  JI  SUAN
20:CLEAR:DEGREE
30:INPUT "DAO  XIAN:BH/FH?";Z$
40:INPUT "WEI  ZHI  DIAN  GE  SHU?";N
50:MI = N + 2:M2 = N + 3
60:DIM X(M1),Y(M1),B(M2),
   A(M1),D(M1)
70:IF  Z$ = "FH" THEN 100
80:READ  X0,X0
90:M2 = N + 1:XN = X0:YN = Y0:M1 = M2:
   GOTO110
100:READ  X0,Y0,XN,YN
110:FOR  I = 0  TO  M2
120:READ  C
130:GOSUB  970
140:B(I) = C
150:NEXT  I
160:A(0) = B(0)
170:IF  A(0) > 360
    THEN  LET  A(0) = A(0) - 360
180:FOR I = 1  TO M1
190:A(I) = A(I - 1) + 180 - B(I)
200:IF A(I) < 0
    THEN  LET A(I) = A(I) + 360
210:IF A(I) > 360
    THEN  LET A(I) = A(I) - 360
220:NEXT  I
230:FB = A(M1) - B(M2)
240:IF  A(M1) - B(M2) < 0
    THEN  LET  FB = 360 + A(M1) - B(M2)
250:B = 0
260:IF Z$ = "BH"  THEN
    FOR  I = 1  TO  M2:GOTO  280
270:FOR I = 1  TO  M1
280:B = B + B(I)
290:NEXT  I
300:IF  Z$ = "BH"  THEN
    LET  FB = B - (N - 1) * 180:GOTO  330
310:FB = B(0) - B(M2) + M1 * 180 - B
320:IF  Z$ = "BH"  THEN
    LET  FB = B - (N - 1) * 180
330:F1 = FB * 3600
340:IF  Z$ = "BH"  THEN  LPRINT
    " * BI  HE  DAO  XIAN * " : GOTO  360
350:LPRINT.  " * FU  HE  DAO  XIAN * "
360:LPRINT
370:LPRINT  "JIAO  DU  BI  HE  CHA"
380:LPRINT
390:IF  F1 > 0  THEN  LPRINT  "fB = + ";
    STR$ (INT(F1 + .5)):GOTO  410
400:LPRINT  "fB = ";STR$ (INT(F1 + .5))
410:FR = 60 * SQR(N + 2)
420:IF  Z$ = "BH"  THEN
    LET  FR = 60 * SQR(M2)
430:LPRINT  "fB(R) = +/-";
    STR$ (INT(FR + .5))
440:V = F1/M1/3600
450:LPRINT
460:FOR  I = 1  TO  M1
470:IF  Z$ = "BH" THEN
    LET  A(I) = A(I) + V * I:GOTO  490
480:A(I) = A(I) - V * 1
490:NEXT  I
```

```
500:X(0) = X0:Y(0) = Y0:E = 0
510:G = 0:H = 0
520:FOR   I = 1   TO   N + 1
530:READ   D(I)
540:E = E + D(I)
550:IF   Z$ = "BH" THEN
     LET   Q = (I - 1):GOTO   570
560:Q = 1
570:X(I) = X(I - 1) + D(I) * COS(A(Q))
580:Y(I) = Y(I - 1) + D(I) * SIN(A(Q))
590:G = G + D(I) * COS(A(Q)):
     H = H + D(I) * SIN(A(Q))
600:NEXT   I:D(0) = 0
610:IF   Z$ = "BH" THEN   630
620:FX = G - (XN - X0):
     FY = H - (YN - Y0):GOTO   640
630:FX = G:FY = H
640:F = SQR(FX ∧2 + FY ∧2)
650:LPRINT   "ZUO   BIAO   ZENG   LIANG
     BI   HE   CHA"
660:LPRINT
670:E $ = "####" :C $ = "####.###" :
     F $ "######.###"
680:IF   FX > 0THEN   LPRINT "fx = + ";
     STR$ (INT(FX * 1 000 + .5)/1 000):
     GOTO   700
690:LPRINT   "Fx = + ";
     STR$ (INT(FX * 1 000 + .5)/1 000):
700:IF   FY > 0   THEN   LPRINT "fy = + ";
     STR$ (INT(FY * 1 000 + .5)/1 000):
     GOTO   720
710:LPRINT "fy = + ";
     STR$ (INT(FY * 1 000 + .5)/1 000)
720:E1 = E/F:IF   E1 > 1 000 000
     THEN   E1 = 1 000 000
730:USING
740:LPRINT   "K = 1/";
     STR$  (INT(E1 + .5))
750:LPRINT   "K(R) = 1/2 000"
760:LPRINT
770:LPRINT   "ZUO   BIAO
     FANG   WEI   JIAO"
780:LPRINT
790:FOR   I = 1   TO   M1
800:C = A(I)
810:GOSUB   1 000
820:LPRINT   I; ":";USING   E $ ;P;Q;R
830:USING
840:NEXT   I
850:LPRINT
860:LPRINT.   "ZUO   BIAO"
870:VX = FX/E:VY = FY/E:E = 0
880:FOR   I = 0   TO   N + 1
890:LPRINT
900:LPRINT   USING   E $ ; "NO. :" ;I
910:E = E + D(I)
920:XI = X(I) - VX * E:
     YI = Y(1) - VY * E
930:LPRINT   USING   F $ ; "X:";
     INT(XI * 1 000 + .5)/1 000
940:LPRINT "Y:";INT(YI * 1 000 + .5)/1 000
950:NEXT   I
960:END
970:P = INT(C): C = (C - P) * 100:Q = INT(C)
980:C = (P + Q/60 + (C - Q) * 100/3 600)
990:RETURN
1000:P = INT(C): C = (C - P) * 60:Q = INT(C):
      R = INT((C - Q) * 60 + .5)
1010:RETURN
1020:DATA   1 230.88,673.45,2 460.50,1 406.49
1030:DATA   43.171 2,180.140 0,178.223 0,
      193.440 0,181.130 0,204.543 0,
      180.320 0,4.160 0
1040:DATA   248.15,328.21,
      417.05,188.37,294.88
```

```
* FU   HE   DAO   XIAN *
JIAO   DU   BI   HE   CHA
fB = +72
fB(R) = +/ -147
ZUO   BIAO   ZENG   LIANG
BI   HE   CHA
fx = +0.292
fy = -0.443
K = 1/2 783
K(R) = 1/2 000
ZUO   BIAO   FANG   WEI   JIAO
```

```
1:  43    3    0
2:  44   40   18
3:  30   56    6
4:  29   42   54
5:   4   48   12
6:   4   16    0
ZUO  BIAO
NO.:0
X:1 230.880
Y:673.450
NO.:1
X:1 412.169
Y:842.921
NO.:2
X:1 645.508
Y:1 073.765
NO.:3
X:2 003.152
Y:1 288.281
NO.:4
X:2 166.714
Y:1 381.710
NO.:5
X:2 460.500
Y:1 406.490
1020:DATA  500.00,500.00
1030:DATA  65.300 0,87.253 0,88.360 6,
     98.393 6,85.180 6
1040:DATA  178.77,136.85,162.92,125.82
*BI  HE  DAO  XIAN*
JIAO  DU  BI  HE  CHA
fB = -42
fB(R) = +/-120
ZUO  BIAO  ZENG  LIANG
BI  HE  CHA
fx = -0.121
fy = -0.165
K = 1/2 953
K(R) = 1/2 000
ZUO  BIAO  FANG  WEI  JIAO
1:    158    4    20
2:    249   28     3
3:    330   48    17
5:     65   30     0
ZUO  BIAO
NO.:0
X:500.000
Y:500.000
NO.:1
X:574.171
Y:662.723
NO.:2
X:447.248
Y:713.865
NO.:3
X:390.139
Y:561.339
NO.:4
X:500.000
Y:500.000
```

二、小三角电算程序

```
5:"S":REM  JIN  SI PING CHA  JI  SUAN
6:CLEAR:DEGREE
10:READ KK,N,D0,DN
15:LPRINT  "KK=";KK
20:LPRINT  "N=";N
25:LPRINT  "D0=";D0
26:LPRINT  "DN=";DN
28:LPRINT  "**GUAN  CE  JIAO**":LF  1
30:DIM  A(N),B(N),C(N),F(N),
   T(N),H(N),G(N),V(N)
40:FOR  I=1  TO  N
50:READ  A(I),B(I)
52:IF  KK=3  THEN  55
53:READ  C(I)
55:USING  "####·####"
60:LPRINT  "(";STR$(I);")" A(";
   STR$(I);")=";A(I):A(I)=DEG(A(I)):
   AA=AA+A(I)
65:LPRINT  TAB  4;"B(";STR$(I);
   ")=";B(I):B(I)=DEG(B(I)):
   BB=BB+B(I)
70:IF  KK=3  THEN  90
80:LPRINT  TAB  4;"C(";STR$(I);
   ")=";C(I):C(I)=DEG(C(I)):
   CC=CC+C(I)
```

```
90:NEXT  I
100:P=206 265:WD=DN/D0:
    DD=D0:LPRINT
110:IF  KK=3  THEN  150
120:GOSUB  400
130:IF  KK=1  THEN  160
140:GOSUB  500:GOTO  160
150:GOSUB  600
160:GOSUB  800
170:LF  1
180:LPRINT"**GAI  ZHENG  SHU**":LF  1
190:FOR  I=1  TO  N
200:USING"####·####"
206:IF  KK=3  THEN  LET
    C(I)=180-A(I)-B(I)
210:LPRINT  TAB  3;"A(";STR$(I);")=";
    INT(DMS(A(I))*10 000+.5)/10 000
220:LPRINT  TAB 3;"B(";STR$(1);
    ")=";INT(DMS(B(I))*10 000
    +.5)/10 000
225:IF  KK=3  THEN  240
230:LPRINT  TAB  3;"C(";STR$(I);
    ")=";INT(DMS(C(I)*10 000
    +.5)/10 000
240:LPRINT
250:USING  "####·####"
260:IF  KK=3  AND  I=1
    THEN  LET  DD=D0/
    SIN(C(I))*SIN(B(I))
270:IF  I=1  THEN  LET  DB=DD
280:DA=SIN(A(I))/SIN(B(I))*DB
290:DC=SIN(C(I))/SIN(B(I))*DB
295:IF  KK=3  THEN  320
300:LPRINT  TAB  2;"DA(";STR$(I);
    ")=";DA
310:LPRINT  TAB  2;"DB(";
    STR$(I);")=";DB
320:LPRINT  TAB  2;"DC(";STR$(I);
    ")=";DC
325:DB=DA:LF  1
330:NEXT  I
340:END
400:FOR  I=1 TO  N
410:F(I)=A(I)+B(I)+C(I)-180
420:A(I)=A(I)-F(I)/3
430:B(I)=B(I)-F(I)/3
440:C(I)=C(I)-F(I)/3
450:NEXT  I
460:RETURN
500:FOR  I=1  TO  N
510:F(I)=A(I)+B(I)+C(I)-180
520:G=G+F(I)
530:NEXT  I
540:W=CC-360
550:K=(G-3*W)/(2*N)
560:FOR  I=1  TO  N
570:A(I)=A(I)-K:B(I)=B(I)-K:
    C(I)=C(I)+2*K
580:NEXT  I
590:RETURN
600:F1=AA+BB-360
610:F2=(A(1)+B(1))+(A(3)+B(3))
620:F3=(A(2))+B(2))-(A(4)+B(4))
630:V(1)=-F1/8-F2/4
640:V(2)=-F1/8-F3/4
650:V(3)=-F1/8-F2/4
660:V(4)=-F1/8-F3/4
670:FOR  I=1  TO  4
680:A(I)=A(I)+V(I):
    B(I)=B(I)+V(I)
690:NEXT  I
700:RETURN
800:T=0:H=0:S=1
810:FOR  I=1 TO  N
820:T(I)=1/(TAN(A(I)))/206 265*10∧6
830:H(I)=1/(TAN(A(I)))/206 265*10∧6
840:WD=SIN(B(I))/SIN(A(I))
850:S=S*WD:T=T+T(I): H=H+H(I)
860:NEXT  I
870:WD=(1-DN*S/D0)*10∧6
880:M=WD/(T+H)
890:FOR  I=1  TO  N
900:A(I)=A(I)-M/3 600:B(I)=B(I)+M/3 600
910:NEXT  I
920:RETURN
950:DATA  1,4,361.478,260.732
```

```
960:DATA  63.411 8,51.134 4,65.044 8,41.053 9,
          58.161 2,80.381 5,60.082 4,63.073 4,
          56.435 0
970:DATA  53.592 5,75.392 8,50.211 6
    KK=1
    N=4
    D0=361.478
    DN=260.732
**GUAN  CE  JIAO**
(1)A(1)=63.411 8
   B(1)=51.134 4
   C(1)=65.044 8
(2)A(2)=41.053 9
   B(2)=51.161 2
   C(2)=80.381 5
(3)A(3)=60.082 4
   B(3)=63.073 4
   C(3)=56.435 0
(4)A(4)=53.592 5
   B(4)=75.392 8
   C(4)=50.211 6
**GAI   ZHENG   HOU**
A(1)=63.412 3
B(1)=51.134 6
C(1)=65.045 1
DA(1)=415.606
DB(1)=361.478
DC(1)=420.473
A(2)=41.053 9
B(2)=58.160 8
C(2)=80.381 3
DA(2)=321.186
DB(2)=415.606
DC(2)=482.136
A(3)=60.083 0
B(3)=63.073 6
C(3)=56.435 4
DA(3)=312.274
DB(3)=321.186
DC(3)=301.058
A(4)=53.592 4
B(4)=75.392 3
C(4)=50.211 3
DA(4)=260.730
DB(4)=312.274
DC(4)=248.186
```

程序使用说明：

1. 导线测量电算程序适合附合导线（FH）和闭合导线（BH）的计算。开机运行时，屏幕显示 DAO　XIAN：BH/FH？闭合导线键入 BH；附合导线键入 FH。

2. 输入导线类型后，屏幕显示 WEI　ZHI　DIAN　GE　SHU？需键盘输入未知点数。附合导线的未知点个数为除去两端已知点后的纯未知点数。

3. 410 句、750 句为角度闭合差和坐标增量闭合差的容许值，因导线等级不同，其值在计算时应注意调整。

4. 1 020 句只输入已知点坐标。先 x 后 y。闭合导线只输入一个已知点，附合导线先输起点后输终点共两个已知点的坐标。

5. 1 030 句输入方位角和观测角值，附合导线计算的输入顺序是：起始边方位角、观测角、终边方位角。

6. 1 040 句输入逐边边长。

7. 小三角电算程序为单三角锁、中点多边形、大地四边形的通用程序。KK 表示布网形式，$KK=1$ 时表示单三角形，2 为中点多边形，3 为大地四边形。

8. N 为三角形个数，大地四边形 $N=4$。D_0、D_n 为基线长，计算中点多边形和大地四边形时，若基线只有一条，则将已知边输入两次即 $D_0=D_n$。

9. 输入顺序：950 句布网形式（KK）、三角形个数 N、D_0、D_n；960 句和 970 句为从第一个三角形开始按 a、b、c 顺序依次输入观测角。

10. 输出数据第一部分打印输入值以进行检校，第二部分包括两个内容：改正后角值、各角所对边长。

11. 计算坐标时，将数据输入导线计算程序。

参考文献

1 合肥工业大学等 5 所高校. 测量学. 第三版. 北京:中国建筑工业出版社,1990. 6
2 李生平. 建筑工程测量. 武汉:武汉工业大学出版社,1997. 12
3 陈克玉. 测量(专科适用). 北京:中国水利水电出版社,1998. 10
4 谭荣一. 测量学. 北京:人民交通出版社,1995. 6
5 武汉测绘科技大学《测量学》编写组. 测量学. 第三版. 北京:测绘出版社,1991
6 陈传胜,李岚发. 测量学. 武汉:武汉测绘科技大学出版社,1999. 10
7 河海大学张幕良武汉水利电力大学叶泽荣. 水利工程测量. 第三版. 北京:中国水利水电出版社,1994. 6
8 王远昌. 测量仪器与实验. 北京:冶金工业出版社,1998. 4
9 郭训思. 测量学. 南昌:江西高校出版社,1999. 8
10 卞正富. 测量学. 北京:中国农业出版社,2002. 2
11 杨正尧,程曼华,陆国胜. 测量学. 实验与习题. 武汉:武汉大学出版社,2001. 8
12 周小安. 公路测量. 北京:人民交通出版社,2000. 3
13 钟孝顺,聂让. 测量学. 北京:人民交通出版社,1999. 2
14 张尤平. 公路测量. 北京:人民交通出版社,2001. 6
15 邓良基. 遥感基础与应用. 北京:中国农业出版社,2002. 8
16 黄杏元,马劲松,汤勤. 地理信息系统概论. 修订版. 北京:高等教育出版社,2001. 12
17 吴子安,吴栋材. 水利工程测量. 北京:测绘出版社,1990. 12
18 郭祥瑞. 工程测量试题解答与分析. 武汉:武汉大学出版社,2001. 3
19 冯仲科,余新晓. "3S"技术及其应用. 北京:中国林业出版社,2000. 1
20 测绘词典编辑委员会编. 测绘词典. 上海:上海辞书出版社,1981. 12